双证制实训与技能鉴定教学用书

维修电工实训与技能考核训练教程

主　编　祁和义　王　建
副主编　冯柏群　杜诗超　程丕坤　崔宗超
参　编　赵小芳　朱　峰
主　审　李　伟

机械工业出版社

本书根据《国家职业标准　维修电工》，参照电工实训教学大纲，紧紧围绕国家题库而编写，是高等职业技术院校双证制技能型人才实训与技能鉴定的教学用书。主要内容有：电工基本操作技能、室内线路的安装、电动机的拆装与检修、变压器的维护及检修、三相异步电动机的典型控制电路及其安装、电子电路的安装与调试、常用机床控制电路的检修、PLC及变频器的应用。为方便读者，书后还附有考核重点和模拟试卷。

本书可作为技能鉴定的教学用书，也可作为技术工人的自学用书，还可供有关的技术人员参考。

图书在版编目（CIP）数据

维修电工实训与技能考核训练教程/祁和义，王建主编．—北京：机械工业出版社，2008.1（2024.1重印）

双证制实训与技能鉴定教学用书

ISBN 978-7-111-23110-3

Ⅰ．维…　Ⅱ．①祁…②王　Ⅲ．电工—维修—职业技能鉴定—教材　Ⅳ．TM07

中国版本图书馆CIP数据核字（2007）第195456号

机械工业出版社（北京市百万庄大街22号　邮政编码100037）

策划编辑：朱　华　陈玉芝　责任编辑：陈玉芝

版式设计：霍永明　责任校对：陈延翔

封面设计：陈　沛　责任印刷：刘　媛

涿州市般润文化传播有限公司印刷

2024年1月第1版第10次印刷

184mm×260mm · 19印张 · 471千字

标准书号：ISBN 978-7-111-23110-3

定价：39.80元

电话服务	网络服务
客服电话：010-88361066	机　工　官　网：www.cmpbook.com
010-88379833	机　工　官　博：weibo.com/cmp1952
010-68326294	金　　书　　网：www.golden-book.com
封底无防伪标均为盗版	机工教育服务网：www.cmpedu.com

前　　言

自我国加入世界贸易组织后，我国的经济飞速发展，对各层次专业人才的需求不断增加。随着经济全球化进程的不断深入，发达国家的制造能力加速向发展中国家转移，我国已成为全球的加工制造基地，这样就使高技能型人才严重短缺的矛盾更加突出。媒体在不断呼吁现在是“高薪难聘高素质的高技能型人才”，高技能型人才的严重短缺成为社会普遍关注的热点问题。针对这一问题，国家先后出台了《国务院关于大力推进职业教育改革与发展的决定》、《关于全面提高高等职业教育教学质量的若干意见》和《国务院关于大力发展职业教育的决定》、《关于进一步加强高技能人才工作的意见》等相关政策和法规，决定大力发展职业教育，加强高技能型人才的培养。

作为高技能型人才的重要培养基地，高职高专院校非常重视人才的培养，对学时和教学模式相应进行了改革。学生毕业后要取得双证书，即不仅要取得学历证书，还要取得工人等级证书。高职高专学生取得大专学历是顺理成章的事情，而要取得工人等级证书就必须进行工人技术等级鉴定，那就必须对其进行再培训。因此，将高职高专的实训课和技能鉴定培训结合在一起，编写一本教材，是非常有必要的。这样在满足了高职高专实训课需要的同时，还满足了工人技术等级操作技能鉴定与培训的需要。针对这一现状，我们特组织相关人员编写了这本教材。

本书由祁和义、王建任主编，由冯柏群、杜诗超、程丕坤、崔宗超任副主编，参加编写的还有赵小芳、朱峰。本书由李伟担任主审。其中，程丕坤编写第一章，朱峰编写第二章，冯柏群编写第三、四章，崔宗超编写第五章，祁和义编写第六章，赵小芳编写第七章，杜诗超编写第八章，模拟试卷和附录由国家维修电工技能命题专家王建整理并全书统稿。

在本书的编写过程中，参与了有关资料和文献，在此向其作者表示衷心的感谢！

由于编者水平有限，且时间仓促，书中难免有疏漏、错误和不足之处，恳请读者批评指正。

编　者

目　录

绪　论

一、维修电工的职责和主要任务

维修电工是指从事对机械设备的电气系统电路和设备进行安装、调试、维护和修理工作的人员。维修电工是分布于各行各业的通用性技术工种，整个职业具有覆盖面广、技术性强、智能化程度高、安全要求高、工作责任重大等特点。维修电工的工作质量及其操作的技术水平，直接关系到企业生产和工程运行的质量以及国家财产、人民生命的安全。其职业性质要求维修电工必须具备相应等级和相关工作范围的理论知识和娴熟的操作技能，熟悉安全技术规程，能出色地完成有关的技能操作。

中、高级维修电工的主要任务是：

1）完成照明电路和照明装置的安装，动力电路和各类电动机的安装，各种生产机械电气控制电路的安装。

2）能够进行各种电气电路、电气设备的日常保养、检查与维修。

3）根据现代设备管理的要求，维修电工除按照预防为主、修理为辅的原则来降低故障的发生率以外，还要进行改善性的修理，针对设备的重要部位采用根治的办法，进行必要的改进。

4）能够进行电子设备的安装和调试。

5）熟悉 PLC 和变频器控制电路的设计、安装与调试。

维修电工的职责是：保证工厂中拖动各类生产机械运动的交、直流电动机及其电气控制系统和生产、生活照明系统的正常运行。

维修电工要履行好自己的职责，完成好自己的任务，不但要具备相应的技术知识，而且要掌握好各项操作技能。具体包括与电工操作有关的钳工基本操作、电焊工基本操作、各类电气电路的安装与维修、照明和动力装置的安装与维修、简单电子设备的安装与维修、常用电工工具和仪表的使用、电气测量技术及电气安全技术等。

二、本课程的具体要求

通过本课程的学习，维修电工应：

1）掌握基本操作方法。

2）掌握基本的电气安全技术知识和技能。

3）熟悉常用电工仪表的名称、结构及工作原理；掌握其使用和维护保养技能。

4）掌握室内线路的安装与维修技能。

5）掌握电动机与变压器的基本知识及其维护、维修技能。

6）掌握电力拖动控制电路的基本知识及其安装、维修技能。

7）掌握较复杂机床电气控制电路的安装、调试和维修技能。

8）掌握电子技术的基本知识与基本操作技能。

9）掌握典型电子电路的安装与调试技能。

三、学习中应注意的问题

1）注意理论联系实际，加强技能训练，逐步提高独立操作能力和分析解决实际问题的能力。

2）技能训练过程中，要注意爱护工具和设备，节约原材料，严格执行电工安全操作规程，做到安全、文明生产。

3）学习中注意及时复习相关课程的有关内容。

上篇　电工基本技能

第一章　电工基本操作技能

学习目标

作为一名合格的维修电工，就必须掌握电工相关的基本操作技能，而这些基本技能包括的内容很多，本章主要介绍电工安全常识、电工工具的使用、登高技能、导线连接、电工材料、仪表的使用以及接地装置的安装与检修技能。

本章的学习目标

1. 掌握电工安全常识。
2. 掌握电工基本操作技能。

课题一　电工安全常识

教学要求

1. 掌握电工基本安全知识。
2. 掌握安全用电、文明生产和消防知识。
3. 掌握触电急救知识和方法。

一、电工基本安全知识

电工必须接受安全教育，在掌握基本的安全知识和工作范围内的安全技术规程后，才能进行实际操作。

1. 维修电工必须具备的条件

1）身体健康，精神正常。凡患有高血压、心脏病、气喘病、神经系统疾病、色盲疾病，或者听力障碍、四肢功能有严重障碍的，不得从事维修电工工作。

2）获得维修电工国家职业资格证书，并持电工操作证。

3）掌握触电急救方法。

2. 维修电工人身安全知识

1）在进行电气设备安装和维修操作时，必须严格遵守各种安全操作规程，不得玩忽职守。

2）操作时要严格遵守停送电操作规定，要切实做好防止突然送电时的各项安全措施，如挂上“有人工作，禁止合闸”的标示牌，锁上刀开关或取下电源熔断器等。不准约时送电。

3）在附近带电部分操作时，要保证有可靠的安全间距。

4）操作前应仔细检查操作工具，绝缘鞋、绝缘手套等安全用具的绝缘性能是否良好，有问题的应及时更换，并应立即进行检查。

5）登高工具必须安全可靠，未经登高训练的人员，不准进行登高作业。

6）如果发现有人触电，要立即采取正确的急救措施。

二、触电急救知识和方法

1. 触电急救的要点

触电急救的要点是：抢救迅速和救护得法。即用最快的速度在现场采取积极措施，保护触电者生命，减轻伤情，减少痛苦，并根据伤情需要迅速联系医疗救护等部门救治。

一旦发现有人触电后，周围人员首先应迅速拉闸断电，尽快使其脱离电源。若周围有电工人员则应率先争分夺秒地抢救。

2. 解救触电者脱离电源的方法

触电急救的第一步是使触电者迅速脱离电源，具体方法可用表 1－1 概括如下：

表 1－1 使触电者脱离电源的方法

处理方法		实施方法	图示
低压电源	拉	附近有电源开关或插座时，应立即拉下开关或拔掉电源插头	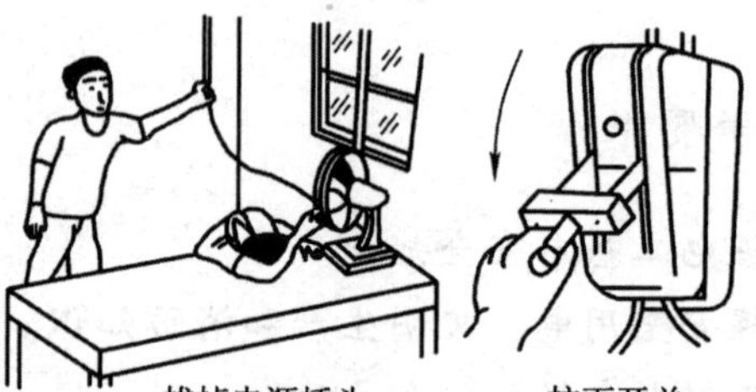 拔掉电源插头　拉下开关
	切	若一时找不到断开电源的开关，应迅速用绝缘完好的钢丝钳或断线钳剪断电线，以断开电源	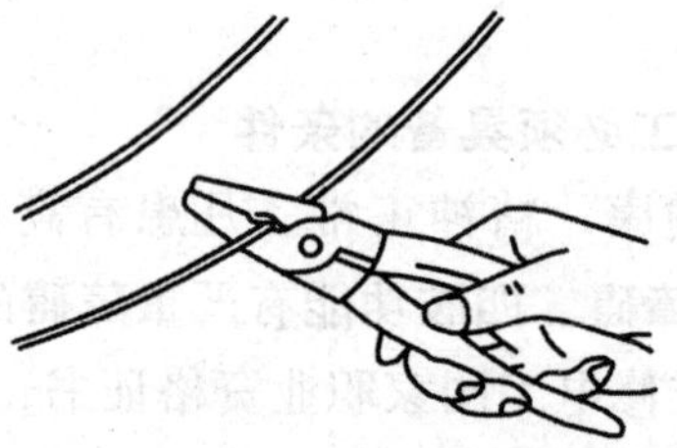

（续）

处理方法		实施方法	图示
低压电源	挑	对于因导线绝缘损坏造成的触电，急救人员可用绝缘工具、干燥的木棒等将电线挑开	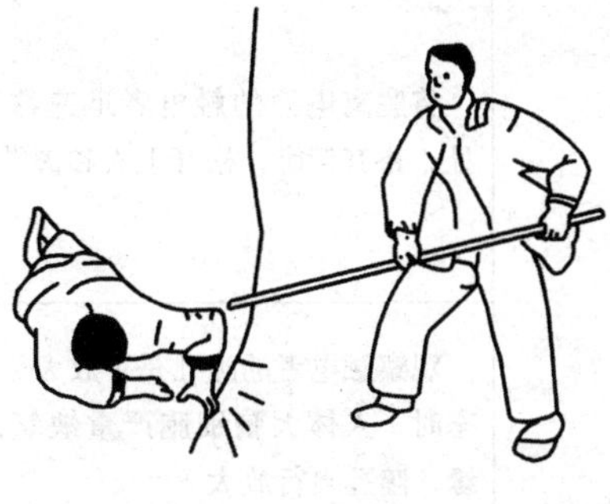
低压电源	拽	急救人员可戴上手套或在手上包缠干燥的衣服等绝缘物品拖拽触电者；也可站在干燥的木板、橡胶垫等绝缘物品上，用一只手将触电者拖拽开	
低压电源	垫	如果电流通过触电者入地，并且触电者紧握导线，可设法将干木板塞到触电者身下，与地隔离	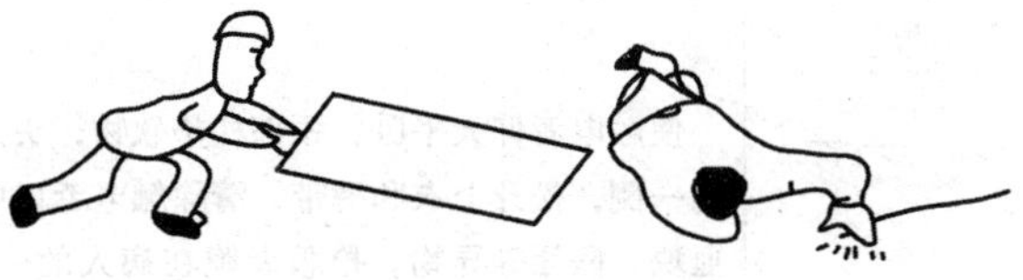
高压电源	拉闸	戴上绝缘手套，穿上绝缘靴，断开高压断路器	

3. 触电急救的方法

对触电人员采取的急救方法见表1－2。其中口对口人工呼吸法和胸外心脏挤压法是现场急救的基本方法。

表 1－2 对触电人员采取的急救方法

急救方法	实 施 方 法	图 示
简单诊断	将脱离电源的触电者迅速移至通风、干燥处，将其仰卧，松开上衣和裤带	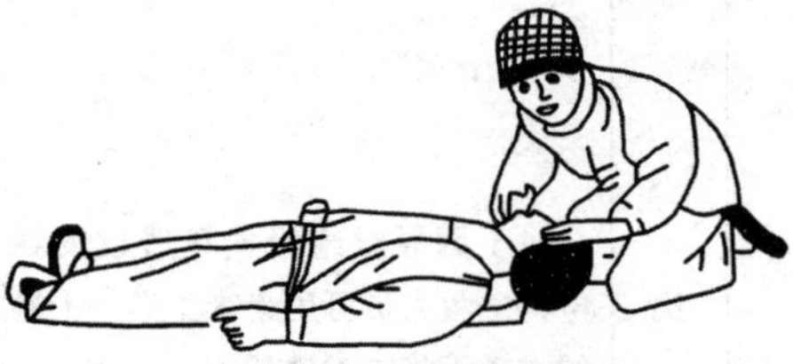
	观察触电者的瞳孔是否放大。当处于假死状态时，人体大脑细胞严重缺氧，处于死亡边缘，瞳孔自行放大	 瞳孔正常 瞳孔放大
	观察触电者有无呼吸存在，摸其颈部的颈动脉有无搏动	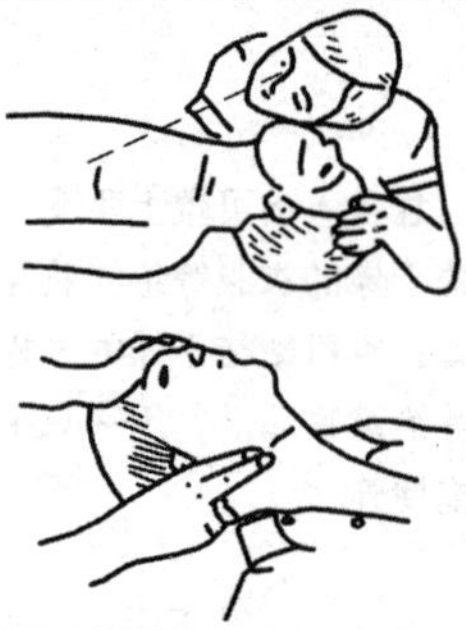
对“有心跳而呼吸停止”的触电者，应采用“口对口人工呼吸法”进行急救	使触电者仰天平卧，颈部枕垫软物，头部偏向一侧，松开上衣和裤带，清除触电者口中的血块、假牙等异物。抢救者跪在病人的一边，使触电者的鼻孔朝天头后仰	清理口腔阻塞 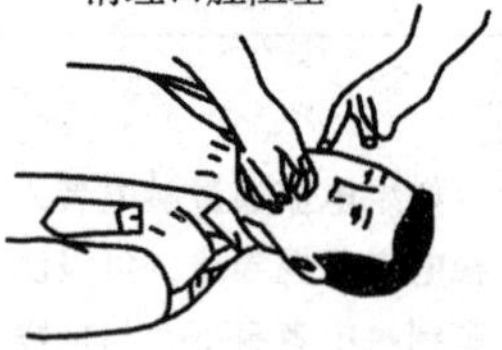 鼻孔朝天头后仰 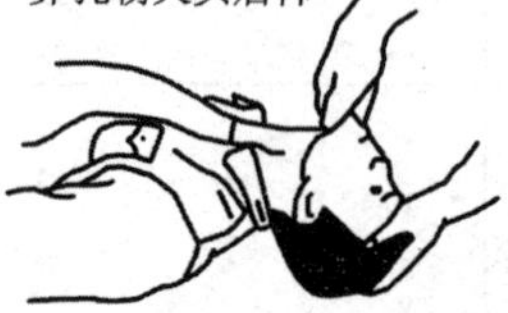
	用一只手捏紧触电者的鼻子，另一只手托在触电者颈后，将其颈部上抬，深深吸一口气，用嘴紧贴触电者的嘴，大口吹气	贴嘴吹气胸扩张 
	放松捏着鼻子的手，让气体从触电者肺部排出，如此反复进行，每 5s 吹气一次，坚持连续进行，不可间断，直到触电者苏醒为止	放开嘴鼻好换气 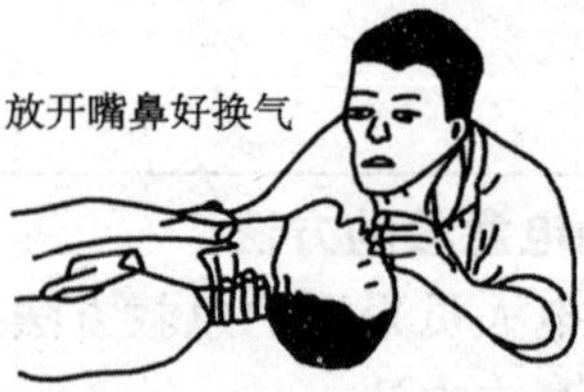

（续）

急救方法	实 施 方 法	图　示
对“有心跳而呼吸停止”的触电者，应采用“口对口人工呼吸法”进行急救	口对鼻人工呼吸法	
对“有呼吸而心跳停止”的触电者，应采用“胸外心脏挤压法”进行急救	使触电者仰卧在硬板或地上，颈部枕垫软物使其头部稍后仰，松开上衣和裤带，急救者跪跨在触电者腰部	
	急救者将右手掌根部按于触电者胸骨下 1/2 处，中指指尖对准其颈部凹陷的下缘，当胸一手掌，左手掌复压在右手背上	 中指对凹膛 当胸一手掌　掌根用力向下压
	掌根用力下压 3～4cm，然后突然放松。挤压与放松的动作要有节奏，每秒钟进行一次，必须坚持连续进行，不可中断，直到触电者苏醒为止	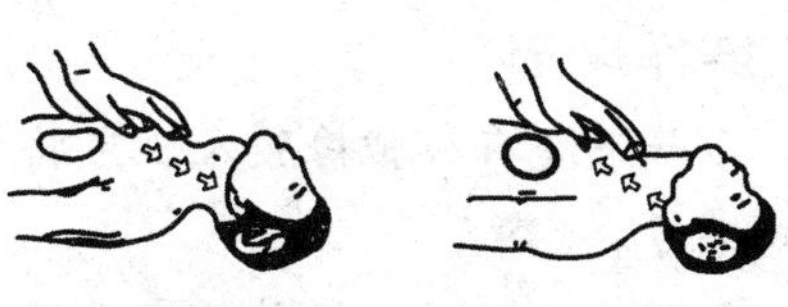 慢慢向下　突然放
对“呼吸和心跳都已停止”的触电者，应同时采用“口对口人工呼吸法”和“胸外心脏挤压法”进行急救	一人急救：两种方法应交替进行，即吹气 2～3次，再挤压心脏 10～15 次，且速度都应快些	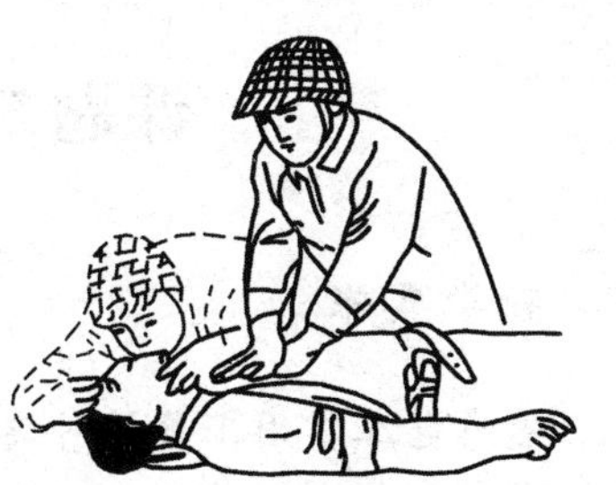
	两人急救：每 5s 吹气一次，每 1s 挤压一次，两人交替进行	

操作提示

◇在施工现场发生触电事故后，应将触电者迅速抬到宽敞、空气流通的地方，使其平卧在硬板床上，采取相应的抢救方法。

◇在送往医院的路途中、在车上都应该不间断地进行救护。在1min之内及时抢救。救活的概率非常高，若6min以后再去救人则非常危险。

◇触电急救要有耐心，要一直抢救到触电者复活为止，或经过医生确定停止抢救方可停止。

◇不能打肾上腺素等强心针；不能泼冷水。

【技能训练】

1. 训练内容

人工呼吸法和胸外心脏挤压法的急救练习。

2. 器具

模拟橡胶人1具，秒表1块。

3. 训练步骤

（1）选择急救方法　根据触电者有呼吸而心脏停跳，应选择胸外心脏挤压法。

（2）实施救护　把触电者放在结实坚硬的地板或木板上，使触电者伸直仰卧，救护者两腿跨跪于触电者胸部两侧，先找到正确的压点，然后两手叠压，迅速开始施救。

操作提示

◇如果没有模拟橡胶人，可将学生分成两人一组，进行人工呼吸法和胸外心脏挤压法的急救练习。

◇胸外挤压时，操作频率要适当，定位须准确，压力要适当（压陷3～4cm为宜）。

◇具体操作时间由教师确定。

课题二　常用电工工具的使用

教学要求

1. 熟悉电工常用工具的种类。
2. 掌握电工常用工具的使用技能。

电工常用工具是指一般专业电工都要运用的常备工具。常用的工具有验电器、螺钉旋具、钢丝钳、尖嘴钳、断线钳、剥线钳、电工刀、活扳手等。作为一名维修电工，必须掌握电工常用工具的使用方法。

一、验电器

验电器是检验导线和电气设备是否带电的一种电工常用检测工具。它分为低压验电器和高压验电器两种。

1. 低压验电器

低压验电器又称为测电笔，有笔式和螺钉旋具式两种，如图1－1所示。

笔式低压验电器由氖管、电阻、弹簧、笔身和笔尖等组成。低压验电器使用时，必须按图1－2所示的正确方法把笔握妥，以手指触及笔尾的金属体，使氖管小窗背光朝自己。

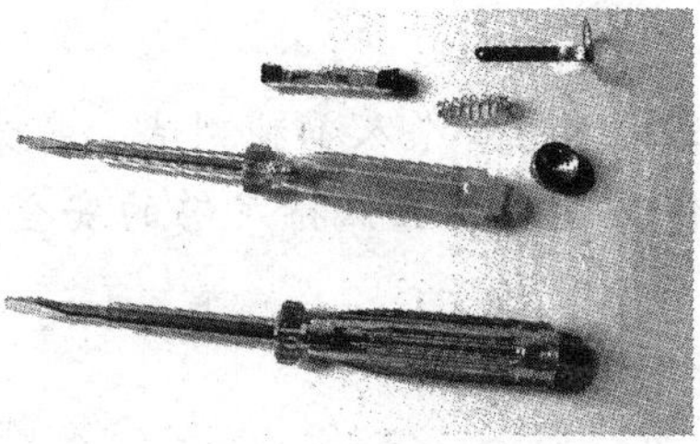

图1－1　低压验电器

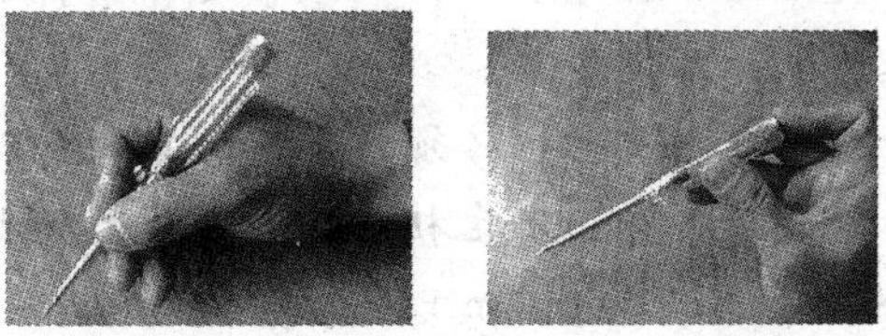

a)　　b)

图1－2　低压验电器的使用方法

a）错误握法　b）正确握法

当用低压验电器测带电体时，电流经带电体、低压验电器、人体、地形成回路，只要带电体与大地之间的电位差超过60V，低压验电器中的氖管就发光。低压验电器测试范围为60～500V。

低压验电器的作用见表1－3。

表1－3　低压验电器的作用

作　用	要　点
区别电压高低	测试时可根据氖管发光的强弱来判断电压的高低
区别相线与零线	在交流电路中，当验电器触及导线时，氖管发光的即为相线，正常情况下，触及零线是不发光的
区别直流电与交流电	交流电通过验电器时，氖管里的两极同时发光；直流电通过验电器时，氖管里的两极只有一个发光
区别直流电的正、负极	把验电器连接在直流电的正、负极之间，氖管中发光的一极即为直流电的负极

2. 高压验电器

高压验电器又称为高压测电器，10kV高压验电器由金属钩、氖管、氖管窗、固紧螺钉、护环和握柄组成，如图1－3所示。高压验电器的使用如图1－4所示。

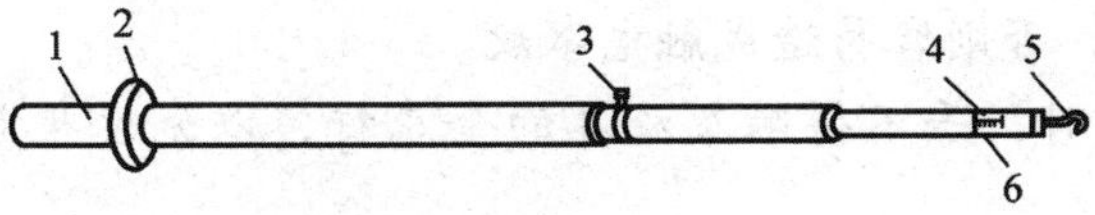

图1－3　高压验电器

1—握柄　2—护环　3—固紧螺钉

4—氖管窗　5—金属钩　6—氖管

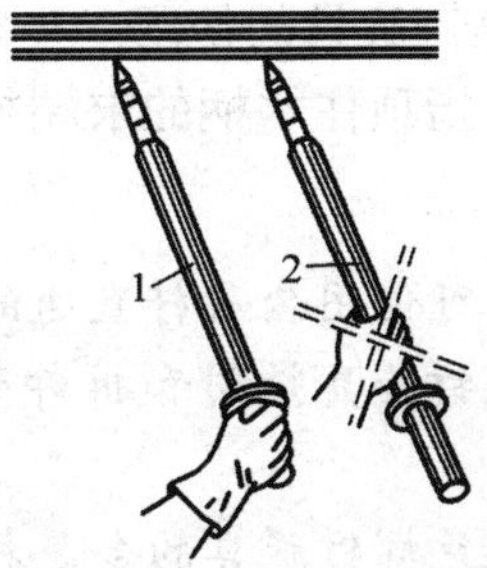

图1－4　高压验电器的使用

1—正确　2—错误

操作提示

◇验电器使用前，应在已知带电体上进行测试，证明验电器确实良好后方可使用。

◇使用时，应使高压验电器逐渐靠近被测物体，直到氖管发亮；只有在氖管不发亮时，人体才可以与被测物体试接触。

◇室外使用高压验电器时，必须在气体条件良好的情况下才能使用。在雨、雪、雾及湿度较大的天气中，不宜使用。

◇高压验电器测试时，必须戴上符合要求的绝缘手套；不可一个人单独测试，身旁必须有人监护；测试时要防止发生相间或对地短路事故；人体与带电体应保持足够的安全距离，10kV 高压的安全距离为 0.7m 以上。

二、螺钉旋具

螺钉旋具是紧固或拆卸螺钉的工具。螺钉旋具的种类有很多，按头部形状可分为一字形和十字形，如图 1-5 所示。

一字形螺钉旋具常用规格有 50mm、100mm、150mm 和 200mm 等，电工必备的是 50mm 和 150mm 两种。十字形螺钉旋具专供紧固和拆卸十字槽的螺钉，常用的规格有Ⅰ、Ⅱ、Ⅲ、Ⅳ四种。

磁性螺钉旋具是电工常用的一种，其按握柄材料可分为木质绝缘柄和塑胶绝缘柄。金属杆的刀口端焊有磁性金属材料，可以吸住待拧紧的螺钉，能准确定位、拧紧，使用很方便，应用较广泛。

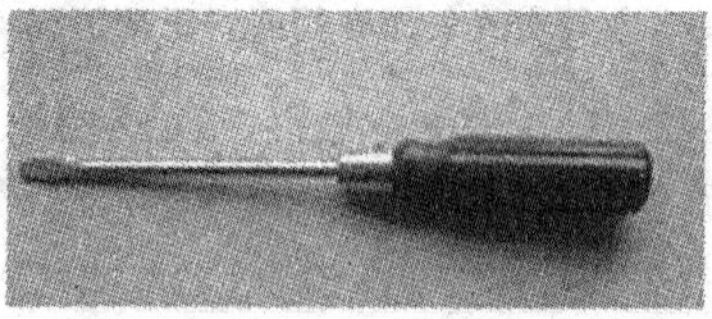

a)

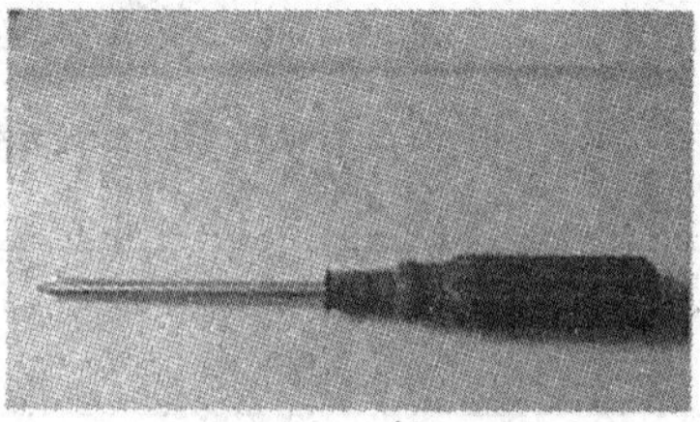

b)

图 1-5 螺钉旋具

a）一字形螺钉旋具 b）十字形螺钉旋具

（1）大螺钉旋具的使用 大螺钉旋具一般用来紧固较大的螺钉。使用时，除大拇指、食指和中指要夹住握柄外，手掌还要顶住柄的末端，这样就可以防止旋具转动时滑脱，如图 1-6所示。

（2）小螺钉旋具的使用 小螺钉旋具一般用来紧固电气装置接线桩头上的小螺钉，使用时，可用手指顶住木柄的末端捻转，如图 1-7 所示。

操作提示

◇电工不可使用金属杆直通的螺钉旋具，否则容易造成触电事故。

◇使用螺钉旋具紧固和拆卸带电的螺钉时，手不得触及旋具的金属杆，以免发生触电事故。

◇为了避免螺钉旋具的金属杆触及临近带电体，应在金属杆上穿绝缘套管。

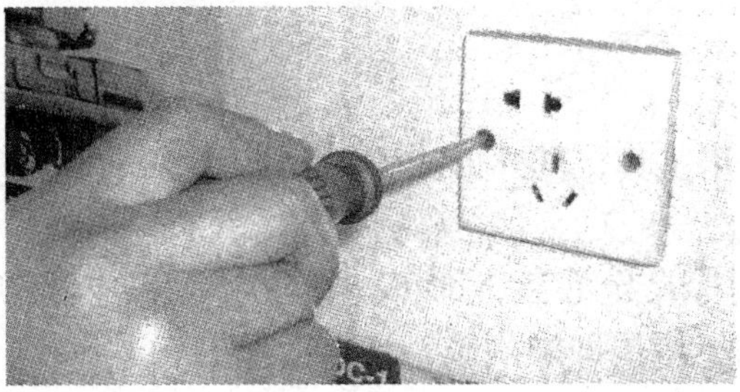

图 1－6　大螺钉旋具的使用方法

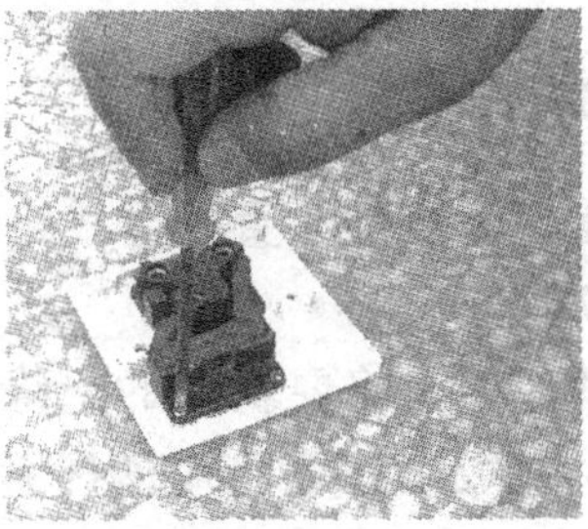

图 1－7　小螺钉旋具的使用方法

◇使用较长的螺钉旋具时，可用右手压紧并旋转手柄，左手握住螺钉旋具中间部分，以使螺钉旋具不致滑脱。此时左手不得放在螺钉的周围，以免螺钉旋具滑出时将手划伤。

三、钢丝钳

钢丝钳有铁柄和绝缘柄两种，绝缘柄为电工用钢丝钳，常用的规格有 150mm、175mm 和 200mm 三种。

电工钢丝钳由钳头和钳柄两部分组成。钳头由钳口、齿口、刀口和铡口四部分组成。其用途很多，钳口用来弯绞和钳夹导线线头；齿口用来剪切或剖削软导线绝缘层；铡口用来铡切导线芯线、钢丝或铅丝等较硬金属丝。其外形如图 1－8 所示。

图 1－8　电工钢丝钳的外形

操作提示

◇使用前，必须检查绝缘柄的绝缘是否良好。

◇剪切带电导线时，不得用刀口同时剪切相线和零线，或同时剪切两根导线。

◇钳头不可代替锤子作为敲打工具使用。

四、尖嘴钳

尖嘴钳的头部尖细，适用于在狭小的空间操作。钳柄有铁柄和绝缘柄两种，绝缘柄的耐压为 500V，主要用于切断细小的导线、金属丝；夹持小螺钉、垫圈及导线等；还能将导线端头弯曲成所需的各种形状。尖嘴钳的外形如图 1－9 所示。

五、断线钳

断线钳又称为斜口钳，钳柄有铁柄、管柄和绝缘柄三种。其中电工用的带绝缘柄断线钳的外形如图 1－10 所示，绝缘柄的耐压为 500V。断线钳主要用于剪断较粗的电线、金属丝及导线电缆。

图 1－9　尖嘴钳

图 1－10　断线钳

六、剥线钳

剥线钳是用来剥削小直径导线绝缘层的专用工具，其外形如图 1-11 所示。它的绝缘手柄耐压为 500V。

剥线钳使用时，将要剥削的绝缘层长度用标尺定好后，即可把导线放入相应的刃口中（比导线直径稍大），用手将钳柄握紧，导线的绝缘层即被割破，且自动弹出。

七、电工刀

电工刀是用来剖削电线线头、切割木台缺口、削制木榫的专用工具，其外形如图 1-12 所示。使用时，应将刀口朝外剖。剖削导线绝缘层时，应使刀面与导线成较小的锐角，以免割伤导线。

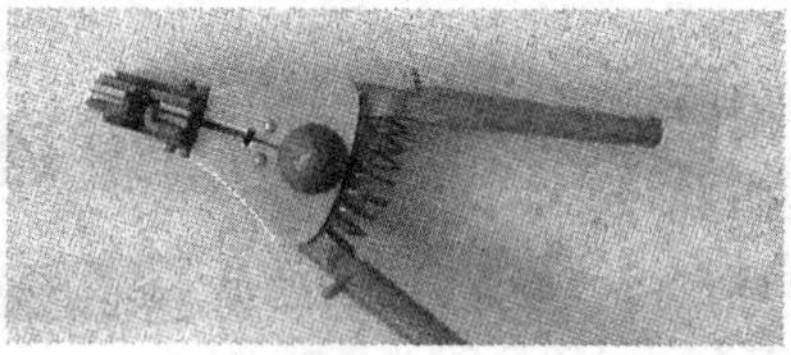
图 1-11 剥线钳

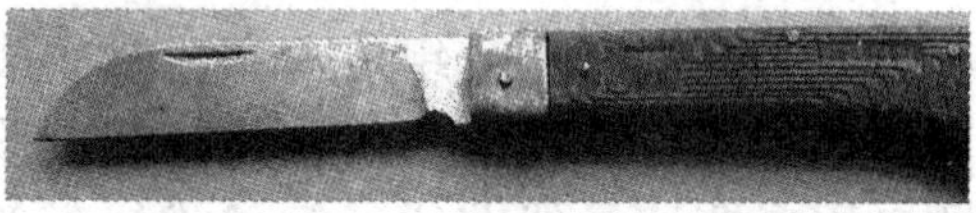
图 1-12 电工刀

操作提示

◇使用电工时应避免伤手，不得传递未折进刀柄的电工刀。

◇电工刀用毕，应随时将刀身折进刀柄。

◇电工刀刀柄无绝缘保护，不能用于带电作业，以免触电。

八、活扳手

活扳手是用来紧固和起松螺母的一种专用工具。活扳手由头部活扳唇、呆扳唇、扳口、蜗轮和轴销等构成，如图 1-13a 所示。蜗轮可调节扳口大小。活扳手规格以长度 × 最大开口宽度（单位为 mm）来表示，电工常用的有 150mm × 19mm（6in）、200mm × 24mm（8in）、250mm × 30mm（10in）和 300mm × 36mm（12in）四种规格。

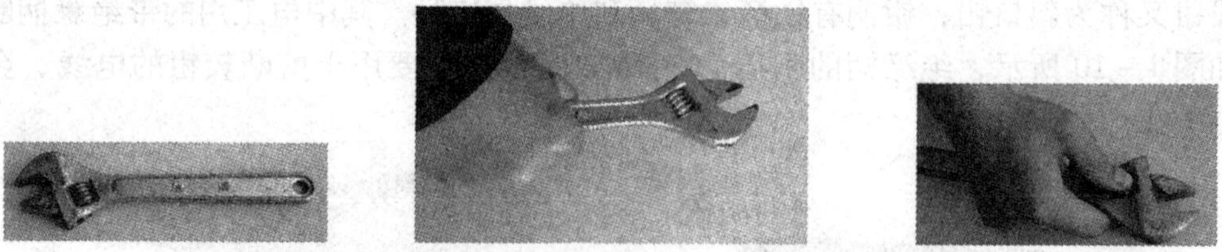
a)　b)　c)

图 1-13 活扳手的结构与使用

a）活扳手的结构　b）扳动较大螺母的握法　c）扳动较小螺母的握法

操作提示

◇扳动较大螺母时，常用较大的力矩，手应握在近柄尾处，如图 1－13b 所示。

◇扳动较小螺母时，所用力矩不大，但螺母过小易打滑，故手应握在接近扳头的地方，如图 1－13 c 所示，这样可随时调节蜗轮，收紧活扳唇，防止打滑。

◇活扳手不可反用，以免损坏活扳唇，也不可用钢管接长手柄施加较大的扳拧力矩。

◇活扳手不得当作撬棍和锤子使用。

九、手电钻

手电钻是一种头部有钻头、内部装有单相整流子电动机、靠旋转钻孔的手持式电动工具。它有普通电钻和冲击钻两种。普通电钻上的通用麻花钻仅靠旋转在金属上钻孔。冲击钻采用旋转带冲击的工作方式，一般带有调节开关。当调节开关在旋转无冲击即“钻”的位置时，其功能如同普通电钻；当调节开关在旋转带冲击“锤”的位置时，镶有硬制合金的钻头，便能在混凝土和砖墙等建筑构架上钻孔。冲击钻的外形如图 1－14 所示。

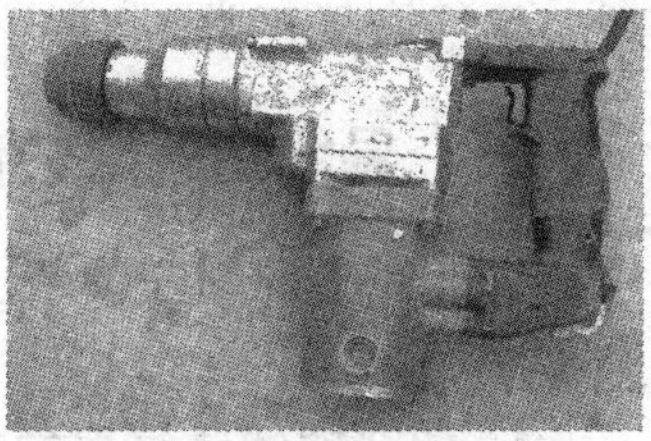

图 1－14　冲击钻

操作提示

◇长期搁置不用的冲击钻，使用前必须使用 500V 绝缘电阻表测定对地绝缘电阻，其阻值不小于 0.5MΩ。

◇使用金属外壳冲击钻时，必须戴绝缘手套、穿绝缘鞋或站在绝缘板上，以确保操作人员的安全。

◇在钻孔过程中应经常把钻头从钻孔中抽出以便排除钻屑。

【技能训练】

1. 训练内容

1）学习钢丝钳、尖嘴钳、螺钉旋具的使用。

2）学习电工刀、剥线钳的使用。

2. 器材准备

钢丝钳、尖嘴钳、螺钉旋具、剥线钳、木板、木螺钉和废旧塑料单芯导线若干。

3. 训练步骤

教师演示后由学生按下列步骤进行练习：

1）用螺钉旋具旋紧木螺钉。

2）用钢丝钳、尖嘴钳做剪切、弯绞导线练习。

3）用电工刀对废旧塑料单芯导线做剖削练习。

操作提示

◇工具使用时，应注意操作要领要正确，一经发现不正确应及时纠正。

课题三　导线连接与绝缘恢复

教学要求

1. 掌握导线的连接技能。

2. 掌握恢复导线绝缘的技能。

导线的连接是电工的基本操作技能之一。导线连接的质量好坏，直接关系着电路和设备能否可靠、安全地运行。对导线的基本要求是：电接触良好，有足够的机械强度，接头美观，绝缘恢复正常。

一、导线绝缘层的剖削

导线线头的绝缘层必须剖削除去，以便芯线连接，电工必须学会用电工刀或钢丝钳来剖绝缘层。

1. 塑料硬线绝缘层的剖削

塑料硬线绝缘层可用钢丝钳进行剥离，也可用剥线钳或电工刀进行剖削。

（1）芯线截面积小于或等于 $4mm^2$ 及其以下的塑料硬线　一般可用钢丝钳进行剖削，其方法如图 1－15 所示。

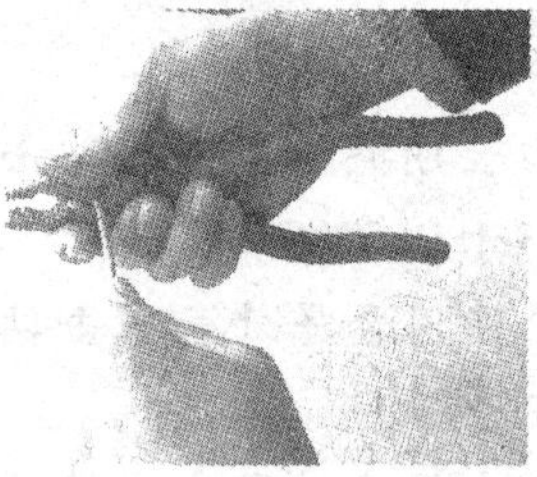

图 1－15　钢丝钳剖削塑料硬线绝缘层

基本操作步骤描述：选择合适的位置→钢丝钳口切割绝缘层→勒出塑料绝缘层

1）用左手捏导线，根据线头所需长短用钢丝钳口切割绝缘层，但不可切入芯线。

2）用手握住钢丝钳头并用力向外勒出塑料绝缘层。

3）剖削出的芯线应保持完整无损，如损伤较大应重新剖削。

（2）芯线截面积大于 $4mm^2$ 的塑料导线　可用电工刀来剖削绝缘层。其方法和步骤见表 1－4。

基本操作步骤描述：选择合适的位置→用电工刀切入绝缘层→削去一层塑料绝缘层→切除塑料绝缘层

表 1－4　用电工刀来剖削绝缘层

图　示	操作说明
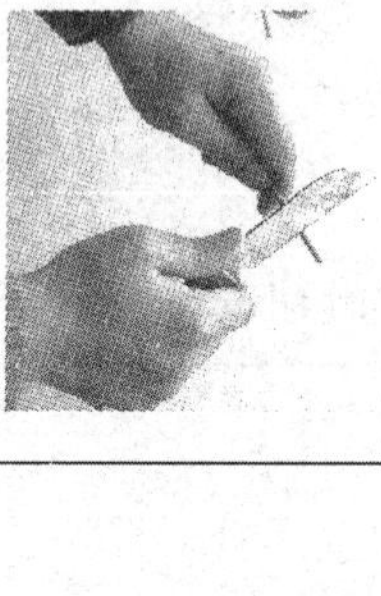	根据所需的长度用电工刀以倾斜 45°切入塑料绝缘层

（续）

图　示	操 作 说 明
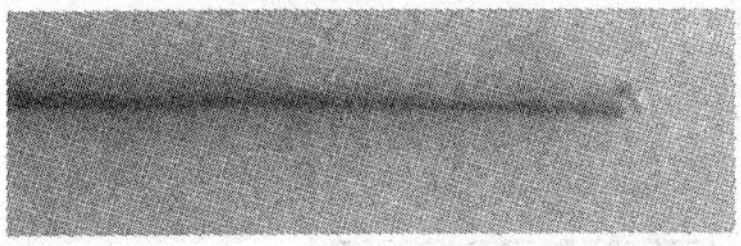	刀面与芯径保持25°左右，用力向线端推削，但不可切入芯线，削去上面一层塑料绝缘层
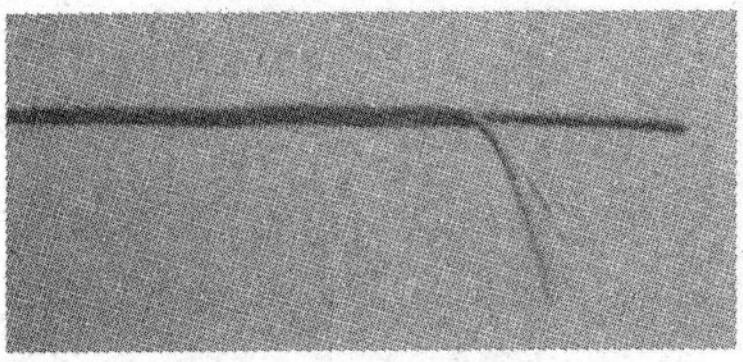	将下面的塑料绝缘层向后扳翻，最后用电工刀齐根切去

2. 塑料软线绝缘层的剖削

塑料软线绝缘层只能用剥线钳或钢丝钳剖削，不可用电工刀剖削，其剖削方法同塑料硬线绝缘层的剖削。

3. 塑料护套线绝缘层的剖削

塑料护套线的绝缘层必须用电工刀来剖削，剖削方法见表1－5。

表1－5　塑料护套线绝缘层的剖削

图　示	操 作 说 明
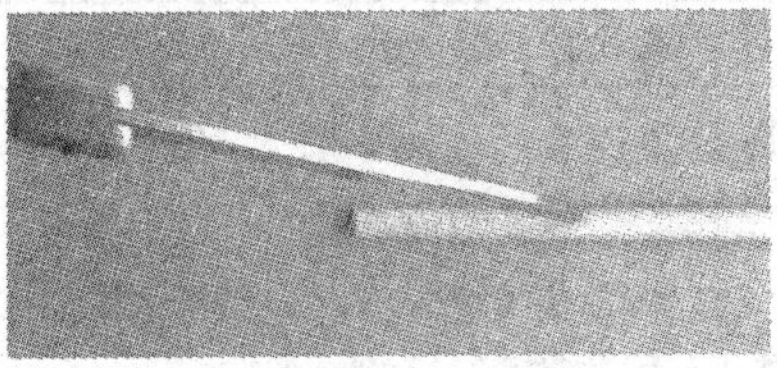	按所需长度用刀尖对准芯线缝隙划开护套层
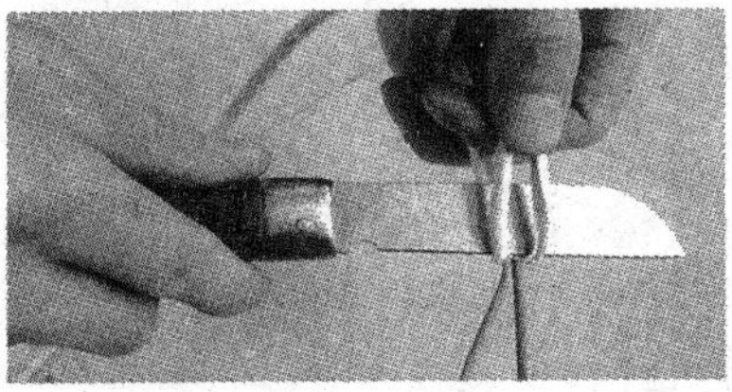	向后扳翻护套，用刀齐根切去，在距离护套层5～10mm处，用电工刀以倾斜45°切入绝缘层。其他剖削方法与塑料硬线绝缘层的剖削相同

4. 橡皮线绝缘层的剖削

橡皮线绝缘层外面有一层柔软的纤维保护层，其剖削方法如下：

1）先把橡皮线纺织保护层用电工刀刀尖划开，下一步与剖削护套线的护套层方法类同。

2）然后用剖削塑料线绝缘层相同的方法剖去橡皮绝缘层。

3）最后将松散的棉纱层集中到根部，用电工刀切去。

5. 花线绝缘层的剖削

1）在所需长度处用电工刀在棉纱纺织物保护层四周切割一圈后拉去。

2）距棉纱纺织物保护层末端10mm处，用钢丝钳刀口切割橡皮绝缘层，不能损伤芯线。然后右手握住钳头，用力抽拉花线，钳口勒出橡皮绝缘层的方法如图1－16所示。

3）最后把包裹芯线的棉纱层松散开来，用电工刀割去。

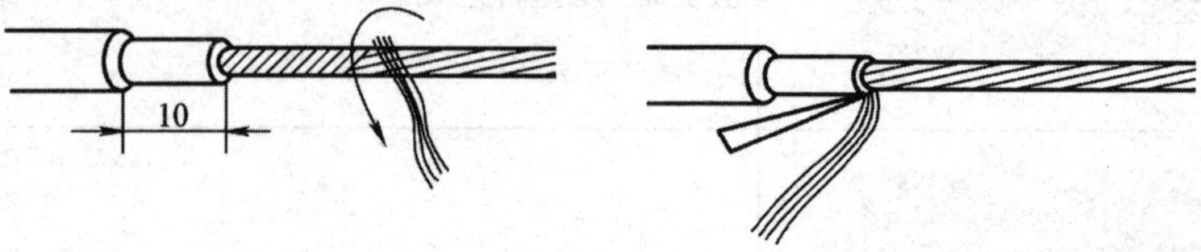

a)　　　b)

图1－16　花线绝缘层的剖削

a）将棉纱层散开　b）割断棉纱

二、铜芯导线的连接

当导线不够长或要分接支路时，就要进行导线与导线的连接。常用导线的芯线有单股、7股和11股等多种，连接方法随芯线的股数不同而异。

1. 单股铜芯线的直线连接

基本操作步骤描述： 剖削绝缘→把两线头的线芯X形相交→扳直两线头→缠绕线头→钳平线头末端

单股铜芯线的直线连接见表1－6所示。

表1－6　单股铜芯线的直线连接

图　示	操 作 说 明
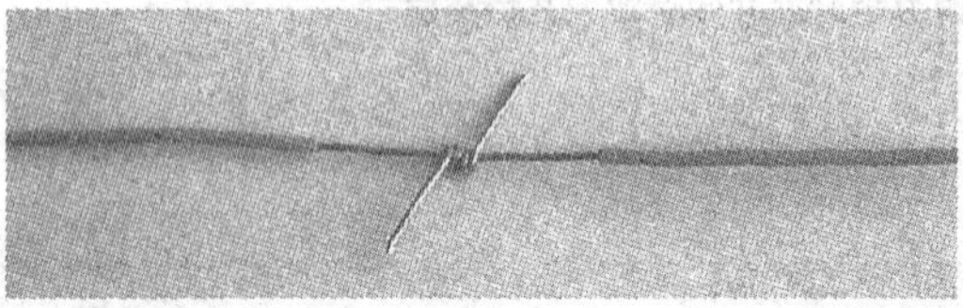	绝缘剖削长度为芯线直径的70倍左右，去掉氧化层；把两线头的线芯X形相交，互相绞接2～3圈
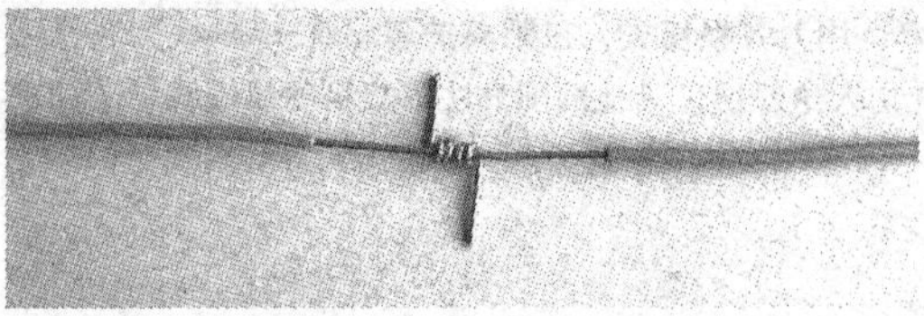	扳直两线头
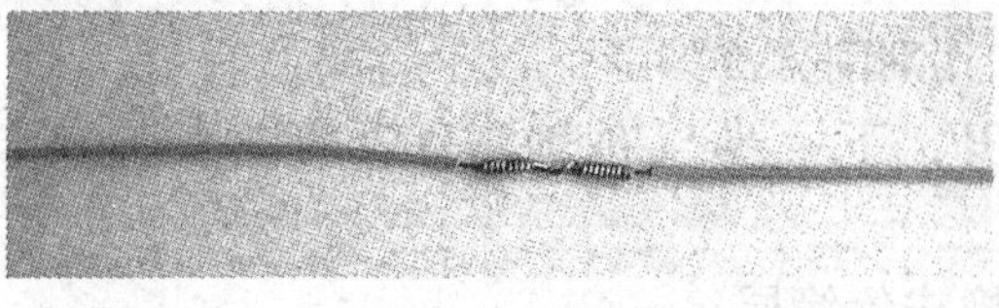	将每个线头在芯线上紧贴并缠绕6圈，用钢丝钳切去余下的芯线，并钳平芯线末端

2. 单股铜芯线的T形分支连接

基本操作步骤描述：剖削绝缘→把两线头十字相交→缠绕线头→钳平线头末端

单股铜芯线的T形分支连接方法见表1-7。

表1-7 单股铜芯线的T形分支连接

图 示	操 作 说 明
	将分支芯线的线头与干芯线十字相交，使支路芯线根部留出约3~5mm，然后按顺时针方向缠绕支路芯线，缠绕6~8圈后，用钢丝钳切去余下的芯线，并钳平芯线末端
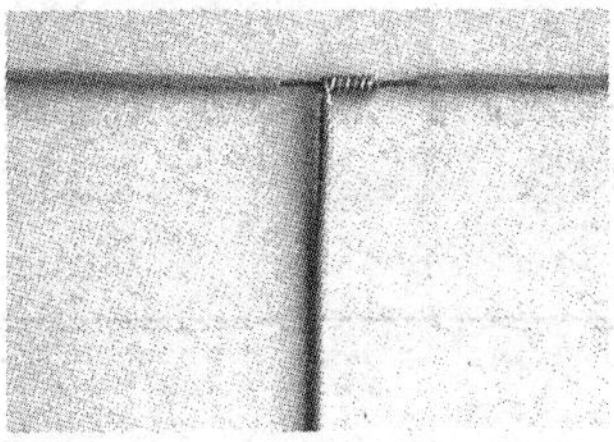	较小截面积芯线可按左图所示方法环绕成结状，然后再把支路芯线头抽紧扳直，紧密地缠绕6~8圈后，剪去多余芯线，钳平切口毛刺

3. 7股铜芯导线的直线连接

基本操作步骤描述：剖削绝缘→散开芯线→对叉伞形芯线头→分组缠绕线头→钳平线头末端

7股铜芯导线的直线连接步骤见表1-8。

表1-8 单股铜芯线的T形分支连接

图 示	操 作 说 明
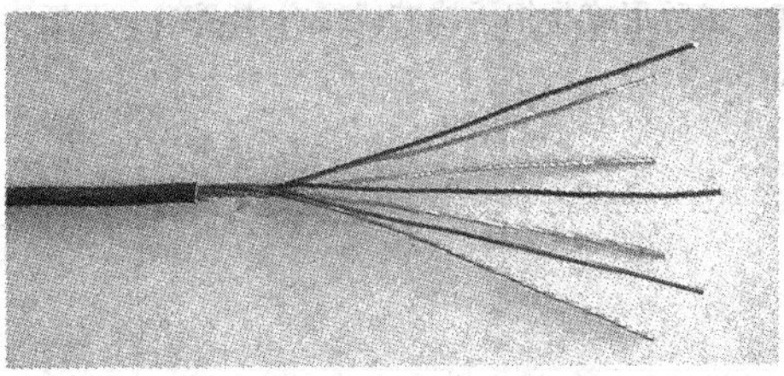	绝缘剖削长度应为导线的21倍左右。把剖去绝缘层的芯线散开并拉直，把靠近根部的1/3线段的芯线绞紧，然后把余下的2/3芯线头分散成伞形，并把每根芯线拉直
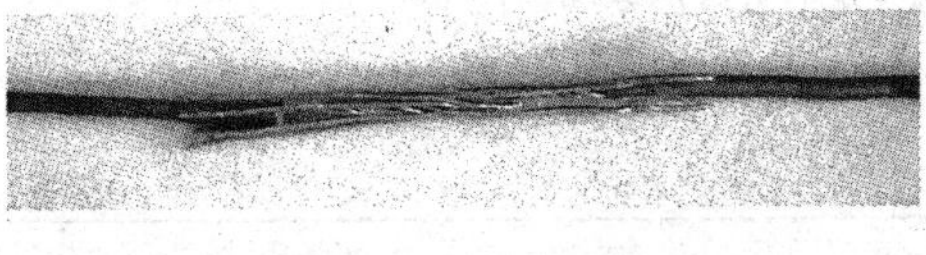	把两个伞形芯线头隔根对叉，并拉平两端芯线
	把一端7股芯线按2、2、3根分成三组，接着把第一组2根芯线扳起，垂直于芯线并按顺时针方向缠绕

（续）

图　示	操作说明
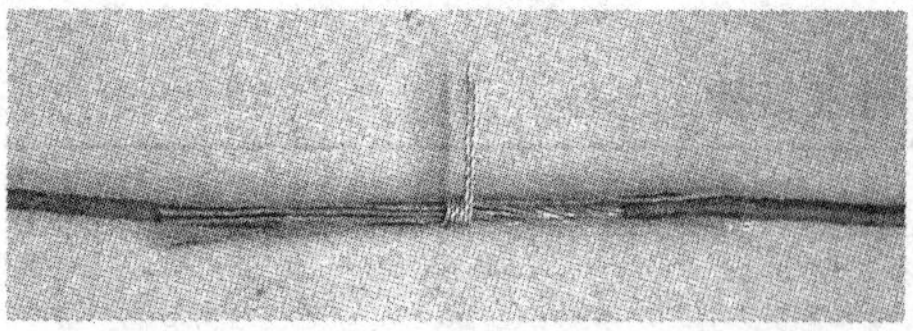	缠绕2圈后，余下的芯线向右扳直，再把下边第二组的2根芯线向上扳直，按顺时针方向紧紧压着前2根扳直的芯线缠绕
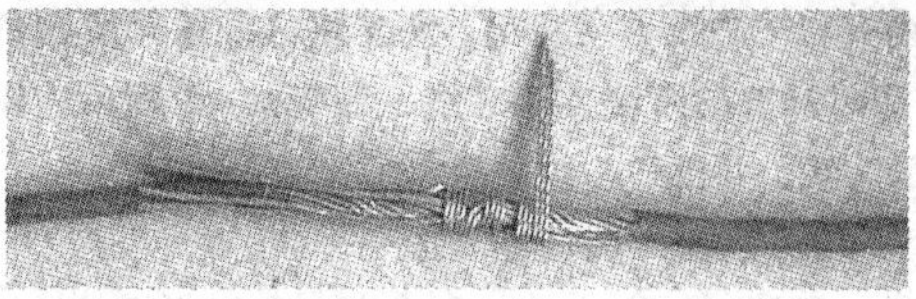	缠绕2圈后，将余下的芯线向右扳直，再把下边第三组的3根芯线向上扳直，按顺时针方向紧紧压着前4根扳直的芯线缠绕
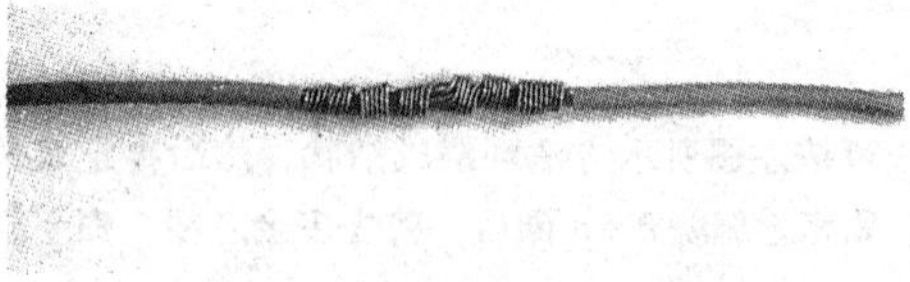	缠3圈后，切去每组多余的芯线，钳平线端，如左图所示。用同样的方法再缠绕另一端芯线

4. 7股铜芯导线的分支连接

基本操作步骤描述：剖削绝缘→绞紧并把支线成排插入缝隙→缠绕线头→钳平线头末端

7股铜芯导线的分支连接步骤见表1-9。

表1-9　7股铜芯导线的分支连接

图　示	操作说明
	把分支芯线散开钳直，线端剖开长度为 l，接着把近绝缘层 $l/8$ 的芯线绞紧，把分支线头的 $7l/8$ 的芯线分成两组，一组4根；另一组3根，并排齐。然后用旋具把干线芯线撬分成两组，再把支线成排插入缝隙间
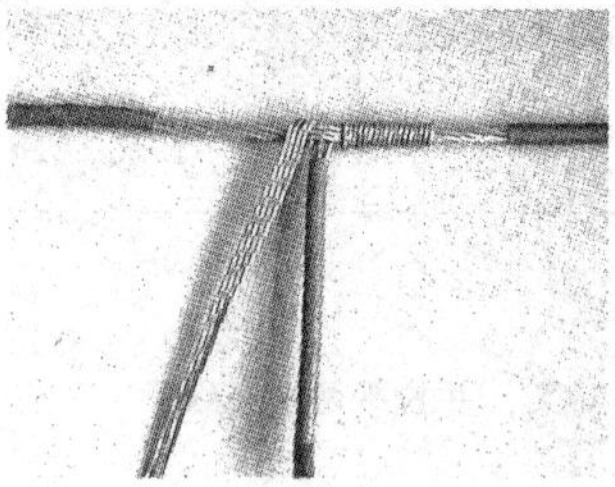	把插入缝隙间的7根线头分成两组，一组3根，另一组4根，分别按顺时针方向和逆时针方向缠绕3~4圈
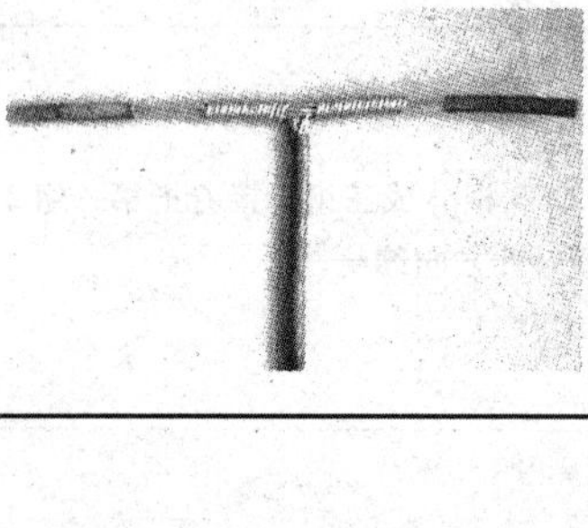	钳平线端

5. 铜芯导线接头处的锡焊

（1）电烙铁锡焊　10mm² 及其以下的铜芯导线接头，可使用150W 电烙铁进行锡焊。锡焊前，接头上均须涂一层无酸焊锡膏，待烙铁烧热后，即可锡焊。

（2）浇焊　16mm² 及其以上铜芯导线接头，应用浇焊法。浇焊时，首先将焊锡放在化锡锅内，用喷灯或电炉化，当焊锡表面呈磷黄色时即达到高热。然后将导线接头放在锡锅上面，用勺盛上熔化的锡，从接头上面浇下，如图1－17所示。刚开始时，因为接头处较冷，焊锡在接头上的流动性差，应继续浇焊下去，使接头温度提高，直到全部焊牢为止。最后用抹布轻轻擦去焊渣，使接头表面光滑。

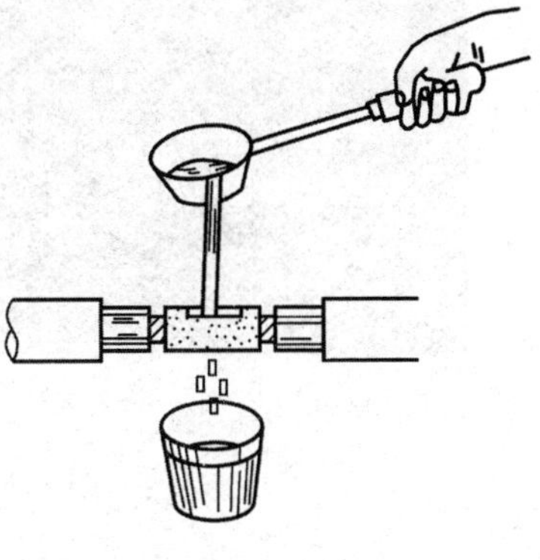
图1－17　浇焊

三、铝芯导线的连接

由于铝极易氧化，且铝氧化膜的电阻率很高，所以铝芯导线不宜采用铜芯导线的方法进行连接，铝芯导线常采用螺钉压接法和压接管压接法连接。

1. 螺钉压接法连接

螺钉压接法连接适用于负荷较小的单股铝芯导线的连接。

基本操作步骤描述：剖削绝缘→缠绕线头→固定后旋紧螺钉→加装盒盖

1）把削去绝缘层的铝芯线头用钢丝刷刷去表面的铝氧化膜，并涂上中性凡士林，如图1－18a 所示。

2）直线连接时，先把每根铝芯导线在接近线端处卷上2～3 圈，以备线头断裂后再次连接用。

3）把四个线头两两相对地插入两只瓷头（又称接线桥）的四个接线柱上。最后旋紧接线桩上的螺钉，如图1－18b 所示；若要做分路连接时，要把支路导线的两个芯线头分别插入两个接线桩上，最后旋紧螺钉，如图1－18c 所示。

4）最后在瓷接头上加罩铁皮盒盖。

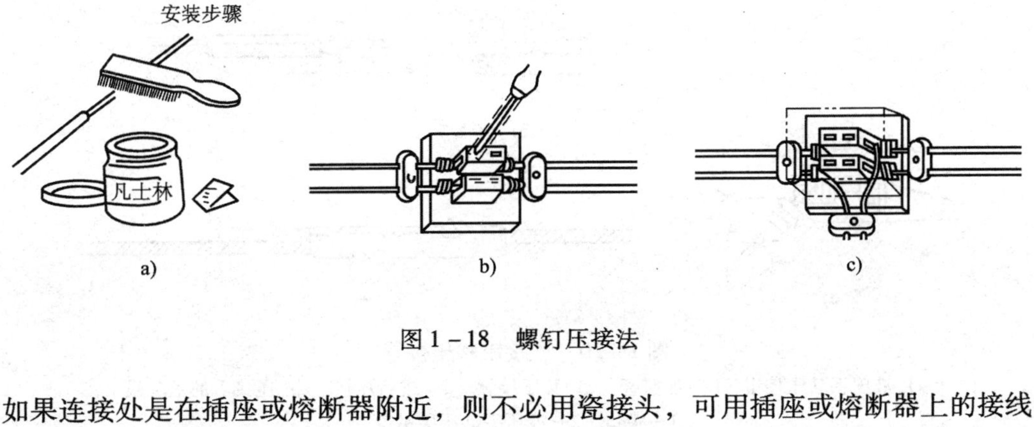

图1－18　螺钉压接法

如果连接处是在插座或熔断器附近，则不必用瓷接头，可用插座或熔断器上的接线桩进行连接，如图1－19 所示。

图 1-19 用插座或熔断器上的接线桩进行连接

a）插座接线桩连接 b）熔断器接线桩连接

2. 压接管压接法连接

压接管压接法连接适用于较大负荷的多根铝芯导线的直线连接。液压手动压接钳和压接管（又称钳接管）如图 1-20a、b 所示。

基本操作步骤描述：选择压接管→清除铝氧化层→将导线穿入压接管→压接

1）根据多股铝芯导线规格选择合适的铝压接管。

2）用钢丝刷清除铝芯表面和压接管内壁的铝氧化层，涂上一层中性凡士林。

3）把两根铝芯导线线端相对穿入压接管，并使线端穿出压接管 25～30mm，如图 1-20c 所示。

4）按图 1-20d 所示进行压接。压接时，第一道坑应在铝芯线端一侧，不可压反，压接坑的距离和数量应符合技术要求。

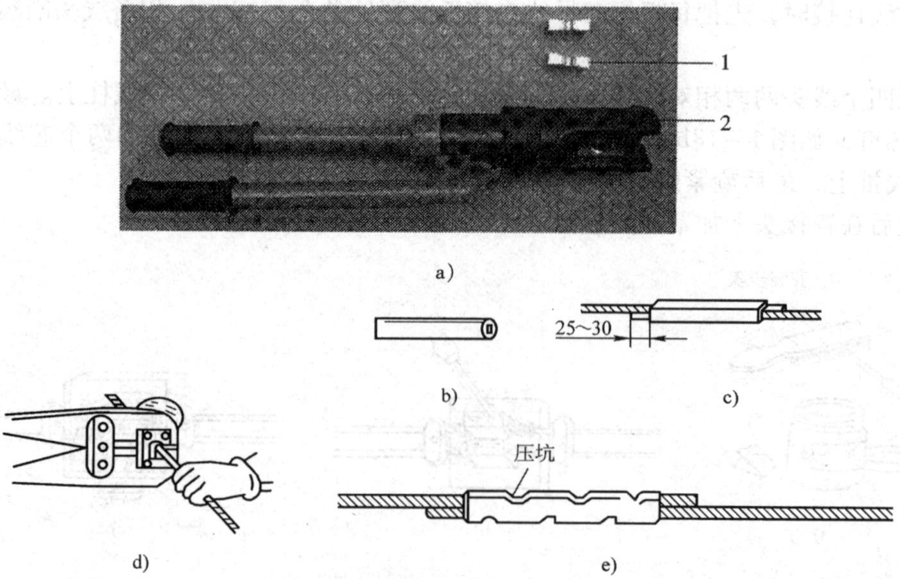

图 1-20 压接钳和压接管

a）液压手动压接钳 b）压接管 c）穿压接管 d）进行压接 e）压接后的铝芯线

1—模口 2—液压手动压接钳口

四、导线绝缘层的恢复

导线绝缘层破损后必须恢复绝缘，导线连接后，也须恢复绝缘。恢复后的绝缘强度不应低于原来的绝缘层。通常用黄蜡带、涤纶薄膜带和黑胶布作为恢复绝缘层的材料，一般黄蜡带和黑胶布的宽度为20mm，较适中，包扎也方便。

将黄蜡带从导线左边完整的绝缘层上开始包扎，包扎两根带宽后方可进入无绝缘层的芯线部分，如图1－21a所示。包扎时，黄蜡带与导线保持约45°的倾斜角，每圈压叠带宽的1/2，如图1－21b所示。

包扎1层黄蜡带后，将黑胶布接在黄蜡带的尾端，按另一斜叠方向包扎1层黑胶布，每圈也压叠带宽1/2，如图1－21c、d所示。

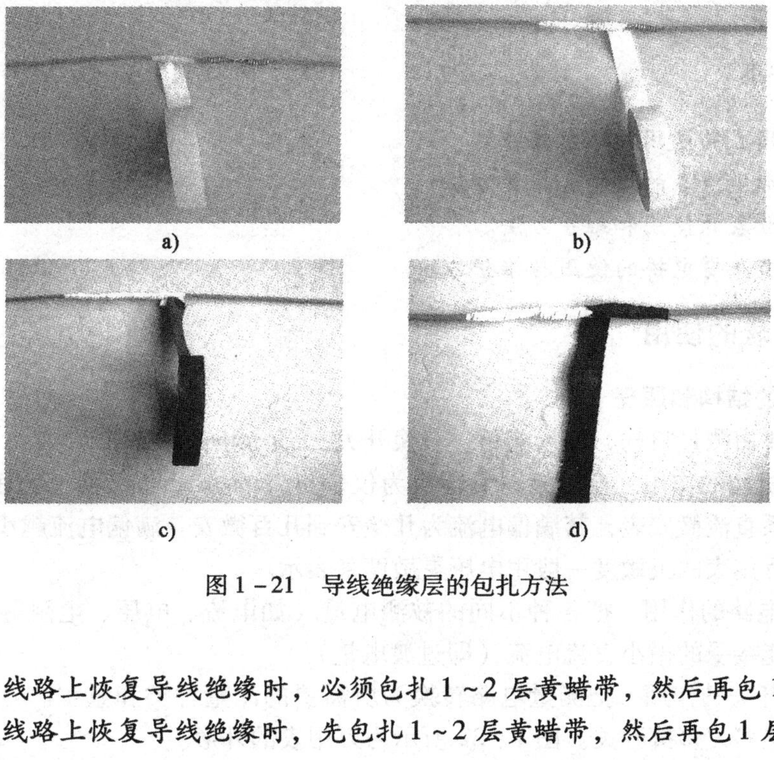

a)　b)　c)　d)

图1－21　导线绝缘层的包扎方法

操作提示

◇在380V线路上恢复导线绝缘时，必须包扎1～2层黄蜡带，然后再包1层黑胶布。

◇在220V线路上恢复导线绝缘时，先包扎1～2层黄蜡带，然后再包1层黑胶布，或者只包2层黑胶布。

◇绝缘带包扎时，各包层之间应紧密相接，不能稀疏，更不能露出芯线。

◇存放绝缘带时，不可放在温度很高的地方，也不可被油类浸蚀。

【技能训练】

1. 训练内容

1）导线的直线与T形连接。

2）恢复绝缘层。

2. 材料及工具

铜芯绝缘电线（BV－4mm^{2}或自定）2m，BV－16 mm^2（7/1.7）塑料铜芯电线2m，绝缘带1卷，黑胶布1卷，塑料胶带1卷，电工通用工具1套，绝缘鞋、工作服等。

3. 训练步骤

1）剖削绝缘层。

2）将导线进行直线连接与T形连接。

3）浇焊。

4）恢复绝缘层。

操作提示

◇操作时要严格按照操作规范进行。

◇浇焊时要注意人身安全。

课题四　常用便携式仪表的使用方法

教学要求

1. 掌握万用表的使用和维护方法。
2. 掌握钳形电流表的使用和维护方法。
3. 掌握兆欧表的使用和维护方法。
4. 掌握直流单臂电桥的使用与维护方法。

一、万用表的使用

1. 万用表的结构和原理

万用表主要由测量机构、测量电路、转换开关三部分组成。

（1）测量机构的作用　把过渡电量转换为仪表指针的机械偏转角。万用表的测量机构通常采用磁电系直流微安表，其满偏电流为几微安到几百微安。满偏电流越小的测量机构其灵敏度越高，万用表的灵敏度一般用电压灵敏度来表示。

（2）测量电路的作用　把各种不同的被测电量（如电流、电压、电阻等）转换为磁电系测量机构所能接受的微小直流电流（即过渡电量）。

（3）转换开关的作用　把测量电路转换为所需要的测量种类和量程。万用表的转换开关一般采用多层多刀多掷开关。图1－22所示为万用表的外形。

万用表的基本工作原理主要是建立在欧姆定律和电阻串并联规律的基础之上。电压灵敏度是万用表的主要参数之一。对一只万用表来说，当它拨到电压挡时，电压量程越高，电压挡内阻越大。但是，各量程内阻与相应电压量程的比值却是一个常数，该常数就是电压灵敏度，单位是“Ω/V”。电压灵敏度的意义是：电压灵敏度越高，其电压挡的内阻越大，对被测电路的影响越小，测量准确度越高。

2. 万用表的正确使用方法

基本操作步骤描述：使用之前要调零→要正确接线→选择测量挡位→读数要正确→维护保养

（1）使用之前要调零　为了减小测量误差，在使用万用表之前应先进行机械调零；在测量电阻之前，还要进行欧姆调零；如图1－23所示。

（2）要正确接线　万用表面板上的插孔和接线柱都有极性标记。使用时将红表笔与“+”极性孔相连，黑表笔与“-”极性孔相连。测量直流量时，要注意正、负极性不得接反，以免指针反转。测量电流时，仪表应串联在被测电路中；测量电压时，仪表要并联在被测电路两端。用万用表测量晶体管时，应牢记万用表的红表笔与内部电池的负极相接，黑表笔与内部电池的正极相接，如图 1-24 所示。

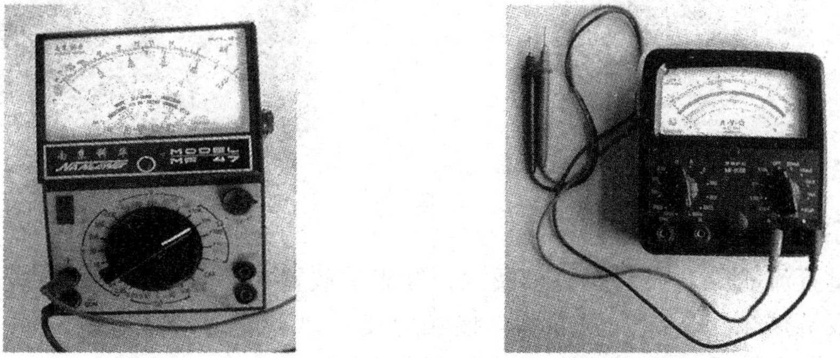

a)　　b)

图 1-22　万用表的外形图

a）MF47 型万用表　b）500 型万用表

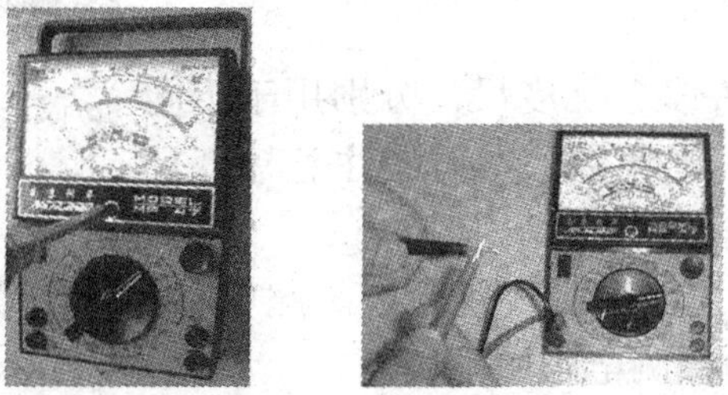

a)　　b)

图 1-23　万用表调零

a）机械调零　b）欧姆调零

图 1-24　正确接线

（3）要正确选择测量挡位　测量挡位包括测量对象和量程。如测量电压时应将转换开关放在相应的电压挡，测量电流时应将转换开关放在相应的电流挡等。如果误用电流挡去测量电压，会造成仪表损坏。选择电流或电压量程时，应使指针处在标度尺 2/3 以上的位置；选择电阻量程时，最好使指针处在标度尺的中间位置。这样做的目的是为了尽量减小测量误差。测量时，当不能确定被测电流、电压的数值范围，应先将转换开关转至对应的最大量程，然后根据指针的偏转程度逐步减小至合适量程，如图 1-25 所示。

（4）测量

1）测电阻。右手握持两表笔，左手拿住电阻器中间处，将表笔跨接在电阻器的两引线上，如图 1-26 所示。

2）测电流

①将开关量程放置在直流挡，根据被测电流选择合适的量程，测量时，将测试表笔串联于被测电路中，电流流入端与红表笔相接，流出端与黑表笔相接。

②若电源内阻和负载电阻都很小，应尽量选择较大的电流量程。不能带电变换挡位和

量程。

③测量较大电流时，需将红表笔插入2500A挡。

图1－25　选择合适的挡位

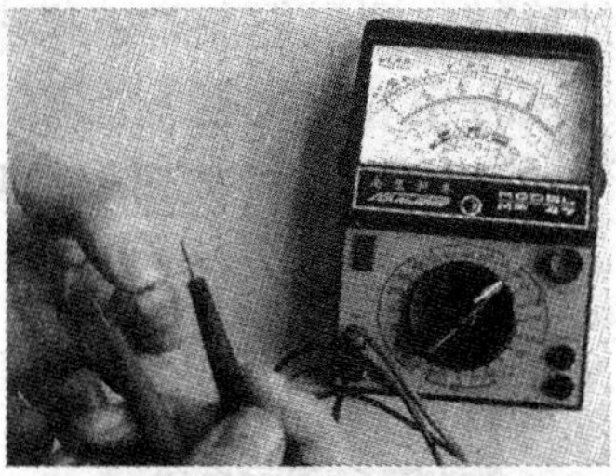

图1－26　测量电阻

3）测电压

①如果测量直流电压，一定要注意极性，红表笔放置在高电位，黑表笔放置在低电位。

②测量时表笔接触测量部位要准确，接触应良好，不要碰触其他电路，否则将影响测量结果，甚至损坏万用表及测量电路。

③测量相对于某一参考点的电位时，可将表笔一端固定在参考点进行单手操作。如图1－27所示。测量高内阻电源电压时，应尽量选择较高的电压量程，以减少表头内阻对量程结果的影响。测量带感抗电路的电压时，必须在切断电源前脱开万用表。

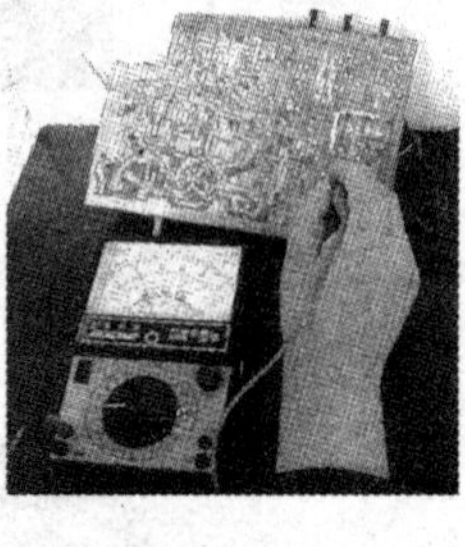

图1－27　单手操作

（5）读数要正确　万用表的表盘上有许多条标度尺，分别用于不同的测量对象。所以测量时要在对应的标度尺上读数，同时应注意标度尺读数和量程的配合，避免出错。

1）将两表笔与电阻两端接触，使指针指向中心位置附近。此时，将指针所指读数乘以欧姆量程，就得出被测电阻的阻值。

2）读表是反映测量结果的主要环节，测量电压和电流时看第二条刻度线，如图1－28所示。

图1－28　读数

（6）维护保养　使用完毕，应将万用表转换开关置于交流电压最高挡。

操作提示

◇万用表使用之前要进行机械调零。

◇测量电阻前要先进行欧姆调零。将两表笔短路，观察指针是否指在零位。如果指针没有指在欧姆零位，可以左右调整欧姆调零器，直至指针指在欧姆零位。

◇使用中如果反复调整欧姆调零器，指针仍然没有指在欧姆零位，就应该检查表内电池的电压是否低于1.2V。

◇严禁在被测电阻带电的情况下用万用表的欧姆挡测量电阻。

◇用万用表测量电阻时，所选择的倍率挡应使指针处于表盘的中间段。

二、兆欧表的使用

兆欧表主要由磁电系比率表、手摇直流发电机、测量电路三大部分组成，如图1－29所示。其用途是测量电气设备的绝缘电阻。磁电系比率表的特点是，其指针的偏转角与通过两动圈电流的比率有关，而与电流的大小无关。

基本操作步骤描述：正确选择兆欧表→正确接线→使用兆欧表前的检查→测量绝缘电阻→记录测量结果

（1）正确选择兆欧表　选择兆欧表的原则，一是其额定电压一定要与被测电气设备或线路的工作电压相适应；二是兆欧表的测量范围也应与被测绝缘电阻的范围相符合，以免引起大的读数误差。

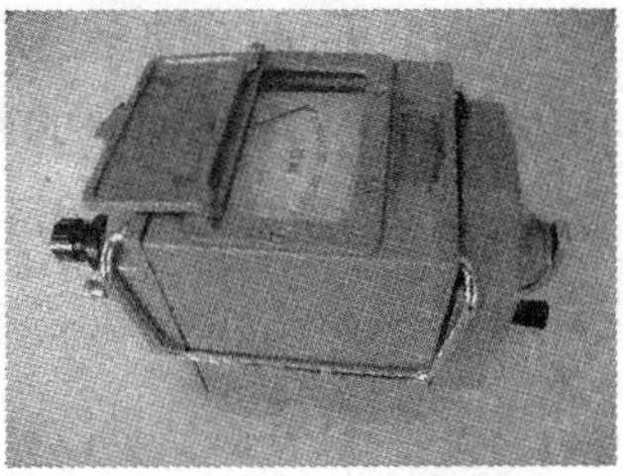

图 1－29　兆欧表

（2）兆欧表的正确接线　兆欧表有三个接线端钮，分别标有 L（线路）、E（接地）和 G（屏蔽），使用时应按测量对象的不同来选用。当测量电力设备对地的绝缘电阻时，应将 L 接到被测设备上，E 可靠接地即可，如图 1－30 所示。

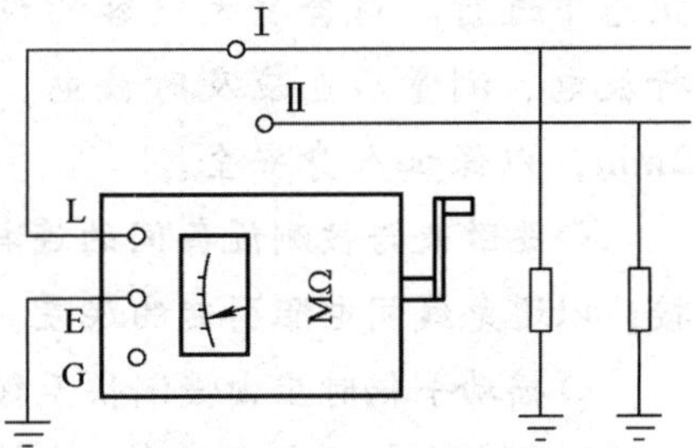

图 1－30　兆欧表的接线

（3）使用兆欧表前的检查　使用兆欧表前要先检查其是否完好。检查步骤是：在兆欧表未接通被测电阻之前，摇动手柄使发电机达到 120r/min 的额定转速，观察指针是否指在标度尺的“∞”位置。再将端钮 L 和 E 短接，缓慢摇动手柄，观察指针是否指在标度尺的“0”位置。如果指针不能指在相应的位置，表明兆欧表有故障，必须检修后才能使用，如图 1－31 所示。

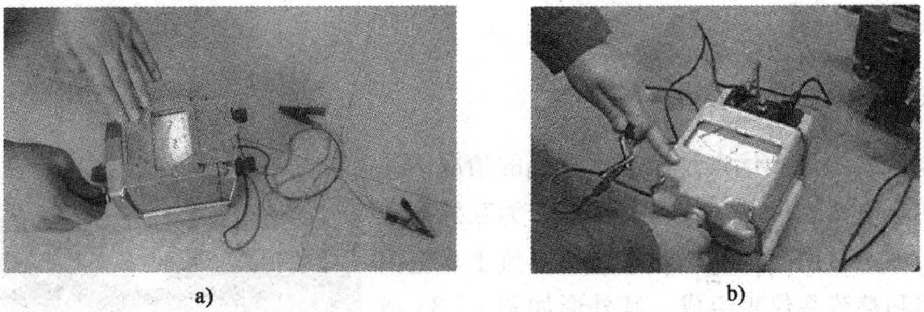

图 1－31　使用兆欧表前的检查
a）空转检查　b）短接检查

（4）测量绝缘电阻　以三相异步电动机为例说明其操作方法。

1）先测量各相绕组对地的绝缘电阻

①测量电动机 U 相绕组对地的绝缘电阻：将兆欧表的 E 端接电动机的外壳，L 端接在电动机 U 相绕组接线端上，如图 1－32 所示。摇动手柄应由慢渐快增加到 120r/min，手摇发电机时要保持匀速。若发现指针指零，应立即停止摇动手柄。注意，读数应在匀速摇动手柄 1min 以后读取。

②测量电动机 V 相绕组对地的绝缘电阻：将兆欧表的 L 端改接在 V 相绕组接线端，摇动手柄 1min 以后读取读数。用相同的方法测量电动机 W 相绕组对地的绝缘电阻。

2）测量电动机绕组相与相之间的绝缘电阻　将兆欧表的 L 端和 E 端分别接在每两相绕组接线端，摇动手柄 1min 以后读取读数。

（5）记录测量结果　将各测量结果进行记录。电动机各相绕组对地的绝缘电阻和各相绕组之间的绝缘电阻均大于500MΩ，这样才完全符合技术要求。

图1－32　兆欧表E端、L端的接线

操作提示

◇测量绝缘电阻必须在被测设备和电路停电的状态下进行。对含有大电容的设备，测量前应先进行放电，测量后也应及时放电，放电时间不得小于2min，以保证人身安全。

◇兆欧表与被测设备间的连接导线不能用双股绝缘线或绞线，应用单股线分开单独连接，以避免线间电阻引起的误差。

◇摇动手柄时应由慢渐快至额定转速120r/min。在此过程中，若发现指针指零，说明被测绝缘物发生短路事故，应立即停止摇动手柄，避免表内线圈因发热而损坏。

◇测量具有大电容设备的绝缘电阻时，读数后不能立即停止摇动兆欧表，以防止已充电的设备放电而损坏兆欧表。应在读数后一边降低手柄转速，一边拆去接地线。在兆欧表停止转动和被测物充分放电之前，不能用手触及被测设备的导电部分。

◇测量设备的绝缘电阻时，应记下测量时的温度、湿度、被测设备的状况等，以便于分析测量结果。

三、钳形电流表的使用与维护

钳形电流表的最大优点是能在不停电的情况下测量电流。钳形电流表根据其结构及用途分为互感器式和电磁系两种。常用的是互感器式钳形电流表，它由电流互感器和整流系仪表组成，其外形如图1－33所示。它只能测量交流电流。

图1－33　互感器式钳形电流表

基本操作步骤描述：检查钳形电流表→选择合适的量程→测量电流→记录测量结果→维护保养

以用钳形电流表测量三相异步电动机的工作电流为例，说明钳形电流表的使用方法。

1）测量前将电动机与电源连接好，测量前先检查钳形电流表有无损坏。

2）估计被测电流的大小，选择合适的量程。若无法估计被测电流的大小，则应先从最大量程开始，逐步换成合适的量程。转换量程应在退出导线后进行。

3）测量并读取测量结果。合上电源开关，将被测电流导线置于钳口内的中心位置，以免增大误差，如图1－34所示；若量程不对，应在退出钳口后转换量程开关。如果转换量程后指针仍不动，需继续减小量程至较小量程（50A），此时仪表指针指示电动机空载电流为10A。

图 1-34 测量并读取测量结果

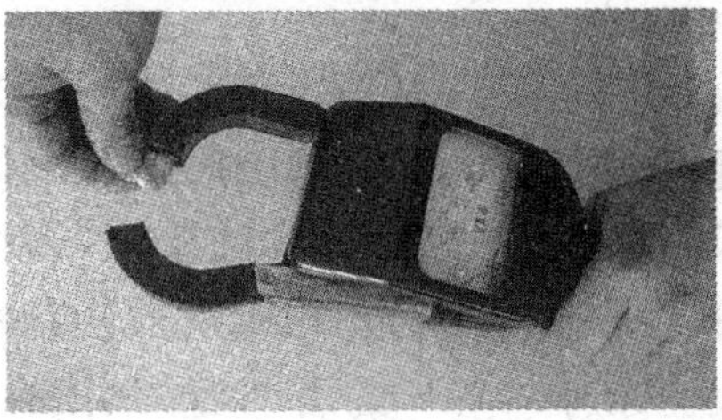

图 1-35 用酒精或汽油擦调试钳口

4）使用时钳口的结合面要保持良好的接触，若有杂声，应将钳口重新开合一次；若杂声依然存在，应检查钳口处有无污垢存在，若有可用酒精或汽油擦干净后再进行测量，如图 1-35 所示。

5）测量 5A 以下较小电流时，可将被测导线多绕几圈再放入钳口测量，被测的实际电流值就等于仪表读数除以放进钳口中的导线的圈数，如图 1-36 所示。

6）维护保养 测量完毕，应将仪表的量程开关置于最大量程位置上，以防下次使用时，由于使用者疏忽而造成仪表损坏。

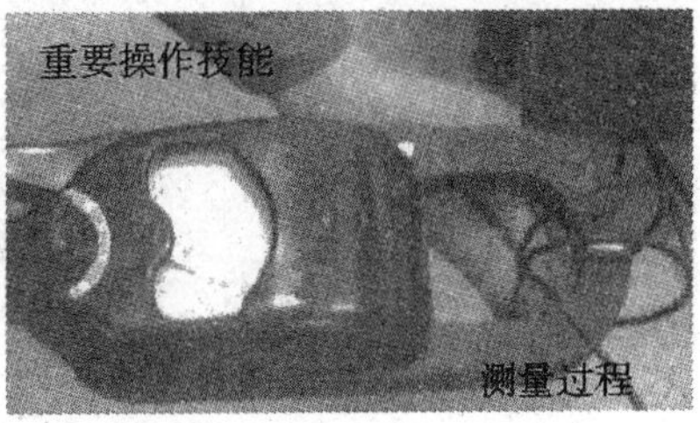

图 1-36 测量小电流

四、直流单臂电桥的使用与维护

1. 直流单臂电桥的原理和结构

（1）直流单臂电桥的原理 直流单臂电桥是一种专门用来测量 1Ω 以上直流电阻的较精密的仪器。它的原理图和外形如图 1-37 所示，R_x、R_2、R_3、R_4 分别组成电桥的四个臂。其中，R_x 称为被测臂，R_2、R_3 构成比例臂，R_4 称为比较臂。

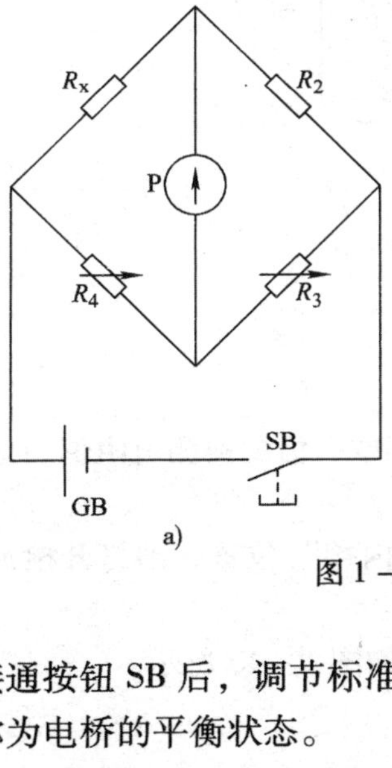

a）

b）

图 1-37 直流单臂电桥原理图和外形图

a）原理图 b）外形图

当接通按钮 SB 后，调节标准电阻 R_2、R_3、R_4，使检流计 P 的指示为零，即 $I_P=0$，这种状态称为电桥的平衡状态。

电桥平衡的条件是 $R_2R_4 = R_xR_3$，它说明，电桥相对臂电阻的乘积相等时，检流计中的电流 $I_P = 0$。

（2）QJ23 型直流单臂电桥　QJ23 型直流单臂电桥的电路及面板图如图 1－38 所示。它的比例臂 R_2/R_3 由八个标准电阻组成，共分为七挡，由转换开关 SA 换接。比例臂的读数盘设在面板左上方。比较臂 R_4 由四个可调标准电阻组成，它们分别由面板上的四个读数盘控制，可得到从 0～9 999Ω 范围内的任意电阻值，最小步进值为 1Ω。

面板上标有“R_x”的两个端钮用来连接被测电阻。当使用外接电源时，可从面板左上角标有“B”的两个端钮接入。如需使用外附检流计时，应用连接片将内附检流计短路，再将外附检流计接在面板左下角标有“外接”的两个端钮上。

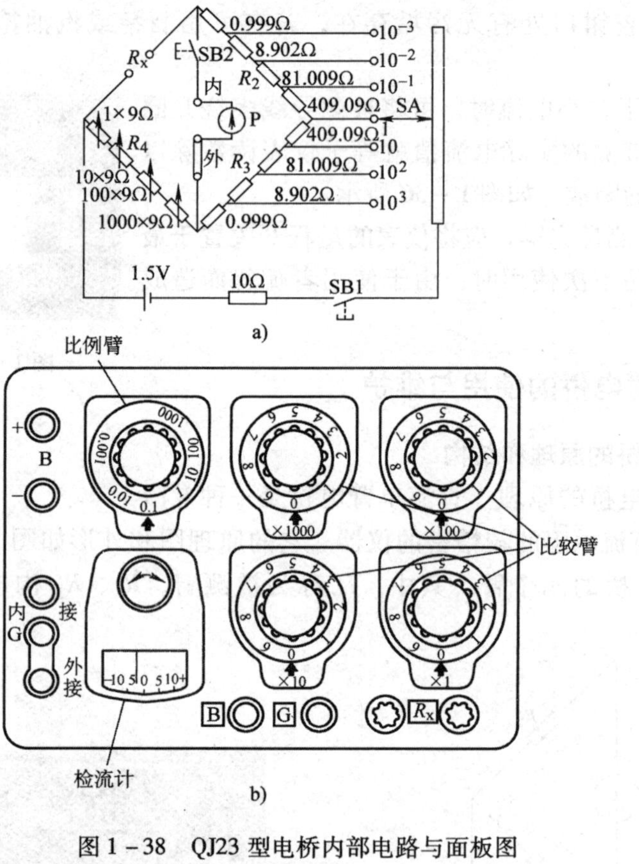

图 1－38　QJ23 型电桥内部电路与面板图

a）内部电路　b）面板图

2. 直流单臂电桥的使用

基本操作步骤描述： 检查直流单臂电桥→调整检流计零位→估测被测电阻值→选择适当的比例臂→测试→维护保养

1）调整检流计零位。测量前应先将检流计开关拨向“内接”位置，即打开检流计的锁扣。然后调节调零器使指针指在零位，如图 1－39 所示。

2）用万用表的欧姆挡估测被测电阻值，得出估计值，如图 1－40 所示。

图 1－39　调整检流计零位

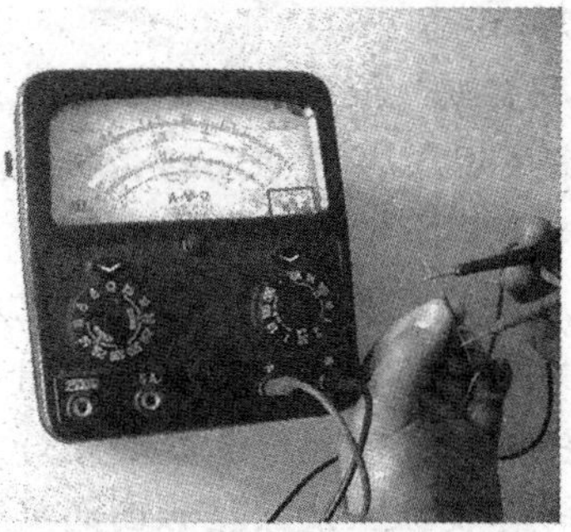

图 1－40　估测被测电阻值

3）接入被测电阻时，应采用较粗较短的导线，并将接头拧紧，如图 1－41 所示。

图 1－41　接入被测电阻

图 1－42　选择适当的比例臂

4）根据被测电阻的估计值，选择适当的比例臂，使比较臂的四挡电阻都能被充分利用，从而提高测量准确度。例如，被测电阻约为几十欧时，应选用 ×0.01 的比例臂；被测电阻约为几百欧时，应选用 ×0.1 的比例臂，如图 1－42 所示。

5）当测量电感线圈的直流电阻时，应先按下电源按钮，再按下检流计按钮；测量完毕，应先松开检流计按钮，后松开电源按钮；以免被测线圈产生自感电动势损坏检流计，如图 1－43 所示。

6）电桥电路接通后，若检流计指针向“＋”方向偏转，应增大比较臂电阻；反之应减小比较臂电阻，如图 1－44 所示。

图 1－43　按钮操作

图 1－44　检流计指针

7）电桥检流计平衡时，读取被测电阻值＝比例臂读数×比较臂读数。

8）电桥使用完毕，应先切断电源，然后拆除被测电阻，最后将检流计锁扣锁上。

操作提示

◇使用前应先检查内附电池，电池容量不足时会影响测量准确度，要及时更换电池。

◇连接导线应尽量短而粗，接点漆膜或氧化层应刮干净，接头要拧紧，以防止因接触不良影响准确度或损坏检流计。

◇采用外接电源时，必须注意电源的极性，且不要使电源电压值超过电桥的规定值。

◇长期不用的电桥，应取出内附电池，把电桥放在通风、干燥、阴凉的环境中保存。

◇要保证电桥的接触点接触良好，若发现接触不良，可拆去外壳，用醮有汽油的纱布清洗，并旋转各旋钮，清除接触面的氧化层，再涂上一层薄薄的中性凡士林。

【技能训练】

1. 训练内容

1）用万用表估测三相异步电动机（Y112M—4，7.5kW）的绕组阻值。

2）用单臂电桥测量三相异步电动机（Y112M—4，7.5kW）的绕组阻值。

3）用兆欧表测量三相异步电动机（Y112M—4，7.5kW）的绝缘电阻。

4）用钳形电流表三相异步电动机（Y112M—4，7.5kW）的线电流。

2. 工具、仪表及器材

三相异步电动机（Y112M－4、7.5kW）1台；万用表（500型或自定）1块；QJ23型电桥1台；钳形电流表（互感器式钳形电流表）1块；连接导线（BVR－2.5mm^2）9m；三相刀开关（HK2－15/3、380V）1只；三相四线交流电源（3×380/220 V、20A）1处；电工通用工具1套；透明胶布（自定）1卷等。

3. 训练步骤

1）将三相异步电动机接线盒拆开，取下所有接线桩之间的连接片，使三相绕组各自独立。

2）选择合适的量程，用万用表估测三相异步电动机（Y112M—4，7.5kW）的绕组阻值，并正确读出测量值。

3）选择合适的量程，用单臂电桥分别测量三相异步电动机各相绕组的电阻值，并正确读出测量值。

4）用兆欧表测量三相绕组之间、各相绕组与机座之间的绝缘电阻。

5）按电动机铭牌规定，恢复有关接线桩之间的连接片，然后接通三相交流电源，先用万用表测量三相异步电动机的线电压，然后通电运行，用钳形电流表测量起动瞬时电流和空载电流。

操作提示

◇万用表、电桥、兆欧表和钳形电流表要正确使用。

◇电动机运行时要注意人身安全。

第二章　室内线路的安装

学习目标

在工农业生产和生活中离不开室内线路，室内线路的安装技能是维修电工必备的重要基本技能，本章主要介绍塑料护套线配线、板配线、管线配线、照明装置和进户装置及量配电装置的安装等操作技能。

本章的学习目标

1. 掌握室内线路的基本知识。
2. 掌握室内线路的安装技能。
3. 掌握照明装置和量配电装置的安装技能。

课题一　塑料护套线配线

教学要求

1. 掌握塑料护套线配线的方法和步骤。
2. 掌握塑料护套线配线的安装技能。

塑料护套线是一种有塑料保护层的双芯或多芯绝缘导线，是采用塑料护套线进行明线安装的一种方法，具有防潮、耐酸、耐腐蚀、线路造价较低和安装方便等优点。可以直接敷设在空芯板墙壁以及其他建筑物表面，用铝片线卡（俗称钢精轧头）或塑料线卡作为导线的支持物。

一、用铝片线卡进行塑料护套线配线

基本操作步骤描述：定位→划线→固定铝片线卡→敷设导线

1. 定位

根据布置图，先确定导线的走向和各个电器的安装位置，并做好记号。

2. 划线

根据确定的位置和线路的走向用弹线袋划线。方法如下：在需要走线的路径上，将线袋的线拉紧绷直，弹出线条，要做到横平竖直。垂直位置吊铅垂线如图 2－1 所示，水平位置通过目测划线如图 2－2 所示。

3. 固定铝片线卡

铝片线卡的形状如图 2 – 3 所示。

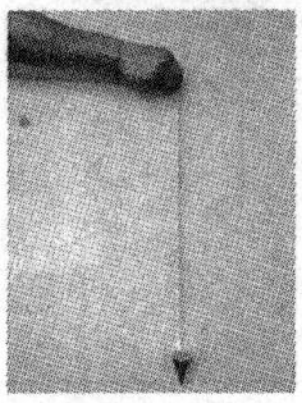

图 2 – 1

图 2 – 2

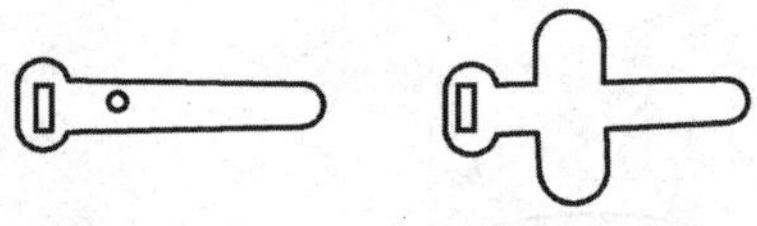

a) b)

图 2 – 3 常用铝片线卡

（1）选择铝片线卡 根据每一线条上导线的数量选择合适型号的铝片线卡，铝片线卡由小到大其型号为 0 号、1 号、2 号、3 号、4 号等。在室内外照明电路中通常用 0 号和 1 号铝片线卡。根据护套线布线原则，铝片线卡之间的距离为 150 ~ 200mm，弯角处铝片线卡离弯角顶点的距离为 50 ~ 100mm，离开关、灯座的距离为 50mm。画出铝片线卡的位置。

（2）固定铝片线卡

1）在木制结构上，可用铁钉固定铝片线卡。将鞋钉插入铝片线卡中央的小孔处，用榔头将铝片线卡固定在所需位置上，如图 2 – 4 所示。

2）在抹灰浆的墙上，每隔 4 ~ 5 挡（每挡是指固定铝片线卡的距离），进入木台和转角处需用小铁钉在木榫上固定铝片线卡，其余的可用小铁钉直接将铝片线卡钉在灰浆上。

3）在砖墙和混凝土墙上可用木榫或环氧树脂粘接剂固定铝片线卡。在鞋钉无法钉入的墙面上，应凿眼安装木榫。木榫的削制方法是：先按木榫需要的长度用锯锯出木胚，然后用左手按住木胚的顶部，右手拿电工刀削制，如图 2 – 5 所示。

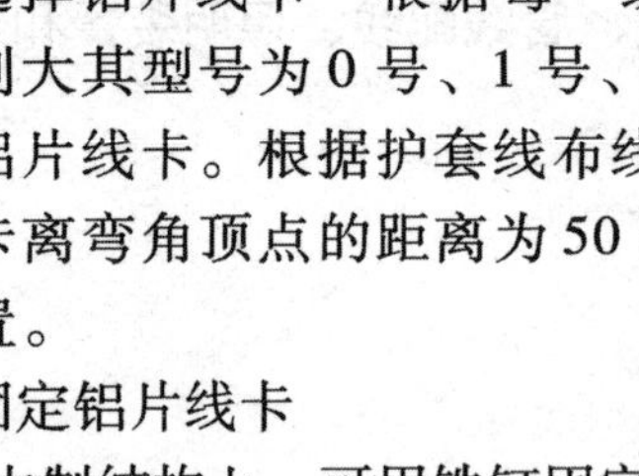

图 2 – 4 固定铝片线卡

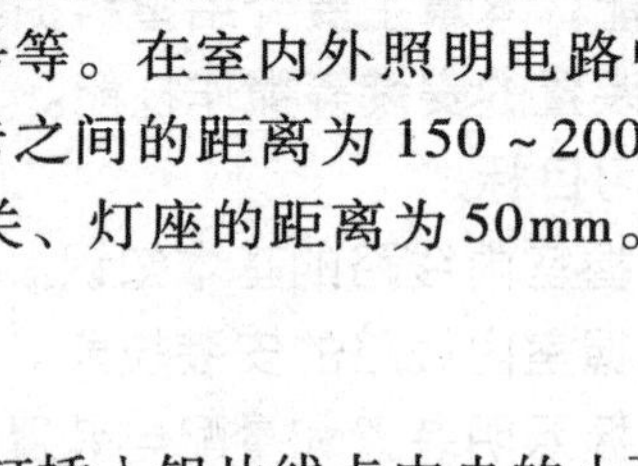

图 2 – 5 削制木榫

（3）敷设导线 将护套线按需要放出一定的长度，用钢丝钳将其剪断，然后敷设。如果线路较长，可一人放线，另一人敷设，注意不可使导线产生扭曲，放出的导线不得在地上拉拽，以免损伤导线护套层，如图 2 – 6 所示。护套线的敷设必须横平竖直。敷设时用一只手拉紧导线，另一只手将导线固定在铝片线卡上，在弯角处应按最小弯曲半径来处理，这样可使布线更美观，如图 2 – 7 所示。

对于较粗的护套线，为了敷直，可在直线部分的两端各装一副瓷夹，敷线时，先把护套线的一端固定在瓷夹内，然后勒直并在另一端收紧护套线后固定在另一副瓷夹中，最后把护套线依次夹入铝片线卡中，如图 2 – 8 所示。

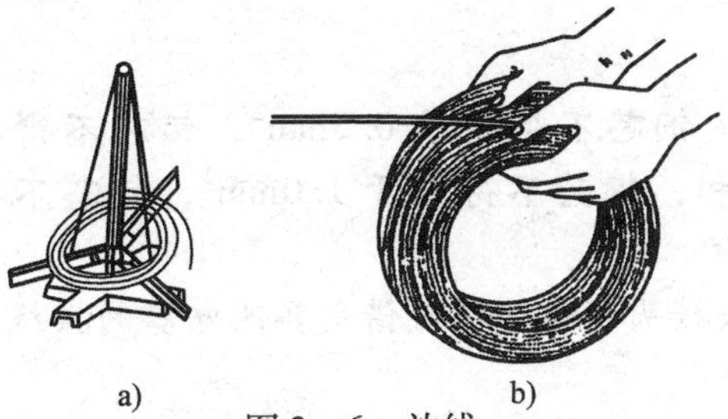

图 2-6 放线
a）在线盘上放线 b）手工放线

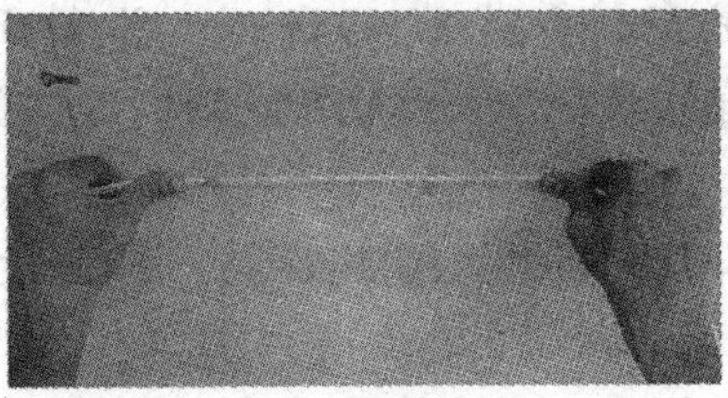

图 2-7 敷设导线

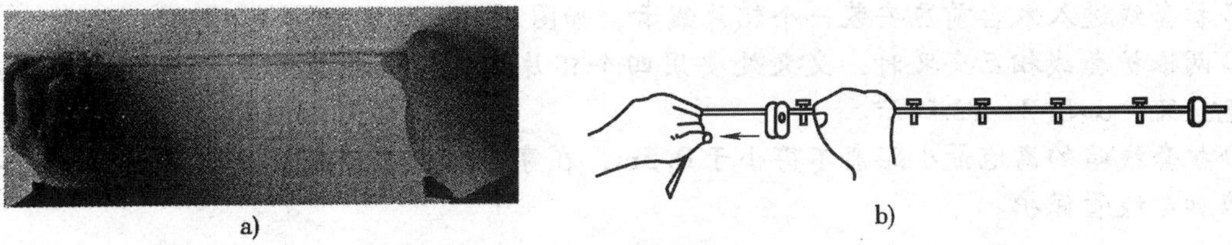

图 2-8 护套线的收紧
a）用手紧线 b）用瓷夹紧线

（4）铝片线卡的夹持 护套线均置于铝片线卡的定位孔后，将铝片线卡收紧夹持护套线，如图 2-9 所示。

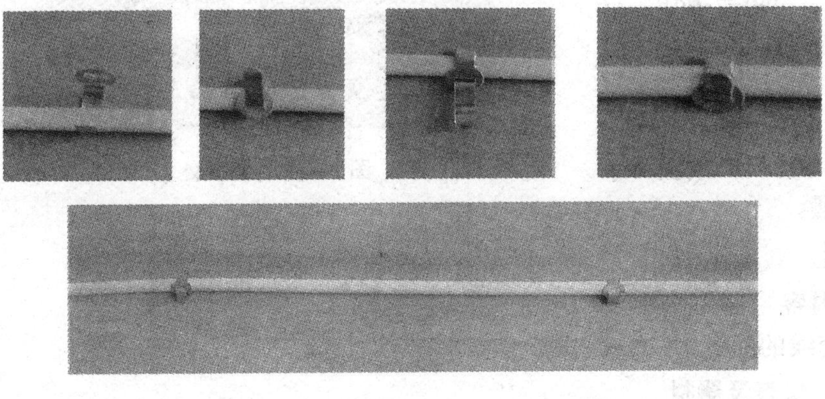

图 2-9 铝片线卡的夹持

二、利用塑料卡钉进行塑料护套线配线

用塑料卡钉进行塑料护套线配线较为方便，使用较广泛。在定位及划线后进行敷设，其间距要求与铝片线卡塑料护套线配线相同，具体操作步骤如图 2-10 所示。

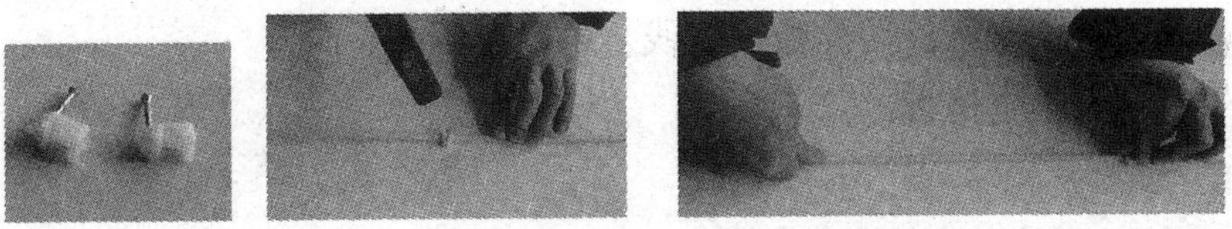

图 2-10 用塑料卡钉进行塑料护套线配线
a）塑料卡钉 b）固定卡钉 c）收紧夹持护套线

操作提示

◇室内使用塑料护套线配线时，其截面积，铜芯不得小于0.5mm²，铝芯不得小于1.5mm²；室外使用塑料护套线配线时，其截面积，铜芯不得小于1.0mm²，铝芯不得小于2.5mm²。

◇护套线不可在线路上直接连接，可通过瓷头接头、接线盒或借用其他电器的接线桩来连接线头。

◇护套线转弯时，用手将导线勒平后，弯曲成形，再嵌入铝片线卡，折弯半径不得小于导线直径的3~6倍，转弯前后应各用一个铝片线卡夹住。

◇护套线进入木台前应安装一个铝片线卡，如图2-11所示。

◇两根护套线相互交叉时，交叉处要用四个铝片线卡（塑料卡钉）卡住，护套线应尽量避免交叉，如图2-12所示。

◇护套线路的离地最小距离不得小于0.5m，在穿越楼板及离地低于0.15m的一般护套线，应加电线管保护。

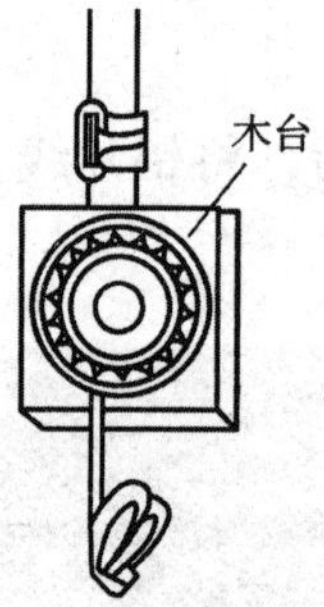

图2-11 进入木台

图2-12 十字交叉

【技能训练】

1. 训练内容

塑料护套线的配线。

2. 工具、仪表及器材

电工工具、绝缘胶布、锤子、木螺钉、木榫、冲击钻及合金钻头、弹线袋、铝片线卡（塑料卡钉）和导线等。

3. 训练步骤

1）定位、放线。

2）做护套线转角敷设，将护套线做好拐角，然后敷设好铝片线卡（塑料卡钉）。

3）做护套线十字交叉敷设，先敷设横线，再敷设竖线。

4）敷设导线，并盖上槽板。

操作提示

◇直线敷设，需先调整护套线成平直。

◇拐角敷设，注意拐角半径尺寸。

◇使用钢锯时，要注意安全。

课题二　塑料槽板配线

教学要求

1. 掌握塑料槽板的方法和步骤。
2. 掌握塑料槽板的安装技能。

塑料槽板（阻燃型）布线是把绝缘导线敷设在塑料槽板的线槽内，上面用盖板把导线盖住。这种布线方式适用于办公室、生活间等干燥房屋内的照明，也适用于工程改造更换线路以及弱电线路吊顶内暗敷等场所使用。塑料槽板布线通常在墙体抹灰粉刷后进行。

线槽的种类很多，不同的场合应合理选用，如一般室内照明等线路选用PVC矩形截面的线槽。如果用于地面布线应采用带弧形截面的线槽。用于电气控制一般采用带隔栅的线槽。为了反应隔栅，图片中将上盖去掉了，如图2－13所示。

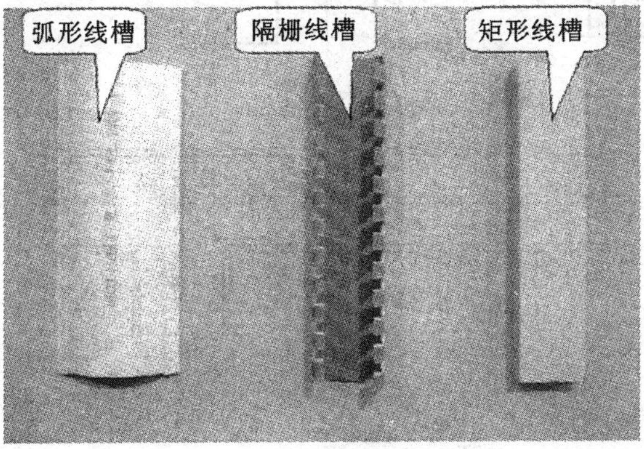

图2－13　线槽的种类

一、塑料槽板布线的步骤

基本操作步骤描述：选择线槽→划线定位→固定槽板→敷设导线

1. 选择线槽

根据导线直径及各段线槽中导线的数量确定线槽的规格。矩形截面线槽的规格以长、宽来表示，弧形截面的线槽的一般以宽度表示。

2. 划线定位

为使线路安装得整齐、美观，塑料槽板应尽量沿房屋的线脚、横梁、墙角等处敷设，并与用电设备的进线口对正、与建筑物的线条平行或垂直。

选好线路敷设路径后，根据每节PVC槽板的长度，测定PVC槽板底槽固定点的位置（先测定每节塑料槽板两端的固定点，然后按间距500 mm以下均匀地测定中间固定点）。

3. 固定槽板

PVC槽板安装前，应首先将平直的槽板挑选出来，剩下的弯曲槽板应设法利用在不明显的地方。

各种线槽的敷设方法如图 2－14、图 2－15 所示。

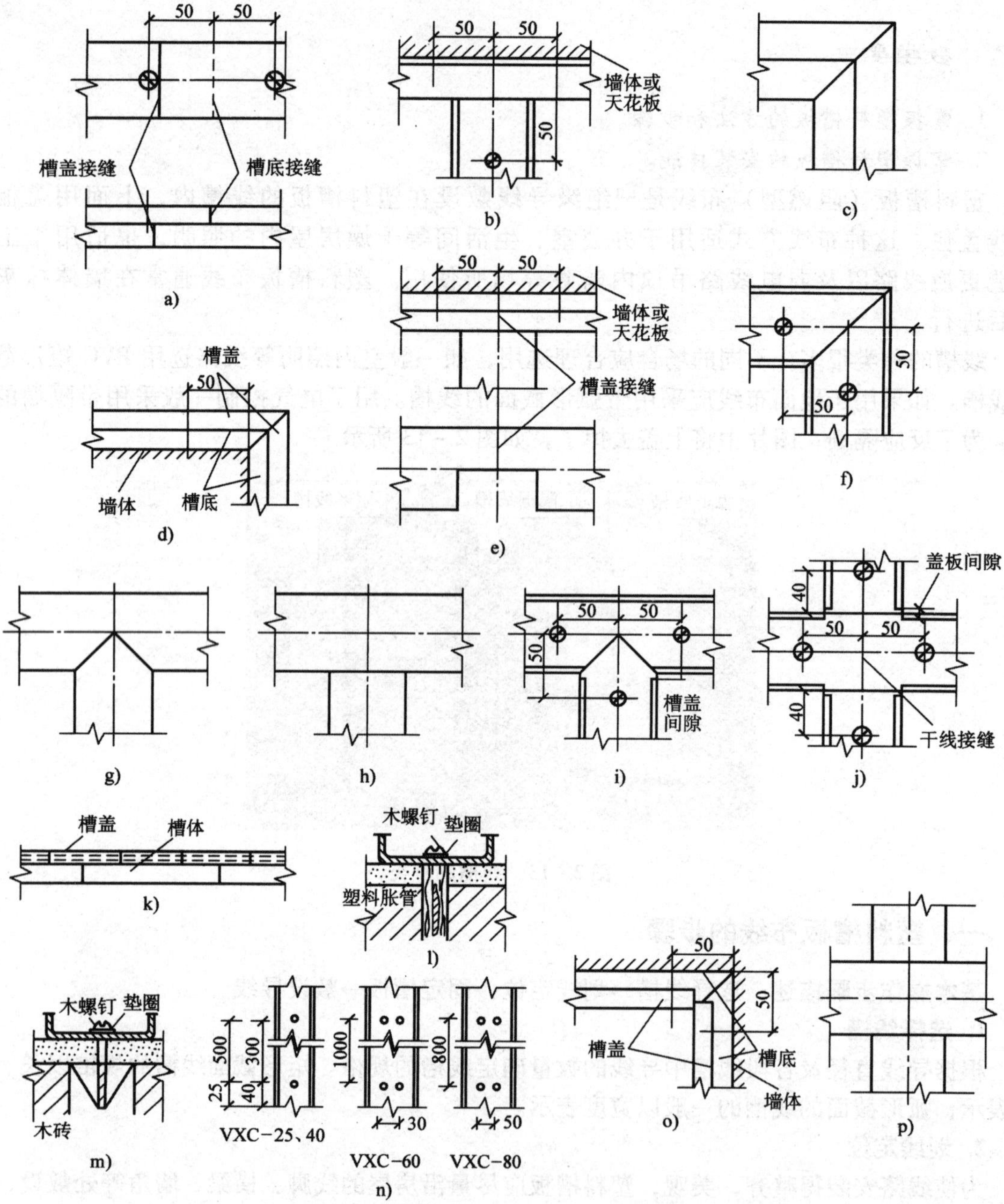

图 2－14 VXC40—80 型塑料线槽敷设方法

a）槽底和槽盖的对接做法 b）顶三角接头槽底做法 c）槽盖平拐角做法 d）槽底和槽盖外拐角做法 e）顶三角接头槽盖做法 f）槽底平拐弯做法 g）槽盖分支接头做法（一） h）槽盖分支接头做法（二） i）槽底分支接头做法 j）槽底十字接头做法 k）槽盖和槽底错位搭接示意图 l）用塑料膨胀管安装 m）用木砖安装 n）槽体固定点间距尺寸 o）槽底固定点间距尺寸 p）槽盖十字接头做法

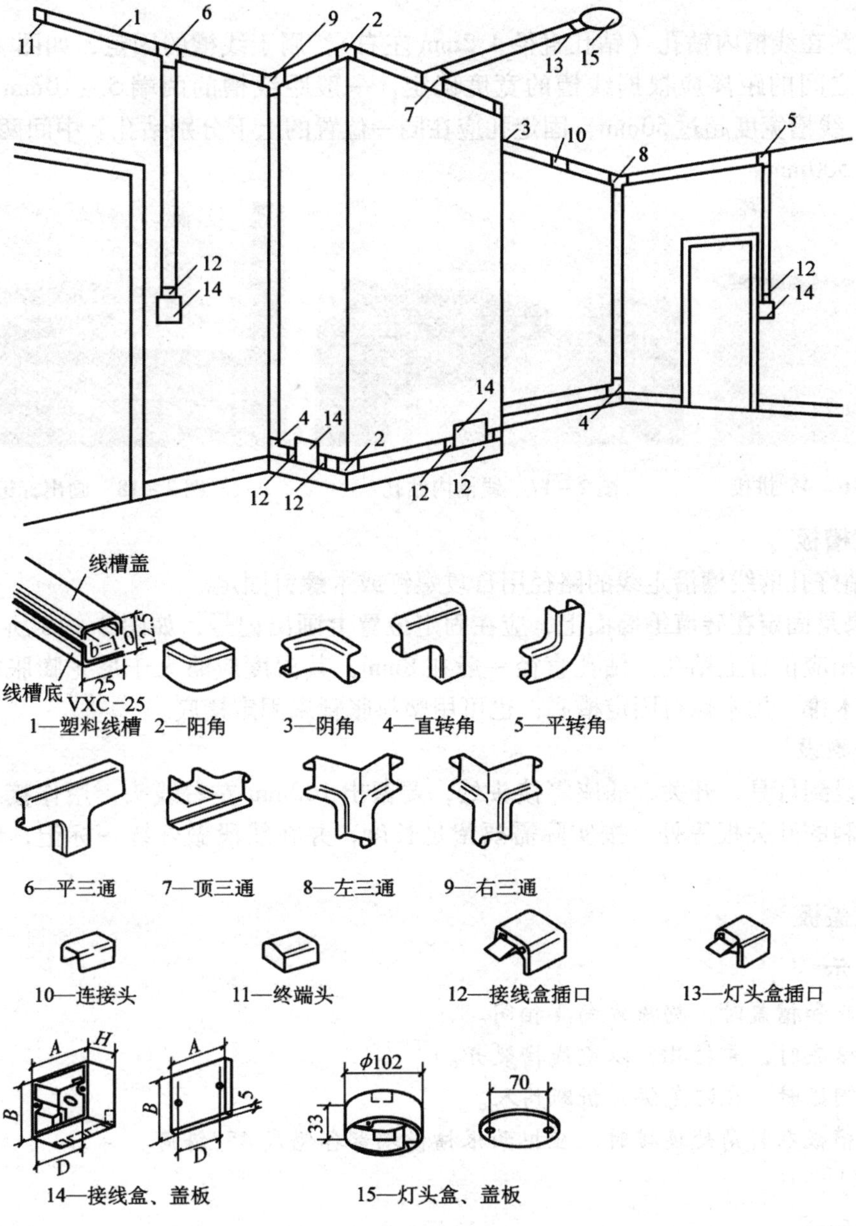

图 2－15　用 VXC—25 型塑料线槽敷设照明示意图

4. 敷设导线

敷设导线应以一分路一条 PVC 槽板为原则。PVC 槽板内不允许有导线接头，以减少隐患，若必须接头时要加装接线盒。

二、塑料槽板布线的安装方法

1. 选用槽板

根据电源、开关盒、灯座的位置，量取各段线槽的长度，用锯分别截取。在线槽直角转弯处应采用 45°拼接，如图 2－16 所示。

2. 钻孔

用手电钻在线槽内钻孔（钻孔直径4.2mm左右），用于线槽的固定，如图2－17所示。相邻固定孔之间的距离应根据线槽的宽度确定，一般距线槽的两端5～10mm，距中间在30～50mm。线槽宽度超过50mm，固定孔应在同一位置的上下分别钻孔。中间两钉之间距离一般不大于500mm。

图2－16 45°拼接

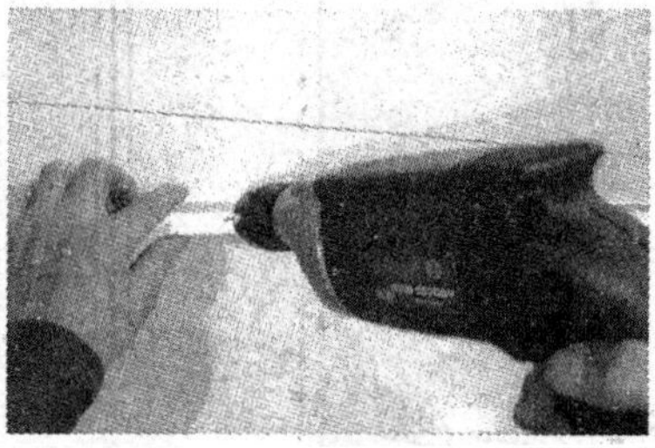

图2－17 线槽内钻孔

图2－18 画出标记

3. 固定槽板

1）将钻好孔的线槽沿走线的路径用自攻螺钉或木螺钉固定。

2）如果是固定在砖墙等墙面上，应在固定位置上画出记号，如图2－18所示。用冲击钻或电锤在相应位置上钻孔。钻孔直径一般在8mm，其深度应略大于尼龙膨胀杆或木榫的长度。埋好木榫，用木螺钉固定槽底；也可用塑料胀管来固定槽底。

4. 导线敷设

导线敷设到灯具、开关、插座等接头处，要留出100mm左右线头，用作接线。在配电箱和集中控制的开关板等处，按实际需要留足长度，并在线段做好统一标记，以便接线时识别。

5. 固定盖板

操作提示

◇锯槽底和槽盖时，拐角方向要相同。

◇固定槽底时，要钻孔，以免线槽裂开。

◇使用钢锯时，应避免锯片折断伤人。

◇PVC槽板在转角处连接时，应把两根槽板端部各锯成45°斜角。

【技能训练】

1. 训练内容

塑料槽板配线。

2. 工具、仪表及器材

绝缘电线（根据灯的功率自定）15m，塑料槽板（自定）5m，塑料槽板配套分接盒（自定）2个，钢钉（塑料槽板固定用钉）30个，配线板（500mm×（600～2000mm）×25mm）1块。

3. 训练步骤

1）绘制电路图。

2）定位。

3）划线。

4）锯槽底和槽盖拐角 4 个。

5）锯槽底和槽盖十字交叉接头 2 个。

6）用木螺钉固定槽底。

7）敷设导线，并盖上槽板。

操作提示

◇锯槽底和槽盖时，拐角方向要相同。

◇固定槽底时，要钻孔，以免线槽裂开。

◇使用钢锯时，要注意安全。

课题三　照明装置的安装

教学要求

1. 掌握常用照明灯具、开关及插座的安装原则和要求。

2. 掌握常用照明灯具、开关及插座的安装方法和步骤。

3. 熟悉常用照明灯具的工作原理与故障排除方法。

电气照明在工农业生产和日常生活中占有重要地位，照明装置由电光源、灯具、开关和控制电路等部分组成。

用于照明的电光源，按其发光原理，分为热辐射光源和气体放电光源两大类。热辐射光源是利用物体受热温度升高时辐射发光的原理制造的光源，如白炽灯、卤钨灯（碘钨灯和溴碘钨灯）等。气体放电光源是利用气体放电时发光的原理制造的光源，如荧光灯、高压汞灯、高压钠灯、金属卤化物灯和氙灯等。常用的照明灯具主要是白炽灯和荧光灯两大类。

一、照明灯具安装的一般要求

照明灯具按其配线方式、厂房结构、环境条件及对照明的要求不同而有吸顶式、壁式、嵌入式和悬吊式等几种方式，不论采用何种方式，都必须遵守以下各项基本原则：

1）灯具安装的高度，室外一般不低于 3m，室内一般不低于 2.5m，如遇特殊情况不能满足要求时，可采取相应的保护措施或改用安全电压供电。

2）灯具安装应牢固，灯具重量超过 1kg 时，必须固定在预埋的吊钩上。

3）灯具固定时，不应因灯具自重而使导线承受额外的拉力。

4）灯架及管内不允许有接头。

5）导线的分支及连接处应便于检查。

6）导线在引入灯具处应有绝缘物保护，以免磨损导线的绝缘，也不应使其承受额外的拉力。

7）必须接地或接零的灯具外壳应有专门的接地螺栓和标志，并和地线（零线）妥为连接。

8）室内照明开关一般安装在门边便于操作的位置，拉线开关一般应离地2～3m，暗装翘板开关一般离地1.3m，与门框的距离一般为150～200mm。

9）明装插座的安装高度一般应离地1.4m。暗装插座一般应离地300mm，同一场所暗装的插座高度应一致，其高度相差一般应不大于5mm；多个插座成排安装时，其高度差应不大于2mm。

二、照明灯具安装的一般要求

1. 白炽灯

白炽灯是利用电流的热效应将灯丝加热而发光的。白炽灯的结构简单，使用可靠，价格低廉，安装方便。灯泡主要由灯丝、玻璃壳和灯头三部分组成，如图2－19所示。白炽灯灯泡的规格很多，按其工作电压分，有6V、12V、24V、36V、110V和220V六种，其中36V以下的属于低压安全灯泡。灯泡的灯头有插口式和螺口式两种，功率超过300W的灯泡，一般采用螺口式灯头，因为螺口式灯头在电接触和散热方面，都要比插口式灯头好得多。

2. 白炽灯照明电路的安装

基本操作步骤描述：确定安装方案→检查元器件→布线→安装灯座→安装开关→安装插座→通电试验

（1）确定安装方案　根据安装要求，确定安装方案（如护套线、槽板配线、瓷绝缘子配线），准备好所需材料。

（2）检查元器件　如灯泡、灯头、开关及插座等。

（3）布线　按照布线工艺，定位后布线。

（4）灯座的安装　灯座有螺口和插口两种样式，根据安装形式不同又分为平灯座和吊灯座，如图2－20所示。

图2－19　白炽灯的结构

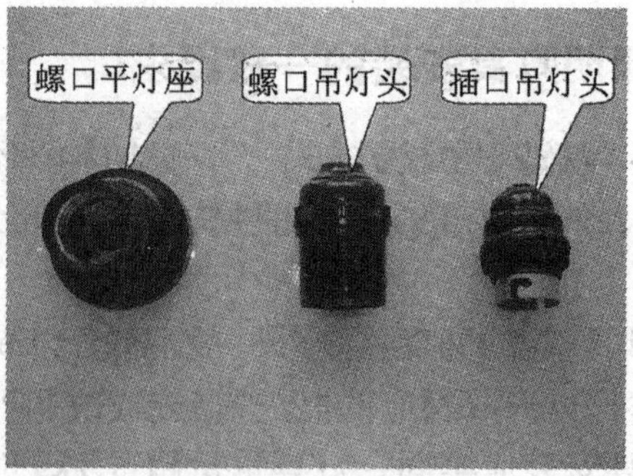

图2－20　灯座

1）平灯座的安装：平灯座的安装见表2－1。

操作提示

◇插口平灯座上的两个接线桩，可任意连接上述两个线头；而螺口平灯座上的两个接线桩，为了使用安全，必须把电源中性线线头连接在连通螺纹圈的接线桩上，把来自开关的线头接在连通中心簧片的接线桩上。

表2-1　平灯座的安装

图示	操作步骤
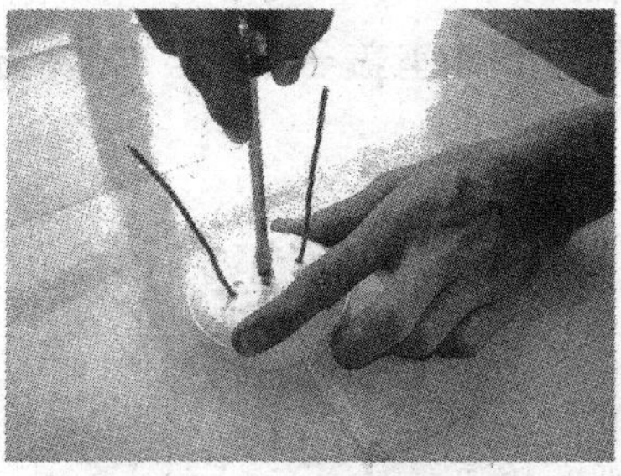	1）将圆木按灯座穿线孔的位置钻孔 ϕ5mm，并将圆木边缘开出缺口（位置为护套线进入处，缺口大小为护套线的护套尺寸） 2）剥去进入圆木护套线的护套层 3）将导线穿出圆木的穿线孔，穿出孔后的导线长度一般为50mm，根据圆木固定孔的位置，用木螺钉将圆木固定在原先做好记号的位置上，或预先打入的木榫上
	将开关线接入平灯座的中心桩头上，用剥线钳剥去导线的绝缘层（约15mm），用尖嘴钳将芯线扳成90°，再钳住芯线顺时针方向打圈
	将零线接入螺口平灯座与螺纹联接的接线桩头上
	用木螺钉将灯座固定在圆木上

2）吊灯座的安装。吊灯座必须用两根绞合的塑料软线作为与挂线盒的连接线，两端均应将线头绝缘层削去。

①将上端塑料软线穿入挂线盒盖孔内打个结，使其能承受吊灯的重量，然后把软线上端两个线头分别穿入挂线盒底座正凸起部分的两个侧孔里，并分别接到两个接线桩上。

②罩上挂线盒盖，接着将下端塑料软线穿入吊灯座盖孔内也打一个结。

③把两个线头接到吊灯座上的两个接线桩上，罩上挂线盒盖，接着将下端塑料软线穿入吊灯座盖孔内并打结。

④把两个线头接到吊灯座上的两个接线桩上，罩上吊灯座盖子即可。安装方法如图2－21所示。

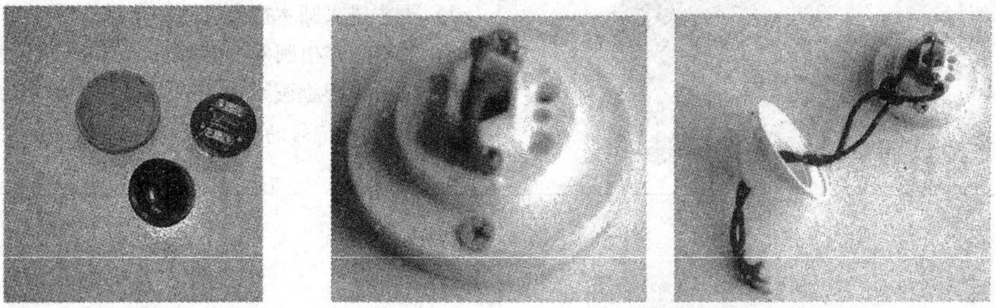

a)　　b)　　c)

图2－21　吊灯座的安装

a）圆木、吊线盒　b）安装吊线盒座　c）吊线盒接线

(5) 开关的安装　开关有明装和暗装之分。暗装开关一般在土建工程施工过程中安装，如图2－22所示。明装开关一般安装在木台上或直接安装在墙壁上（盒装）。

图2－22　暗装开关

1）单联开关的安装

①在木台上安装开关：先在墙上准备装开关的地方安装木榫，将一根相线和一根开关线穿过木台两孔，并将木台固定在墙上，再将两根导线穿进开关两孔眼，接着固定开关进行接线，装上开关盖子即可。其安装示意图如图2－23所示。

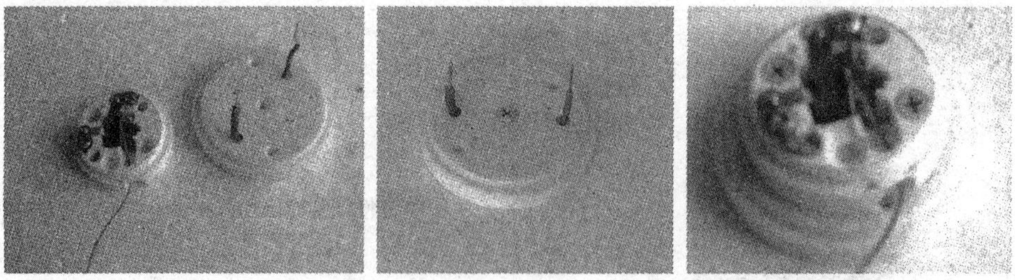

a)　　b)　　c)

图2－23　在木台上安装开关

a）安装圆木　b）固定圆木　c）安装开关

②盒装开关的安装：盒装开关的安装见表2－2。

2）双联开关的安装。双联开关一般用于两处控制一只灯的电路，双联开关控制一只灯的电路安装方法为两只双联开关中连铜片的桩头不能接错。安装方法如图2－24所示。

表 2-2　盒装开关的安装

图示	操作步骤
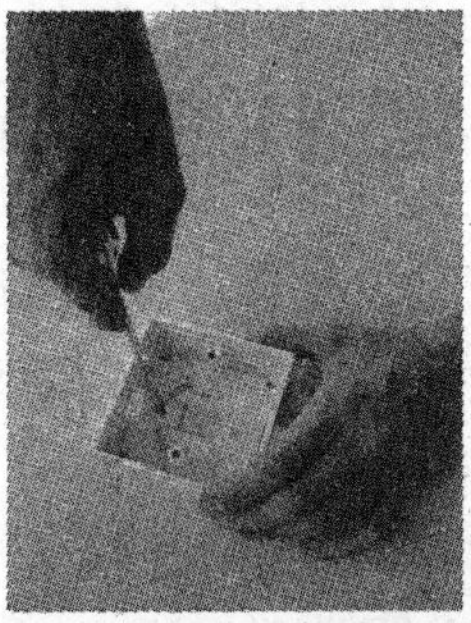	做好记号，固定开关盒，根据开关盒固定孔的位置用螺钉旋具将木螺钉旋入，使开关盒固定在原先做好记号的位置上，如果是砖墙应先打好木榫
	按原理图将导线接入开关的接线桩头上
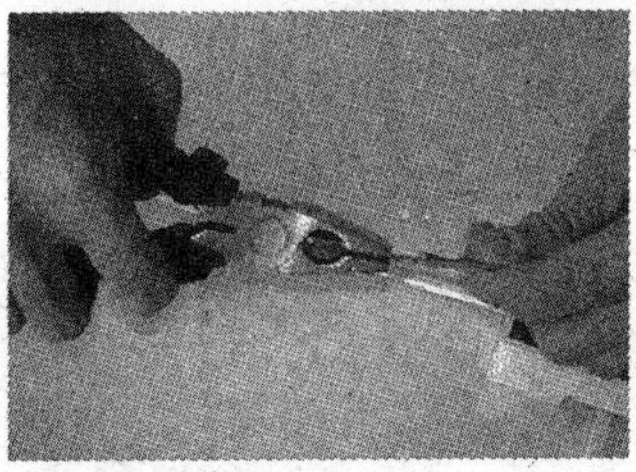	零线在开关盒内对接：将两根导线的绝缘层剥去 20mm，用钢丝钳将两铜芯线相互缠绕 最后要用绝缘胶布采用半叠包的形式进行绝缘的恢复处理，应包裹两层绝缘胶布。潮湿场所应先用塑料包布包裹两层后再用黑胶布包裹两层

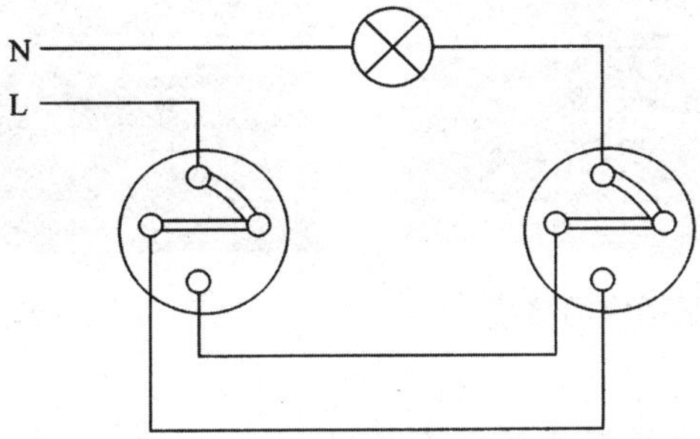

图 2-24　双联开关控制一盏灯接线电路

（6）插座的安装　插座根据电源电压的不同可分为三相四眼插座和单相三眼或二眼插座，根据安装形式的不同又可分为明装式和暗装式两种，插座如图 2-25 所示。单相三眼插座安装的方法如图 2-26 所示。

根据单相插座的接线原则（即左零右相上接地），将导线分别接入插座的接线桩内。这里应注意接地线的颜色，根据标准规定接地线应是黄绿双色线。

（7）通电检验

1）检查电路是否正常。方法如下：将万用表置于电阻 $R\times1$ 挡，两表笔分别置于两个熔断器的出线端（下桩头）上进行检测。正常情况下，开关处于闭合位置时应有阻值（阻值的大小取决于负载）；开关处于断开位置（即开路）时，电阻应为无穷大。

2）在电路正常情况下接通电源，扳动开关检查灯泡控制情况。在电路正常的情况下，接上电源合上开关灯亮，断开开关灯灭。

3）三眼插座的检查。将万用表置于交流 250V 挡，两表笔分别插入相线与零线两孔内，如图 2－27 所示。万用表应显示 220V，再将零线一端的表笔插入接地孔内，同样应显示 220V。

图 2－25　插座的种类

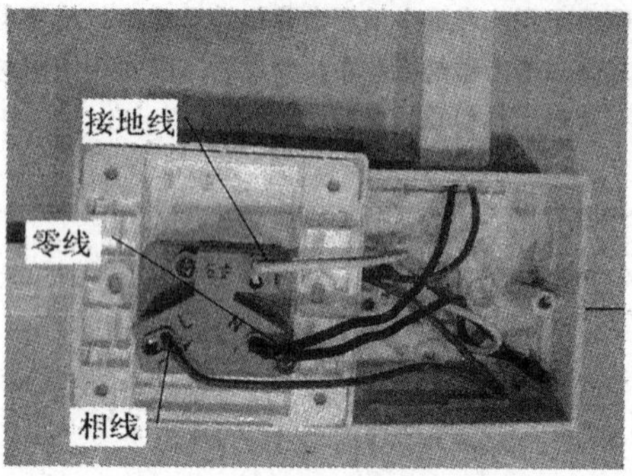

图 2－26　单相三眼插座的接线

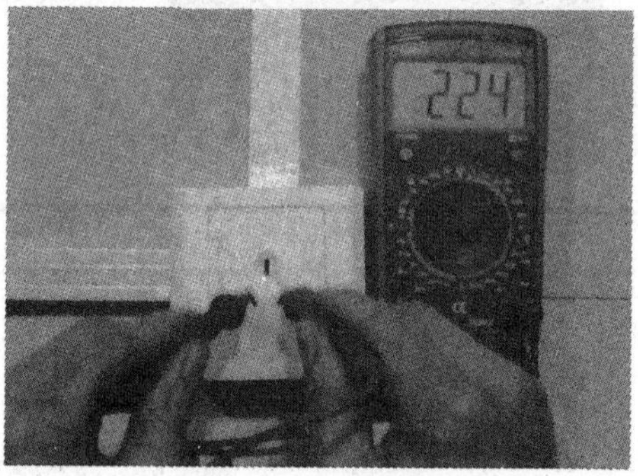

图 2－27　通电检验

操作提示

◇如果此时显示为零，说明接地线没有接好。

3. 白炽灯照明电路的维修

照明电路在运行中，会因为各种原因而出现故障，如线路老化、电气设备故障（开关、灯座、灯泡、插座）等。

基本操作步骤描述：了解故障现象→故障现象分析→检修

（1）了解故障现象　在维修时，首先应了解故障现象，这是保证整个维修工作能否顺利进行的前提。了解故障现象可通过询问当事人、观察故障现场等手段获取。

（2）故障现象分析　根据故障现象，利用电气原理图及布置图进行分析，确定能造成故障的大致范围，为检修提供方案。

（3）检修 通过检测手段，如用验电器、万用表等工具检测确定故障点，针对故障元器件或线路进行维修或更换。

白炽灯照明电路的常见故障及检修方法见表2－3。

表2－3 白炽灯照明电路的常见故障及检修方法

故障现象	产生原因	检修方法
灯泡不亮	1. 灯泡钨丝烧断 2. 电源熔断器的熔丝烧断 3. 灯座或开关接线松动或接触不良 4. 电路中有断路故障	1. 调换新灯泡 2. 检查熔丝烧断的原因并更换熔丝 3. 检查灯座和开关的接线并修复 4. 用验电器检查电路的断路处并修复
开关合上后熔断器熔丝熔断	1. 灯座内两线头短路 2. 螺口灯座内中心铜片与螺旋铜圈相碰短路 3. 电路中发生短路 4. 用电器发生短路 5. 用电量超过熔丝容量	1. 检查灯座内两线头并修复 2. 检查灯座并扳中心铜片 3. 检查导线绝缘是否老化或损坏并修复 4. 检查用电器并修复 5. 减小负载或更换熔断器
灯泡忽亮忽灭	1. 灯丝烧断，但受振动后忽接忽离 2. 灯座或开关接线松动 3. 熔断器熔丝接触不良 4. 电源电压不稳	1. 更换灯泡 2. 检查灯座和开关并修复 3. 检查熔断器并修复 4. 检查电源电压
灯泡发强烈白光，并瞬时或短时烧毁	1. 灯泡额定电压低于电源电压 2. 灯泡钨丝有搭丝，从而使电阻减小，电流增大	1. 更换与电源电压相符合的灯泡 2. 更换新灯泡
灯光暗淡	1. 灯泡内钨丝挥发后积聚在玻璃壳内，表面透光度降低，同时由于钨丝挥发后变细，电阻增大，电流减小，光通量减小 2. 电源电压过低 3. 电路因老化或绝缘损坏有漏电现象	1. 正常现象，不必修理 2. 提高电源电压 3. 检查电路，更换导线

【技能训练】

1. 训练内容

用塑料槽板装接两地控制一盏白炽灯并有一个插座的电路，然后试灯。

2. 工具、仪表及器材

绝缘电线（根据灯的功率自定）15m，塑料槽板（自定）5m，塑料槽板配套分接盒（自定）2个，钢钉（塑料槽板固定用钉）30个，拉线开关（两地控制用）2只，白炽灯及灯座（～220V，40W，螺口）1套，单相三极插座（～250V、15A）1套，配线板（500mm ×（600～2000mm） ×25mm）1块，电工工具1套。

3. 训练步骤

1）根据实际安装位置条件，设计并绘制安装图，如图2－28所示。

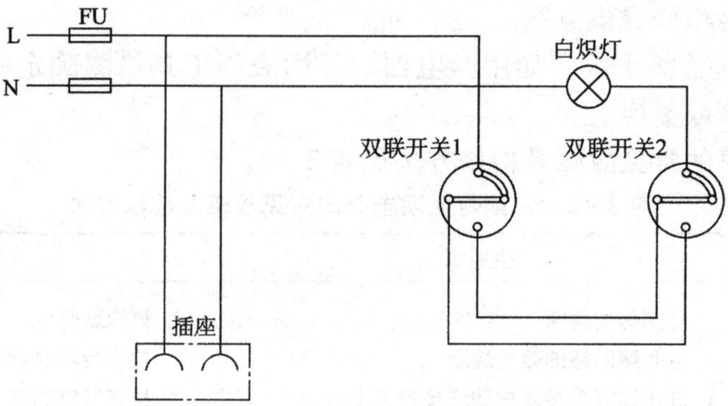

图2-28　槽板配线电路图

2）依照实际的安装位置，确定两地开关、插座及白炽灯的安装位置并做好标记。

3）定位划线。按照已确定好的开关及插座等的位置，进行定位划线，操作时要依据横平竖直的原则。

4）截取塑料槽板。根据实际划线的位置及尺寸，量取并切割塑料槽板，且记要做好每段槽板的相对位置标记，以免混乱。

5）打孔并固定。可先在每段槽板上间隔50cm左右的距离钻4mm的排孔（两头处均应钻孔），按每段相对放置位置，把槽板置于划线位置，用划针穿过排孔，在定位划线和原划线交叉处垂直划一“十”字作为木榫的底孔圆心，然后在每一圆心处均打孔，并镶嵌木榫。

6）固定槽板。把相对应的每段槽板，安放在墙上相对应的位置，用木螺钉把槽板固定于墙和天花板上，在拐弯处应选用合适的接头或弯角。

7）装接开关和插座。把开关和插座分别接线固定在事先准备好的圆木上。把灯座接线并固定在灯头盒上。

8）连接白炽灯并通电试灯。用万用表或兆欧表检测电路绝缘和通断状况无误后，接入电源，合闸试灯。

操作提示

◇通电试验前要认真核对电路图，检查安装接线的正确性。

◇通电试验时，应有人进行监护。

三、荧光灯照明电路的安装与维修

1. 荧光灯的结构和原理

荧光灯是应用较普遍的一种照明灯具，荧光灯照明电路的结构主要由灯管、启动器、镇流器、灯架和灯座（灯脚）等组成。荧光灯的发光效率比白炽灯高得多，使用寿命也比白炽灯长得多。荧光灯的结构如图2-29所示。

（1）灯管　由玻璃管、灯丝和灯丝引出脚等组成，玻璃管内抽成真空后充入少量汞（水银）和氩等惰性气体，管壁上涂有荧光粉，灯丝上涂有电子粉。灯管常用的有6W、8W、12 W、20W、30W和40W等规格。

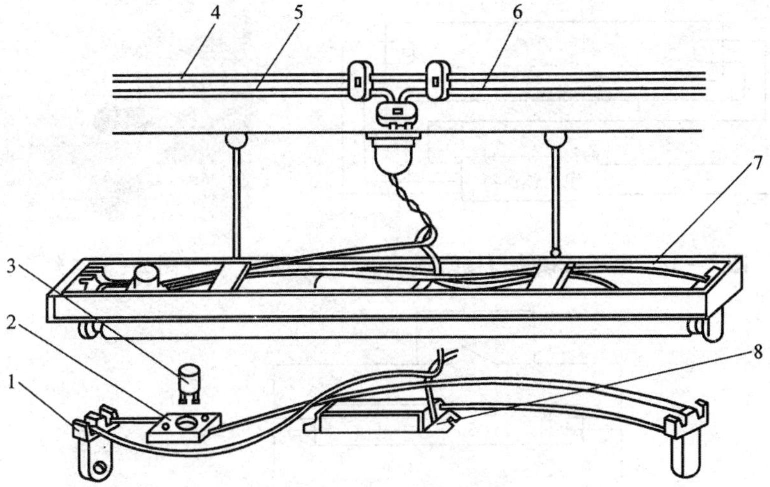

图 2－29　荧光灯的结构

1—灯座　2—启动器座　3—启动器　4—相线

5—中性线　6—与开关连接线　7—灯架　8—镇流器

（2）启动器　如图 2－30 所示，由氖泡（也叫跳泡）、纸介质电容、出线脚和外壳等组成。氖泡内装有∩形动触片和静触片。启动器的规格有 4～8W、15～20W、30～40W 以及通用型 4～40W 等。并联在氖泡上的电容有两个作用，一是与镇流器线圈形成 *LC* 振荡电路，能延长灯丝的预热时间和维持感应电动势，二是能吸收干扰收音机和电视机的交流杂声，当电容击穿时，将其剪除后，启动器仍能使用。

（3）镇流器　主要由铁心和线圈等组成。镇流器主要有两个作用，一个是在灯丝预热时，限制灯丝所需的预热电流值，防止预热过高而烧断，并保证灯丝电子的发射能力；二是在灯管起辉后，维持灯管的工作电压和限制灯管工作电流在额定值内，以保证灯管能稳定工作。近年来，电子式镇流器的使用越来越广泛，其外形如图 2－31 所示，接线图如图 2－32 所示。

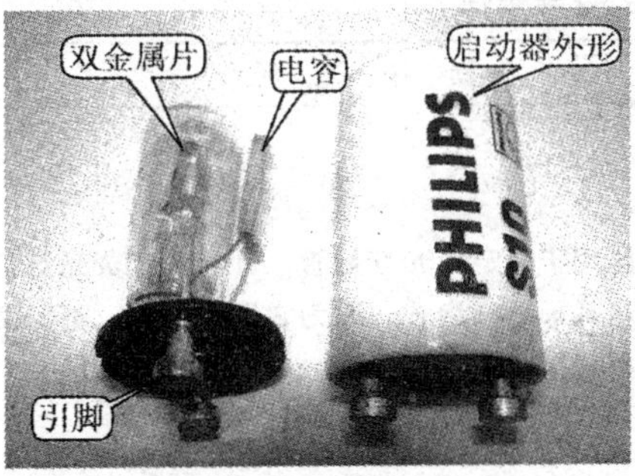

图 2－30　启动器

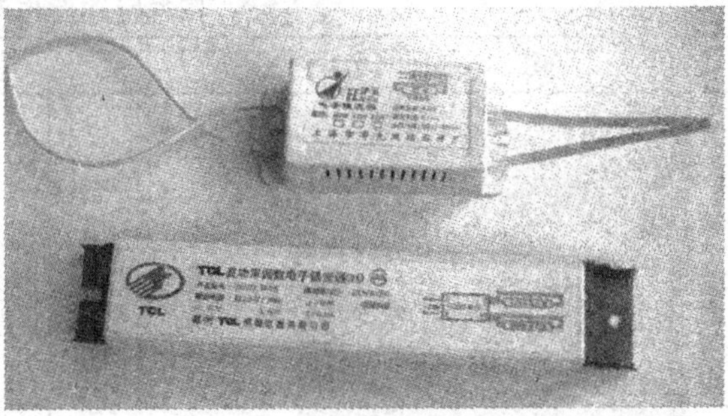

图 2－31　电子式镇流器

（4）灯架　有木制和铁制两种，规格应配合灯管长度使用。

（5）灯座　有开启式和弹簧式（也叫插入式）两种，如图 2－33 所示。灯座规格有大型和小型两种，大型灯座适用 15W 以上灯管，小型灯座适用 6W、8W 和 12W 灯管。

（6）荧光灯的工作原理　荧光灯的电路如图 2－34 所示。

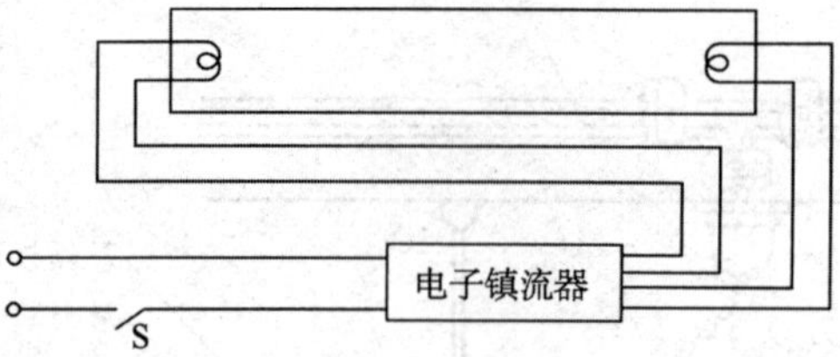

图2-32 电子式镇流器接线图

图2-33 灯座

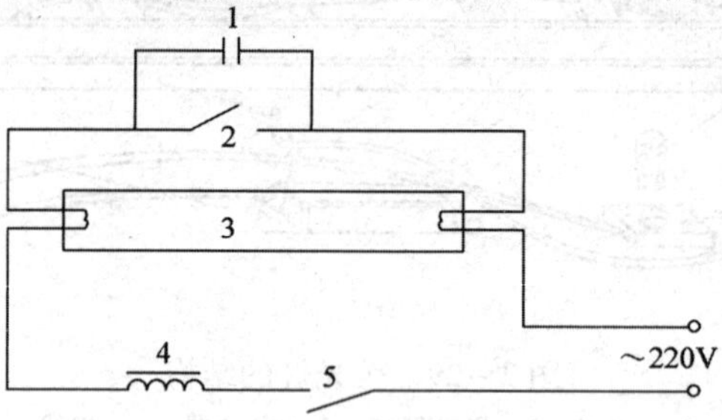

图2-34 荧光灯电路

1—电容器 2—∩形双金属片 3—灯管 4—镇流器 5—开关

荧光灯属于气体放电光源。它是利用汞蒸气在外加电压作用下产生弧光放电，发出少许可见光和大量紫外线，紫外线又激励管内壁涂覆的荧光粉，使之再发出大量的可见光。

当两管脚有电压时，氖管发光，双金属片短时受热而弯曲，闭合触头，使荧光管的钨丝电极加热，触头闭合时氖灯熄灭，双金属片经过短时冷却，触头断开，在这瞬间，镇流器将产生高电压脉冲使荧光灯灯管点燃。荧光灯点燃后启动器立即停止工作。镇流器与荧光灯串联，在荧光灯点燃后限制流过灯管的电流。

2. 荧光灯照明电路的安装

（1）荧光灯照明电路的安装步骤和方法 下面以模拟形式进行荧光灯照明电路的安装操作，见表2-4。

表2-4 荧光灯照明电路的安装操作

图 示	操作说明	
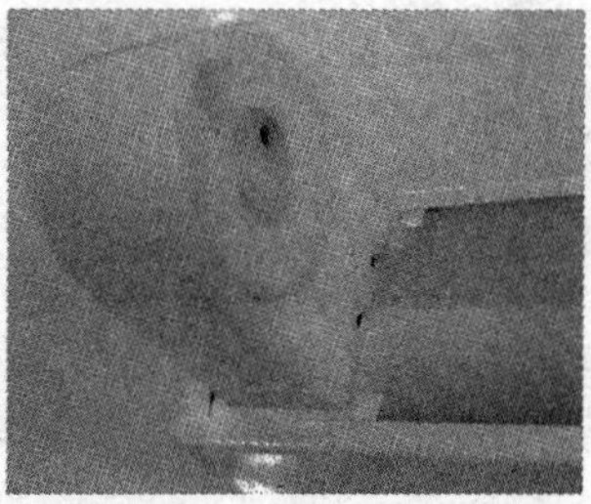	安装荧光灯灯座	灯座用于固定荧光灯灯管，目前整套荧光灯灯架中的灯座都采用开启式，因为它固定方便，不需使用任何工具直接插入槽内即可，接线采用焊接
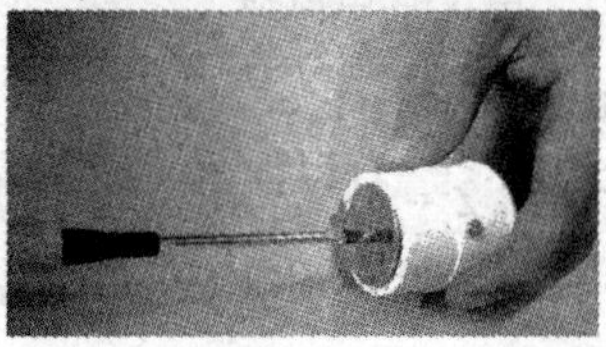		灯座的安装步骤如下： 1）根据荧光灯管的长度画出两灯座的固定位置 2）旋下灯座支架与灯座间的紧固螺钉，使其分离 3）用木螺钉分别固定两灯座支架

（续）

图 示	操 作 说 明	
	安装荧光灯灯座	1）按灯管2/3的长度截取四根导线 2）旋下灯座接线端上的螺钉。将导线线端的绝缘层去除，绞紧芯线，沿螺钉边缘打圈 3）将螺钉旋入灯座的接线端
	安装荧光灯灯座	注意两灯座其中一个内有弹簧，接线时应先旋松灯座上方的螺钉，使灯座与外壳分离，接线完毕后恢复原状，导线应串在弹簧内；恢复灯座支架与灯座的连接：将灯座引线沿灯座下端缺口引出，旋紧灯座支架与灯座的紧固螺钉
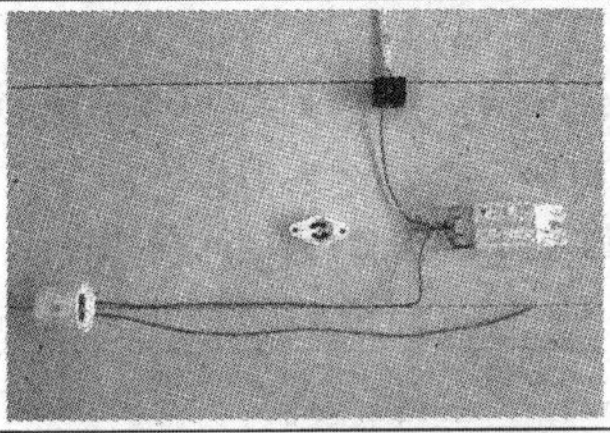	安装荧光灯镇流器	根据荧光灯原理图，将一端灯座中的一根引线接入镇流器的接线端，另一接线端与电源接线相连
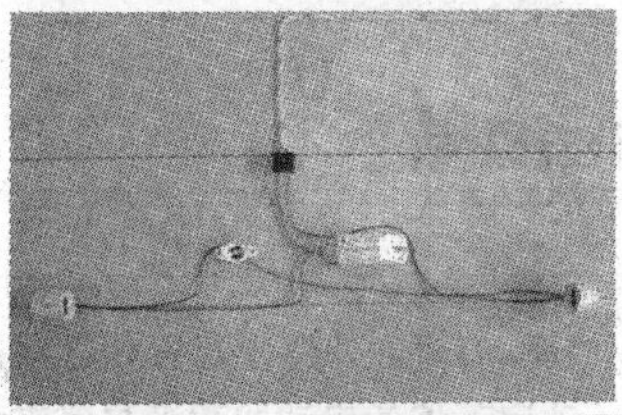	安装荧光灯镇流器	根据荧光灯原理图，分别从两个灯座中取出一根导线与启动器连接
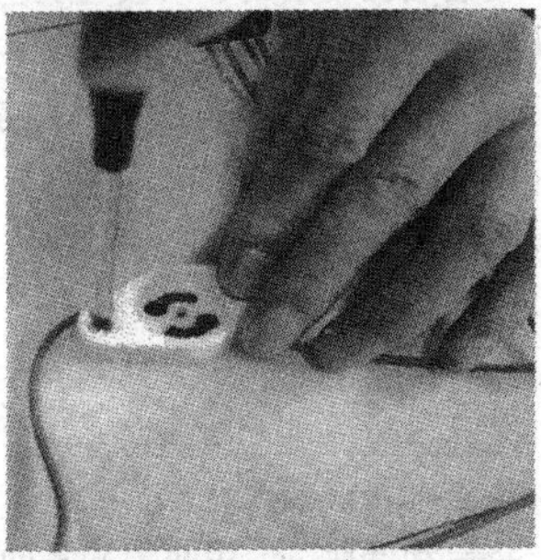	安装荧光灯镇流器	用木螺钉沿启动器座的固定孔旋入，将其固定
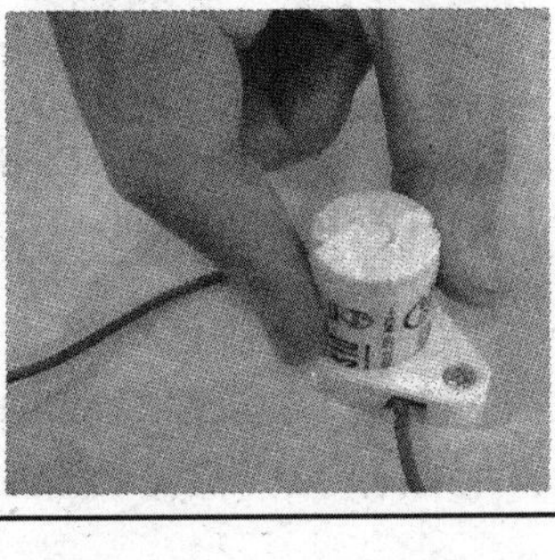	安装启动器	将启动器插入启动器座内，顺时针方向旋转约60°
	安装荧光灯管	先将灯管引脚插入有弹簧一端的灯座内推入，然后将另一端的灯管引脚对准灯座，利用弹簧力的作用使其插入灯座内。根据荧光灯原理图将电源线接入荧光灯电路中，通电检验

（2）荧光灯灯具的安装　荧光灯电路一般安装在灯具内。荧光灯灯具的安装形式应根据荧光灯灯具的用途来选择，一般有吊装式、吸顶式和嵌入式三种形式，见表2-5。

表2-5　荧光灯灯具的安装

图　　示	操　作　说　明
	吊装式荧光灯灯具的安装：根据荧光灯灯架吊装钩的宽度，在安装位置处安装吊钩，在荧光灯灯架上放出一定长度的吊线或吊杆（注意灯具离地高度不应低于2.5m），将吊线或吊杆与灯具连接即可
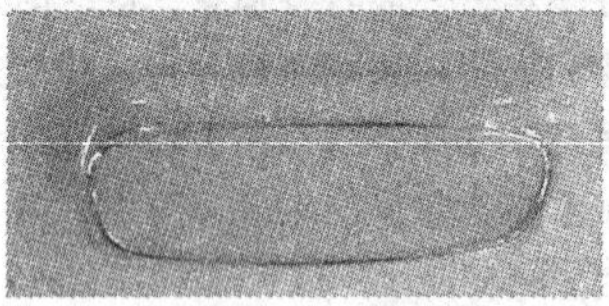	吸顶式荧光灯灯具的安装：将灯架与灯罩分离，在安装灯具位置处将灯架吸顶，在灯架固定孔内画出记号，经钻孔、预设木榫后，用螺钉将灯架吸顶固定，接上电源后固定上灯罩
	嵌入式荧光灯灯具的安装：应安装在吊顶装饰的房屋内。吊顶时应根据嵌入式荧光灯灯具的安装尺寸预留出嵌入位置，待吊顶基本完工后将灯具嵌入并固定

3. 荧光灯照明电路常见故障的维修

荧光灯照明电路的常见故障及检修方法见表2-6。

表2-6　荧光灯照明电路的常见故障及检修方法

故障现象	产生原因	检修方法
荧光灯不能发光	1. 灯座或启动器底座接触不良 2. 灯管漏气或灯丝断 3. 镇流器线圈断路 4. 电源电压过低 5. 新装荧光灯接线错误	1. 转动灯管，使灯管四极和灯座接触，转动启动器使启动器两极与底座两铜片接触，找出原因并修复 2. 用万用表检查或观察荧光粉是否变色，如确认灯管已坏，可换新灯管 3. 修理或调换镇流器 4. 不必修理 5. 检查电路
荧光灯灯光抖动或两头发光	1. 接线错误或灯座松动 2. 启动器氖泡内动、静触片不能分开或电容器击穿 3. 镇流器配用规格不合格或接头松动 4. 灯管陈旧，灯丝上的电子发射将耗尽，放电作用降低 5. 电源电压过低或电路电压降过大 6. 气温过低	1. 检查电路或修理灯座 2. 将启动器取下，用两把旋具的金属头分别触及启动器底座的两块铜片，然后将两根金属杆相碰并立即分开，如果灯管能跳亮，则启动器损坏，应更换启动器 3. 调换镇流器或加固接头 4. 调换灯管 5. 若有条件，升高电压或加粗导线 6. 用热毛巾对灯管加热

（续）

故障现象	产生原因	检修方法
灯管两端发黑或生黑斑	1. 灯管陈旧，寿命将终 2. 如果灯管是新的，可能是因为启动器损坏，使灯丝发射物质加速挥发 3. 灯管内水银凝结 4. 电源电压太高或镇流器配用不当	1. 调换灯管 2. 调换启动器 3. 灯管工作后即能蒸发或将灯管旋转180° 4. 调整电源电压或调换镇流器
灯光闪烁或灯光在管内滚动	1. 新灯管暂时现象 2. 灯管质量不好 3. 镇流器配用规格不符或接线松动 4. 启动器损坏或接触不好	1. 开用几次或对调灯管两端 2. 换一根灯管，试一试有无闪烁 3. 调换镇流器或加固接线 4. 调换启动器或固紧启动器
灯管光度减低或异常	1. 灯管陈旧 2. 灯管上积垢太多 3. 电源电压太低或电路电压降得太大 4. 气温过低或有冷风直吹灯管	1. 调换灯管 2. 清除灯管积垢 3. 调整电压或加粗导线 4. 加防护罩或避开冷风
灯管寿命短或发光后立即熄灭	1. 镇流器配用规格不当、质量较差或镇流器内部线圈短路，致使灯管电压过高 2. 受到剧振，使灯丝振断 3. 新装灯管因接线错误将灯管烧坏	1. 调换或修理镇流器 2. 调换安装位置或更换灯管 3. 检修电路
镇流器有杂音或电磁声	1. 镇流器质量较差或其铁心的硅钢片未夹紧 2. 镇流器过载或其内部短路 3. 镇流器受热过度 4. 电源电压过高引起镇流器发出声音 5. 启动器不好，引起开启时辉光杂音 6. 镇流器有微弱声，但影响不大	1. 调换镇流器 2. 调换镇流器 3. 检查受热原因 4. 若有条件设法降压 5. 调换启动器 6. 可用橡胶垫衬垫，以减少振动

【技能训练】

1. 训练内容

安装一只双管荧光灯，选用线材并接线。

2. 工具、仪表及器材

双管荧光灯（~220V，40W，散件配套）1套，胶质线（RVS—2×16/0.15，截面积0.3mm²）1m，铜塑线（BVR—0.75，导线结构7/0.37）1m，护套线（每根截面积1.5mm²，双芯）10m，塑料卡钉若干，试灯用开关装置（自定）1套，单相交流电源（~220V、5A）1处，电工通用工具1套，万用表1块，黑胶布（自定）1卷，透明胶布（自定）1卷，绝缘鞋、工作服1套。

3. 训练步骤

1）首先要根据题目画出双管荧光灯电路图。双管荧光灯电路如图2-35所示。

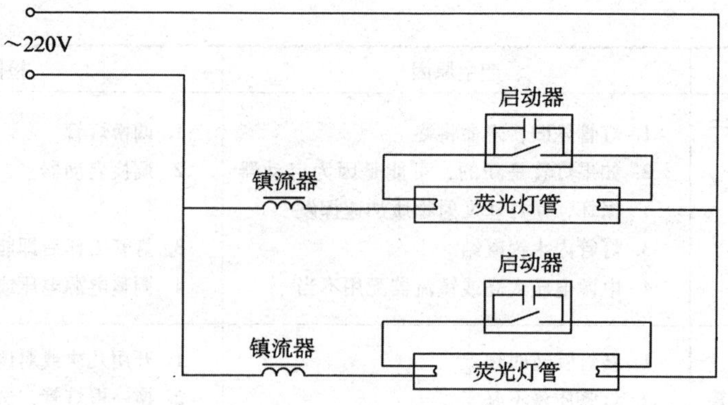

图 2-35 双管荧光灯电路

2）检查灯具。应先清点工具和灯具的配件是否齐全、配套，用万用表电阻挡逐一测量灯管镇流器、启动器的通断和绝缘电阻情况，以确保配件无明显损坏。

3）正确选用导线组装灯具。由于是照明电路，灯头线可选用胶质线（RVS-2×16/0.15，截面积0.3mm^2）。将双管荧光灯灯具的各配件固定妥当，按电路图把各线头连接完整，并把各连接处进行绝缘恢复。

4）安装灯罩及灯管。

5）通电试灯。

操作提示

◇通电试验前要认真核对电路图，把事先准备的试灯用开关装置和灯具妥善连接，并做绝缘处理，通电前一定要先检查线路两端之间的直流电阻，且在开关通断的情况下测量，保证线路无断路和短路。

◇通电试验时，应有人进行监护。

课题四 量配电装置的安装

教学要求

1. 掌握配电装置的安装方法。
2. 掌握电流互感器的安装方法。
3. 掌握电能表的安装方法。

量电装置通常由进户总熔丝盒、电能表和电流互感器等部分组成，配电装置一般由控制开关、过载及短路保护电器等组成，容量较大的还装有隔离开关。

一般将总熔丝盒装在进户管的墙上，而将电流互感器、电能表、控制开关、短路和过载保护电器均安装在同一块配电板上，如图2-36所示。

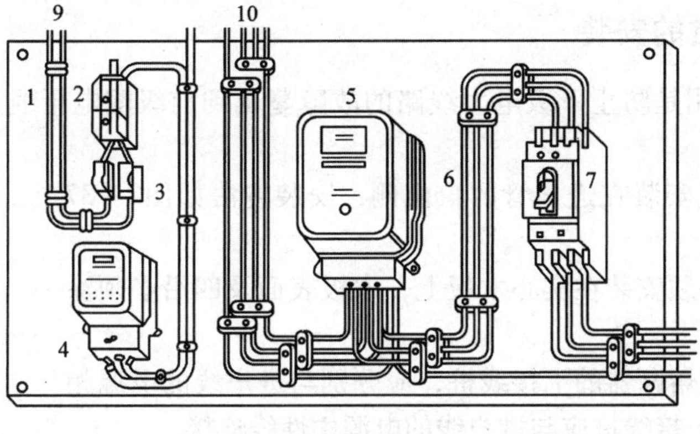

a)

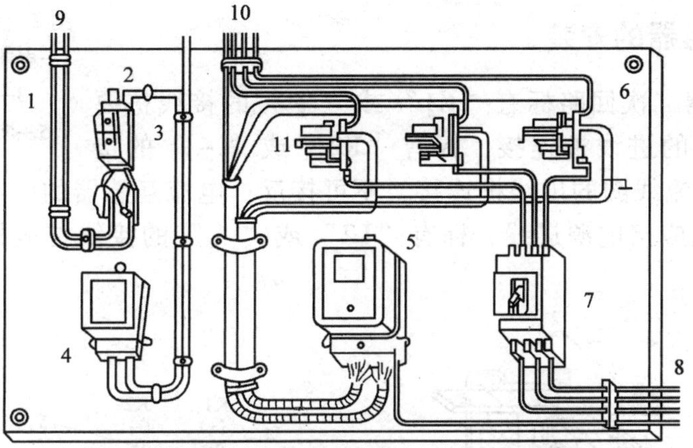

b)

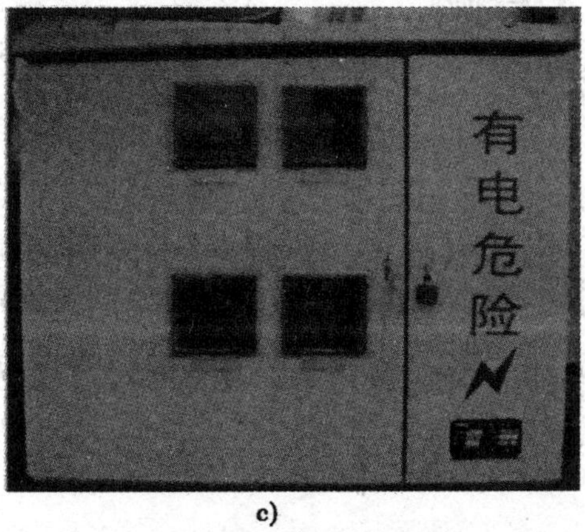

c)

图 2－36 配电板的安装

a）小容量配电板 b）大容量配电板 c）电气箱外形

1—照明部分 2—总开关 3—用户熔断器 4—单相电能表 5—三相电能表

6—动力部分 7—动力总开关 8—接分路开关 9—接用户 10—接总熔丝盒 11—电流互感器

基本操作步骤描述：总熔丝盒的安装→电流互感器的安装→电能表的安装→检查接线

一、总熔丝盒的安装

总熔丝盒的作用是防止下级电力线路的故障蔓延到前级配电干线上而造成更大区域的停电。

1）总熔丝盒应安装在进户管的户内侧，安装方法如图2－37所示。

2）总熔丝盒必须安装在实心木板上，木板表面及四沿必须涂以防火漆。

3）总熔丝盒内熔断器的上接线桩，应分别与进户线的电源相线连接，接线桥的上接线桩应与进户线的电源中性线连接。

4）若安装多个电能表，则在每个电能表的前面应分别安装总熔丝盒。

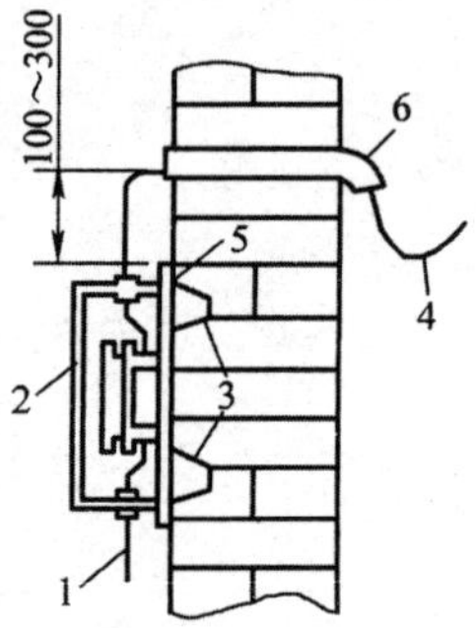

图2－37 总熔丝盒的安装

1—电能表总线 2—总熔丝盒 3—木榫 4—进户线 5—实心木板 6—进户管

二、电流互感器的安装

1）电流互感器二次回路标有“K1”或“＋”的接线桩要与电能表电流线圈的进线桩连接，标有“K2”或“－”的接线桩要与电能表电流线圈的出线桩连接，不可接反；电流互感器的一次回路标有“L1”或“＋”的接线桩应接电源进线，标有“L2”或“－”的接线桩应接出线。如图2－38所示。

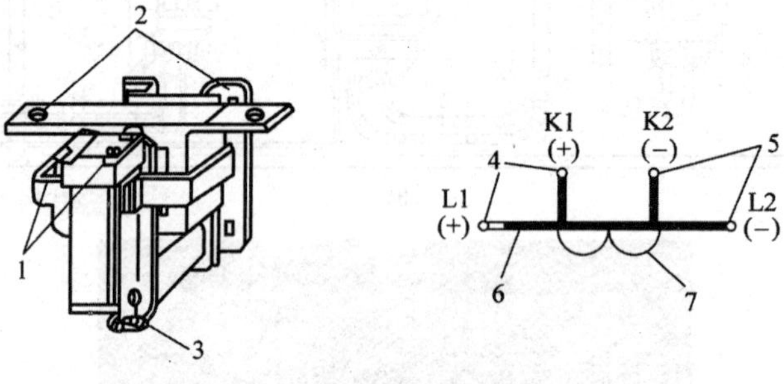

图2－38 电流互感器

1—二次回路接线桩 2—一次回路接线桩 3—接地接线桩 4—进线桩 5—出线桩 6—一次绕组 7—二次绕组

2）电流互感器二次回路的“K2”或“－”接线桩的外壳和铁心都必须可靠接地。电流互感器的接线方式如图2－39所示。

三、电能表的安装

电能表有单相电能表和三相电能表两种，它们的接线方法各不相同。

1. 单相电能表的接线

单相电能表共有四个接线桩头，从左到右1、2、3、4编号。接线方法一般按号码1、3接电源进线，2、4接出线，如图2－40所示。

图2－39　电流互感器接线方式

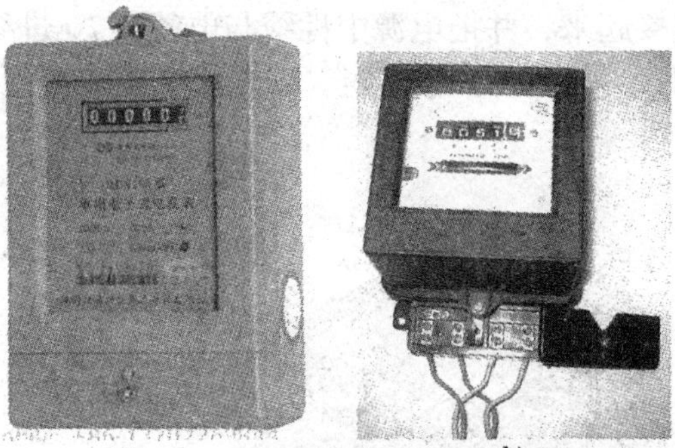

a)　　b)

图2－40　单相电能表

a ）电子式单相电能表　b）感应式单相电能表接线

也有些单相电能表的接线方法是按号码1、2接电源进线，3、4接出线，所以具体的接线方法应参照电能表接线桩盖子上的接线图。单相电能表的配电板安装如图2－41所示。

2. 三相电能表的接线

三相电能表有三相三线制和三相四线制两种；按接线方法可划分为直接式和间接式两种。常用直接式三相电能表的规格有10A、20A、30A、50A、75A和100A等多种，一般用于电流较小的电路上；间接式三相电能表常用的规格是5A，与电流互感器连接后，用于电流较大的电路上。

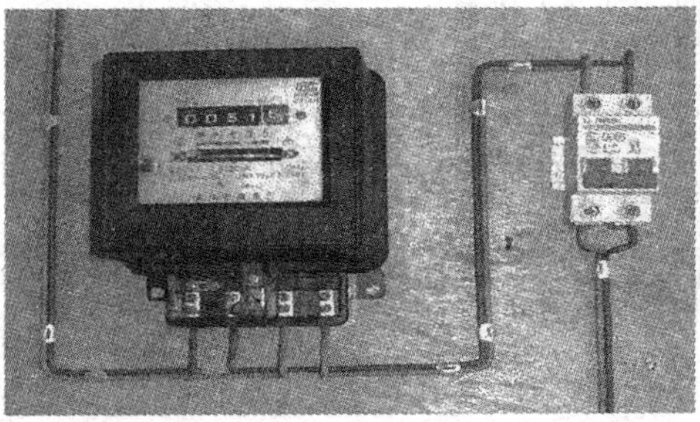

图2－41　单相电能表的配电板安装

（1）直接式三相四线制电能表的接线　这种电能表共有11个接线桩头，从左到右按1、2、3、4、5、6、7、8、9、10、11编号，其中1、4、7是电源相线的进线桩头，用来连接从总熔丝盒下桩头引出来的三根相线；3、6、9是相线的出线桩头，分别去接总开关的三个进线桩头；10、11是电源中性线的进线桩头和出线桩头，2、5、8三个接线桩头可空着，如图2－42所示。其连接片不可拆卸。

（2）直接式三相三线制电能表的接线　这种电能表共有八个接线桩头，其中1、4、6是电源相线进线桩头，3、5、8是相线出线桩头；2、7两个接线桩可空着，如图2－43所示。

（3）间接式三相四线制电能表的接线　这种三相电能表需配用三只相同规格的电流互感器。接线时把从总熔丝盒下接线桩头引来的三根相线分别与三只电流互感器一次回路的“＋”接线桩头连接，同时用三根绝缘导线从这三个“＋”接线桩引出，穿过钢管后分别与电能表2、5、8三个接线桩连接；接着用三根绝缘导线，从三只电流互感器二次回路的“＋”接线桩引出，与电能表1、4、7三个进线桩头连接；然后将一根绝缘导线的一端连接三只电流互感器二次回路的“－”接线桩头，另一端连接电能表的3、6、9三个出线桩头，并把这根导线接地；最后用三根绝缘导线把三只电流互感器一次回路的“－”接线桩头分别与总开关三个进线桩头连接起来，并把电源中性线与电能表 10 进线桩连接，接线桩 11 是用来连接中性线的出线，如图 2－44 所示。接线时，应先将电能表接线盒内的三块连接片都拆下。

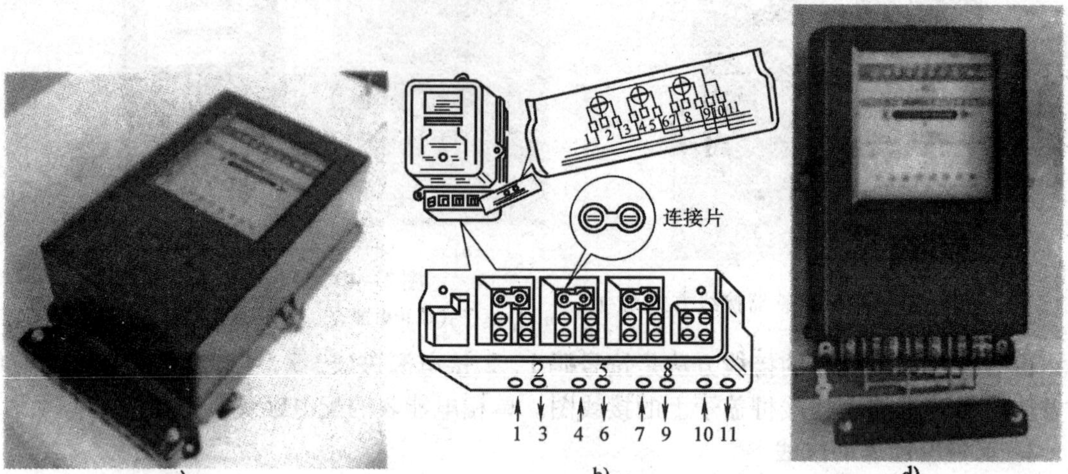

图 2－42　三相电能表的接线盒

a）外形图　b）接线示意图　c）实际接线

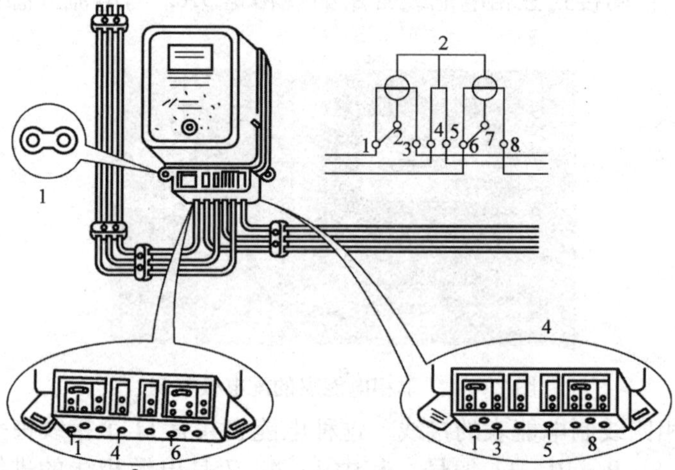

图 2－43　直接式三相三线制电能表的接线

图 2－44　三相四线制电能表间接接线图

a）连接导线　b）接线效果图

四、断路器的安装

低压断路器简称断路器，如图 2－45 所示。断路器是低压配电网络和电力拖动系统中常用的一种配电电器，它集控制和多种保护功能于一体，在正常情况下可用于不频繁接通和断开电路以及控制电动机的运行。当电路发生短路、过载和失电压等故障时，能自动切断故障电路、保护电路和电气设备。

断路器应垂直于配电板安装，电源引线应接到上端，负载引线接到下端；断路器用作电源总开关或电动机控制开关时，在电源进线侧必须加装刀开关或熔断器等，以形成一个明显的断开点。

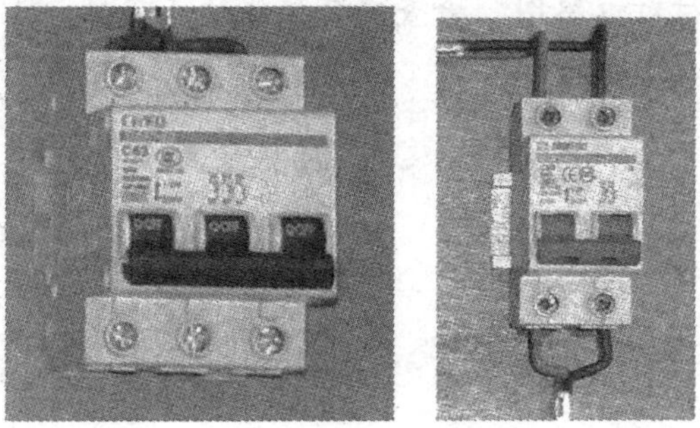

图 2－45　断路器

操作提示

◇电流互感器应装在电能表的上方。

◇电能表总线必须采用铜芯塑料硬线，其最小截面积不得小于 $1.5mm^2$，中间不准有接头，自总熔丝盒至电能表之间沿线敷设长度不宜超过 10m。

◇电能表总线必须明线敷设，采用线管安装时，线管也必须明装，在进入电能表时，一般以“左进右出”原则接线。

◇电能表必须垂直于地面安装，表的中心离地面高度应在 1.4～1.5m 之间。

【技能训练】

1. 训练内容

安装直接式单相有功电能表组成的量电装置。

2. 工具、仪表及器材

单相电能表（DT864－1.5（6）A，220V）1 只，绝缘铝芯线（BLV－$10mm^2$，300/500V）4m，绝缘铜塑线（BV－$2.5mm^2$，300/500V）4m，单相开启式负荷开关（HK4－60/2，60A/250V）1 只，单相电阻性负载（白炽灯，220V/200W）5 只，（单相电炉，220V/1500W）1 只，木制配线板（25mm×450mm×500mm）1 块，木螺钉（ϕ3.5×25～30mm）15 个，铝片线卡及钢钉或塑料卡钉（自定）30 个，单相交流电源（～220V、5A）1 处，电工通用工具 1 套，万用表 1 块，黑胶布（自定）1 卷，透明胶布（自定）1 卷。

3. 训练步骤

1）绘制电路图。

2）元件安装。先把总熔丝盒、电能表、刀开关安装固定在配电板上。与单相负载灯泡配套的灯座安装于另一块配电板上。

3）连线。分别把电源配电板和负载配电板上的各电器元件按电路图进行连接。由于配电板上布线一般要求暗装，所以，要预先把过线孔钻好，然后把刀开关和5只并联灯泡之间的电源线连接完好。

4）通电试验。引入总电源线，相线接总熔丝盒，零线可直接进入电能表第3引脚，检查确认无误后，通电。观察电能表，若无异常，可合上刀开关，接通灯泡试验。

操作提示

◇通电试验前要认真核对电路图，检查安装接线的正确性。

◇通电试验时，应有人进行监护。

中篇　电工专业技能

第三章　电动机的拆装与检修

学习目标

电动机是工农业生产中的重要设备，电动机的维护与检修是维修电工重要的工作内容，因此，维修电工必须掌握电动机的维护与检修技能，本章主要介绍三相异步电动机的安装、拆装及检修技能，单相异步电动机以及直流电动机的维修技能。

本章的学习目标

1. 正确熟练地安装和拆装三相异步电动机。
2. 掌握三相笼型异步电动机常见故障的检修方法。
3. 掌握单相异步电动机的拆卸与检修方法。
4. 熟悉直流电动机的拆卸与检修方法。

课题一　三相异步电动机的安装

教学要求

1. 掌握三相异步电动机的安装技能。
2. 掌握三相异步电动机安装后的调试技能。

三相异步电动机具有结构简单、价格低廉、坚固耐用、检修与维修方便等优点，在工农业生产中得到了广泛的应用。

一、三相异步电动机的安装

基本操作步骤描述：安装前的准备→安装电动机→校正电动机→安装电动机的传动装置→安装电动机的控制保护装置→导线的敷设→检查接线→通电试车

1. 安装前的准备

（1）选择好电动机安装地点　一般电动机的安装地点选择在干燥、通风好、无腐蚀气体侵害的地方。

（2）制作电动机的底座和座墩　电动机的座墩有两种形式：一种是直接安装座墩；另一种是槽轨安装座墩。座墩高度一般应高出地面150mm，具体高度要按电动机的规格、传动方式和安装条件等决定。座墩的长与宽大约等于电动机机座底尺寸+150mm左右的裕度，如图3-1a所示。

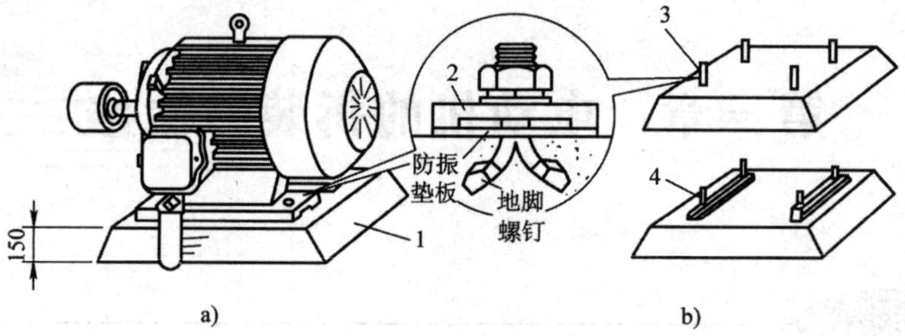

图3-1　底座和座墩

a）座墩　b）地脚螺钉

1—水泥墩　2—机座　3—固定的地脚螺钉　4—活动的地脚螺钉

（3）地脚螺钉制作　地脚螺钉用六角头螺栓制作，首先用钢锯在六角头螺栓上锯一条25~40mm的缝，再用钢錾把它分成人字形，依据电动机机座的尺寸，埋入水泥墩里面，如图3-1b所示。

2. 安装电动机

1）将电动机搬运至现场，小型电动机用人力搬运；大中型电动机用起重机械搬运。

2）将电动机与座墩之间衬垫一层质地坚韧的木板或硬橡胶作为防振物。

3）小型电动机可以用人力抬到基础上；大型电动机需用起重设备将其吊到基础上。

4）在4个紧固螺栓上套上弹簧垫圈，按对角线交错依次逐步拧紧螺母。

3. 校正电动机

电动机的水平校正，一般将水平仪放在转轴上，对电动机纵向、横向进行检查，并用0.5~5mm厚的钢片垫在机座下，以调整电动机的水平。

4. 安装电动机的传动装置

（1）带传动装置的安装与校正

1）安装

①电动机机座与底座之间垫衬的防振物不可太厚，否则要影响两个带轮的间距。特别是V带轮，更是如此。

②两个带轮的直径大小必须配套。

③两个带轮要装在一条直线上，两轴要装得平行。

④塔形V带轮必须装得一正一反，否则不能进行调速。

⑤平带的接头必须正确。带扣的正反面不应接错；平带装上带轮时，应按照图3-2的方法进行安装。

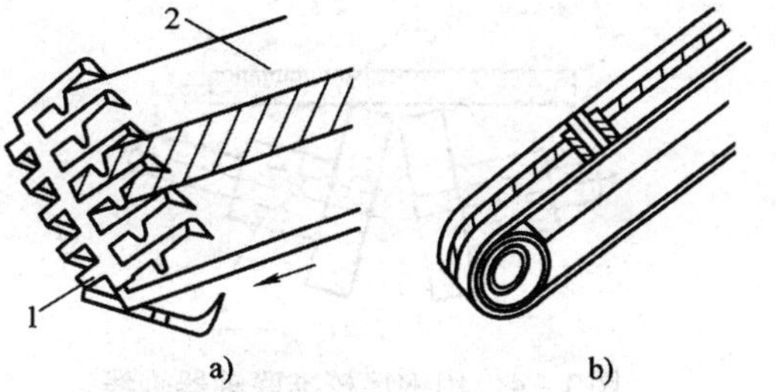

图 3－2　平带的安装

a）带扣必须正面安装　b）带的正面应装在外面

1—带扣的正面　2—带的正面

2）宽度中心线的调整。宽度中心线的调整方法如图 3－3 所示。

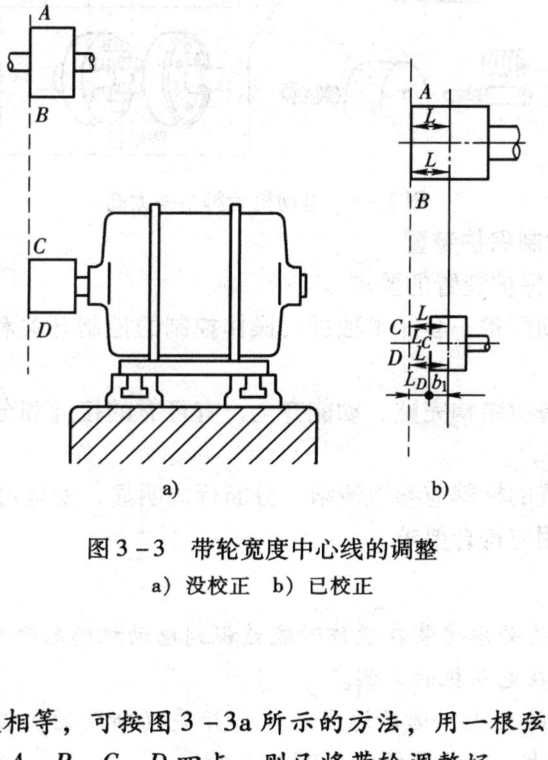

图 3－3　带轮宽度中心线的调整

a）没校正　b）已校正

操作提示

◇如果两个带轮宽度相等，可按图 3－3a 所示的方法，用一根弦线拉紧并紧靠两个带轮的端面，弦线如均匀接触 A、B、C、D 四点，则已将带轮调整好。

◇如果两个带轮宽度不相等，可先用划针画出它们的中心线，然后，拉直一根弦线，一端紧靠带轮 A、B 两点轮缘上，如图 3－3b 中虚线所示，再在 C 点和 D 点用钢尺测量出 L_C 和 L_D，应使 $L_C + b_1 = L_D + b_1$。

（2）联轴器传动装置的安装与校正　联轴器对好方位后，可用钢尺的一边搁在两联轴器的边沿缘的平面上，如图 3－4 所示。将电动机每转过 90°测一次，共测 4 次，若两个外盘无高低之分，则电动机和机械的两根轴处于同心状态。反之，则须通过增减电动机地脚垫片的厚度来调整，如图 3－5 所示。

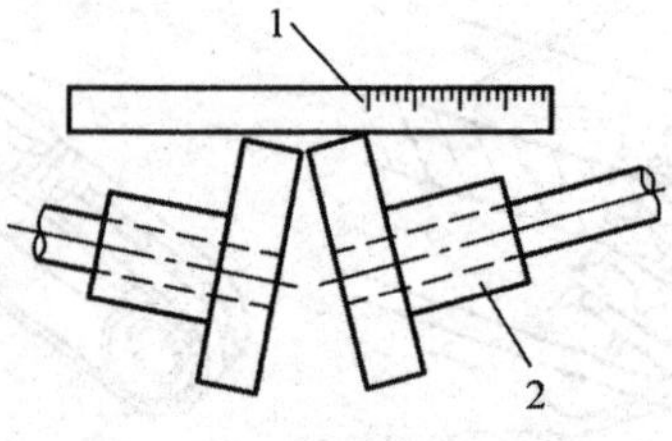

图3－4 用钢尺校准联轴器轴线

1—钢尺 2—电动机轴

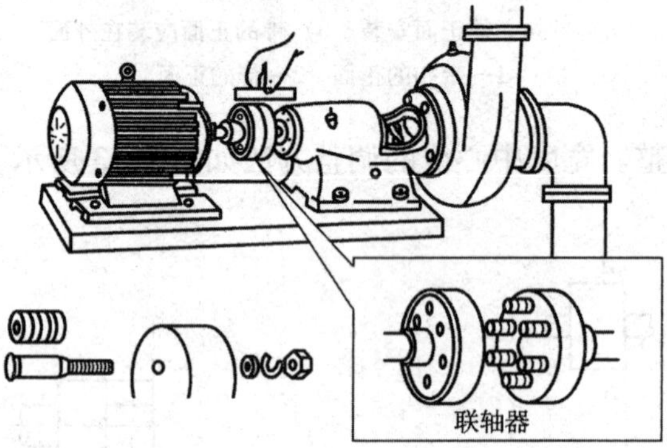

图3－5 电动机后脚垫得太高

5. 安装电动机的控制保护装置

（1）电动机对控制保护装置的要求

1）每台电动机必须配备一套能单独进行操作控制的控制开关和单独进行短路及过载保护的保护电器。

2）使用的开关设备应结构完整、动能齐全，有可靠的接通和分断电动机工作电流及切断故障电流的能力。

3）开关及保护装置的标牌应参数清晰，分断标志明显，安全可靠。

4）开关设备的选用应符合要求。

操作提示

◇电动机的操作开关必须安装在操作时能监视到电动机的起动和被拖动机械的运转情况的位置上，通常是安装在电动机的右侧。

◇依据电动机功率的大小，选择适当的操作开关（断路器、刀开关、封闭式负荷开关等）垂直安装在配电板上。断路器倾斜度不大于5°。

◇小型电动机在不频繁操作、不换向、不变速时，只用一个开关。

◇开关需频繁操作时，或需进行换向和变速操作时则需装两个开关，前一级开关作控制电源用，称为控制开关，常用的有低压断路器、封闭式负荷开关和转换开关。

◇凡无明显分断点的开关，必须装两个开关，即前一级装一个有明显分断点的开关（如刀开关、转换开关等）作为控制开关。凡容易产生误动作的开关，如手柄倒顺开关、按钮等，也必须在前一级加装控制开关，以防开关误动作而造成事故。

◇熔断器安装时，熔断器必须与开关装在同一控制板上或同一控制箱内。凡作为保护用的熔断器，必须装在控制开关的后级和操作开关（包括起动开关）的前级。三相回路分别串联安装的熔丝的规格、型号应相同，并应在三根相线上。

◇用断路器作为控制开关时，应在断路器的前一级加装一道熔断器作双重保护。当热脱扣器失灵时，能由熔断器起保护作用，同时兼作隔离开关之用，以便维修时切断电源。

◇采用倒顺开关和电磁起动器操作时，前级用分断点明显的组合开关作控制开关（一般机床的电气控制常用这种形式），必须在两极开关之间安装熔断器。

（2）电压表和电流表的安装　对于大中型和要求较高的电动机，为了便于监视，安装方法如图3－6所示。电压表通常只安装一个，通过换相开关进行换相测量，量程为400V；要求较高的应在各相都串接一个电流表；一般要求的可在第二相串接一个电流表，其量程应大于额定电流的2～3倍，以保证起动电流通过。

电动机额定电流较大时，通常采用电流互感器测量，电流互感器的规格也应大于电动机额定电流的2～3倍。接线方法如图3－7所示。

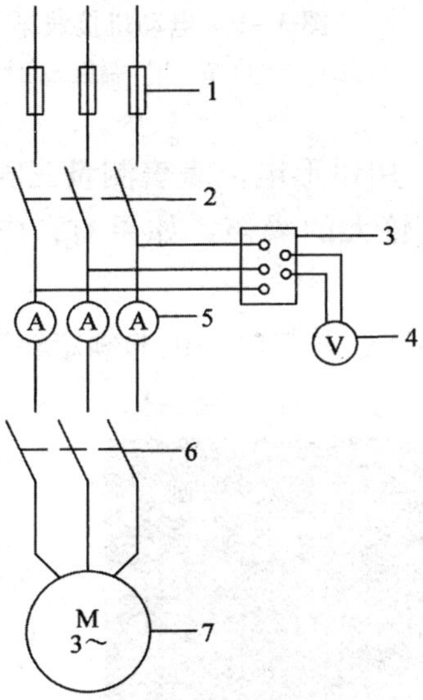

图3－6　电压表和电流表的接线图

1—隔离熔断器　2—控制开关　3—电压表换向开关

4—电压表　5—电流表　6—操作开关　7—电动机

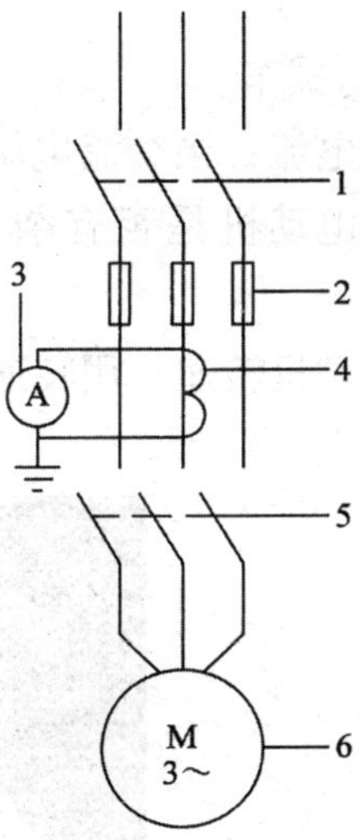

图3－7　电流互感器和电流表接线图

1—控制开关　2—熔断器　3—电流表

4—电流互感器　5—操作开关

6—电动机

6. 导线的敷设

（1）导线的选择　电动机连接线的截面积应满足载流量的需求，铜芯线最小截面积不得小于$1mm^2$；铝芯线最小截面积不得小于$2.5\ mm^2$。

（2）导线的敷设形式及要求　从电动机到断路器之间导线的敷设，常采用以下两种形式：一种是地下管敷设；另一种是明管敷设。目前，一般采用地下管敷设。采用地下管敷设时，应使连接电动机一段的管口离地距离不得小于100mm，并应使它尽量接近电动机的接线盒。另一端尽量接近电动机的操作开关，最好用软管伸入接线盒。

7. 接线

1）用兆欧表测量电动机绕组之间及绕组与地之间的绝缘电阻，如图3－8所示。

2）电动机接线盒内有一块接线端子，三相绕组的六个线头按图3－9所示的规则分上下两排排列。

3）在电网电压即定的条件下，根据电动机铭牌的额电压可按图3－9所示进行接线，如果电动机出现反转，可将电源线的任意两根线头对换位置接入端子即可。

图3－8 测绝缘电阻

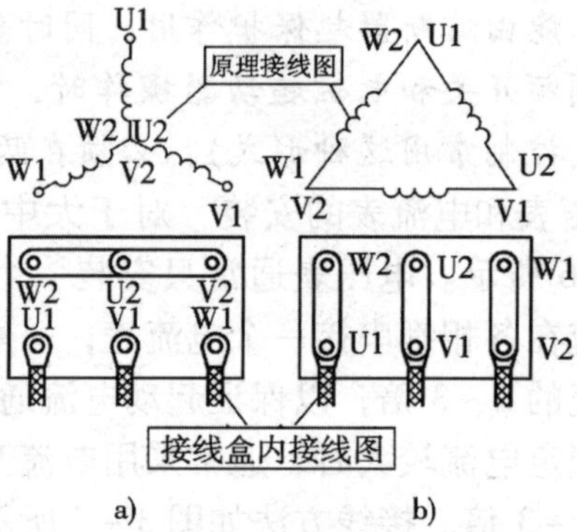

图3－9 电动机接线排

a）绕组星形联结 b）绕组三角形联结

4）测量与试车

①测空载电流：当交流电动机空载运行时，用钳形电流表表测量三相空载电流是否平衡。同时观察电动机是否有杂声、振动及其他较大的噪声，如果有，应立即停车，进行检查。

②测量电动机转速：用转速表测量电动机的转速并与电动机的额定转速进行比较，如图3－10所示。

图3－10 测量电动机转速

操作提示

◇人力搬运小型电动机时，不允许用绳子套在电动机的带盘或转轴上来抬电动机。

◇校正电动机的水平时，不能用木板或竹片来垫，以免拧紧螺钉或电动机运行时压裂变形，影响安装的准确性。

◇对齿轮传动装置的安装和校正，所装齿轮要与电动机配套，齿轮安装后，电动机的轴应与被动轮的轴平行，两齿轮的啮合可用塞尺测量两齿轮的间隙，若间隙均匀，说明两轴已平行。

◇用转速表测量电动机的转速时一定要注意安全。

二、电动机的运行与维护

基本操作步骤描述：运行前的检查→起动电动机→监视运行情况→检测电动机

1. 运行前的检查

电动机起动前应检查是否有电，电压是否正常；各起动装置有无损坏，触头是否良好；各传动装置的连接是否牢固，电动机转子和负载转轴的转动是否灵活。搬开电动机周围的杂物，并清除表面的灰尘、油污。

2. 起动电动机

同一线路上的电动机不能同时起动，应从大到小逐一起动，避免因起动电流过大电压降低而造成开关设备跳闸。合闸时应先合控制开关，后合操作开关；断闸时，应先断操作开关，后断控制开关；决不允许只断操作开关，而不断控制开关。

3. 监视运行情况

接通电源后电动机不转，应立即切断电源，不能带电检查电动机故障，否则将会烧毁电动机和发生危险。电动机运行时，出现异常声响、异味，或出现过热、颤动、熔体经常熔断、导线连接处有火花等异常现象时，应立即拉闸，停电查找原因。

4. 检测电动机

检测电动机的三相空载电流和工作电流、温度和转速等，方法同上。

操作提示

功率及质量较大的电动机的维护要点

◇经常查看电动机的温度、电流、电压是否正常，随时了解电动机是否有过热、过载等现象。

◇经常查看电动机的传动装置运转是否正常，传动带和传动齿轮、联轴器是否跳动；轴承有无磨损。润滑状况是否良好。采用油环润滑时，轴承中的油环是否旋转，油环是否沾油。

【技能训练】

1. 训练内容

7.5kW 三相异步电动机的安装、接线与试验。

2. 工具、仪表及器材

（1）电工工具　验电器、一字形和十字形螺钉旋具、钢丝钳、尖嘴钳、斜口钳、剥线钳、电工刀等。

（2）仪表　MF30 万用表或 MF47 万用表；T301—A 型钳形电流表；兆欧表 500V、0 ~ 2000MΩ；转速表。

（3）三相异步电动机　电动机的铭牌技术数据：型号 Y132M—4、功率 7.5kW、额定电压 380V、额定电流 15.4A、定子绕组 Δ 联结、额定转速 1460r/min。

（4）专用工具　安装、接线及试验用的专用工具。

（5）器材

1）配电板 1 块（100mm × 200mm × 20mm）。

2）依据电动机功率，动力线采用 BVR16mm^2（红色）多股软塑料铜线；接地线采用 BVR10mm^2（黄绿色）多股软塑料铜线，其数量按需要而定。

3）断路器。型号和规格 DZ20－250/330，1 只。

4）无缝钢管。型号和规格自定；长度自定。注：安装前无缝钢管根据现场情况已弯曲好。

5）其他。绝缘黑色胶布、演草纸、圆珠笔、螺钉、垫圈、劳保用品等，按需而定。

3. 训练步骤

（1）准备　准备好安装场地及摆放好各种所需工具。

（2）安装电动机

①将电动机与座墩之间衬垫一层质地坚韧的木板或硬橡胶的防振物。

②用起重设备将电动机吊到基础上。

③在四个紧固螺栓上套上弹簧垫圈，按对角线交错依次逐步拧紧螺母。

（3）水平调整电动机

1）检查转子转动是否灵活，轴伸端径向有无偏摆等。

2）将电动机定子绕组的六个线头拆开，用兆欧表测量电动机定子绕组各相及相对地的绝缘电阻应大于 0.5MΩ。

3）测量电动机空载下的三相平衡电流，应为额定电流的 20%～30%。

4）测量电动机的空载转速，应为 1460r/min。

课题二　三相异步电动机的拆卸

教学要求

1. 掌握三相异步电动机的拆卸方法。

2. 掌握三相异步电动机的接线和调试技能。

在对三相异步电动机进行检修和保养时，经常需要拆装电动机，如果拆装时操作不当，就会损坏零部件，因此只有掌握正确的拆卸与装配技术，才能保证电动机的正常运行和检修质量。

一、电动机的基本结构

三相笼型异步电动机的结构如图 3－11 所示，三相异步电动机均由定子和转子两大部分组成，定子和转子之间的气隙一般为 0.25～2mm。

（1）定子　电动机的静止部分称为定子，主要有定子铁心、定子绕组和机座等部件。

1）定子铁心。定子铁心是电动机磁路的一部分，并放置定子绕组。为了减小定子铁心中的损耗，铁心一般用厚 0.35～0.5mm、表面有绝缘层的硅钢片冲片叠装而成。在铁心片的内圆冲有均匀分布的槽，以嵌放定子绕组。

2）定子绕组。定子绕组的作用是通入三相对称交流电，产生旋转磁场。定子绕组在槽

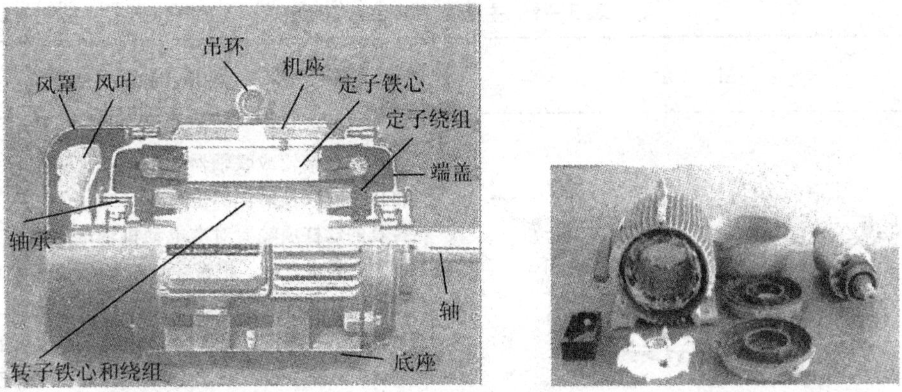

图 3－11　三相笼型异步电动机的结构

内嵌放完毕后，按规律接好线，把三相绕组的六个出线端引到电动机机座的接线盒内，可按需要将三相绕组接成星形联结或三角形联结。

3）机座。机座的作用是固定定子铁心，并以两个端盖支撑转子，同时保护整台电动机的电磁部分和散发电动机运行中产生的热量。

（2）转子　转子是电动机的旋转部分，由转子铁心、转子绕组、转轴和风叶等组成。

1）转子铁心。转子铁心也是电动机磁路的一部分，一般用厚0.5mm、相互绝缘的硅钢片冲制叠压而成，硅钢片外圆冲有均匀分布的槽，用来安置转子绕组。转子铁心固定在转轴或转子支架上。为了改善电动机的起动及运行性能，笼型异步电动机转子铁心一般采用斜槽结构。

2）转子绕组。转子绕组的作用是产生感应电动势和电流，并在旋转磁场的作用下产生电磁力矩而使转子转动。转子绕组根据结构不同分为笼型和绕线转子型两种。

（3）其他附件　其他附件包括端盖、轴承、轴承盖、风扇和风罩等。

二、三相异步电动机的拆装

拆装前，准备好拆卸电动机的场地和专用工具、材料和仪器仪表，如图 3－12 所示。

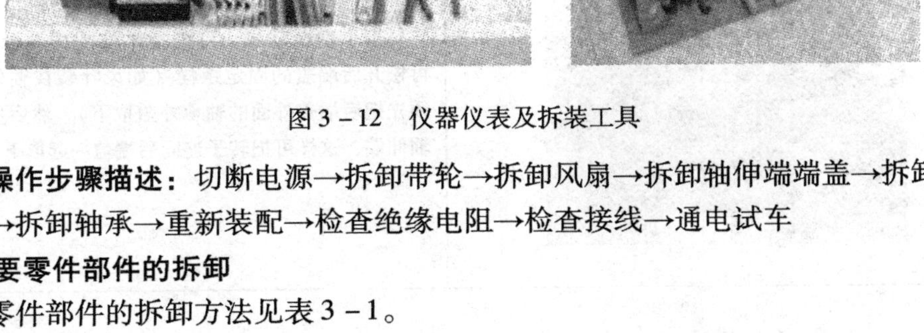

图 3－12　仪器仪表及拆装工具

基本操作步骤描述：切断电源→拆卸带轮→拆卸风扇→拆卸轴伸端端盖→拆卸前端盖→抽出转子→拆卸轴承→重新装配→检查绝缘电阻→检查接线→通电试车

1. 主要零件部件的拆卸

主要零件部件的拆卸方法见表 3－1。

表 3-1　主要零件部件的拆卸

内容	图　示	操作步骤及要点
带轮或联轴器的拆卸	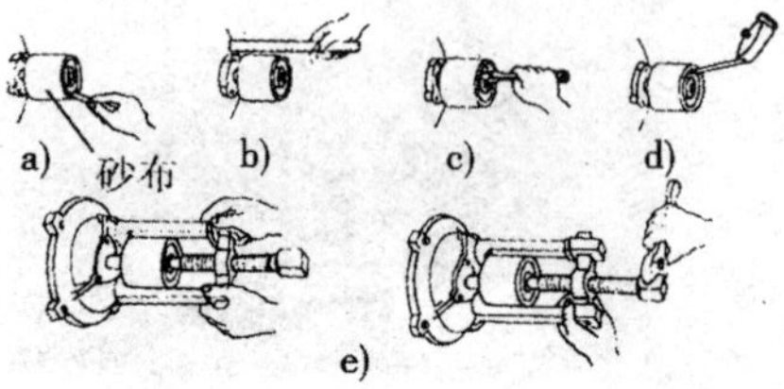	首先在带轮或联轴器的轴伸端上做好尺寸标记，再将带轮或联轴器上的定位螺钉或销子松脱取下，装上拉具的丝杠顶端要对准电动机轴端的中心，使其受力均匀，转动丝杠，把带轮或联轴器慢慢拉出。若拉不出，不要硬卸，可在定位螺钉内注入煤油，过一段时间再拉。注意此过程中不能用锤子直接敲出带轮或联轴器，否则会使带轮或联轴器碎裂、转轴变形或端盖受损等
风罩和风叶的拆卸		首先，把外风罩螺钉松脱，取下风罩；然后把转轴尾部风叶上的定位螺栓或销子松脱、取下，用金属棒或锤子在风叶四周均匀地轻敲，风叶就可松脱下来。小型异步电动机的风叶一般不用卸下，可随转子一起抽出。但如果后端盖内的轴承需要加油或更换时，就必须拆卸。对于采用塑料风叶的电动机，可用热水使塑料风叶膨胀后卸下
轴承盖和端盖的拆卸		把轴承的外盖螺栓松下，卸下轴承外盖。为便于装配时复位，在端盖与机座接缝处的任意位置做好标记，然后松开端盖的螺栓，随后用锤子均匀地敲打端盖四周（需衬上垫木），把端盖取下
		对于小型电动机，可先把轴伸端的轴承外盖卸下，再松开后端盖的固定螺栓（如风叶装在轴伸端的，则须先把后端盖外面的轴承外盖取下），然后用木锤敲打轴伸端，这样可把转子连同后端盖一起取下

（续）

内容	图 示	操作步骤及要点
抽出转子	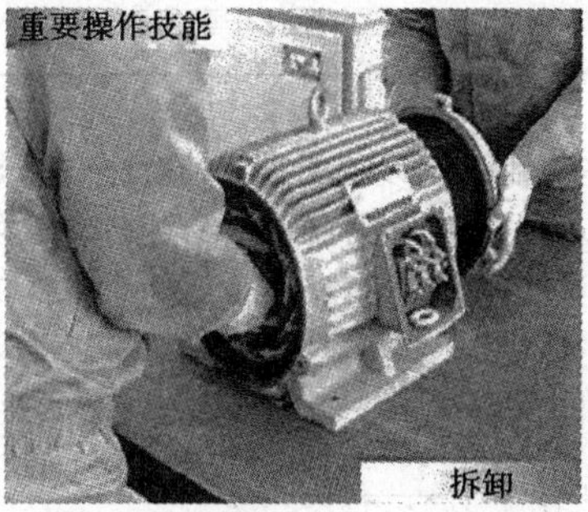	抽出转子时，应小心谨慎、动作缓慢，要求不可歪斜，以免碰伤定子绕组
拆卸前端盖	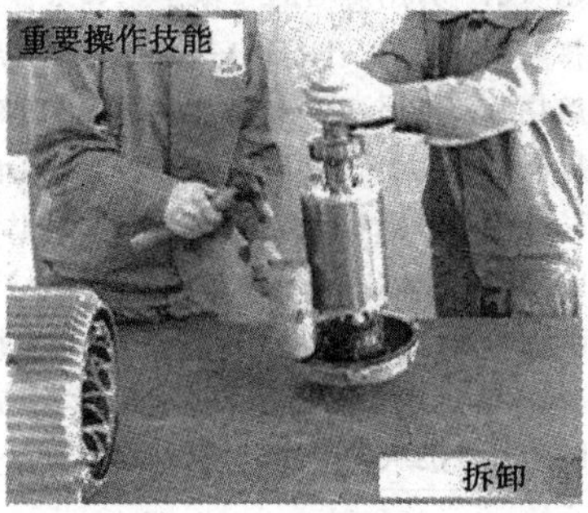	用锤子击打木锤卸下前端盖
拆卸轴承	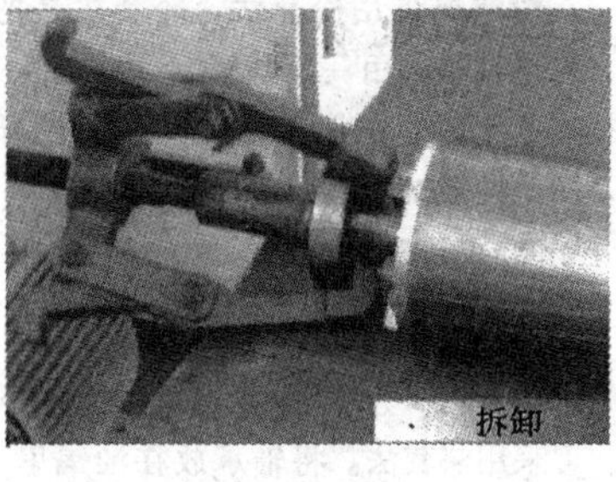	轴承的拆卸目前采用拉具拆卸、用铜棒拆卸、搁在圆筒上拆卸、加热拆卸、轴承在端盖内拆卸 5 种方法。用拉具拆卸轴承的方法：应根据轴承的规格及型号，选用适宜的拉具，拉具的脚爪应扣在轴承的内圈上，切勿放在外圈上，以免拉坏轴承。拉具的丝杠顶点要对准转子轴端中心，动作要慢，用力要均匀，然后慢慢拉出
	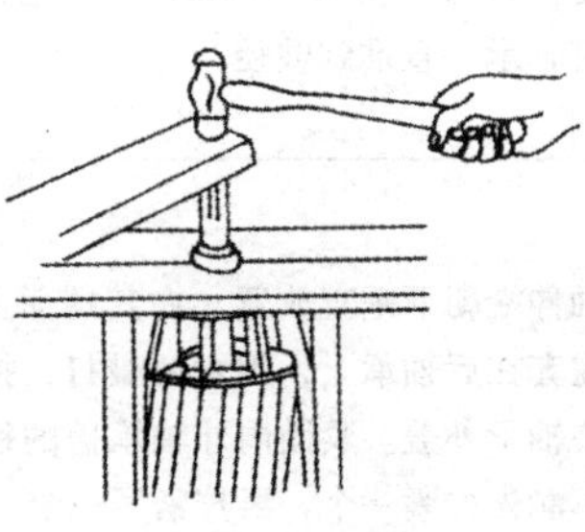	搁在圆筒上拆卸轴承的方法：在拆卸时，若遇轴承留在轴承室内时，则把端盖止口面向上，平稳地搁在一块铁板上，垫上一段直径小于轴承外径的金属棒，用锤子沿轴承外圈敲打金属棒，将轴承敲出

2. 主要零部件的安装方法

主要零部件的安装见表 3-2。

表 3-2　主要零部件的安装

项目	图　示	操作步骤及要点
轴承的检查	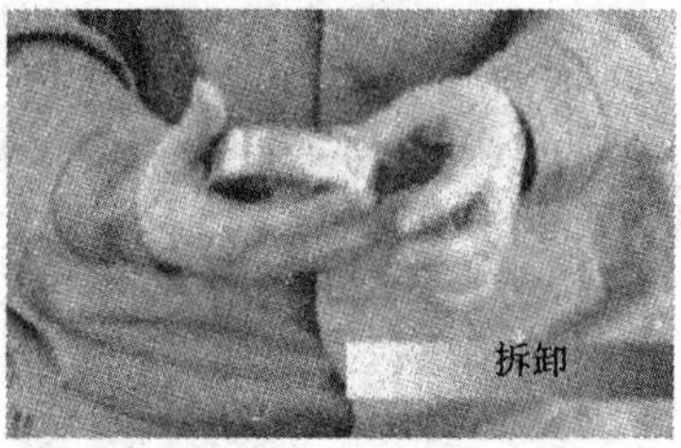	将轴承和轴承盖先用煤油清洗干净，清洗后应先检查有无裂纹、内外轴承环有无裂纹等。再用手转动轴承外圈，观察其转动是否灵活、均匀。如遇到卡住或松动现象，要用塞尺检查轴承磨损情况，再决定是否更换
轴承的清洗	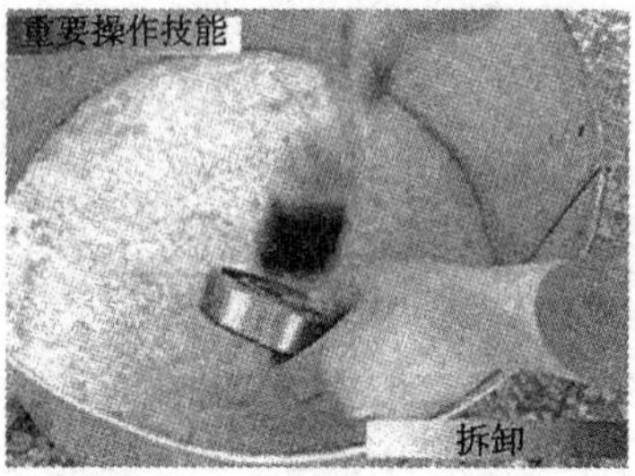	如果不需要更换轴承，可将轴承用汽油洗干净，如左图所示。并用清洁的布擦干。如果需要更换轴承，应将其放置在 70～80℃ 的变压器油中加热 5min 左右，油熔化后，再用汽油洗干净，用清洁的布擦干。对于 2 极电动机，加入新润滑脂的量应为轴承空腔容积的 1/3～1/2；对于 4 极或 4 极以上电动机，加入新润滑脂的量应为轴承空腔容积的 2/3，轴承内外盖加入新润滑脂的量应为盖内容积的 1/3～1/2。新润滑脂要求洁净、无杂质、无水分。加入时，要求填入均匀，同时防止外界的灰尘、水和铁屑等异物落入
安装轴承	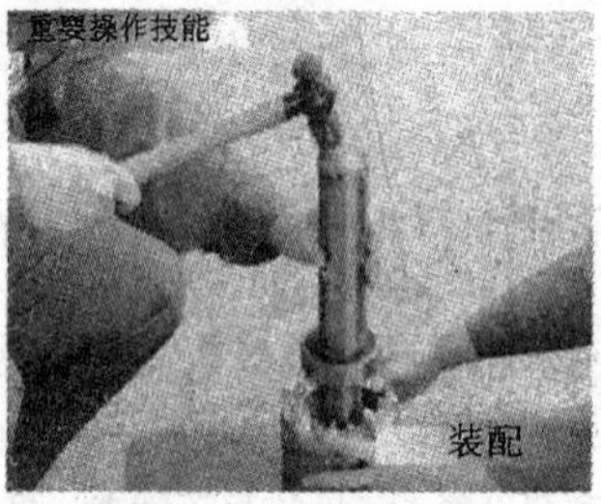	将轴承装套到轴颈上。目前有冷套法和热套法两种，一般情况下用冷套法。冷套法是把轴承套到轴上，对准轴颈，用一段铁管（内径略大于轴的直径，外径略小于轴承内圈的外径）的一端顶在轴承内圈上，用铁锤敲打另一端，缓慢地敲入
	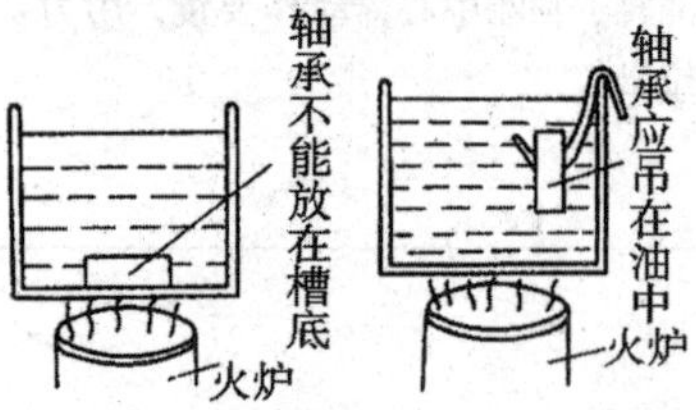	配合较紧时，为了避免把轴承内环涨裂或损伤配合面，可采用热套法。将轴承放在油锅里（或油槽里）加热，油的温度保持在 100℃ 左右，轴承必须浸在油中，且不能与锅底接触，可用铁丝将轴承吊起架空，加热时要均匀，浸 30～40min 后，把轴承取出，趁热迅速将轴承一直推到轴径
后端盖的安装		将轴伸端朝下垂直放置，在其端面上垫上木板，将后端盖套在后轴承上，用木锤敲打，把后端盖敲进去后，装轴承外盖。紧固内外轴承盖的螺栓时要逐步拧紧，不能先拧紧一个，再拧紧另一个

（续）

项目	图　示	操作步骤及要点
转子安装		把转子对准定子内圈中心，小心地往里放，后端盖要对准与机座的标记，旋上后盖螺栓，但不要拧紧
前端盖安装		将前端盖对准与机座的标记，用木锤均匀敲击端盖四周。不可单边用力，并拧上端盖的紧固螺栓
风叶和风罩的安装		风叶和风罩安装完毕后，用手转动转轴，转子应转动灵活、均匀，无停滞或偏重现象
带轮或联轴器的安装	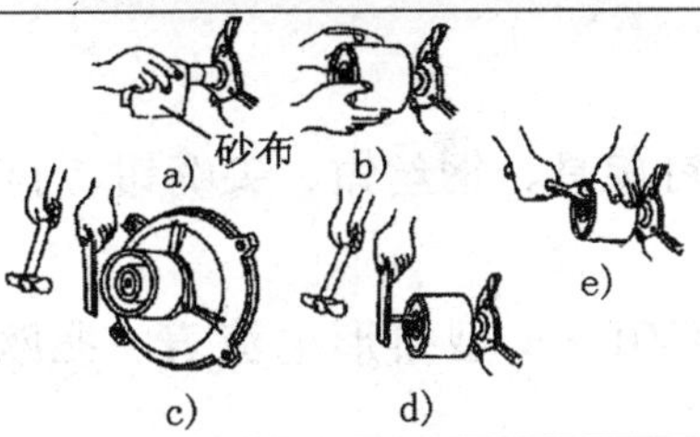	安装时，要注意对准键槽或止紧螺钉孔。对于小型电动机，应在带轮或联轴器的端面上垫上木块，用锤子打入。若打入困难时，应在轴的另一端垫上木块顶在墙上，再打入带轮或联轴器

操作提示

功率及质量较大的电动机的拆卸要点：

◇将电动机的端盖先用起重设备吊住，然后选择适当扳手，逐步松开对角螺栓，用铜棒均匀敲打端盖有脐的部分。注意拆卸时，要防止端盖跌碎或碰伤绕组。

◇抽出转子，用钢丝绳套住转子两端轴颈，在钢丝绳与轴颈间衬一层纸板或棉纱头；当转子的重心已移出定子时，在定子与转子的间隙处塞入纸板垫衬，并在转子移出的轴端垫以支架或木块；然后将钢丝绳改吊住转子，慢慢将转子抽出。注意不要将钢丝绳吊在铁心风道里，同时在钢丝绳和转子间垫衬纸板。

3. 接线和调试

1）调试前应进一步检查电动机的装配质量。如各部分螺栓是否拧紧，引出线的标记是否正确，转子转动是否灵活，轴伸端径向有无偏摆等。

2）用兆欧表测量电动机绕组之间和绕组与地之间的绝缘电阻，应符合技术要求。

3）根据电动机的铭牌技术数据（如电压、电流和接线方式等）进行接线，注意：为了安全，一定要将电动机的接地线接好、接牢。

4）测量交流电动机的空载电流。空载时，测量三相空载电流是否平衡，如图 3－13 所示。同时观察电动机是否有杂声、振动及其他较大噪声，如果有应立即停车，进行检修。

5）测量电动机的转速。用转速表测量电动机的转速，并与电动机的额定转速进行比较。

图 3－13 测量交流电动机的空载电流

操作提示

绕线转子异步电动机的拆卸要点：

◇对于绕线转子异步电动机，通常是先拆前端盖，后拆后端盖。这是因为前端盖装有电刷装置和短路装置。

◇在拆除之前，先把电刷提起并绑扎，标志好刷架位置，以防拆卸端盖时碰坏电刷和电刷装置。

◇对于负载端是圆柱滚子轴承的电动机，应先拆卸非负载端。

【技能训练】

1. 训练内容

5.5kW 三相异步电动机的拆卸、接线与调试。

2. 工具、仪表及器材

（1）电工工具　验电器、一字形和十字形螺钉旋具、钢丝钳、尖嘴钳、斜口钳、剥线钳、电工刀等。

（2）仪表　MF30 万用表或 MF47 万用表、T301—A 型钳形电流表、兆欧表（500V；0～2000MΩ）、转速表。

（3）三相异步电动机

1）按实际情况将电动机安装在现场，电动机轴带联轴器。

2）三相异步电动机的铭牌技术数据：型号 Y112M—4 、功率 4kW、额定电压 380V、额定电流 8.8A、定子绕组 Δ 联结、额定转速 1440r/min。

（4）专用工具　拆装、接线、调试的专用工具。

（5）助手　1 名。

（6）其他　汽油、刷子、干布、绝缘黑色胶布、演草纸、圆珠笔、劳保用品等，按需而定。

3. 训练步骤

（1）拆卸前的准备

1）准备好工作所需的各种工具，断开电源，拆卸电动机与电源线的连接线，并对电源线头做好绝缘处理。

2）卸下联轴器、地脚螺栓，将各种零部件放入小盒中，以免丢失。

3）做好记录或标记，记录联轴器与端盖之间的距离，以便选择合适的拉具。

（2）拆卸

1）逐步松开紧固对角螺栓，拆卸下风罩、风叶。

2）在前端盖与机座之间打上记号，以便装配时复位。

3）选择适当扳手，逐步松开紧固对角螺栓，用铜棒均匀敲打端盖有脐的部分。

4）在后端盖与机座之间打好记号后，拆卸后端盖。

5）抽出转子。

6）拆卸轴承。根据轴承的规格和型号，选择适当的拉具。拉具的脚爪应紧扣轴承内圈，拉具的丝杆顶点要对准转子的中心，缓慢匀速地扳动丝杠，将轴承慢慢拉出。

（3）清洗和装配轴承

1）清洗轴承。检查轴承质量，如果质量不好，按规格型号更换。反之继续使用。

2）将轴承孔腔内按标注加入润滑脂，用敲打法将轴承再装入轴上。

（4）装配

1）按取出转子的反向装入转子。注意转子一定不要碰伤定子绕组。

2）按拆卸前端盖、后端盖、风叶、风罩和联接器的方法，依照前端盖→后端盖→风叶→风罩→联轴器的顺序，安装前端盖、后端盖、风叶、风罩和联轴器。

3）检查电动机机械部分的灵活性。不合格要重装。

（5）接线与测试

1）将电动机定子绕组的六个线头拆开，用兆欧表测量电动机定子绕组各相及相与地之间的电阻。

2）测量电动机空载下三相平衡电流和转速。

操作提示

◇拆卸带轮或轴承时，要正确使用拉具。

◇电动机解体前，要打好记号，以便组装。

◇端盖螺钉的松动与紧固必须按对角线上下左右依次旋动。

◇不能用锤子直接敲打电动机的任何部位，只能用铜棒在垫好木块后再敲击。

课题三　直流电动机的维修

教学要求

1. 掌握小型直流电动机的拆卸技能。

2. 掌握直流电动机常见故障的排除方法。

直流电机既可作直流电动机用，也可作直流发电机用。与异步电动机比较，直流电动机结构复杂、使用维修较麻烦、价格较贵。但直流电动机具有良好的起动性能，且能在宽广的范围内平滑而经济地调节速度。因此，直流电动机在起动和调速要求较高的机械上广泛地使用。目前使用的直流电动机主要有 Z2 和 Z4 两种系列，其外形如图 3－14 所示。Z4 系列为 20 世纪 80 年代开始研制生产的产品，其上部为给电动机进行通风冷却用的骑式鼓风机，就直流电动机本身而言，Z2 与 Z4 的内部结构基本上是相同的，即由定子和转子两大部分组成。定子是指电动机中静止不动的部分，包括机座、主磁极、换向极、前端盖、后端盖、电刷装置等部分。转子是指电动机中旋转的部分，主要由电枢铁心、电枢绕组、换向器、转轴、风扇等部分组成。图 3－15 所示为直流电动机各主要部件图。

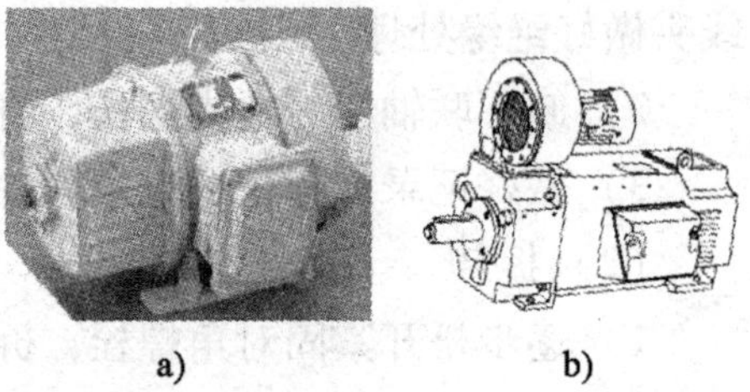

图 3－14 直流电动机外形
a）Z2 系列直流电动机 b）Z4 系列直流电动机

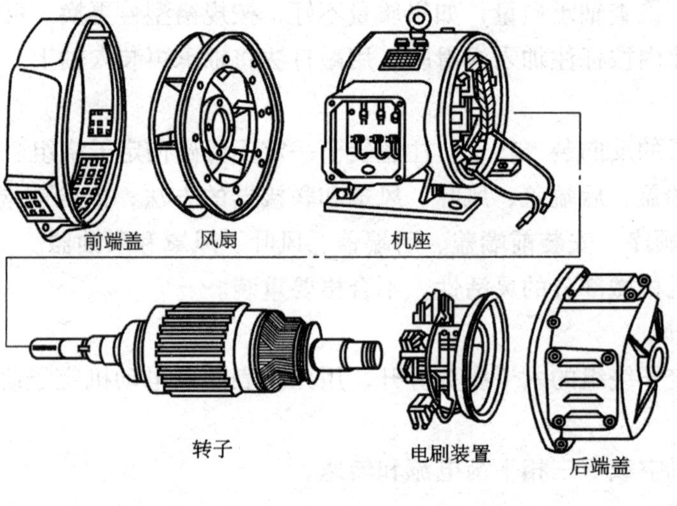

图 3－15 直流电动机的各种主要部件图

直流电动机根据其主磁场产生方式的不同，可分为永久磁铁励磁和励磁绕组励磁两大类，除功率较小的直流电动机用永久磁铁励磁外，广泛采用的是励磁绕组励磁。根据励磁绕组接线方式的不同，可分为他励电动机、串励电动机、并励电动机和复励电动机等多种。

一、直流电动机的拆装

基本操作步骤描述： 切断电源→做好标记→拆卸电刷→拆卸轴承外盖→抽出电枢→检查轴承→重新装配

直流电动机的拆装见表 3－3。

表 3－3 直流电动机的拆装

项目	图 示	操作步骤及要点
拆卸	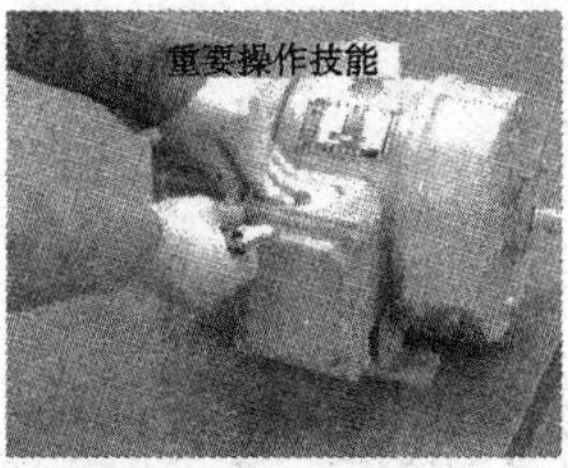	打开电动机接线盒，拆下电源连接线。在端盖与机座连接处做好标记
取出电刷	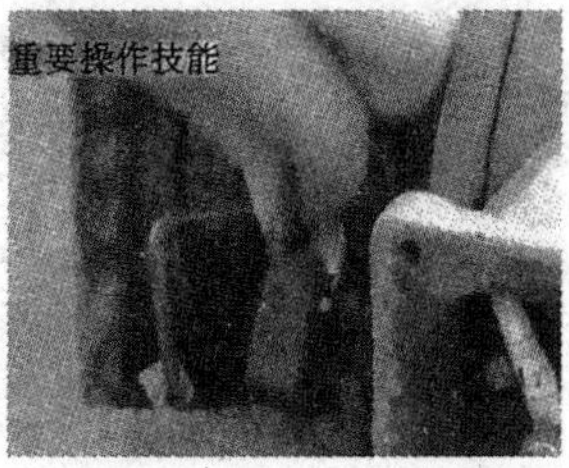	打开换向器侧的通风窗，卸下电刷紧固螺钉，从刷握中取出电刷，拆下接到刷杆上的连接线
拆卸轴承外盖	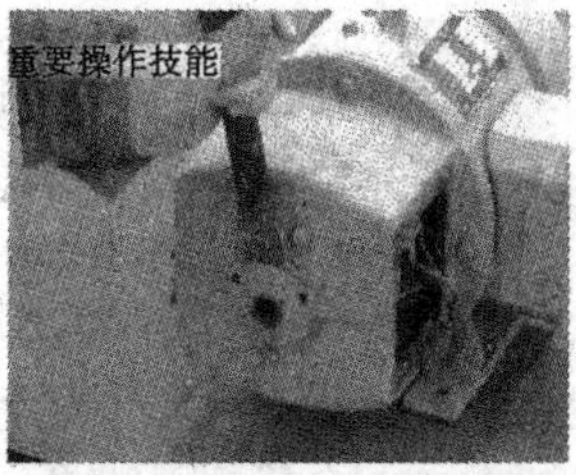	拆除换向器侧端盖螺钉和轴承盖螺钉，取出轴承外盖；拆卸换向器端的端盖，必要时从端盖上取下刷架
抽出电枢	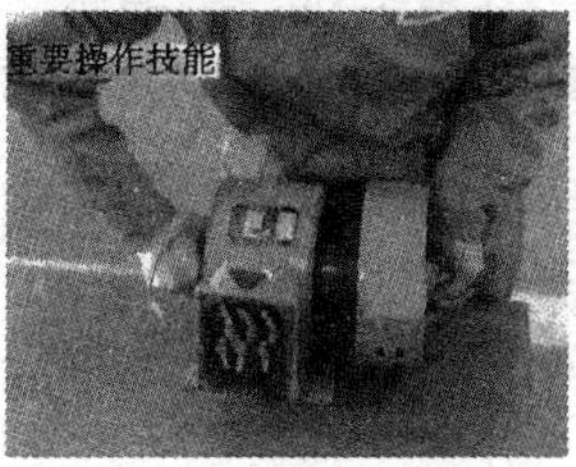	抽出电枢时要小心，不要碰伤电枢
拆卸零件		用纸或软布将换向器包好。 拆下前端盖上的轴承盖螺钉，并取下轴承外盖，将连同前端盖在内的电枢放在木架或木板上；轴承一般只在损坏后方可取出，无特殊原因，不必拆卸

操作提示

◇拆卸完成后，对轴承等零件进行清洗，并经质量检查合格后，涂注润滑脂待用。

◇直流电动机的装配与拆卸步骤相反。

二、直流电动机的常见故障及维修

1. 直流电动机常见故障的排除

直流电动机常见故障的排除见表3-4。

表3-4 直流电动机常见故障

故障现象	造成故障的可能原因	故障排除
无法起动	(1) 电源无电压 (2) 励磁回路断开 (3) 电刷回路断开 (4) 起动电流太小	(1) 检查电源及熔断器 (2) 检查励磁绕组起动器 (3) 检查电枢绕组及电刷与换向器接触情况 (4) 负载过重、电枢卡死或起动设备不符合要求所致
转速不正常	(1) 转速过高 (2) 转速过低	(1) 检查电源电压是否过高，主磁场是否过弱，电动机负载是否过轻 (2) 检查电枢绕组是否有断路、短路、接地等故障；检查电刷压力及电刷位置；检查电源电压是否过低及负载是否过重；检查励磁绕组回路是否正常
电刷下火花过大	(1) 电刷不在中心线上 (2) 电刷压力不当或电刷与换向器接触不良或电刷牌号不对 (3) 换向器表面不光洁、有污垢，换向器上云母片突出、刷握松动或安装位置不正确 (4) 电动机过载或电源电压过高 (5) 电枢绕组或磁极绕组或换向极绕组有断路或短路故障 (6) 转子平衡未校好	(1) 调整刷杆位置 (2) 调整电刷压力、研磨电刷与换向器接触面、调换电刷 (3) 研磨换向器表面、下刻云母槽 (4) 降低电动机负载或电源电压 (5) 分别检查原因 (6) 重新校正转子动平衡
电动机温升过高	(1) 长期过载 (2) 电源电压过高或过低 (3) 电枢、磁极、换向器绕组故障 (4) 起动或正反转过于频繁	(1) 更换功率大的电动机 (2) 检查电源电压 (3) 分别检查原因 (4) 避免不必要的起动、正反转
机壳带电	(1) 电动机受潮后绝缘电阻下降 (2) 引出线碰壳 (3) 各绕组绝缘损坏造成对地短路	(1) 烘干或重新浸漆 (2) 修复出线头绝缘 (3) 修复绝缘损坏处

2. 清洁电刷与换向器表面

检查电刷与换向器接触是否良好，电刷压力是否适当。

（1）换向器的维护保养　换向器表面应保持光洁，不得有机械损伤和火花灼痕。若有轻微灼痕时，可用0号砂纸在低速旋转着的换向器表面仔细研磨，用宽窄与换向器相同的0号砂纸包裹在换向器上，将电枢放在V形铁或架子上，转动电枢，研磨电刷，电刷研磨面要在80%以上。大型电动机可在安装后在电动机内部进行研磨，如图3－16所示。

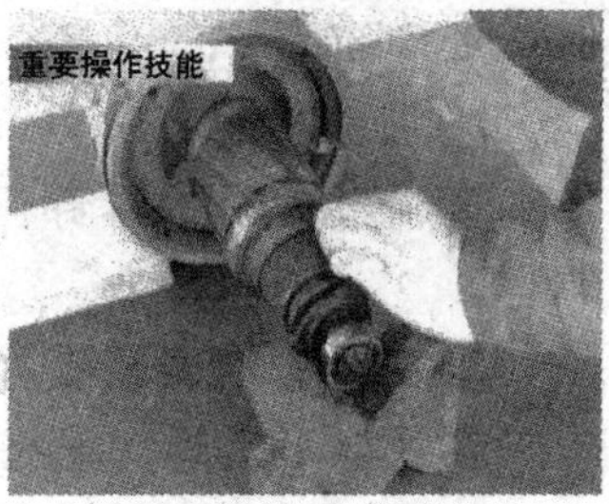

图3－16　研磨电刷

操作提示

◇若换向器表面出现严重的灼痕或粗糙不平、表面不圆或有局部凸凹现象时，则应拆下重新车削加工。车完后应将片间云母槽中的云母片下刻1～1.5mm，并清除换向器表面的金属屑及毛刺等，最后用压缩空气将整个电枢吹干净再装配。

◇换向器在负载下长期运行后，表面会产生一层坚硬的深褐色的膜，这层薄膜能保护换向器不受磨损，因此要保护好这层薄膜。

（2）检查电刷压力　若电刷压力大小不当或不均匀，则用弹簧秤校正电刷压力为14.7～24.5kPa（150～250g/cm²），如图3－17所示。若弹簧失去弹性，要更换弹簧。

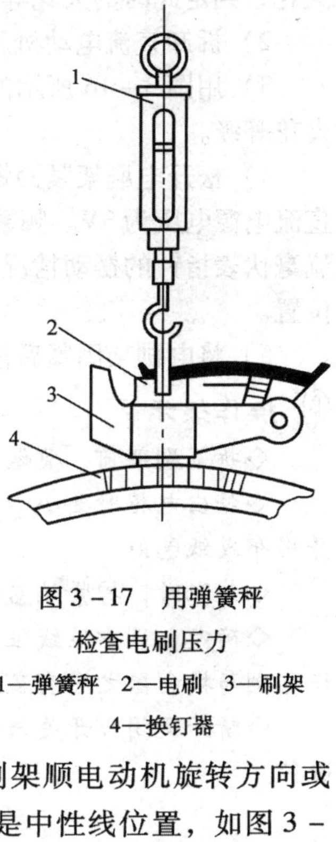

图3－17　用弹簧秤检查电刷压力

1—弹簧秤　2—电刷　3—刷架　4—换钉器

3. 调整电刷中性线位置

常用的一种方法是感应法，励磁绕组通过开关接到1.5～3V的直流电源上，毫伏表接到相邻两级的电刷上（电刷与换向器的接触一定要良好）。当打开或合上开关时，即交替接通和断开励磁绕组的电流，毫伏表的指针会左右摆动，这时将电刷架顺电动机旋转方向或逆转方向缓慢移动，直到毫伏表指针几乎不动时，电刷架位置就是中性线位置，如图3－18所示。

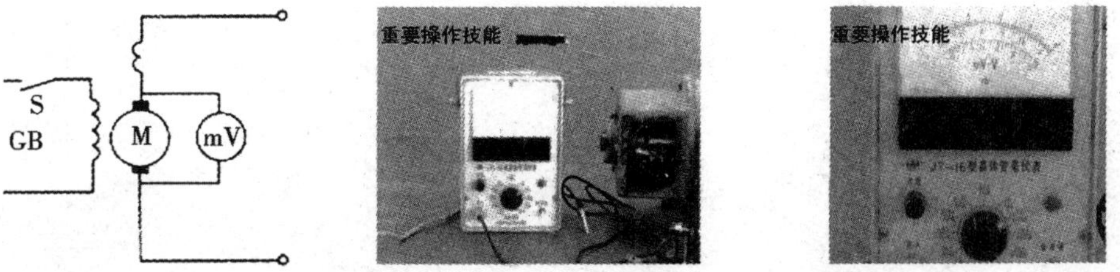

图3－18　毫伏表调整电刷中性线位置

调整完电刷中性线位置，要将电刷架紧固，如图3－19所示。

【技能训练】

1. 训练内容

直流电动机的拆卸、火花等级的鉴定和电刷中性线位置的调整。

2. 工具、仪表及器材

常用电工工具、直流电动机、直流毫伏表、3V 直流电源等。

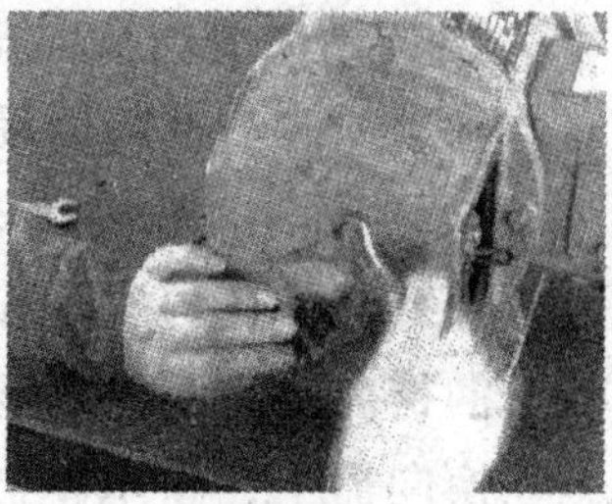

图 3-19 紧固电刷架丝

3. 训练步骤

1）打开通风窗，接通电源，观察直流电动机运行时产生的火花，判定此时的火花等级。

2）拆卸直流电动机。按前面所述方法拆卸直流电动机。

3）用图 3-16 所示的方法研磨电刷后，重新装配直流电动机，通电，再次观察并判定火花等级。

4）松开电刷架紧固螺钉，调整电刷中性线的位置。按图 3-17 所示的方法进行接线，直流电源电压为 3V。频繁地闭合和断开开关，同时将电刷架向左或向右慢慢移动，观察直流毫伏表指针的摆动情况，直至毫伏表指针不动或摆动很小时，电刷的位置就是中性线的位置。

5）将电刷架固紧后再复测一次，观察并判定此时火花的等级。

操作提示

◇拆下刷架前，要做好标记，便于安装后调整电刷中性线位置。

◇抽出电枢时要小心，不要碰伤换向器及各绕组；取出的电枢必须放在木架或木板上，并用布或纸包好。

◇装配时，拧紧端盖螺栓，必须四周用力均匀，按对角线上下左右逐步拧紧。

◇确定电刷中性线位置时，若是并励电动机，应将励磁绕组与电刷的连接线拆开。要保证电刷与换向器之间有良好的接触。

◇断开及闭合开关与转动电刷架的位置及观察直流毫伏表指针的摆动情况，三者应同时进行。

第四章　变压器的维护及检修

学习目标

变压器是工农业生产和生活中提供电能的重要设备，维修电工必须熟悉变压器的维护及其维修技能。本章主要介绍三相变压器的维护、小型变压器的重绕等操作技能。

本章的学习目标：

1. 掌握电力变压器运行的维护和常见故障分析。
2. 掌握小型变压器的绕制和维修技能。

课题一　三相变压器的维护

教学要求

1. 掌握电力变压器运行的维护方法。
2. 能够分析电力变压器的常见故障。
3. 熟悉三相变压器试验的项目。

变压器是一种静止的电气设备，它利用电磁感应原理，把输入的交流电压升高或降低为同频率的交流输出电压，以满足高压输电、低压供电及其他用途的需要。变压器的种类很多，按用途分为电力变压器、整流变压器、电焊变压器和特殊变压器。电力变压器对电能的经济传输、分配和安全使用具有重要意义。为保证电力变压器能长期、安全、可靠地运行，必须十分重视变压器的检修及日常工作。

一、电力变压器的运行维护

1. 电力变压器的基本结构

铁心和绕组是变压器最基本的组成部分，叫做变压器的器身，器身放在装有变压器油的油箱内，储油柜、干燥器、防爆管、气体继电器等主要附件装在油箱上，其外形如图4－1所示。

图4－1　电力变压器的外形

2. 电力变压器投入运行前的检查

无论是新型变压器还是检修以后的变压器，在投入运行前都必须仔细进行检查。

（1）型号和规格检查　检查电力变压器型号和规格是否符合要求。

（2）各种保护装置检查　检查熔断器的规格型号是否符合要求；报警系统、继电保护系统是否完好，工作是否可靠；避雷装置是否完好；气体继电器是否完好，内部有无气体存在，若有气体存在应打开气阀盖，放掉气体，如图4－2所示。检查浮筒、活动挡板和水银开关动作位置是否正确。

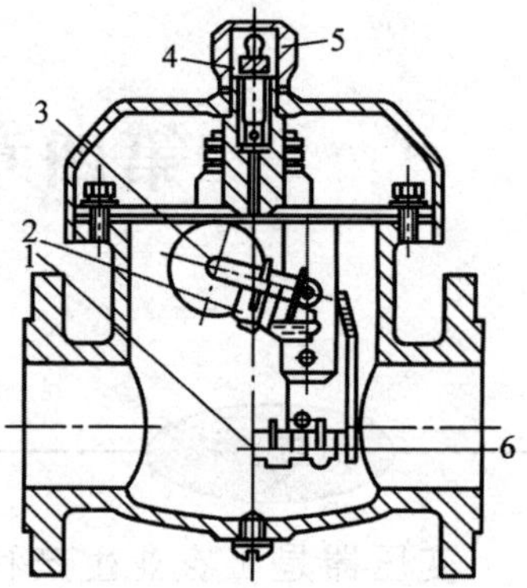

图4－2　气体继电器原理图

1—接触开关　2—水银　3—上浮筒　4—放气阀　5—放气阀盖　6—活动挡板

（3）监视装置检查　检查各测量仪表的规格是否符合要求，是否完好；油温指示器、油位显示器是否完好，油位是否在与环境温度相应的油位线上。

（4）外观检查　检查箱体各个部分有无渗油现象；防爆膜是否完好；箱体是否可靠接地；各电压级的出线套管是否有裂缝、损伤，安装是否牢靠；导电排及电缆连接处是否牢固可靠。

（5）消防设备检查　检查消防设备数量和种类是否符合规定要求。

（6）测量各电压级绕组对地的绝缘电阻　20～30kV的变压器不低于300 MΩ，3～6kV的变压器不低于200MΩ，0.4kV以下的变压器不低于90MΩ。

3. 变压器投入运行中应进行的检查工作

基本操作步骤描述：监视仪表→现场检查→做好记录

为保证变压器安全运行，在变压器投入运行中要定期检查，以提高变电质量和及时发现故障，及时消除。

1）监视仪表。电压表、电流表、功率表等应每小时抄表一次；在过载运行时，应每半小时抄表一次；仪表不在控制室时每班至少抄表两次。温度计安装在配电盘上的，在记录电流数值时同时记录温度；温度计安装在变压器上的应在巡视变压器时进行记录。

2）现场检查。有值班人员的应每班检查一次，每天至少检查一次，每星期进行一次夜间检查。无固定人员值班的至少每两月检查一次，遇特殊情况或气候急剧变化时要进行及时检查。

3）做好记录。

二、电力变压器的故障分析

基本操作步骤描述：了解故障发生的情况→故障原因的分析→故障原因的处理

1. 了解故障发生的情况

电力变压器发生故障的原因比较复杂，为了正确和快速地分析原因，在进行处理故障之前，应详细了解变压器在故障发生时的情况：

1）变压器的运行状况、种类及过载状况。

2）变压器的温升及电压状况。

3）事故发生前的气候与环境，如气温、湿度及有无雷雨等。

4）查看变压器的运行记录、前次大修记录和质量评价等。

5）了解继电器保护动作的性质，如短路保护、起动保护、气体继电器等动作。

2. 故障原因的分析及处理

容量在 560kV · A 以上的变压器都具有保护装置。在故障发生时都会有相应的保护装置动作，其中能比较准确地反映变压器故障的是气体继电器，及时对气体继电器动作时产生的气体进行化验分析，能较准确地判定出故障的性质，变压器产生气体的分析见表4－1。

表 4－1　变压器产生气体的分析

气体性质	故障情况	说　明
灰黑色	绝缘油炭化	由于接触不良或变压器局部过热
黄色、难燃	木质制件烧毁	应停电检查
灰白色，可能有臭味	纸质制件烧毁	立即停电检查
无色，不可燃气体为空气		绝缘油中的空气排出

【技能训练】

1. 训练内容

对运行中的变压器进行检查。

2. 工具、仪表及器材

电工工具 1 套，绝缘鞋和劳保用品，笔纸若干。

3. 训练步骤

1）在教师或值班人员指导下进一步认识变配电设备和各类仪表的作用。

2）在教师或值班人员指导下检查运行中的变压器。

3）抄录电压表、电流表、功率表的读数。

4）记录油面温度和室内温度。

5）检查各密封处有无漏油现象。

6）检查高低压瓷管是否清洁，有无破裂及放电痕迹。

7）检查导电排、电缆接头有无变色现象。有使用蜡片的，检查蜡片是否熔化。

8）检查防爆膜是否完好。

9）检查硅胶是否变色。

10）检查有无异常声响。

11）检查油箱接地是否完好。

12）检查消防设备是否完整良好。

4. 检查记录表

将抄录下的有关数据填入检查记录表，见表 4－2。

表 4－2　检查记录表

铭牌数据	型号		容量	
	电压		电流	
	联结方式		温升	

（续）

检查记录	高压侧	电压		输入功率			
		电流					
	低压侧	电压		电流			
		功率表读数		功率因数			
	油面温度		室温		温升		
	绝缘瓷管	清洁		无破裂		有放电痕迹	
		不清洁		有裂痕		无放电痕迹	
	防爆膜	完好		导电排和电缆接头	无变色现象		
		不完整			有变色现象		
	硅胶	变色		有无异常声响		有无漏油	
		未变色					
	接地线	可靠		消防设备品种数量			
		不可靠					

操作提示

◇进入变压器室前，要进行安全教育。

◇进入变压器室后，不可抚摩或拨动室内所有设备。

◇要切实注意人身安全。

课题二　小型变压器的绕制

教学要求

1. 熟悉小型变压器材料的选择。
2. 掌握小型变压器的绕制方法。

一、小型变压器的绕制

基本操作步骤描述：绕制前的准备→绕线→绝缘处理→铁心镶片→测试

1. 绕制前的准备工作

（1）导线的选择　根据计算的匝数和导线的截面积选用相应规格的漆包线。对于500V以下的变压器，当一、二次绕组裸导线的截面积乘以对应的匝数所得总面积占铁心窗口面积的50%左右时，一般是能够绕得下的。若导线总面积大于窗口面积的30%时，应考虑把匝数多的那个绕组改用小一号的导线，或都改用性质较好的绝缘材料，这样绕好的线包（绕好的全部绕组的简称）不会因装不上铁心而返工。

（2）绝缘材料的选择　绝缘材料的选用必须考虑耐压要求和允许厚度，层间绝缘厚度应按两倍层间电压的绝缘强度选用。对于1000V以下要求不高的变压器也可以电压的峰值（即2倍层间电压）作为选用标准。对铁心绝缘及绕组间的绝缘，按对地电压的两倍来选用。

（3）制作木芯　木芯是用来套在绕线机转轴上支撑绕组骨架的，以便进行绕线。通常用杨木或杉木按铁心中心柱截面积 $a\times b$ 稍大些的尺寸 $a'\times b'$制成，如图 4－3 所示。

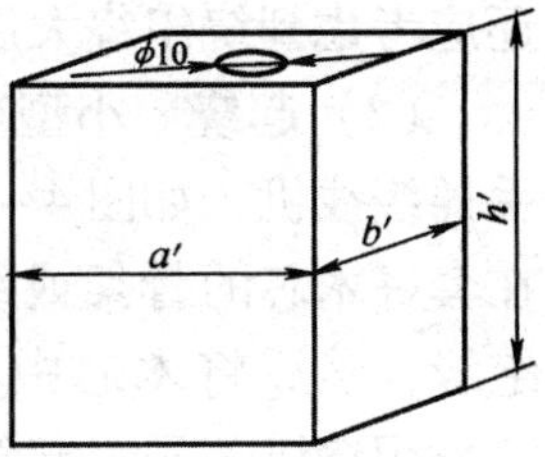

图 4－3　木芯

操作提示

◇木芯的长应比铁心窗口高度 h 大一些，木芯的中心孔径为 10mm，孔必须钻得平直，木芯的四边必须相互垂直，否则绕线时会发生晃动，绕组不易平齐。木芯的边角用砂纸磨成略有圆角，以便套进或抽出骨架。

（4）制成绕线芯子及骨架　绕线芯子除起支撑作用外，还对铁心起绝缘作用，要具有一定的机械强度与绝缘强度。小型变压器可选用绝缘纸板制成无框纸质骨架，如图 4－4 所示。纸质无框绕线芯子，一般是用弹性纸制成。弹性纸的厚度根据变压器的容量选用，纸板的宽度等于木芯的长度 h'，弹性纸的长度 L 取为：

$$L=2\ (b'+t)\ +\alpha'+2\ (\alpha'+t)\ =3\alpha'+2b'+4t$$

按照图 4－4b 中的虚线用裁纸刀划出浅沟，沿沟痕把弹性纸折成方形。第 5 面与第 1 面重叠，用胶水粘合。

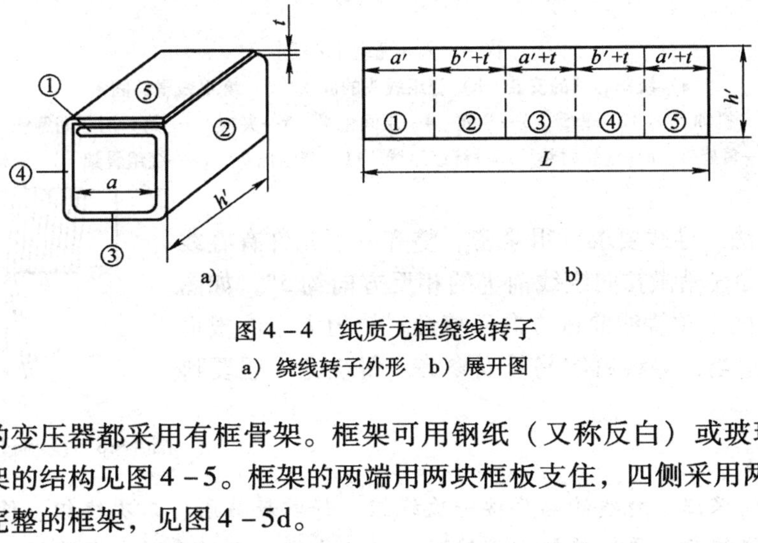

图 4－4　纸质无框绕线转子

a）绕线转子外形　b）展开图

要求较高的变压器都采用有框骨架。框架可用钢纸（又称反白）或玻璃纤维等材料制作成，活络框架的结构见图 4－5。框架的两端用两块框板支住，四侧采用两种形状的夹板，拼合成为一个完整的框架，见图 4－5d。

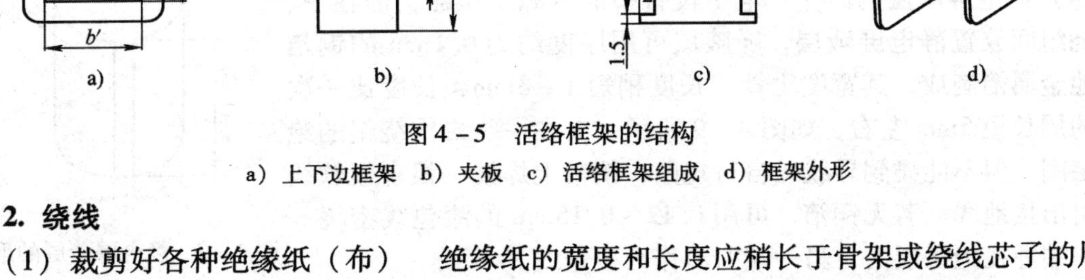

图 4－5　活络框架的结构

a）上下边框架　b）夹板　c）活络框架组成　d）框架外形

2. 绕线

（1）裁剪好各种绝缘纸（布）　绝缘纸的宽度和长度应稍长于骨架或绕线芯子的周长；

还应考虑到绕组绕大后所需的裕量。

（2）起绕　小型变压器的绕组一般都采用手摇绕线机，如图4－6所示，一般绕线前，先在套好木芯的骨架或绕线芯子上垫好对铁心的绝缘，然后将木芯中心孔穿入绕线机轴固紧。若采用绕线芯子，起绕时在导线引线头压入一条绝缘带的折条，以便抽紧起始线头，如图4－7b所示。导线起绕点不可过于靠近绕线芯子的边缘，以免在绕线时漆包线滑出，以防止在插硅钢片时碰伤导线的绝缘；若采用有框骨架，导线要紧靠边框板，不必留出空间。

图4－6　手摇绕线机

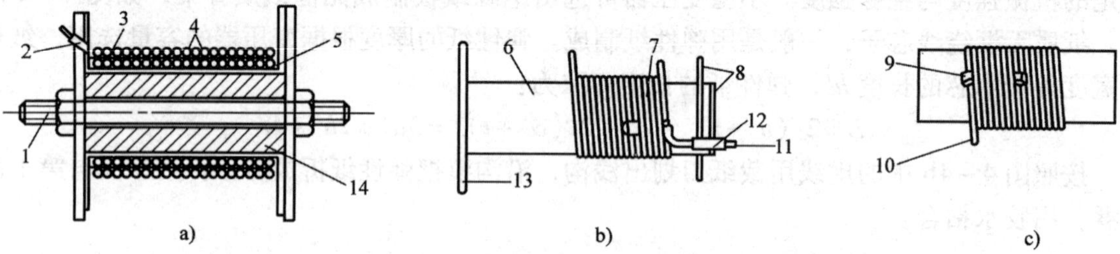

图4－7　绕组的绕制

a）绕制芯子的安装　b）绕组线头的固紧　c）绕组线尾的固紧

1—机轴　2、12—套管　3—导线　4—层间绝缘　5—夹板　6—第一层层间绝缘

7、9—黄蜡带　8—绝缘衬垫　10—绕组尾线　11—绕组出头　13—绕组骨架　14—木芯

（3）绕线方法　导线要求绕得紧密、整齐，不允许有叠线现象。绕线时将导线稍微拉向绕线前进的相反方向约5°，如图4－8所示。拉线的手顺绕线前进方向而移动，拉力大小应根据导线粗细而掌握适当，导线就容易排列整齐。每绕完一层要垫层间绝缘。

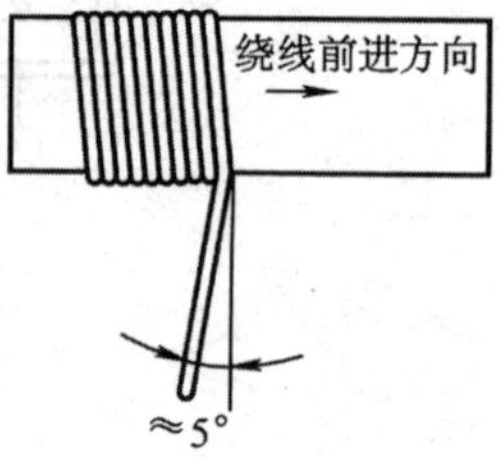

图4－8　绕制过程中的持线方法

操作提示

◇线包层次的保证。绕线的顺序按一次绕组、静电屏蔽层、二次绕组、低压绕组依次叠绕。每绕完一组绕组后，要衬垫绕组间绝缘。当二次绕组数较多时，每绕好一组后用万用表检查是否通路。

◇线尾的紧固。当一组绕组绕制近结束时，要垫上一条绝缘带的折条，继续绕线至结束，将尾线插入绝缘带的折缝中，抽紧绝缘带，线尾便固定了。

（4）静电屏蔽层的制作　电子设备中的电源变压器，需在一、二次绕组间放置静电屏蔽层，屏蔽层可用厚度约为0.1mm的铜箔或其他金属箔制成，其宽度比骨架长度稍短1～3mm，长度比一次绕组的周长短5mm左右，如图4－9所示，夹在一、二次绕组的绝缘垫层间，但不能碰到导线或自行短路，铜箔上焊接一根多股软线作为引出接地线。若无铜箔，可用0.12～0.15mm的漆包线密绕一层，一端埋在绝缘层内，另一端引出作为接地线。

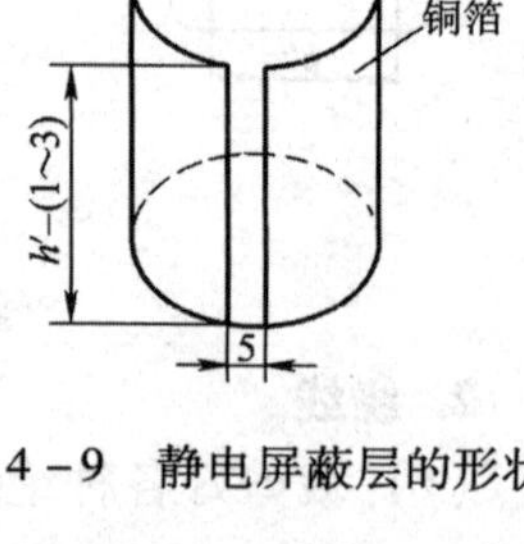

图4－9　静电屏蔽层的形状

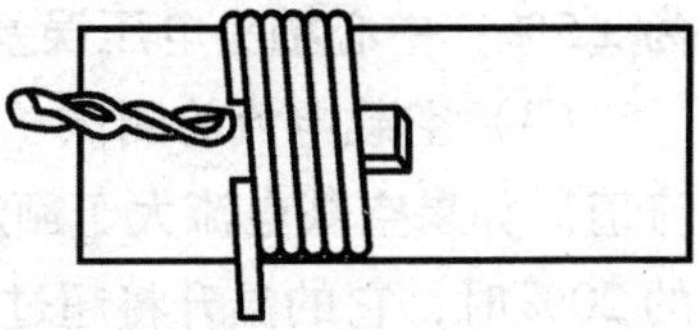

图 4 - 10　利用原线作引出线

（5）引出线　当线径大于 0.2mm 时，绕组的引出线可利用原线绞合后引出即可，如图 4 - 10 所示。线径小于 0.2mm 时，应采用多股软线焊接后引出，焊剂应采用松香焊剂。引出线的套管应按耐压等级选用。

（6）外层绝缘　线包绕制好后，外层绝缘用铆好焊片的青壳纸缠绕 2 ~ 3 层，用胶水粘牢。

3. 绝缘处理

线包绕好后，为防潮和增加绝缘强度，应作绝缘处理。处理方法是：将线包在烘箱内加温到 70 ~ 80℃，预热 3 ~ 5h 取出，立即浸入 1260 漆等绝缘清漆中约半小时，取出后在通风处滴干，然后在 80℃烘箱内烘 8h 左右即可。

4. 铁心镶片

（1）镶片要求　铁心镶片要求紧密、整齐，不能损伤线包。

（2）镶片方法　镶片应从线包两边一片一片地交叉对镶，如图 4 - 11 所示，镶到中部时则要两片两片地对镶。镶片时要用旋具撬开夹缝才能插入，插入后，用木锤轻轻敲入。在插条形片时，不可直向插片，以免擦伤线包。当骨架小而线包大时，切不可硬行插片，可将铁心中心柱或两边锉小些；也可将线包套在木芯上，用两块木板夹住线包两侧，在台虎钳上缓慢地将它压扁一些。镶片完毕后，把变压器放在平板上，用木锤将硅钢片敲打平整，E 形硅钢片接口间不能留有空隙。最后用螺栓或夹板紧固铁心。参照图 4 - 12 把引出线焊到焊片上。

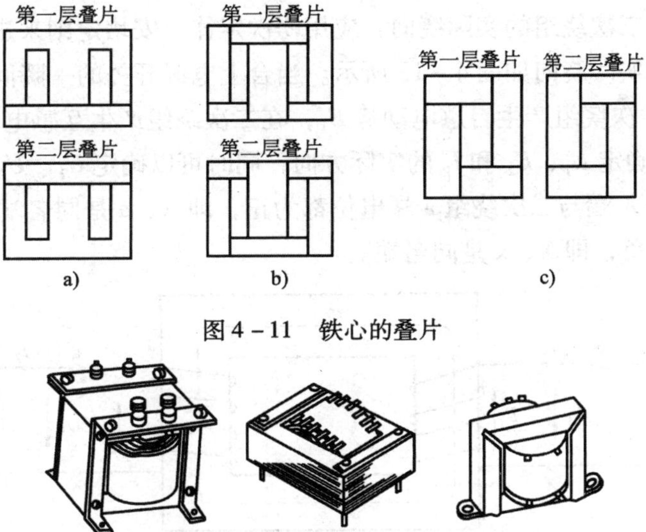

图 4 - 11　铁心的叠片

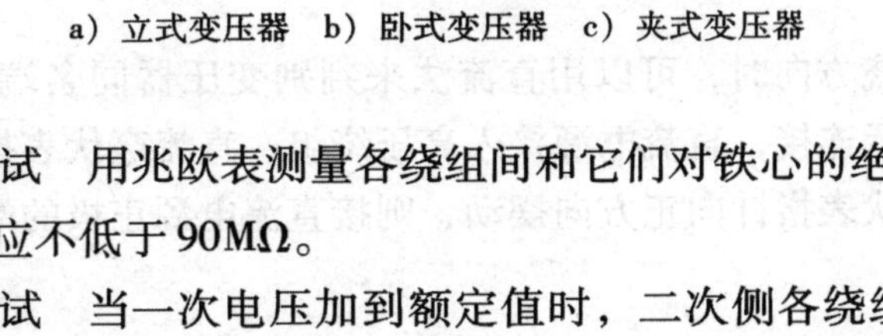

图 4 - 12　变压器引出线的布置

a）立式变压器　b）卧式变压器　c）夹式变压器

5. 测试

（1）绝缘电阻的测试　用兆欧表测量各绕组间和它们对铁心的绝缘电阻，对于 400V 以下的变压器其绝缘电阻应不低于 90MΩ。

（2）空载电压的测试　当一次电压加到额定值时，二次侧各绕组的空载电压允许误差

为 ±5%，中心抽头电压误差为 ±2%。

（3）空载电流的测试　当一次侧输入额定电压时，其空载电流约为 5% ~8% 的额定电流值。如果空载电流大于额定电流的 10% 时，变压器损耗较大；当空载电流超过额定电流的 20% 时，它的温升将超过允许数值，就不能使用。

操作提示

◇将光亮的铁心外表面上涂上黑漆会增加铁心热辐射能力，可降低温度 3 ~5℃。

◇铁心插入后，还需夹紧铁心片和安装变压器，容量较大的变压器用螺杆套上薄套管穿入铁心孔内，加螺母和绝缘紧固；容量较小的变压器用 U 形夹子紧固。

◇通电时要注意安全，应有监护人员在场。

二、变压器同名端的判别

变压器铁心中的交变主磁通，在一、二次绕组中产生的感应交变电动势没有固定的极性。这里所说的变压器线圈的极性是指一、二次绕组的相对极性，也就是当一次绕组的某一端在某个瞬间电位为正时，二次绕组的也一定在同一瞬时有一个电位为正的对应端，我们把这两个对应端称为变压器的同名端，或者称为变压器的同极性端，通常用“ * ”来表示。

变压器同名端的判别方法有以下三种：

1. 观察法

观察变压器一、二次绕组的实际绕向，应用楞次定律、安培定则来进行判别。例如，变压器一、二次绕组的实际绕向如图 4 -13 所示。当合上电源开关的一瞬间，一次绕组电流 I_1 产生主磁通 ϕ_1，在一次绕组产生自感电动势 E_1，在二次绕组产生互感电动势 E_2 和感应电流 I_2，用楞次定律可以确定 E_1、E_2 和 I_1 的实际方向，同时可以确定 U_1、U_2 的实际方向。这样可以判别出一次绕组 A 端与二次绕组 a 端电位都为正，即 A、a 是同名端；一次绕组 X 端与二次绕组 x 端电位为负，即 X、x 是同名端。

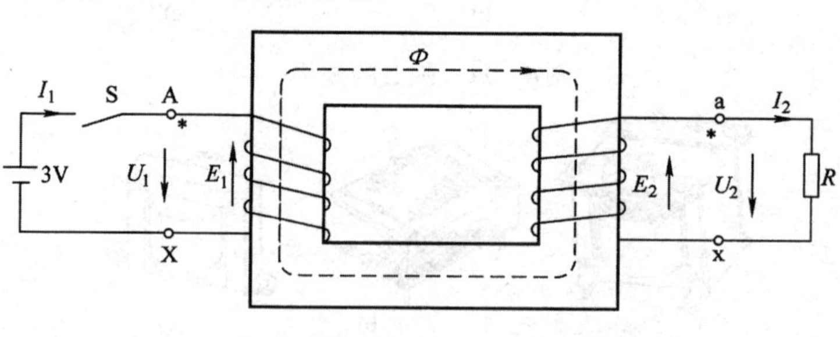

图 4 -13　通过绕组实际绕向判定变压器同名端

2. 直流法

在无法辨清绕组缠绕方向时，可以用直流法来判别变压器同名端。用 1.5V 或 3V 的直流电源，按图 4 -14 所示连接，直流电源接入高压绕组，直流毫伏表接入低压绕组。当合上开关的一瞬间，如果毫伏表指针向正方向摆动，则接直流电源正极的端子与接直流毫伏表正极的端子是同名端。

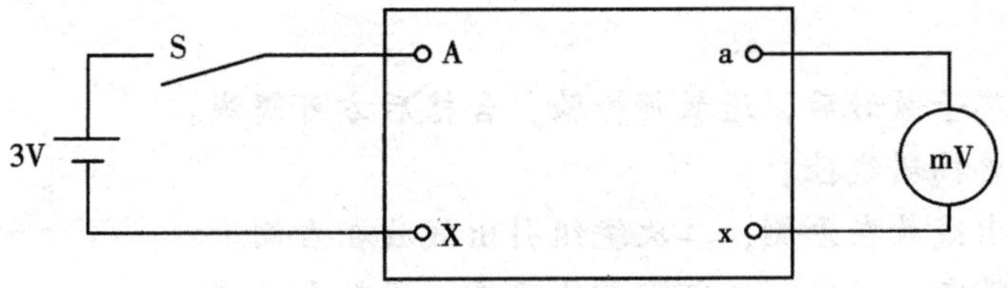

图4－14 直流法判别变压器同名端

3. 交流法

将高压绕组一端用导线与低压绕组一端相连接，同时将高压绕组及低压绕组的另一端接交流电压表，如图4－15所示。在高压绕组两端接入低压交流电源，测量 U_1 和 U_2，若 $U_1 > U_2$，则A、a为同名端；若 $U_1 < U_2$，则A 、a为异名端。

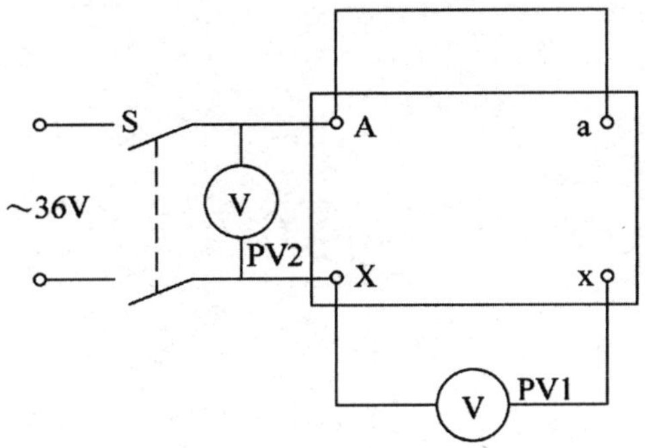

图4－15 交流法判别变压器同名端

【技能训练】

1. 训练内容

绕制小型变压器，绕制稳压电源变压器。

2. 工具、仪表及器材

1）硅钢片选用 $a=38\text{mm}$、$c=19\text{mm}$、$h=57\text{mm}$，$A=114\text{mm}$，$H=95\text{mm}$ 的E形通用硅钢片，叠厚48mm，一次侧220V，0.6A绕组用最大外径为0.67mm，Q型漆包线绕534匝。

2）二次侧17V，6A绕组用最大外径为1.64mm，Q型漆包线绕41匝。

3）二次侧30V×2（中心抽头），0.2A绕组用最大外径为0.33mm，Q型漆包线绕146匝。

4）绕线芯子用厚1mm的弹性纸制作；对铁心绝缘用两层电缆纸（0.07mm），一层黄蜡布（0.14mm）；绕组间绝缘与对铁心绝缘相同。

5）17V层间绝缘用两层电缆纸（0.12mm）；其他绕组层间绝缘用一层电缆纸（0.07mm）。

3. 训练步骤

按小型变压器绕制工艺绕制绕组，绕制结束后，先镶片、紧固铁心、焊接引出线，交教师检验，待评分后再进行烘干、浸漆。

操作提示

◇木芯和绕线芯子做好后，送教师检验，合格后方可绕线。

◇绕制绕组不要搞错线径。

◇一次绕组引出线放在左侧，二次绕组引出线放在右侧。

◇导线排列要紧密、整齐，不可有叠线现象，匝数要准确。

◇不可损伤导线绝缘层，若发现导线绝缘层受损，要及时修复。

◇绕制 30V×2 绕组时，绕到 73 匝时要引出中心抽头引出线。

◇各绕组的头、尾、中心抽头都要套绝缘套管，并做好头、尾标记。

◇铁心镶片时不要损伤线包，硅钢片接口不可有空隙。

◇铁心用夹板紧固。

第五章　三相异步电动机的典型控制电路及其安装

学习目标

在生产实践中，一台生产机械的控制电路可以比较复杂或简单，但总是由一些基本控制电路有机地组合起来，电动机常见的基本控制电路有以下几种：点动控制电路、正转控制电路、正反转控制电路、位置控制电路、多地控制电路、减压起动控制电路、调速控制电路和制动控制电路等。

本章的学习目标：

1. 识读三相交流异步电动机的典型控制电路图。
2. 掌握安装三相交流异步电动机典型控制电路的技能。
3. 掌握维修三相交流异步电动机典型控制电路的技能。

课题一　三相笼型异步电动机的正转控制电路及其安装

教学要求

1. 掌握电路图的识读。
2. 掌握常用手动正转控制电路的原理。
3. 掌握三相笼型异步电动机的正转控制电路原理及其安装方法。

一、电路图的识读

1. 电路图

电路图是根据生产机械运动形式对电气控制系统的要求，采用国家统一规定的电气图形符号和文字符号，按照电气设备和电器的工作顺序，详细表示电路、设备或成套装置的全部基本组成的连接关系，而不考虑其实际位置的一种简图。

电路图能充分表达电气设备和电器的用途、作用和工作原理，是电气线路安装、调试和维修的理论依据。

识读电路图时应遵循以下原则：

1）电路图一般分电源电路、主电路和辅助电路三部分绘制。

①电源电路画成水平线，三相交流电源相序 L1、L2、L3 自上而下依次画出，中线 N 和保护地线 PE 依次画在相线之下。直流电源的“+”端画在上边，“-”端画在下边。电源

开关要水平画出。

②主电路是指受电的动力装置及控制、保护电器的支路等，它是由主熔断器、接触器的主触头、热继电器的热元件以及电动机等组成。主电路通过的电流是电动机的工作电流，其电流较大。主电路图要画在电路图的左侧并垂直于电源电路。

③辅助电路一般包括控制主电路工作状态的控制电路；显示主电路工作状态的指示电路；提供机床设备局部照明的照明电路等。它是由主令电器的触头、接触器线圈及辅助触头、继电器线圈及触头、指示灯和照明灯等组成。辅助电路通过的电流都较小，一般不超过5A。画辅助电路图时，应画在电路图的右侧，且电路中与下边电源线相连的耗能元件（如接触器和继电器的线圈、指示灯、照明灯等）要画在电路图的下方，而电器的触头要画在耗能元件与上边电源线之间。为读图方便，一般应按照自左至右、自上而下的排列来表示操作顺序。

2）电路图中，各电器的触头位置都按电路未通电或电器未受外力作用时的常态位置画出。分析原理时，应从触头的常态位置出发。

3）电路图中，不画各电器元件实际的外形图，而采用国家统一规定的电气图形符号画出。

4）电路图中，同一电器的各元件不按它们的实际位置画在一起，而是按其在电路中所起的作用分画在不同电路中，但它们的动作却是相互关联的，因此，必须标注相同的文字符号。若图中相同的电器较多时，需要在电器文字符号后面加注不同的数字，以示区别，如KM1、KM2等。

5）画电路图时，应尽可能减少线条和避免线条交叉导线。对有直接电联系的交叉导线连接点，要用小黑圆点表示；无直接电联系的交叉导线则不画小黑点。

6）电路图采用电路编号法，即对电路中的各个接点用字母或数字编号。

①主电路在采用电源开关的出线端按相序依次编号为U11、V11、W11。然后按从上至下、从左至右的顺序，每经过一个电器元件后，编号要递增，如U12、V12、W12；U13、V13、W13……。单台三相交流电动机（或设备）的三根引出线按相序依次编号为U、V、W。对于多台电动机引出线的编号，为了不致引起误解和混淆，可在字母前用不同的数字加以区别，如1U、1V、1W；2U、2V、2W……。

②辅助电路编号按“等电位”原则从上至下、从左至右的顺序用数字依次编号，每经过一个电器元件后，编号要依次递增。控制电路编号的起始数字必须是1，其他辅助电路编号的起始数字依次递增100，如照明电路编号从101开始；指示电路编号从201开始等。

2. 接线图

接线图是根据电气设备和电器元件的实际位置和安装情况绘制的，只用来表示电气设备和电器元件的位置、配线方式和接线方式，而不明显表示电气动作原理。主要用于安装接线、电路的检查维修和故障处理。绘制、识读接线图应遵循以下原则：

1）接线图中一般示出如下内容：电气设备和电器元件的相对位置、文字符号、端子号、导线号、导线类型、导线截面积、屏蔽和导线绞合等。

2）所有的电气设备和电器元件都按其所在的实际位置绘制在图纸上，且同一电器的各元件根据其实际结构，使用与电路图相同的图形符号画在一起，并用点划线框上，其文字符号以及接线端子的编号应与电路图中的标志一致，以便对照检查接线。

3）接线图中的导线有单根导线、导线组（或线扎）、电缆等之分，可用连续线和中断线来表示。凡导线走向相同的可以合并，用线束来表示，达到接线端子板或电器元件的连接点时可以再分别画出。在用线束来表示导线组、电缆等时可用加粗的线条表示，在不引起误解的情况下也可采用部分加粗。另外，导线及线管的型号、根数和规格应标注清楚。

3. 布置图

布置图是根据电器元件在控制板上的实际安装位置，采用简化的外形符号（如正方形、矩形、圆形等）而绘制的一种简图。它不表达各电器元件的具体结构、作用、接线情况以及工作原理，主要用于电器元件的布置和安装。图中各电器的文字符号必须与电路图和接线图的标注相一致。

在实际中，电路图、接线图和布置图要结合起来使用。

二、手动正转控制电路

手动正转控制电路是通过低压开关来控制电动机的起动和停止的，工厂中常用来控制三相电风扇和砂轮机等设备。常见的手动正转控制电路如图 5－1 所示。

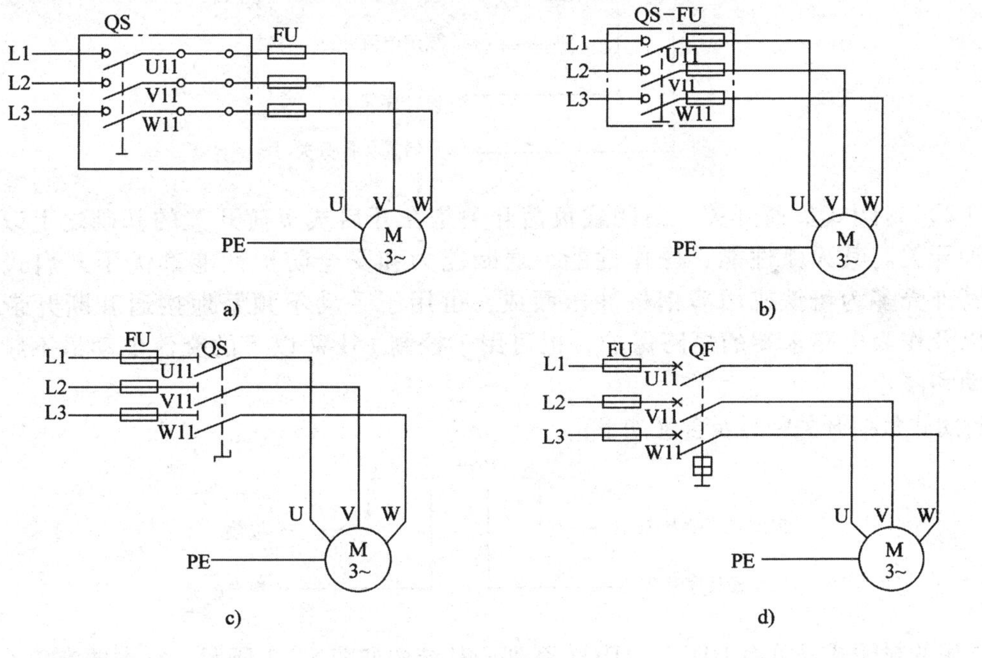

图 5－1　手动正转控制电路

a）用开启式负荷开关控制　b）用封闭式负荷开关控制　c）用组合开关控制　d）用低压断路器控制

1. 低压开关

低压开关主要用作隔离、转换及接通和分断电路，多数用作机床电路的电源开关和局部照明电路的开关，有时也可用来直接控制小功率电动机的起动、停止和正反转。低压开关一般为非自动切换电器，常用的有刀开关、组合开关和断路器。

最常用的刀开关是负荷开关。负荷开关又分为开启式和封闭式两种。

（1）开启式负荷开关。生产中常用的是 HK 系列开启式负荷开关，适用于照明、电热设备及小功率电动机控制电路中，供手动和不频繁接通和分断电路，并起短路保护作用。HK 系列负荷开关的结构和电路符号如图 5－2 所示。开启式负荷开关的结构简单，价格便宜，在一般的照明电路和功率小于 5.5kW 的电动机控制电路中被广泛采用。但这种开关没有专门的灭弧装置，其刀式动触头和静夹座易被电弧灼伤引起接触不良，因此不宜用于操作频繁的电路。

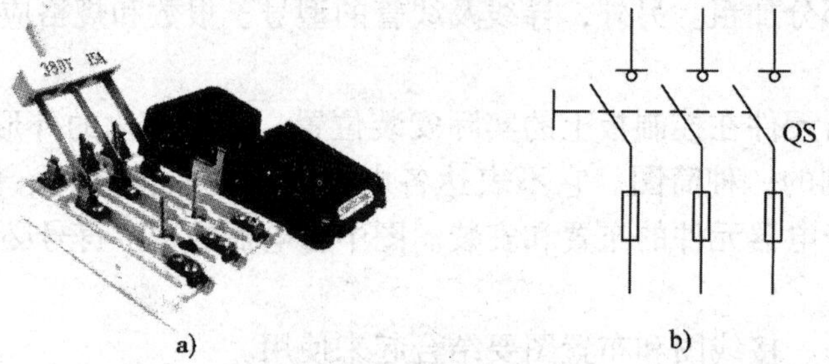

a) b)

图 5－2 开启式负荷开关
a）结构 b）符号

开启式负荷开关型号及含义如下：

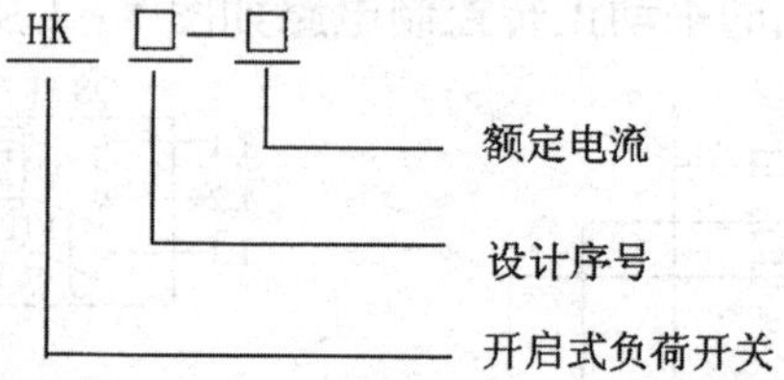

（2）封闭式负荷开关 封闭式负荷开关是在开启式负荷开关的基础之上改进设计的一种开关。其灭弧性能、操作性能、通断能力和安全防护性能都优于开启式负荷开关。其外壳多为铸铁或用薄钢板冲压而成，可用于手动不频繁地接通和断开带负荷的电路以及作为电路末端的短路保护，也可用于控制 15kW 以下的交流电动机不频繁地直接起动和停止。

封闭式负荷开关型号及含义如下：

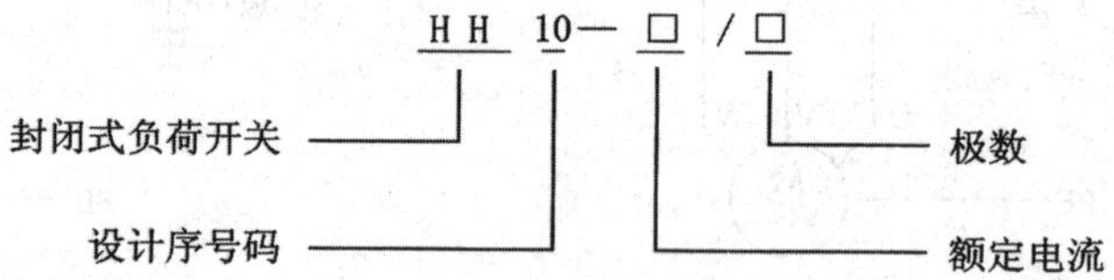

常用的封闭式开关有 HH10、HH11 系列，其结构如图 5－3 所示。它主要有刀开关、熔断器、操作机构和外壳组成。它具有两个特点：一是采用储能分合闸方式，提高了开关的通断能力，延长了使用寿命；二是设置了联锁装置，确保了操作安全。

（3）组合开关 组合开关又称为转换开关，它体积小，触头对数多，接线方式灵活，操作方便，常用于交流 50Hz、380V 以下及直流 220V 以下的电气电路中，供手动不频繁地接通和断开电路、换接电源和负载以及控制 5kW 以下的交流电动机的起动、停止和正反转。

组合开关的型号和含义如下：

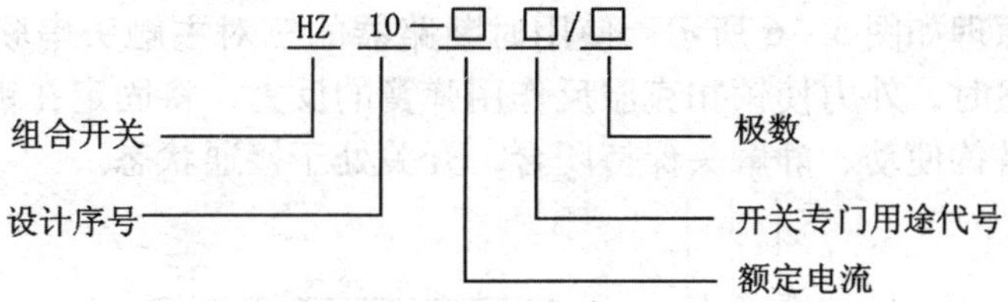

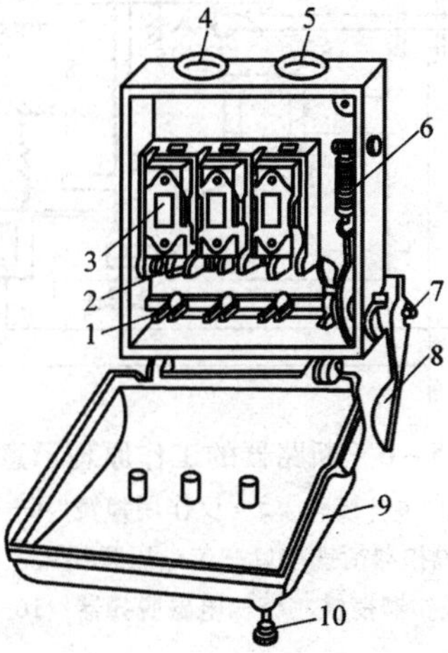

图 5－3　HH 系列封闭式负荷开关

1—动触刀　2—静夹座　3—熔断器　4—进线孔　5—出线孔　6—速断弹簧

7—转轴　8—手柄　9—开关盖　10—开关盖锁紧螺栓

HZ 系列组合开关有 HZ10、HZ15 等系列产品，具有性能可靠、结构简单、组合性强、寿命长等优点，目前在生产中得到广泛应用。

HZ10—10/3 型组合开关的外形如图 5－4a 所示。HZ10—10/3 型组合开关在电路中的符号如图 5－4b 所示。

（4）断路器　断路器是低压断路器的简称，是低压配电网络和电力拖动系统中常用的一种配电电器，它集控制和多种保护功能于一体。

断路器按结构形式可分为塑壳式、框架式、限流式、直流快速式、灭磁式和漏电保护式六类。常用的低压断路器是 DZ 系列塑壳式断路器，如 DZ5 系列和 DZ10 系列。其中，DZ5 为小电流系列，额定电流为 10～50A。DZ10 为大电流系列，额定电流有 100A、250A、600A 三种。

DZ5－20 型断路器的外形结构如图 5－5 所示。断路器主要由动触头、静触头、灭弧装置、操作机构、热脱扣器及外壳等部分组成。

图 5－4　HZ10—10/3 型组合开关

a）外形　b）符号

图 5－5　DZ5－20 型低压断路器外形

断路器的工作原理如图 5－6 所示，使用时断路器的三对主触头串联在被控制的三相电

断路器的工作原理如图 5－6 所示，使用时断路器的三对主触头串联在被控制的三相电路中，按下接通按钮时，外力使锁扣克服反作用弹簧的反力，将固定在锁扣上面的静触头闭合，并由锁扣锁住搭钩使动、静触头保持闭合，开关处于接通状态。

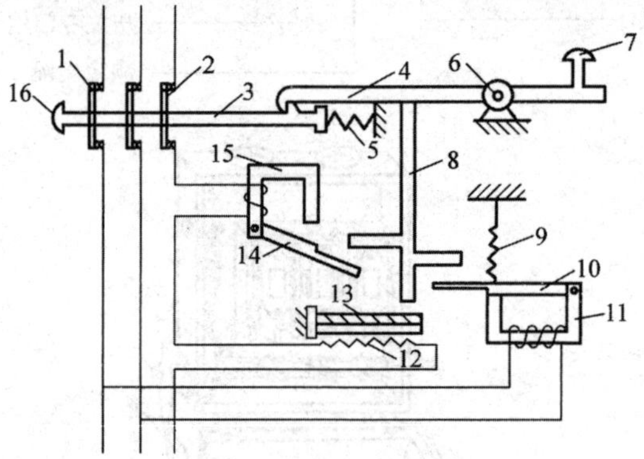

图 5－6 断路器的工作原理示意图

1—动触头 2—静触头 3—锁扣 4—搭钩 5—反作用弹簧 6—转轴座 7—分断按钮 8—杠杆 9—拉力弹簧 10—欠电压脱扣器衔铁 11—欠电压脱扣器 12—热元件 13—双金属片 14—电磁脱扣器衔铁 15—电磁脱扣器 16—接通按钮

当电路发生过载时，过载电流流过热元件产生一定的热量，使双金属片受热向上弯曲，通过杠杆推动搭钩与锁扣脱开，在反作用弹簧的作用下，动、静触头分开，从而切断电路，保护电气设备。

当电路发生短路故障时，短路电流使电磁脱扣器产生强大的吸力将衔铁吸合，通过杠杆推动搭钩与锁扣分开，从而切断电路，实现短路保护。断路器出厂时，电磁脱扣器瞬时整定电流一般为 10 倍的额定电流 I_N。

欠电压脱扣器的动作过程与电磁脱扣器的动作过程相反。具有欠电压脱扣器的断路器在欠电压脱扣器两端电压过低时，不能接通电路。断路器的符号如图 5－7 所示。

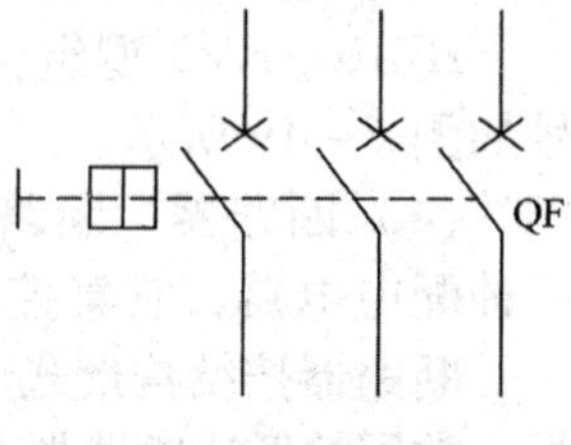

图 5－7 断路器的符号

2. 熔断器

熔断器是低压配电网络和电力拖动系统中主要用作短路保护的电器。使用时串联在被保护的电路中，当电路发生短路故障，通过熔断器的电流达到或超过某一规定值时，以其自身产生的热量使熔体熔断，从而自动分断电路，起到保护作用。它具有结构简单、价格便宜、动作可靠、使用维护方便等优点，因此得到了广泛的应用。

熔断器主要由熔体、安装熔体的熔管和熔座三部分组成。熔体的材料通常有两种，一种是由铅、铅锡合金或锌等低熔点材料制成，多用于小电流电路；另一种是由银铜等较高熔点的金属制成，多用于大电流。它的符号如图 5－8 所示。

图 5－8 熔断器符号

熔断器的主要技术参数有：额定电压、额定电流、分断能力和时间－电流特性。

熔断器按结构形式分为半封闭插入式、无填料封闭管式、有填料封闭管式。常用的熔断器有以下几种：

（1）RC1A 系列插入式熔断器 RC1A 系列插入式熔断器属于半封闭插入式，型号及含义如下：

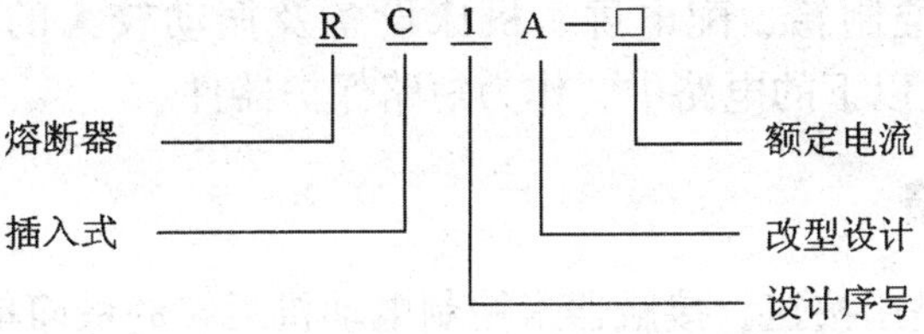

其结构如图 5－9 所示。它由瓷座、瓷盖、动触头、静触头和熔丝五部分组成。主要用于交流 50Hz、额定电压 380V 及以下、额定电流 200A 及以下的低压电路的末端或分支电路中，作为电气设备的短路保护及一定程度的过载保护。

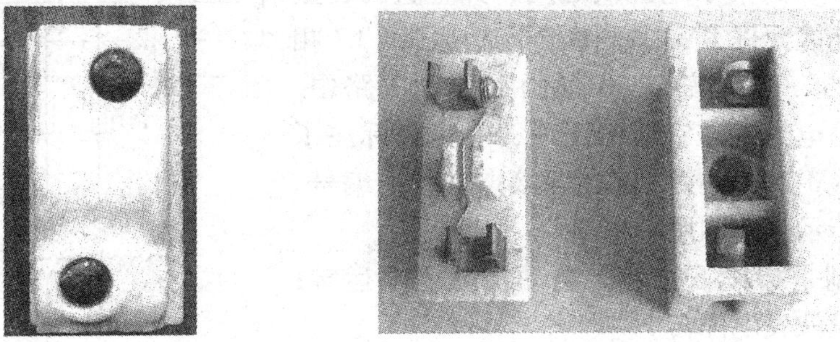

a)　　b)

图 5－9　RC1A 系列插入式熔断器

a）外形　b）结构

（2）RL1 系列螺旋式熔断器　RL1 系列螺旋式熔断器的型号及含义如下：

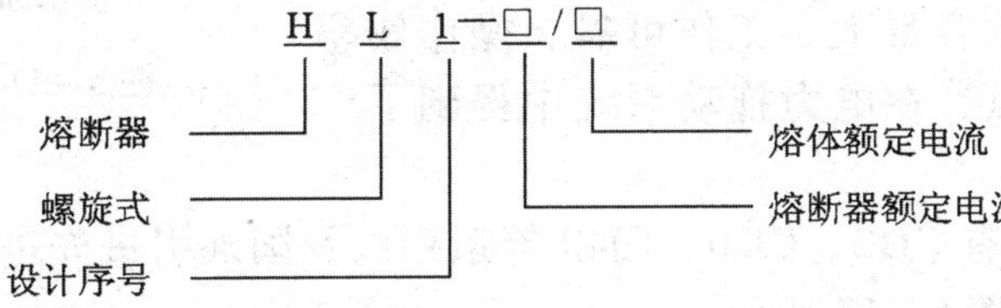

RL1 系列螺旋式熔断器属于有填料封闭管式熔断器。它主要由瓷帽、熔断管、瓷套、上接线座、下接线座及瓷座等部分组成，其结构如图 5－10 所示。

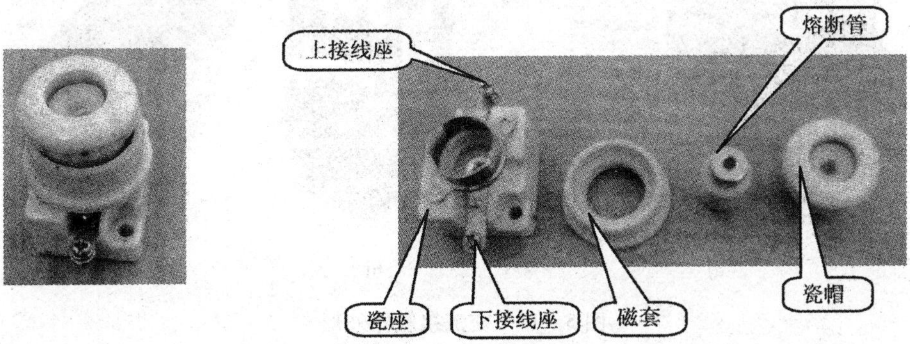

a）　　b）

图 5－10　RL1 系列螺旋式熔断器

a）外形　b）结构

RL1 系列熔断器的分断能力较高，结构紧凑，体积小，安装面积小，更换熔体方便，工作安全可靠，广泛用于控制箱、配电屏、机床设备及振动较大的场合，在交流额定电压 550V、额定电流 200A 及以下的电路中，作为短路保护器件。

三、点动控制电路

点动正转控制电路是用按钮、接触器来控制电动机运转的最简单的正转控制电路，如图 5－11所示，在该电路中，按照电路图的绘制原则，三相交流电源线 L1、L2、L3 依次水平地画在图的上方，电源开关水平画出；由熔断器 FU1、接触器 KM 的三对主触头和电动机组成的主电路，垂直于电源线画在图的左侧；由起动按钮 SB、接触器 KM 的线圈组成的控制电路跨接在 L1 和 L2 的两条电源线之间，并垂直画在主电路的右侧，且耗能元件 KM 的线圈与下边电源线 L2 相连画在电路的下方，起动按钮 SB 则画在控制电路中，为表示它们是同一电器，在它们的图形符号旁边标注了相同的文字符号 KM。电路按规定在各接点进行了编号。图中没有专门的指示电路和照明电路。

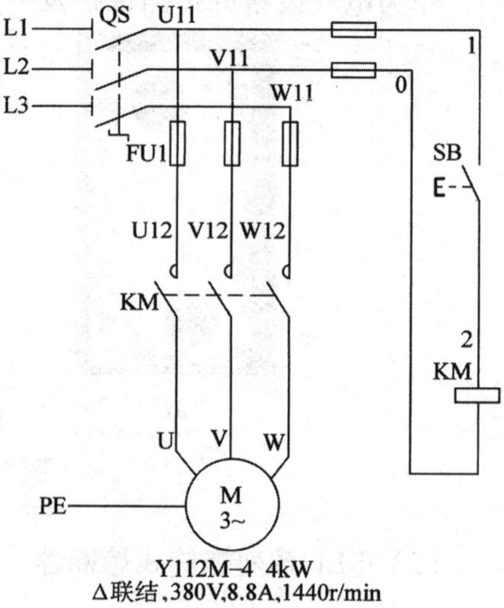

图 5－11　点动控制电路

所谓点动控制是指按下按钮，电动机就得电运转；松开按钮，电动机就失电停转。

1. 交流接触器

接触器是一种自动的电磁式开关，适用于远距离频繁地接通或断开交、直流主电路及大容量控制电路。它不仅能实现远距离自动操作和欠电压释放保护功能，而且还具有控制容量大、工作可靠、操作效率高、使用寿命长等优点，在电力拖动系统中得到了广泛的应用。

常用的交流接触器有 CJ12、CJ20、CJ40 等系列以及国外引进先进生产技术的 B 系列、3TB 系列等，其外形如图 5－12 所示。

a)　　b)　　c)

图 5－12　交流接触器外形

a）CJ 系列　b）3TB　c）B 系列

交流接触器的型号及含义如下：

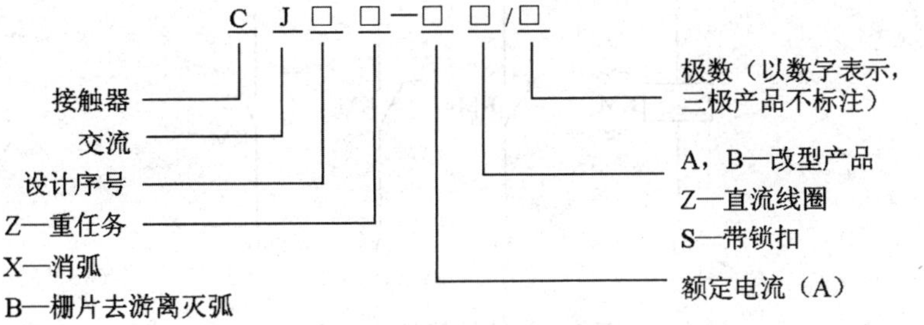

接触器是利用在电磁力作用下的吸合和反向弹簧作用下的释放，使触头闭合和分断，导致电路的接通和断开。

交流接触器主要由电磁系统、触头系统、灭弧装置及辅助部件构成。CJ 系列交流接触器的结构如图 5－13 所示。电磁系统是由线圈、静铁心、动铁心（又称衔铁）等组成。线圈通电时产生磁场，动铁心被吸向静铁心，带动触头控制电路的接通与分断。为限制涡流，动、静铁心采用 E 形硅钢片叠压铆成。动铁心被吸合时会产生衔铁振动，为了消除这一弊端，在铁心端面上嵌入一只铜环，一般称之为短路环。

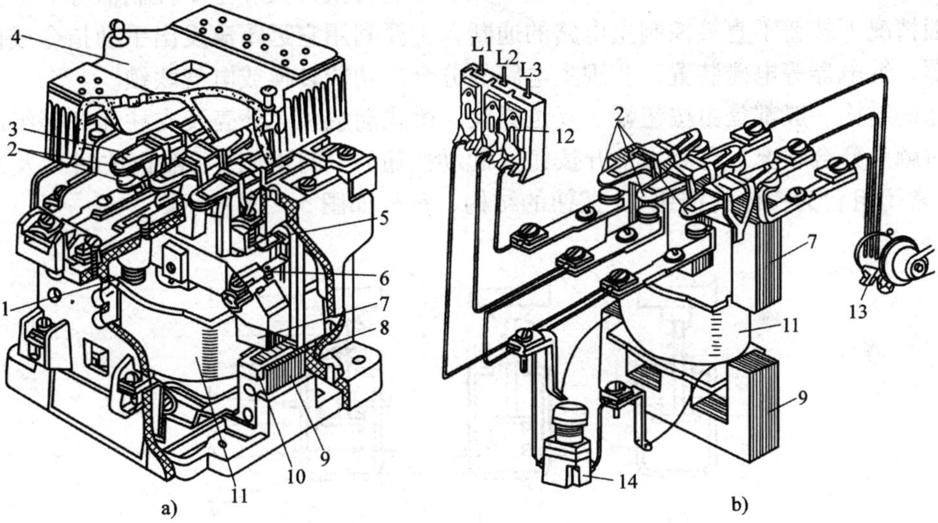

图 5－13　CJ 系列交流接触器的结构和工作原理

a）结构　b）工作原理

1—反作用弹簧　2—主触头　3—触头压力弹簧　4—灭弧罩　5—辅助常闭触头　6—辅助常开触头　7—动铁心　8—缓冲弹簧　9—静铁心　10—短路环　11—线圈　12—熔断器　13—电动机　14—按钮

接触器有三对主触头和四对辅助触头，三对主触头用于接通和分断主电路，允许通过较大的电流；辅助触头用于控制电路，只允许小电流通过。触头有常开和常闭之分，当线圈通电时，所有的常闭触头首先分断，然后所有的常开触头闭合，当线圈断电时，在反向弹簧力作用下，所有触头都恢复平常状态。接触器的主触头均为常开触头，辅助触头有常开、常闭之分。

接触器在分断大电流电路时，在动、静触头之间会产生较大的电弧，它不仅会烧坏触头，延长电路分断时间，严重时还会造成相间短路，所以在 20A 以上的接触器上均装有陶瓷灭弧罩，以迅速切断触头分断时所产生的电弧。

交流接触器在电路中的符号如图 5－14 所示。

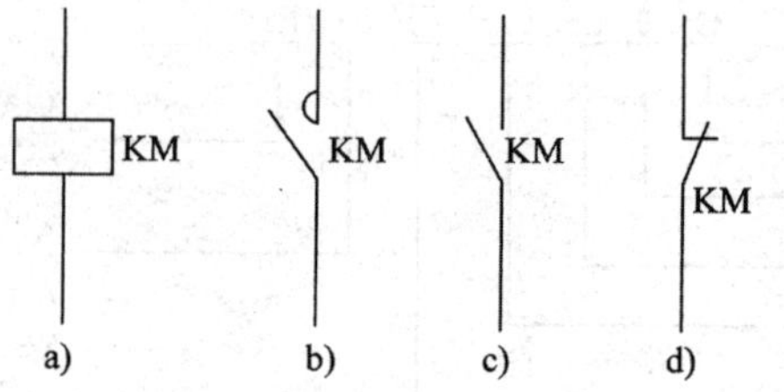

图 5-14 接触器的符号

a）线圈 b）主触头 c）辅助常开触头 d）辅助常闭触头

2. 按钮

按钮是一种手动操作接通或分断小电流控制电路的主令电器。主令电器是在自动控制系统中发出指令或信号的操纵电器。由于它是专门发号施令，故称为“主令电器”。主要用来切换控制电路，使电路接通或分断，实现对电力拖动系统的各种控制，以满足生产机械的要求。

常用的主令电器除按钮外，还有位置开关、万能转换开关和主令控制器等。

一般情况下按钮不直接控制主电路的通断，主要利用它远距离发出手动指令或信号去控制接触器、继电器等电磁装置，实现主电路的分合、功能转换或电气联锁。

按钮的结构一般都是由按钮帽、复位弹簧、桥式动触头、外壳及支柱连杆等组成。按钮按静态时触头分合状况，可分为常开按钮（起动按钮）、常闭按钮（停止按钮）及复合按钮（常开、常闭组合为一体的按钮）。按钮的结构、符号如图 5-15 所示。

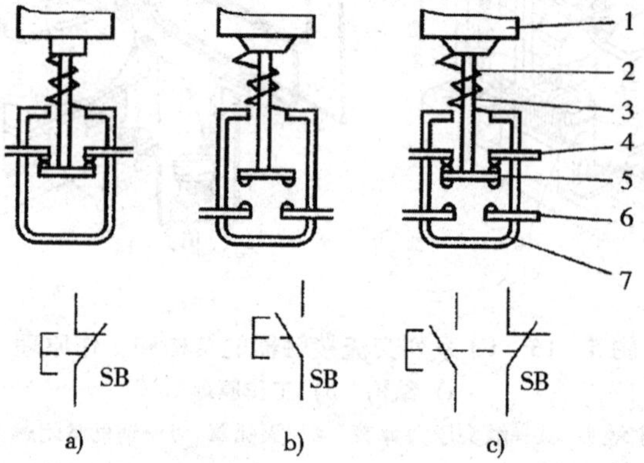

图 5-15 按钮的结构与符号

a）常闭按钮 b）常开按钮 c）复合按钮

1—按钮 2—复位弹簧 3—支柱连杆 4—常闭静触头 5—桥式动触头

6—常开静触头 7—外壳

另外，根据不同需要，可将单个按钮元件组成双联按钮、三联按钮或多联按钮，用于电动机的起动、停止及正转、反转、制动的控制。有的也可将若干按钮集中安装在一块控制板上，以实现集中控制，称为按钮站。常用按钮的外形如图 5-16 所示。

不同的颜色和符号标志是用来区分功能及作用的，便于操作人员识别，避免误操作。

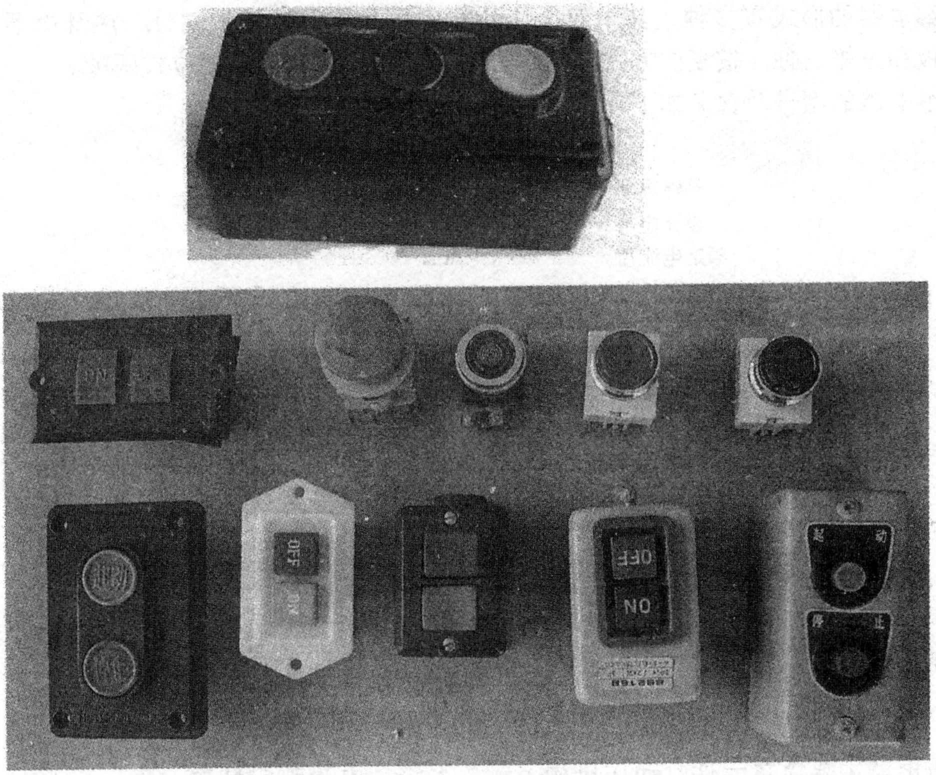

图 5－16　常用按钮

按钮帽操作部分除常见的直上、直下的操作形式外，还有旋钮、自锁钮、钥匙钮等。旋钮分两位置、三位置、自复式三种。

四、具有过载保护的接触器自锁控制电路

在要求电动机起动后能连续运转时，应采用接触器自锁控制电路。接触器自锁控制电路如图 5－17所示。这种电路的主电路和点动控制电路的主电路相同，但在控制电路中又串接了一个停止按钮 SB2，在起动按钮 SB1 的两端并接了接触器 KM 的一对常开触头；增加了一个热继电器 FR，并把其热元件串接在主电路中，把常闭触头串接在控制电路中。过载保护是指当电动机出现过载时能自动切断电动机电源，使电动机停转的一种保护。

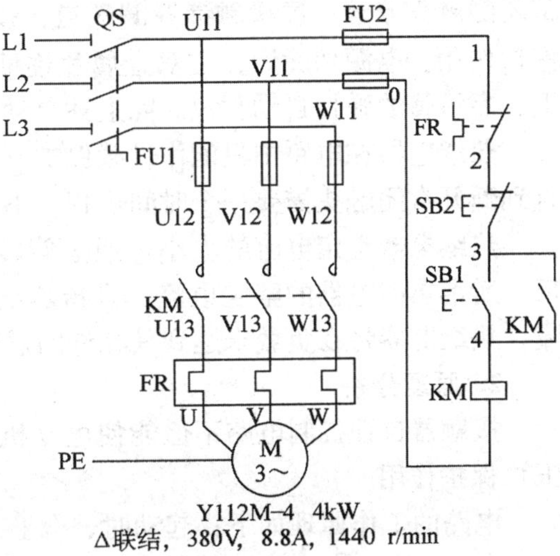

图 5－17　具有过载保护的接触器自锁正转控制电路

1. 热继电器

热继电器是利用电流的热效应对电动机或其他用电设备进行过载保护的控制电器，热继电器主要用于电动机的过载保护、断相保护、电流不平衡运行的保护及其他电气设备发热状态的控制。

热继电器的形式有多种，其中双金属片式应用最多。按极数划分，热继电器可分为单极、两极和三极三种。按复位方式划分，分为自动复位式和手动复位式两种。

热继电器的型号及含义如下：

JR 20－□ □/□

- JR：热继电器
- 20：设计序号
- □：额定电流值
- □：特征代号
- /□：热元件编号

目前，我国在生产中常用的热继电器有 JR20 等系列以及引进的 T 系列、3UA（JRS2）等系列产品，均为双金属片式，如图 5－18 所示。其符号如图 5－19 所示。

a)　　b)　　c)

图 5－18　热继电器的外形

a）T 系列　b）3UA 系列　c）JR 系列

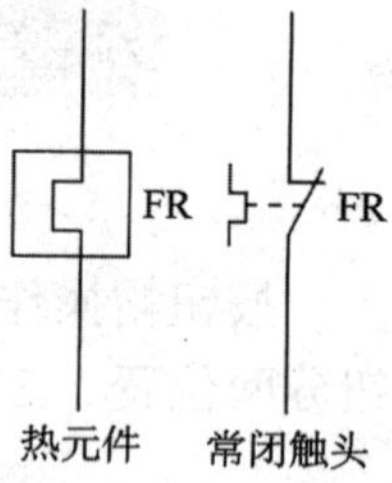

图 5－19　热继电器符号

热继电器主要由热元件、动作机构、触头系统、电流整定装置、复位机构和温度补偿元件等部分组成。使用时，将热继电器的三相热元件分别串接在电动机的三相主电路中，常闭触头串接在控制电路的接触器线圈回路中。当电动机过载时，流过电阻丝的电流超过热继电器的整定电流，电阻丝发热，主双金属片向右弯曲，推动导板向右移动，通过温度补偿双金属片推动推杆绕轴转动，从而推动触头系统动作，动触头与常闭静触头分开，使接触器线圈断电，接触器触头断开，将电源切除起保护作用。电源切除后，主双金属片逐渐冷却恢复原位，于是动触头在失去作用力的情况下，靠弓簧的弹性自动复位。除上述自动复位外，也可采用手动方法，即按一下复位按钮。

热继电器在电路中只能作过载保护，不能作短路保护，因为双金属片从升温到发生弯曲直到断开常闭触头需要一个时间过程，不可能在短路瞬间分断电路。

热继电器整定电流的大小可通过旋转电流整定旋钮来调节，旋钮上刻有整定电流值标尺。所谓热继电器的整定电流，是指热继电器连续工作而不动作的最大电流，超过整定电流，热继电器将在负载未达到其允许的过载极限之前动作。

2. 原理分析

接触器自锁控制电路不但能使电动机连续运转，而且还具有欠电压和失电压（或零电压）保护作用。

电路的工作原理如下：起动时，合上 电源开关 QS⟶

按下 SB1⟶ KM 线圈得电 ⟶ KM 主触头闭合 ＋ KM 常开辅助触头闭合 ⟶ 电动机 M 起动连续运转。

只有过载时，热继电器才动作。

采用接触器自锁控制电路就可避免电动机欠电压运行。因为当电路电压下降到低于额定电压的85%时，接触器线圈两端的电压也同样下降到此值，从而使接触器线圈磁通减弱，产生的电磁吸力减少，当电磁吸力减少到小于反作用弹簧的拉力时，动铁心被迫释放，主触头、自锁触头同时分断，自动切断主电路和控制电路，电动机失电停转，达到欠电压保护。

接触器自锁控制电路也可实现失电压保护。因为接触器自锁触头和主触头在电源断电时已经断开，使主电路和控制电路都不能接通，所以在电源恢复供电时，电动机就不会自动起动运转，保证了人身和设备的安全。

【技能训练】

1. 训练内容

安装图5-17所示的三相异步电动机具有过载保护的接触器自锁控制电路。

2. 工具、仪表及器材

三相四线电源（~3×380/220V，20A）1处，配线板（500mm×600mm×20mm）1块，三相异步电动机（Y112M-4，4kW，380V，8.8A，△联结，1440r/min）1台，组合开关（HZ10-25/3或型号自定）1个，交流接触器（CJ10-20，20A，线圈电压380V或型号自定）1只，热继电器（JR16-20/3D，整定电流8.8A或型号自定）1只，三联按钮（LA4-3H）1个，熔断器及熔芯配套（RL1-60/25）3套，熔断器及熔芯配套（RL1-15/4）2套，接线端子排（JX2-1015，500V，10A，15节）1条，主电路导线（BV-2.5，2.5mm^2，颜色自定）15m，控制电路导线（BV-1.5，1.5mm^2，颜色自定）15m，按钮线（BVR-0.75，0.75mm^2）5m，木螺钉（ϕ3×20mm，ϕ3×15mm）30个，平垫圈（ϕ4mm）30个，别径压端子（UT2.5-4，UT1.5-4，UT1.0-4）40个，异形编码套管（ϕ3.5mm）0.2m，电工通用工具1套，万用表（自定）1块，兆欧表（500V，0~200MΩ或型号自定）1台，钳形电流表（0~50A）1只。

3. 训练步骤

基本操作步骤描述：选用元器件及导线→电器元件检查→固定元器件→布线→安装电动机并接线→连接电源→自检→交验→通电试车

1）电器元件检查。配齐所用电器元件，并进行校验。

①电器元件的技术数据（如型号、规格、额定电压、额定电流等）应完整并符合要求，外观无损伤，备件、附件齐全完好。

②电器元件的电磁机构动作是否灵活，有无衔铁卡阻等不正常现象。用万用表检查电磁线圈的通断情况以及各触头的分合情况。

③接触器线圈的额定电压与电源电压是否一致。

④对电动机的质量进行常规检查。

2）根据布置图（见图5-20a）固定元器件。在控制板上按布置图安装电器元件，并贴上醒目的文字符号。安装好的点动正转控制电路的元器件图如图5-20所示。

3）画出接线图，具有过载保护的接触器自锁正转控制电路接线图如图5-20c所示。

4）先进行控制电路的配线，再安装主电路，最后接上按钮线，分别如图5-21和图5-22所示。安装电器元件的工艺要求和板前明线布线的工艺要求见表5-1。

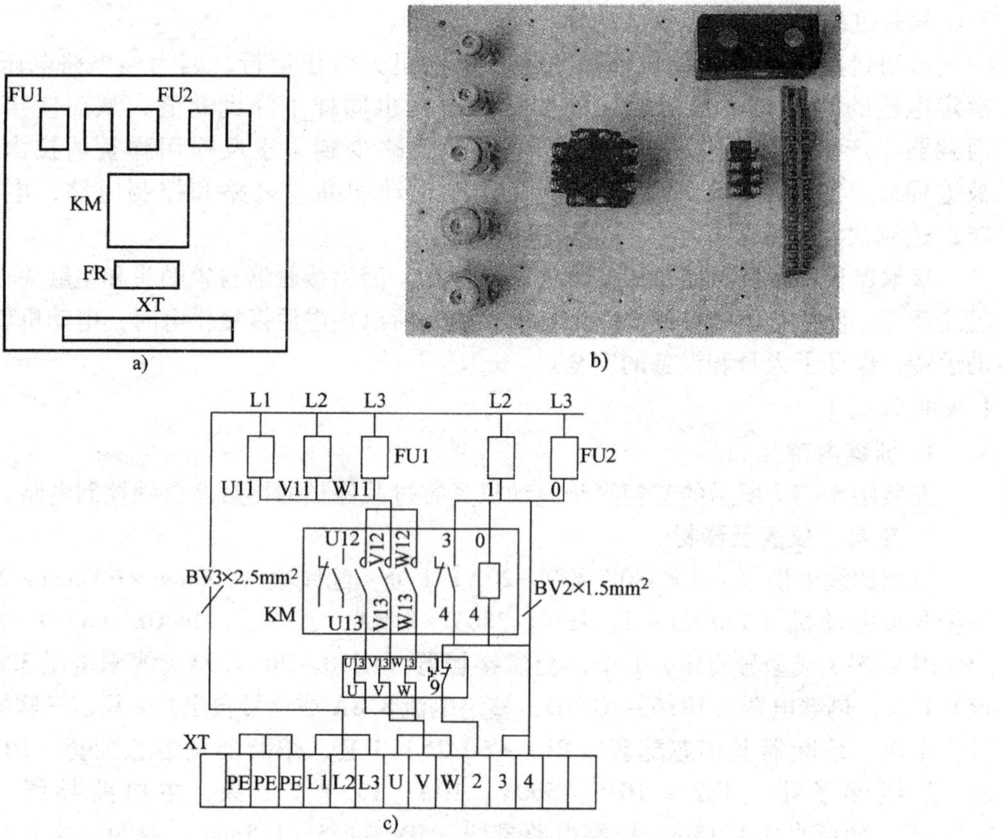

图5－20　具有过载保护的接触器自锁正转控制电路板

a）布置图　b）元器件安装　c）接线图

表5－1　工艺要求

安装电器元件的工艺要求	板前明线布线的工艺要求
1）组合开关、熔断器的受电端子应安装在控制板的外侧，并使熔断器的受电端为底座的中心端 2）各元器件的安装位置应齐整、匀称，间距合理，便于元器件的更换 3）紧固各元器件时要用力匀称，紧固程度适当。在紧固熔断器、接触器等易碎元件时，应用手将其按住，一边轻轻摇动，一边用旋具轮换旋紧对角线上的螺钉，直到手摇不动后再适当旋紧些即可	1）布线通道尽可能少，同时并行导线按主、控电路分类集中，单层密排，紧贴安装面布线 2）同一平面的导线应高低一致或前后一致，不能交叉。必须交叉时，该根导线应在接线端子引出时，就水平架空跨越，但必须保证走线合理 3）布线应横平竖直，分布均匀。变换走向时应垂直 4）布线时严禁损伤芯线和导线绝缘 5）布线顺序一般以接触器为中心，由里向外、由低至高、先控制电路、后主电路进行，以不妨碍后续布线为原则 6）在每根剥去绝缘层导线的两端套上编码套管。所有从一个接线端子（或接线桩）到另一个接线端子（或接线桩）的导线必须连续，中间应无接头 7）导线与接线端子或接线桩连接时，不得压绝缘层，不反圈及不露铜过长 8）同一元器件、同一回路的不同接点的导线间距离应保持一致 9）一个电器元件的接线端子上的连接导线不得多于两根，每节接线端子板上的连接导线一般只允许连接一根

5）安装好的控制电路板如图5－23所示，根据电路图检验控制板内部布线的正确性。

6）安装电动机。可靠连接电动机和各电器元件金属外壳的保护接地线。

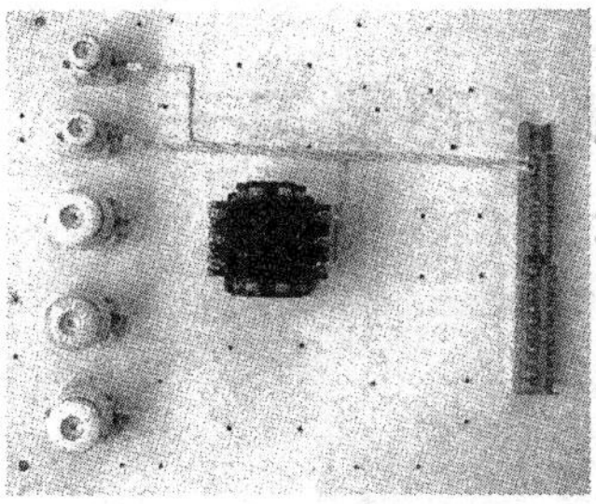

图 5－21　安装控制电路

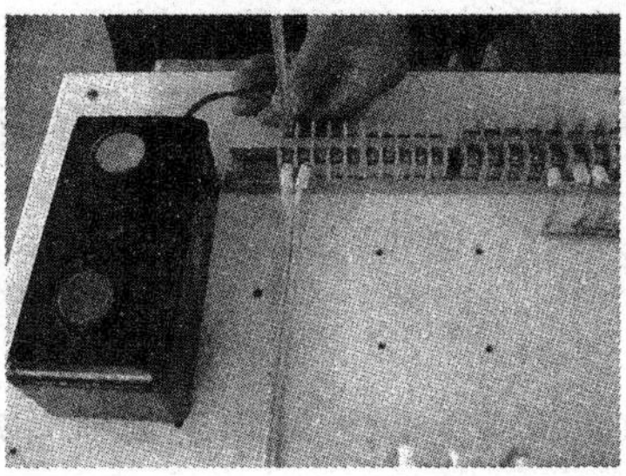

图 5－22　安装按钮线

图 5－23　控制电路板

7）连接电源、电动机等控制板外部的导线。

8）自检。安装完毕后的控制电路板，必须经过认真检查后，才允许通电试车，以防止错接、漏接造成不能正常运转和短路事故。

①按电路图或接线图从电源端开始，逐段核对接线及接线端子处线号是否正确，有无漏接，错接之处。检查导线接点是否符合要求，压接是否牢固。接触应良好，以免带负载运行时产生闪烁现象。

②用万用表检查电路的通断情况。对控制电路的检查（可断开主电路），可将表笔分别搭在 U11、V11 线端上，读数应为"∞"。按下 SB1 时，读数应为接触器线圈的直流电阻值。然后断开控制电路再检查主电路有无开路或短路现象，此时可用手动来代替接触器通电进行检查。

③用兆欧表检查电路的绝缘电阻应不得小于 1MΩ。

9）交验。检查无误后通电试车。试车前应检查与通电试车有关的电气设备是否有不安全的因素存在，若检查出应立即整改，然后方能试车。在通电试车时，要认真执行安全操作规程的有关规定，一人监护，一人操作。

10）通电试车前，必须经过指导教师的许可，并由指导教师接通三相电源 L1、L2、L3，同时在现场监护。

①学生合上电源开关 QS 后，用验电器检查熔断器出线端，氖管亮说明电源接通。按下 SB1，观察接触器情况是否正常，是否符合电路功能要求，观察电器元件动作是否灵活，有无卡阻及噪声过大等现象，观察电动机运行是否正常等，但不得对电路接线是否正确进行带电检查。观察过程中，若有异常现象应马上停车。当电动机运转平稳后，用钳形电流表测量三相电流是否平衡。

②试车成功率以通电第一次按下按钮时计算。

③出现故障后，学生应独立进行检修。若需带电进行检查时，教师必须在现场进行监护。检修完毕后，若需再次停车，也应有教师在现场进行监护，并做好时间记录。

④通电试车完毕，停转，切断电源。先拆除三相电源线，再拆除电动机线。

操作提示

◇电动机及按钮的金属外壳必须可靠接地。接至电动机的导线必须穿在导线通道内加以保护，或采用四芯橡皮线或塑料护套线进行临时通电试验。

◇电源线应接在螺旋式熔断器的下接线座上，出线应接在上接线座上。

课题二　三相笼型异步电动机的正反转控制电路及其安装

教学要求

1. 掌握三相笼型异步电动机的正反转控制电路的工作原理。

2. 掌握三相笼型异步电动机的正反转控制电路的安装技能。

正反转控制电路只能使电动机带动生产机械的运动部件朝一个方向旋转，但许多生产机械往往要求运动部件能向正、反两个方向运动。

当改变通入电动机定子绕组的三相电源相序，即把接入电动机三相电源进线中的任意两相对调接线时，就可使三相电动机反转。常用的三相电动机正反转控制电路有倒顺开关控制、接触器控制、按钮控制以及双重联锁正反转控制电路等。本课题主要介绍双重联锁正反转控制电路的原理、安装与检修。

为克服接触器联锁正反转控制电路和按钮联锁正反转控制电路的不足，在按钮联锁的基础上，又增加了接触器联锁，构成接触器、按钮双重联锁正反转控制电路，如图 5－24 所示。该电路兼有两种联锁控制电路的优点，操作方便，安全可靠。

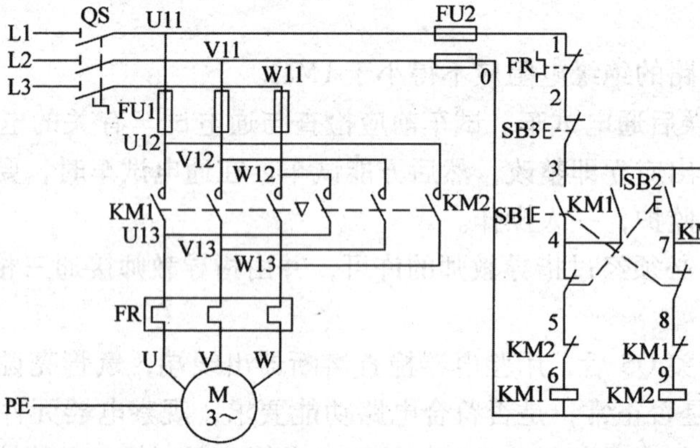

图 5－24　按钮、接触器双重联锁的正反转控制电路

按钮、接触器双重联锁的正反转控制电路的工作原理如下：

1. 正转控制

按下 SB1 ─┬→SB1 常闭触头先分断，对 KM2 联锁（切断反转控制电路）
└→SB1 常开触头后闭合——KM1 线圈得电——→

─┬→KM1 自锁触头闭合自锁──┬→电动机 M 起动连续正转
├→KM1 主触头闭合────────┘
└→KM1 联锁触头分断，对 KM2 联锁（切断反转控制电路）

2. 反转控制

按下 SB2 → SB2 常闭触头先分断 → KM1 线圈失电 → KM1 自锁触头分断，解除自锁；KM1 主触头分断 → 电动机 M 失电

→ KM1 联锁触头恢复闭合

按下 SB2 → SB2 常开触头后闭合 → KM2 线圈得电 →

→ KM2 自锁触头闭合自锁；KM2 主触头闭合 → 电动机 M 起动连续反转

→ KM2 联锁触头分断，对 KM1 联锁（切断反转控制电路）

3. 停止

若要停止，按下 SB3，整个控制电路失电，主触头分断，电动机 M 失电停转。

【技能训练】

1. 训练内容

安装图 5 – 24 所示的按钮、接触器双重联锁正反转控制电路。

2. 工具、仪表及器材

三相四线电源（~3×380/220V、20A）1 处，配线板（500mm×600mm×20mm）1 块，三相异步电动机（Y112M – 4，4kW，380V，8.8A，△联结、1440r/min）1 台，组合开关（HZ10 – 25/3 或型号自定）1 个，交流接触器（CJ10 – 20，20A、线圈电压 380V 或型号自定）2 只，热继电器（JR16 – 20/3D，整定电流 8.8A 或型号自定）1 只，三联按钮（LA4 – 3H）1 个，熔断器及熔芯配套（RL1 – 60/25 或型号自定）3 套，熔断器及熔芯配套（RL1 – 15/4 或型号自定）2 套，接线端子排（JX2 – 1015，500V，10A，15 节）1 条，主电路导线（BV – 2.5，2.5mm^2，颜色自定）15m，控制电路导线（BV – 1.5，1.5mm^2，颜色自定）15m，按钮线（BVR – 0.75，0.75mm^2）5m，木螺钉（ϕ3×20mm；ϕ3×15mm）30 个，平垫圈（ϕ4mm）30 个，别径压端子（UT2.5 – 4，UT1.5 – 4，UT1.0 – 4）40 个，异形编码套管（ϕ3.5mm）0.2m，电工通用工具 1 套，万用表（自定）1 块，兆欧表（500V，0 ~ 200MΩ 或型号自定）1 台，钳形电流表（0 ~ 50A）1 只。

3. 训练步骤

基本操作步骤描述：选用元器件及导线→电器元件检查→固定元器件→布线→安装电动机并接线→连接电源→自检→交验→通电试车

1）配齐所用元器件，并进行质量检验。电器元件应完好无损，各项技术指标符合技术要求，否则应予以更换。

2）画出布置图，根据布置图安装所有电器元件，并贴上醒目的文字符号，如图 5 – 25 所示。安装时，组合开关、熔断器的受电端子应安装在控制板的外侧；元器件排列要整齐、匀称，间距合理，且便于元器件的更换，紧固元器件时用力要均匀，紧固程度适当，做到既要使元器件安装牢固，又不使元器件损坏。

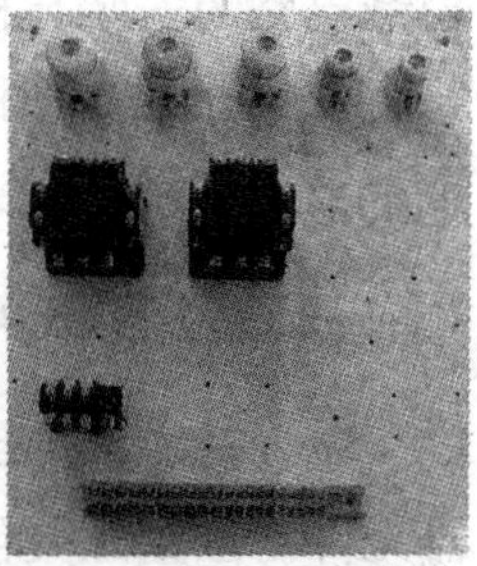

图 5 – 25　元器件安装

3）画出接线图，根据接线图进行板前明线布线和套编码套管。要做到布线横平竖直、

整齐、分布均匀、紧贴安装面、走线合理；套编码套管要正确；严禁损伤芯线和导线绝缘；接点牢靠。不得松动，不得压绝缘层，不反圈及不露铜过长等，安装好的控制板如图 5－26 所示，并对照电路图检查布线的正确性。

4）安装电动机。做到安装牢固平稳，以防止在换向时产生滚动而引起事故。可靠连接电动机和按钮金属外壳的保护接地线。

5）连接电源、电动机等控制板外部的接线。导线要敷设在导线通道内，或采用绝缘良好的橡皮线进行通电试验。

6）自检。安装完毕的控制电路板，必须按要求进行认真检查，确保无误后才允许通电试车。

图 5－26 控制板

7）交验合格后，通电试车。通电时，必须经指导教师同意后，由指导教师接通电源、并在现场进行监护。出现故障后，学生应独立进行检修。若需带电检查时，也必须有教师在现场监护。

8）通电试车完毕，停转、断开电源。先拆除三相电源线，再拆除电动机负载线。

操作提示

◇螺旋式熔断器的接线必须正确，以确保用电安全。

◇接触器联锁触头的接线必须正确，否则将会造成主电路中两相电源短路事故。

课题三 位置控制与自动循环控制电路及其安装

教学要求

1. 掌握位置控制与自动循环控制电路的工作原理。
2. 掌握自动循环正反转控制电路的安装技能。

在生产过程中，一些生产机械运动部件的行程或位置要受到限制，或者需要在一定范围内自动往返循环等，以便实现对工件的连续加工。本课题要进行位置控制电路及工作台往返控制电路的安装与检修。

位置控制是一种利用生产机械运动部件上的挡铁与位置开关碰撞，使其触头动作，来接通和断开电路，以实现对生产机械运动部件的位置和行程控制。

一、位置开关

位置开关是一种将机械信号转换为电信号，以控制运动部件的位置和行程的自动控制电器元件。位置开关包括行程开关和接近开关等。行程开关的种类很多，以运动形式分类，分为直动式和转动式两类；以触头性质分类，分为有触头和无触头两类。

（1）型号及含义　常用的行程开关有 LX19 和 JLXK1 系列。其型号及含义如下：

L X 19□—□□□

- L：主令电器
- X：行程开关
- 19：设计序号
- □：K—开启式，无字母表示保护式
- □：0—无滚轮；1—单滚轮；2—双滚轮
- □：0—直动式；1—滚轮装在传动杆内侧；2—滚轮装在传动杆外侧；3—滚轮装在传动杆凹槽内或内外各有一个滚轮
- □：1—能自动复位；2—不能自动复位

J L X K 1—□□□

- J：机床电器
- L：主令电器
- X：行程开关
- K：快速
- 1：设计序号
- □：传动装置形式代号：1—单轮转动式；2—双轮转动式；3—直动不带轮；4—直动带轮
- □：常开触头数
- □：常闭触头数

（2）结构及原理　各种行程开关的基本结构大体相同，都是由触头系统、操作机构和外壳组成。JLXK1 系列行程开关的外形如图 5 - 27 所示。

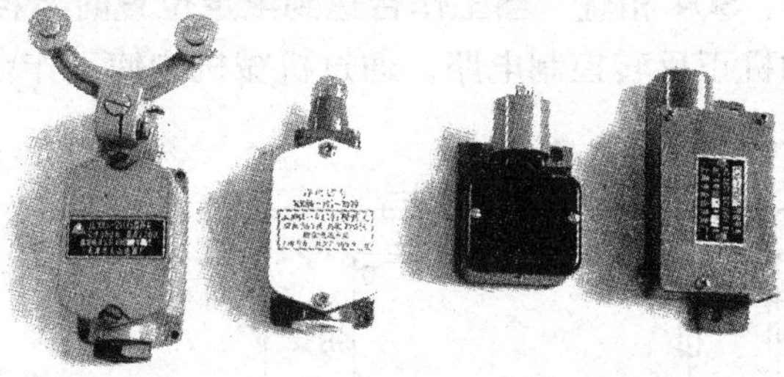

图 5 - 27　JLXK1 系列行程开关的外形

JLXK1 - 111 型行程开关的工作原理及符号如图 5 - 28 所示。当运动部件的挡铁碰压行程开关的滚轮 1 时，杠杆 2 连同转轴 3 一起转动，使凸轮 7 推动撞块 5，当撞块被压到一定位置时，推动微动开关 6 快速动作，使其常闭触头断开、常开触头闭合。

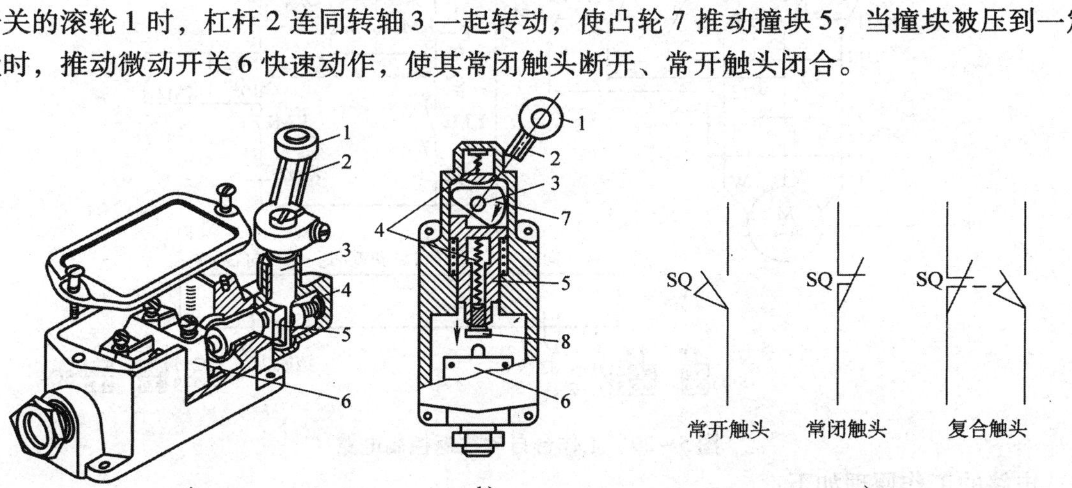

a)　　b)　　c)

图 5 - 28　JLXK1 - 111 型行程开关

a）结构　b）动作原理　c）符号

1—滚轮　2—杠杆　3—转轴　4—复位弹簧　5—撞块　6—微动开关　7—凸轮　8—调节螺钉

位置开关按其触头动作方式可分为蠕动型和瞬动型，两种类型的触头动作速度不同。JLXK1－111型位置开关分合速度取决于生产机械挡铁触动操作滚轮的移动速度，其缺点是当移动速度低于0.4m/s时，触头分合太慢易受电弧烧灼，从而缩短触头的使用寿命。

为了使位置开关触头在生产机械缓慢运动时仍能快速分合，将触头动作设计成跳跃式瞬动结构，这样不但可以保证动作的可靠性及行程控制的位置精度，同时还可减少电弧对触头的灼伤。

（3）选用　行程开关主要根据动作要求、安装位置及触头数量选择。

二、自动循环控制电路

由位置开关控制的工作台自动往返控制电路如图5－29所示。为了使电动机的正反转控制与工作台的左右相配合，在控制电路中设置了四个位置开关SQ1、SQ2、SQ3和SQ4，并把它们安装在工作台需限位的地方。其中SQ1、SQ2被用来自动换接正反转控制电路，实现工作台自动往返行程控制；SQ3和SQ4被用来作终端保护，以防止SQ1、SQ2失灵，工作台越过限定位置而造成事故。在工作台边的T形槽中装有两块挡铁，挡铁1只能和SQ1、SQ3相碰，挡铁2只能和SQ2、SQ4相碰。当工作台达到限定位置时，挡铁碰撞位置开关，使其触头动作，自动换接电动机正反转控制电路，通过机械机构使工作台自动往返运动。工作台行程可通过移动挡铁位置来调节。

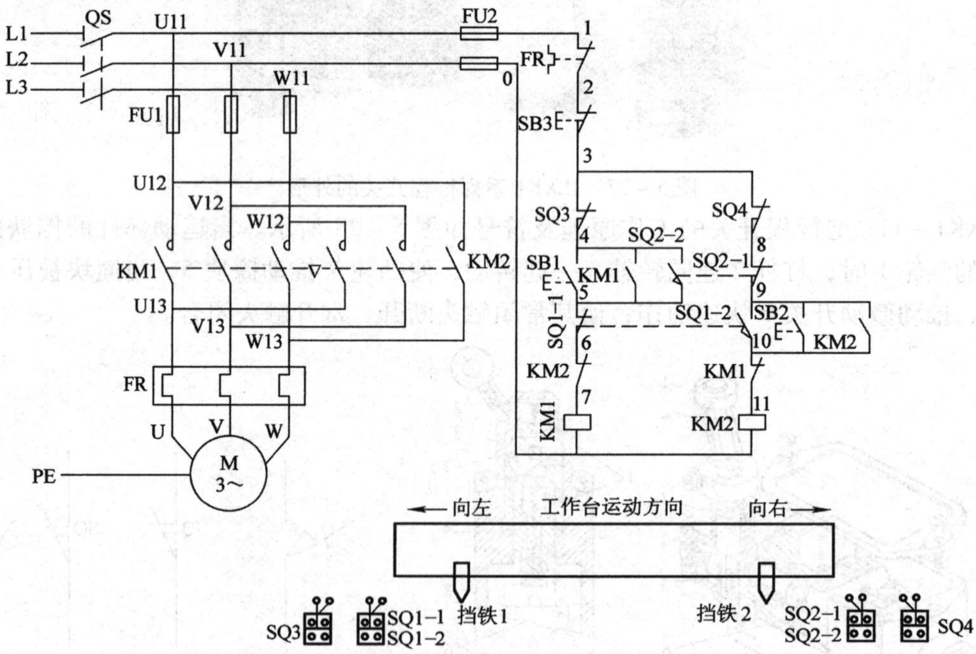

图5－29　工作台自动往返控制电路

电路的工作原理如下：

按下SB1—KM1线圈得电→KM1自锁触头闭合，自锁→

→KM1主触头闭合

→KM1联锁触头分断，对KM2联锁

⟶电动机 M 正转⟶工作台左移⟶至限定位置挡铁 1 碰 SQ1⟶

→SQ1 －1 先分断→KM1 线圈失电→KM1 自锁触头分断，解除自锁；→KM1 主触头分断 → 电动机停止正转，工作台停止左移
→KM1 联锁触头恢复闭合→
→SQ1 －2 后闭合→

⟶KM2 线圈得电→KM2 自锁触头闭合，自锁→；→KM2 主触头闭合→；→KM2 联锁触头分断，对 KM1 联锁

⟶电动机 M 反转⟶工作台右移（SQ1 触头复位）⟶

→至限定位置挡铁 2 碰 SQ2→SQ2 －1 先分断⟶KM2 线圈失电→KM2 自锁触头分断，→KM2 主触头分断 → 电动机停止反转，工作台停止右移
→KM2 联锁触头恢复闭合→
→SQ2 －2 后闭合→

⟶KM1 线圈得电→KM1 自锁触头闭合，自锁；→KM1 主触头闭合 →电动机 M 又正转⟶
→KM1 联锁触头分断，对 KM2 联锁

⟶工作台又左移（SQ2 触头复位）⟶…，以后重复上述过程，工作台就在限定的行程内自动往返运动。

停止时，按下 SB3⟶整个控制电路失电⟶KM1（或 KM2）主触头分断⟶电动机 M 失电停转⟶工作台停止运动。

这里 SB1、SB2 分别作为正转起动按钮和反转起动按钮，若起动时工作台在左端，则应按下 SB2 进行起动。

【技能训练】

1. 训练内容

安装图 5－29 所示的工作台自动往返控制电路。

2. 工具、仪表及器材

三相四线电源（～3×380/220V、20A）1 处，配线板（500mm×600mm×20mm）1 块，三相异步电动机（Y112M－4，4kW，380V、8.8A，△联结，1440r/min）1 台，组合开关（HZ10－25/3 或型号自定）1 个，交流接触器（CJ10－20，20A，线圈电压 380V 或型号自定）2 只，热继电器（JR16－20/3D，整定电流 8.8A 或型号自定）1 只，三联按钮（LA4－3H）1 个，熔断器及熔芯配套（RL1 －60/25 或型号自定）3 套，熔断器及熔芯配套（RL1－15/4 或型号自定）2 套；位置开关（JLXK1－111，单轮旋转式）4 只，接线端子排（JX2－1015，500V，10A，15 节）1 条，主电路导线（BV－2.5，$2.5mm^2$，颜色自定）

15m，控制电路导线（BV－1.5，1.5mm²，颜色自定）15m，按钮线（BVR－0.75，0.75mm²）5m，木螺钉（$\phi3\times20$mm；$\phi3\times15$mm）30个，平垫圈（$\phi4$mm）30个，别径压端子（UT2.5－4，UT1.5－4，UT1.0－4）40个，异型编码套管（$\phi3.5$mm）0.2m，电工通用工具1套，万用表（自定）1块，兆欧表（500V，0～200MΩ或型号自定）1台，钳形电流表（0～50A）1只。

3. 训练步骤

基本操作步骤描述：选用元器件及导线→电器元件检查→固定元器件→布线→安装电动机并接线→连接电源→自检→交验→通电试车

1）配齐所用元器件，并进行质量检验。

2）画出布置图，如图5－30a所示，在控制板上按布置图安装走线槽和所有电器元件，安装走线槽时，应先做到横平竖直，排列整齐匀称，安装牢固和便于走线等，如图5－30b所示。

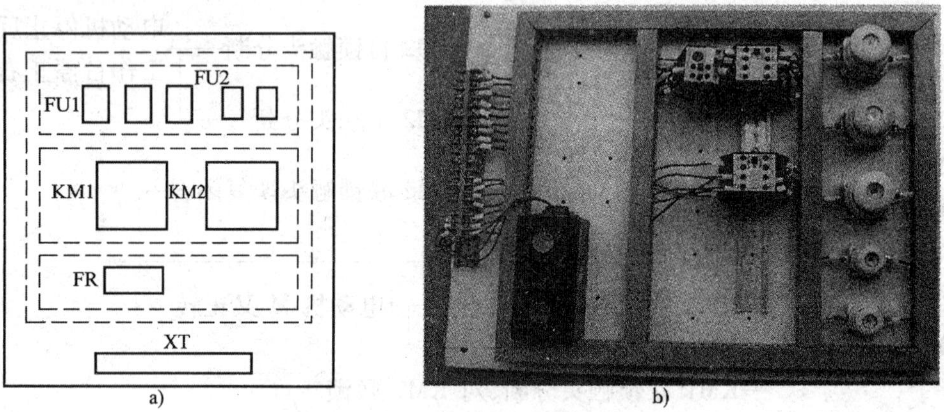

a） b）

图5－30 工作台自动往返控制电路

a）布置图 b）安装电路板

3）按电路图进行板前线槽配线，并在导线端部套编码套管和冷压接线头。

板前线槽配线的具体工艺要求如下：

①所有导线的截面积在等于或大于0.5mm²时，必须采用软线。考虑机械强度的原因，所用最小截面积，在控制箱外为1mm²，在控制箱内为0.75mm²。但控制箱内有很小电流的电路连线，如电子逻辑电路，其截面积可为0.2mm²，并且可以采用硬线，但只能用于不移动又无振动的场合。

②各电器元件接线端子引出导线的走向，以电器元件的水平中心线为界线，在水平中心线以上的接线端子引出的导线，必须进入电器元件上面的行线槽；在水平中心线以下的接线端子引出的导线，必须进入电器元件下面的行线槽。任何导线都不允许从水平方向进入行线槽。

③各电器元件接线端子上引入或引出的导线，除间距很小和电器元件机械强度很差允许直接架空敷设外，其他导线必须经过行线槽进行连接。

④进入行线槽内的导线要完全置于行线槽内，并应尽可能避免交叉，装线不得超过其容量的70%，以便能盖上行线槽盖和便于今后装配及维修。

⑤各电器元件与行线槽之间的外露导线，应走线合理，并应尽可能做到横平竖直，变换

走向要垂直。同一电器元件上位置一致的端子上引出或引入的导线，要敷设在同一平面上，并应做到高低一致或前后一致，不得交叉。

⑥所有接线端子、导线接头上都应套有与电路图上相应接点线号一致的编码套管，并按线号进行连接。

⑦在任何情况下，接线端子必须与导线截面积和材料性质相适应。当接线端子不适合连接软线或截面积较小的软线时，可以在导线端头穿上针形或叉形扎头并压紧。

⑧一般一个接线端子只能连接一根导线，如果采用专门设计的端子，可以连接两根或多根导线，并应严格按照连接工序的工艺要求进行。

4）进行行程开关接线，如图 5－31 所示，并根据电路图检验控制板内部布线的正确性。

5）安装电动机。可靠连接电动机和各电器元件金属外壳的保护接地线。

6）连接电源、电动机等控制板外部的导线。

7）自检。

8）交验，检查无误后通电试车。

图 5－31　行程开关接线

操作提示

◇位置开关可以先安装好，不占定额时间。位置开关必须牢固安装在合适的位置上。安装后，必须用手动工作台或受控机械进行试验，合格后才能使用。训练中若无条件进行实际机械安装时，可将位置开关装在控制板下方两侧进行手控模拟试验。

◇通电校验时，必须先手动位置开关，试验各行程控制和中断保护是否正常可靠。若在电动机上正转（工作台向左运动）时，扳动位置开关 SQ2，电动机不反转，且继续正转，则可能是由于 KM2 的主触头接线不正确引起，需断电进行纠正后再试，以防止发生设备事故。

◇走线槽安装后可不必拆卸，以供后面课题训练时使用。安装线槽的时间不计入定额时间内。

◇安装训练应在规定定额时间内完成。同时要做到安全操作和文明生产。

课题四　三相笼型异步电动机减压起动控制电路及其安装

教学要求

1. 掌握三相笼型异步电动机的减压起动控制电路的工作原理。
2. 掌握三相笼型异步电动机减压起动控制电路的安装技能。

三相异步电动机起动时，加在电动机定子绕组上的电压为电动机的额定电压，属于全压启动，也称直接起动。直接起动的优点是电气设备少、电路简单、维修量较小。异步电动机直接起动时，起动电流一般为额定电流的 4～7 倍。在电源变压器容量不够大而电动机功率较大的情况下，直接起动将导致电源变压器输出电压下降，不仅减小电动机本身的起动转矩，而且会影响同一供电线路中其他电气设备的正常工作。因此，较大功率的电动机需要采用减压起动。本节主要介绍三相笼型异步电动机减压起动控制电路的安装、调试与维修。

一、减压起动的概念

减压起动是指利用起动设备将电压适当降低后加到电动机定子绕组上进行起动，待电动机起动运转后，再使其电压恢复到额定值正常运转，由于电流随电压的降低而减小，所以减压起动达到了减小起动电流的目的。因此，减压起动需要在空载或轻载下起动。

通常规定：电源容量在180kV · A 以上，电动机功率在7kW 以下的三相异步电动机可采用直接起动。

凡不满足直接起动条件的，均须采用减压起动。常见的减压起动方法有四种：定子绕组串接电阻减压起动、自耦变压器（补偿器）减压起动、Y-△减压起动和延边三角形减压起动。

二、时间继电器

该电路中用时间继电器 KT 实现电动机从减压起动到全压运行的自动控制。时间继电器是作为辅助元件用于各种保护及自动装置中，使被控元件达到所需要的延时动作的继电器。它是一种利用电磁机构或机械动作原理所组成，当线圈通电或断电以后，触头延迟闭合或断开的自动控制元件。

常用的时间继电器主要有电磁式、电动式、空气阻尼式、晶体管式等。目前，在电力拖动电路中应用较多的是空气阻尼式时间继电器。随着电子技术的发展，近年来晶体管式时间继电器应用日益广泛。

1. 空气阻尼式时间继电器

空气阻尼式时间继电器又称为气囊式时间继电器，是利用气囊中的空气通过小孔节流的原理来获得延时动作的。根据触头延时的特点，可分为通电延时动作型和断电延时复位型两种。

空气阻尼式时间继电器的型号及含义如下：

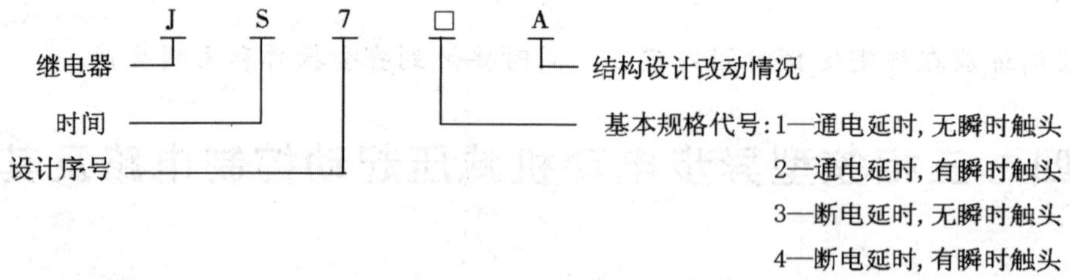

常见的型号有 JS7—A 系列，其外形如图 5 - 32 所示，结构如图 5 - 33 所示。它主要由电磁系统、触头系统、空气室、传动机构和基座组成。这种继电器有通电延时与断电延时两种类型。

通电延时继电器的原理如下：当线圈 2 通电后，铁心 1 产生吸力，衔铁 3 克服反力弹簧 4 的阻力与铁心吸合，带动推板 5 立即动作，压合瞬时动作微动开关 SQ2，使其常闭触头瞬时断开，常开触头瞬时闭合。同时活塞杆 6 在截锥涡旋弹簧 7 的作用下向上移动，带动与活塞 13 相连的橡胶膜 9 向上运动。运动的速度受进气孔 12 进气速度的限制。这时橡胶膜下面形成空气较稀薄的空间，与橡胶模上面的空气形成压力差，对活塞的移动产生阻尼作用。活塞杆带动杠杆15只能缓慢地移动。经过一段时间，活塞才完成全部行程而压动通电延时微动开关SQ1，使其常闭触头断开，常开触头闭合。由于从线圈通电到触头动作需一段时间，因此，SQ1的两对触头分别被称为通电延时闭合、断电瞬时断开的常开触头和通电延时断开、断电瞬时闭合的常闭触头。这种时间继电器延时时间的

图5－32　JS7—A系列时间继电器外形

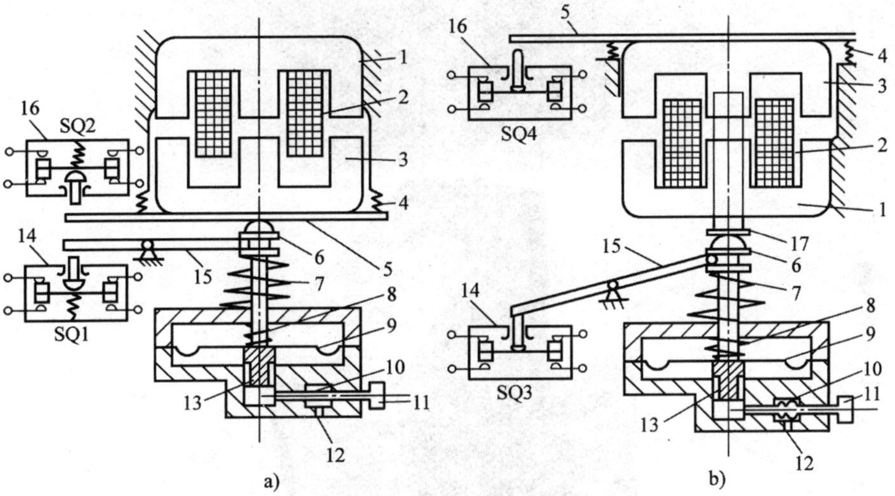

图5－33　空气阻尼式时间继电器的结构

a）通电延时型　b）断电延时型

1—铁心　2—线圈　3—衔铁　4—反力弹簧　5—推板　6—活塞杆　7—截锥涡旋弹簧

8—弱弹簧　9—橡胶膜　10—螺旋　11—调节螺钉　12—进气孔　13—活塞

14、16—微动开关　15—杠杆　17—推杆

长短取决于进气的快慢，旋转调节螺钉11可调节进气孔的大小，即可达到调节延时时间长短的目的。JS7—A系列时间继电器的延时范围有0.4～60s和0.4～180s两种。

当线圈2断电时，衔铁3在反力弹簧4的作用下，通过活塞杆6将活塞推向下端，这时橡胶膜9下方腔内的空气通过橡胶膜9、弱弹簧8和活塞13局部所形成的单向阀迅速从橡胶膜上方气室缝隙中排掉，使微动开关SQ1、SQ2的各对触头均瞬时复位。

如果将通电延时型时间继电器的电磁机构翻转180°安装即成为断电延时型时间继电器。

空气阻尼式时间继电器延时范围大、结构简单、寿命长、价格低。但延时误差大，难以精确地整定延时值，且延时值易受周围环境温度、尘埃等的影响。因此，对延时精度要求较高的场合不宜采用空气阻尼式时间继电器，应采用晶体管时间继电器。

2. 晶体管时间继电器

晶体管时间继电器也称为半导体时间继电器和电子式时间继电器，它具有结构简单、延时范围广、精度高、消耗功率小、调整方便及寿命长等优点，所以发展很迅速，其应用范围越来越广。晶体管时间继电器按结构分为阻容式和数字式两类；按延时方式分为通电延时型、断电延时型及带瞬动触头的通电延时型。常用的JS20系列晶体管时间继电器适用于交

流 50Hz、电压 380V 及以下或直流 110V 及以下的控制电路，作为时间控制元件，按预定的时间延时，周期性的接通或分断电路。

JS20 系列晶体管时间继电器的外形和接线示意图如图 5－34 所示。

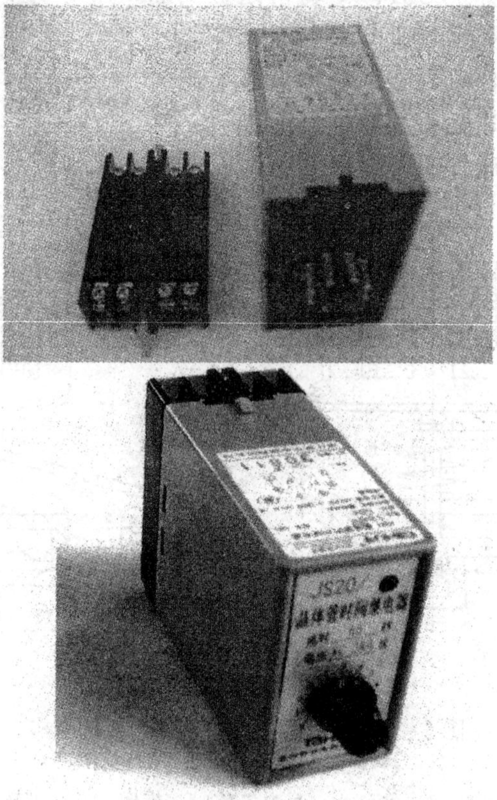

a)

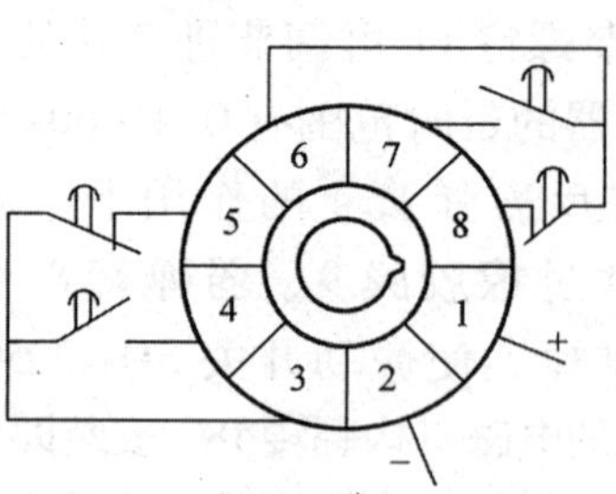

b)

图 5－34 JS20 系列晶体管时间继电器

a）外形 b）接线示意图

（1）结构 JS20 系列晶体管时间继电器具有保护外壳，其内部结构采用专用的插接座，并配有带插脚标记的下标牌作接线指示，上标盘上还带有发光二极管作为动作指示。结构形式有外接式、装置式和面板式三种。

（2）原理 JS20 系列通电延时型晶体管时间继电器的电路如图 5－35 所示。

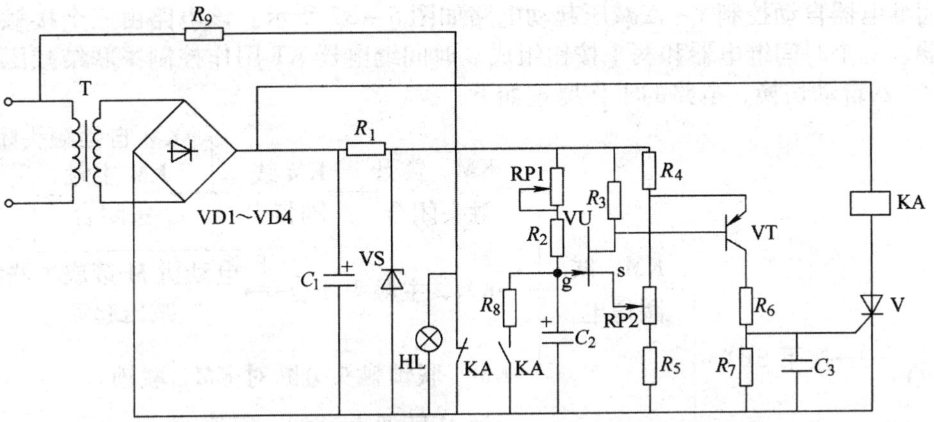

图 5-35　JS20 系列通电延时型晶体管时间继电器的电路

它由电源、电容充放电电路、电压鉴别电路、输出电路和指示电路五部分组成。电源接通后，经整流滤波和稳压后的直流电经过 RP1 和 R_2 向电容 C_2 充电。当场效应管 VU 的栅源电压 U_{gs} 低于关断电压 U_p 时，VU 管截止，因而 VT、V 也处于截止状态。随着充电的不断进行，电容 C_2 的电位按指数规律上升，当满足 U_{gs} 大于关断电压 U_p 时，VU 管导通，VT、V 也导通，继电器 KA 吸合，输出延时信号。同时电容 C_2 通过 R_8 和 KA 的常闭触头放电，为下一次动作作好准备。当切断电源时，继电器 KA 释放，电路恢复原始状态，等待下次动作。调节 RP1 和 RP2 即可调整延时时间。

时间继电器在电路图中的符号如图 5-36 所示。

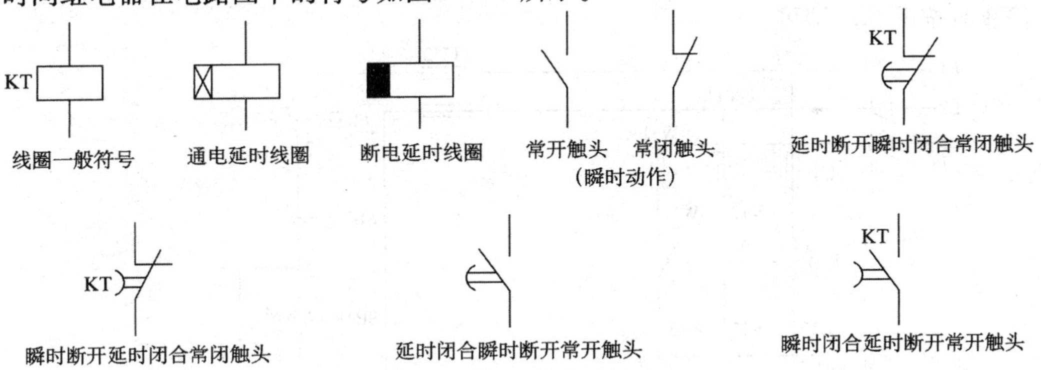

图 5-36　时间继电器的符号

总之，只要调整好时间继电器 KT 触头的动作时间，电动机由起动过程切换到运行过程就能准确可靠地完成。

三、Y-△减压起动控制电路

Y-△减压起动是指电动机起动时，把定子绕组接成Y联结，以降低起动电压，限制起动电流。待电动机起动后，再把定子绕组改接成△联结，使电动机全压运行。凡是在正常运行时定子绕组作△联结的异步电动机，均可采用这种减压起动方法。

电动机起动时接成Y联结，加在每相定子绕组上的起动电压只有△联结的 $1/\sqrt{3}$，起动电流为△联结的 1/3，起动转矩也只有△联结的 1/3。所以这种减压起动方法，只适用于轻载或空载下起动。

时间继电器自动控制Y-△减压起动电路如图5-37所示。该电路由三个接触器、一个热继电器、一个时间继电器和两个按钮组成。时间继电器KT用作控制Y联结减压起动时间和完成Y-△自动切换，电路的工作原理如下：

合上电源开关QS → 按下SB1 →
- KM_Y线圈得电 →
  - KM_Y常开触头闭合 → KM线圈得电 → KM自锁触头闭合，自锁；KM主触头闭合 →
  - KM_Y主触头闭合 → 电动机M接成Y联结减压起动
  - KM_Y联锁触头分断对$KM_\triangle$联锁
- KT线圈得电 → 当M转速上升到一定值时，KT延时结束 → KT常闭触头分断 →

→ KM_Y线圈失电 →
- KM_Y常开触头分断
- KM_Y主触头分断，解除Y联结
- KM_Y联锁触头闭合 → $KM_\triangle$线圈得电 →

→
- $KM_\triangle$联锁触头分断 → 对KM_Y联锁；→ KT线圈失电 → KT常闭触头瞬时闭合
- $KM_\triangle$主触头闭合 → 电动机M接成△全压运行

停止时按下SB2即可。

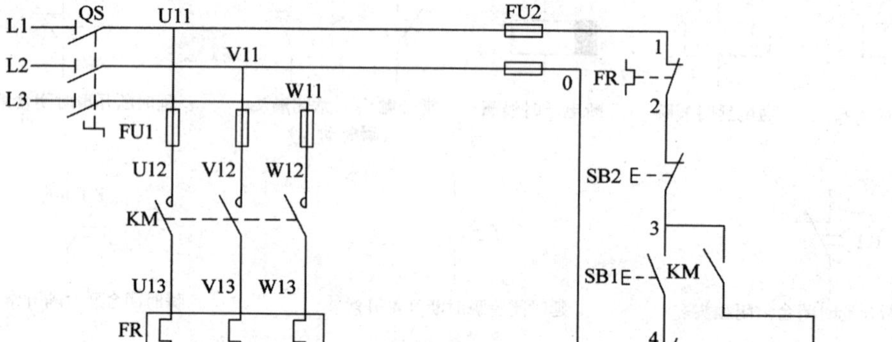

图5-37 时间继电器自动控制Y-△减压起动电路

该电路中，接触器KM_Y得电以后，通过KM_Y的常开辅助触头使接触器KM得电动作，这

样 KM_Y 主触头是在无负载的条件下进行闭合的，故可延长接触器 KM_Y 主触头的使用寿命。

【技能训练1】

1. 训练内容

安装图5－37所示的时间继电器自动控制Y－△减压起动电路。

2. 工具、仪表及器材

三相四线电源（～3×380/220V，20A）1处，三相异步电动机（Y112M－4，4kW，380V，△联结）1台，配线板（500mm×450mm×20mm）1块，组合开关（HZ10－25/3或型号自定）1个，交流接触器（CJ10－20，线圈电压380V或型号自定）3只，热继电器（JR16－20/3D，整定电流按电动机功率选定或型号自定）1只，熔断器及熔芯配套（RL1－60/20A或型号自定）3套，熔断器及熔芯配套（RL1－15/4A或型号自定）2套，时间继电器，（JS7－2A，线圈电压380V或JS20、JZC45－30/1）1只，三联按钮（LA10－3H或型号自定）1个，接线端子排（JX2－1015，500V、10A、15节）1条，木螺钉（ϕ3×20mm或ϕ3×15mm）30个，平垫圈（ϕ4mm）30个，圆珠笔1支，塑料软铜线（BVR—2.5mm^2，颜色自定）20m，塑料软铜线（BVR—1.5mm^2，颜色自定）20m，塑料软铜线（BVR—0.75mm^2，颜色自定）5m，接地线（BVR—1.5mm^2）5m，别径压端子（UT2.5－4，UT1－4）20个，行线槽（TC3025，长34cm，两边打ϕ3.5mm孔）5条，异型塑料管（ϕ3.5mm）0.5m，电工通用工具1套，万用表（自定）1块，兆欧表（500V，0～200MΩ或自定）1台，钳形电流表（0～50A）1只。

3. 训练步骤

基本操作步骤描述：配齐元器件→画出装配图→元器件检测→插装元器件→焊接元器件

1）配齐所用元器件，并检验元器件质量。

2）绘制布置图。根据电路图绘制出布置图，布置图如图5－38所示。

3）固定元器件。在控制板上将备好的所有元器件按图5－38进行安装固定。

4）按图5－37所示进行槽板布线和套编码套管，安装好的控制板如图5－39所示。

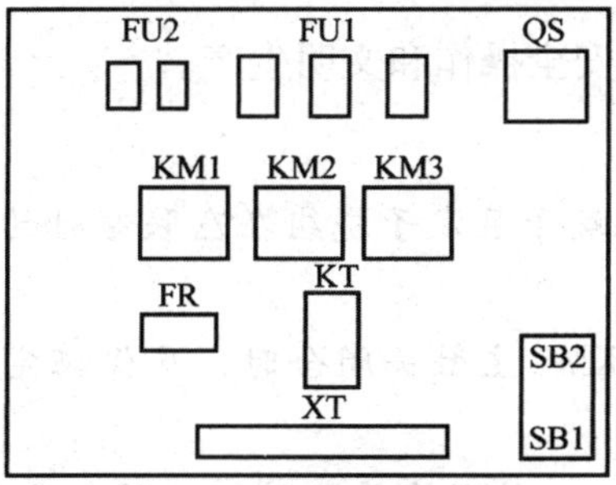

图5－38　布置图

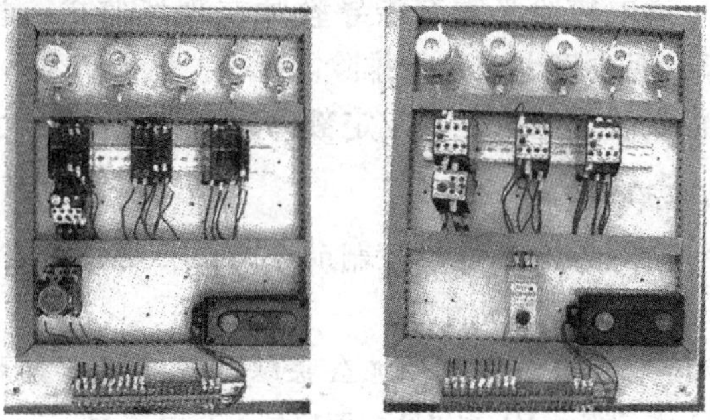

a)　b)

图5－39　控制板

a）采用空气阻尼式时间继电器　b）采用晶体管时间继电器

5）安装电动机并接线。

6）连接电源。

7）时间继电器的调整

①JS7时间继电器的调整，应在不通电时预先整定好，并在试车时校正，如图5－40

所示。

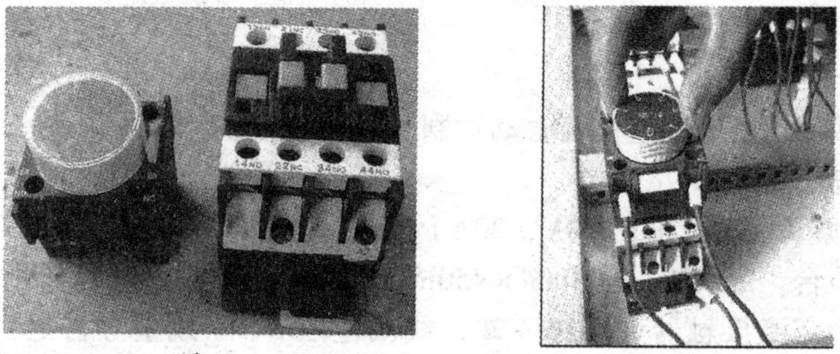

a) b)

图5-40 空气阻尼式时间继电器安装与调整

a）外形 b）时间整定

②JS20时间继电器的安装与调整整定值，如图5-41所示，应在不通电时预先整定好，并在试车时校正。

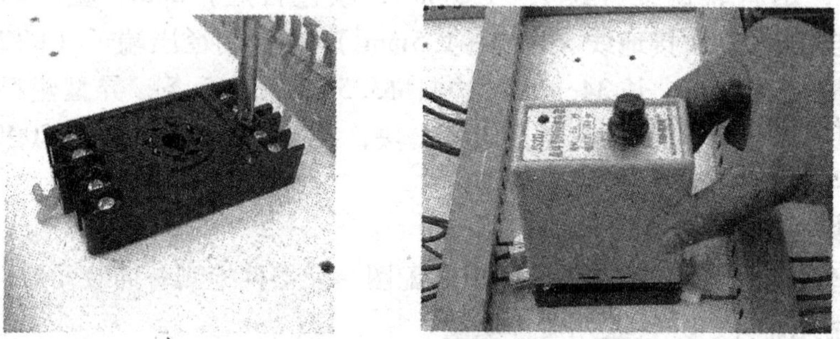

a) b)

图5-41 JS20时间继电器的安装

a）安装底座 b）插入时间继电器

8）通电校验必须有指导教师在现场监护，学生应根据电路图的控制要求独立进行校验，若出现故障也应自行排除。

9）安装训练应在规定定额时间内完成。时时要做到安全操作和文明生产。

操作提示

◇用Y-△减压起动控制的电动机，必须有6个出线端子且定子绕组在△联结时的额定电压等于三相电源线电压。

◇接线时要保证电动机△联结的正确性，即接触器KM_Y主触头闭合时，应保证定子绕组的U1与W2、V1与U2、W1与V2相连接。

◇接触器KM_Y的进线必须从三相定子绕组的末端引入，若误将首端引入，则在吸合时，会产生三相电源短路事故。

◇控制板外部配线，必须按要求一律装在导线通道内，使导线有适当的机械保护，以防止液体、铁屑和灰尘的侵入。在训练时可适当降低要求，但必须以能确保安全为条件，如采用多芯橡皮线或塑料护套软线。

◇通电校验前要再检查一下熔体规格及时间继电器、热继电器的各整定值是否符合要求。

【技能训练2】

1. 训练内容

时间继电器自动控制Y-△减压起动控制电路的检修。

故障设置如下：

在主电路上设置故障1处，在控制电路中设置故障2处。故障现象：按下SB1起动按钮，KT、KM_Y线圈点动获电，电动机不能起动。

2. 工具、仪表及器材

安装好的时间继电器自动控制Y-△减压起动控制电路板和配套电路图1张，电工工具1套，万用表、兆欧表等。

3. 训练步骤

1）分析故障原因，确定故障范围。对Y-△自动减压起动电气控制电路进行通电操作，注意观察故障现象，根据故障现象分析故障原因，首先确定故障点是在主电路还是控制电路。

按下SB1起动按钮，KT、KM、KM_Y三个线圈都应该获电，电动机Y联结起动。通电试车时，按下SB1起动按钮，观察到KM接触器不吸合，所以主电路的U12、V12、W12无法与U13、V13、W13相连通，电动机不能起动。可得出结论：故障点可能在控制电路。

2）依据电气电路的工作原理和观察到的故障现象，在电路图上进行分析，确定电路的最小故障范围。通电试车时，根据KT、KM_Y线圈能够点动获电，证明控制电路的U11—1号线—2号线—3号线—4号线—5号线—0号线—V11支路是正常的，所以得出结论：引起KM线圈不能获电的故障点范围可以缩小至：KT延时常闭触头与5号线的节点—KM_Y辅助常开触头—沿7号线向下—KM线圈—0号线。

3）在故障检查范围中，采用逻辑分析及正确的测量方法，迅速查找故障

①分析：根据电路图和故障检查范围，如果运用电阻法进行检查测量，将有3条回路对测量结果有影响：5号线—KT线圈—0号线；5号线—KT延时常闭触头—0号线；7号线—KM_Y常闭—KM_Δ线圈。采用电压法进行检查，有1条回路对测量结果有影响：7号线—KM_Y常闭—KM_Δ线圈。所以确定采用电压法进行检查。

②断电验电：为避免7号线→KM_Y常闭触头→KM_Δ线圈支路对测量结果的判断，拆除7号线与KM_Y常闭触头的接点。

③接通电源，将万用表调至交流电压500V挡位。

④测量5号线至0号线之间的电压→正常→测量5号线至7号线之间的电压→正常→测量KM_Y常开触头电压→正常。结论：KM_Y常开触头有故障。

4）根据引起故障的原因，采取适当的修理方法排除故障。将KM_Y常开触头取出，发现触头黑、油腻多，导致接触不良，然后用电工刀轻轻刮去黑油腻，排除故障。

5）通电试车，发现按下SB1起动按钮后，KT、KM_Y线圈获电，但电动机还不能起动，故障2出现。

6）分析故障原因，确定故障2范围。根据试车时观察的故障现象，控制电路故障已排除，控制电路能够正常工作，可判断出故障2范围在主电路。

7）在故障检查范围中，采用逻辑分析及正确的测量方法，迅速查找故障。

①分析：电动机不能起动的原因是：熔断器 FU1 熔断、接触器 KM 主触头接触不良、接触器 KM_{Y} 主触头接触不良或者热继电器接头处接触不良，造成电动机断相，不能起动。

②采用电压法进行测量：首先检查 U11 与 V11、W11 之间的电压正常，然后检查 V11、W11 之间的电压，发现 V11、W11 之间的电压不正常，$U_{VW}=0V$，故判断出熔断器 FU1 的 V、W 两相至少有一相熔断。

③断开电源，将 FU1 的 V、W 两相熔芯取下，用万用表的 $R\times10$ 挡测量两熔芯电阻，发现 W 相电阻为无穷大，确定为熔芯熔断故障。

④依据熔芯规格，更换熔芯，排除故障。

⑤通电试车，确定电路能够正常工作。

8）总结经验，做好维修记录，清理维修现场。

9）注意事项

①停电后验电。带电检修时，必须有指导教师在现场监护，以确保用电安全。同时要做好维修记录。

②若电路采用灯箱替代电动机，在观察故障现象时，一定要做到全面、准确。

③在维修过程中，要正确使用工具和仪表。

④严格遵守各项操作规程，做到文明生产。

⑤排除故障的过程中，不得采用更换电器元件、借用触头或改动电路的方法修复故障点。

⑥检修时严禁扩大故障范围或产生新的故障，不得损坏电器元件或设备。

操作提示

◇检修前要先掌握电路图中各个控制环节的作用和原理，并熟悉电动机的接线方法。

◇在检修过程中严禁扩大和产生新的故障，否则，要立即停止检修。

◇检修思路和方法要正确。

◇带电检修故障时，必须有指导教师在现场监护，并要确保用电安全。

课题五　三相笼型多速异步电动机的控制电路及其安装

教学要求

1. 掌握三相笼型多速异步电动机的减压起动控制电路的工作原理。
2. 掌握三相笼型多速异步电动机的减压起动控制电路的安装技能。

在电动机负载不变的前提下，改变电动机转速的方法称为调速。由异步电动机的转速公式 $n=\frac{60f}{P}(1-s)$ 可知：改变电动机的磁极对数 P、电源频率 f 和转差率 s 中的任何一个参数，都可使电动机的转速改变。改变磁极对数调速的方法只适用于笼型电动机，由于电动机的磁极对数是整数，电动机的转速是阶跃式变化，故变极调速为有级调速。

一、双速异步电动机的变速原理

双速电动机定子绕组共有 6 个出线端，通过改变 6 个出线端与电源的连接方式，就可得到两种不同的转速。双速电动机定子绕组的△/YY接线图如图5-42所示。低速时接成△联结，磁极为4极，同步转速为1500r/min；高速时接成YY联结，磁极为2极，同步转速为3000r/min。可见双速电动机高速运转时的转速是低速运转时的2倍。

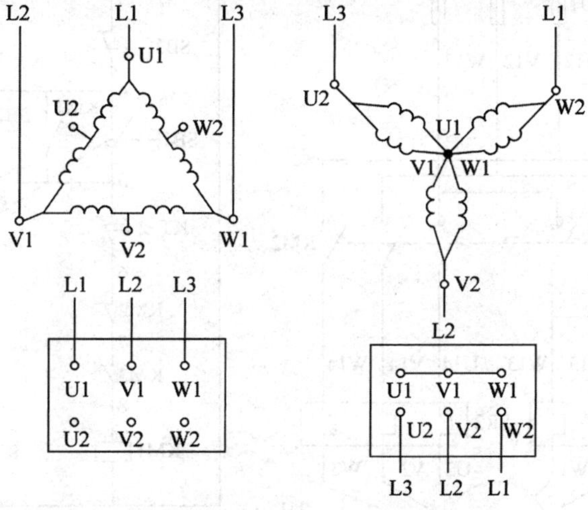

a)　　b)

图5-42　双速电动机定子绕组的△/YY联结

a）低速-△联结（4极）　b）高速-YY联结（2极）

二、电路原理分析

用按钮和时间继电器控制双速异步电动机的控制电路如图5-43所示。

该电路用时间继电器KT控制双速异步电动机△联结起动时间和△-YY的自动换接运转。

1. △联结低速起动运转

合上电源开关QS⟶按下SB1⟶SB1常闭触头先分断
　　　　　　　　　　　└⟶SB1常开触头后闭合⟶KM1线圈得电⟶

⟶KM1自锁触头闭合自锁⟶电动机M接成△联结低速起动运转
⟶KM1主触头闭合
⟶KM1两对常闭触头分断对KM2、KM3联锁

2. YY联结高速运转：

合上电源开关QS⟶按下SB2⟶KT线圈得电⟶KT-1常开触头瞬时闭合，自锁⟶

经KT整定时间⟶KT-2先分断⟶KM1线圈失电⟶KM1常开触头均分断
　　　　　　　　　　　　　　　　　　　　⟶KM1常闭触头恢复闭合⟶
　　　　　　⟶KT-3后闭合

⟶KM2、KM3线圈得电⟶KM2、KM3主触头闭合⟶电动机M接成YY联结高速运转
　　　　　　　　　　⟶KM2、KM3联锁触头分断，对KM1联锁

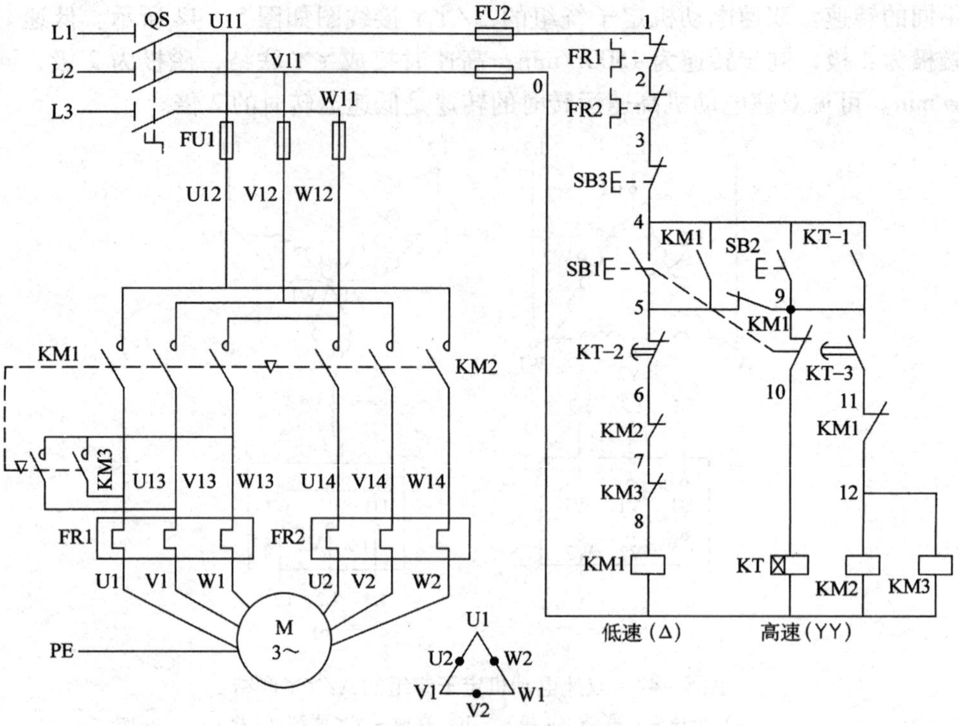

图 5－43　时间继电器控制双速异步电动机的控制电路

停止时，按下 SB3 即可。

若电动机只需高速运转时，可直接按下 SB2，则电动机△联结低速起动后，YY 联结高速运转。

【技能训练】

1. 训练内容

安装图 5－43 所示双速异步电动机控制电路。

2. 工具、仪表及器材

三相四线电源（~3×380/220V，20A）1 处，三相异步电动机（Y112M－4，7.5kW，380V，△联结）1 台，配线板（500mm×450mm×20mm）1 块，组合开关（HZ10—25/3 或型号自定）1 个，交流接触器（CJ10－20，线圈电压 380V 或型号自定）3 只，热继电器（JR16－20/3D，整定电流按电动机功率选定或型号自定）2 只，熔断器及熔芯配套（RL1－60/20A 或型号自定）3 套，熔断器及熔芯配套（RL1－15/4A 或型号自定）2 套，时间继电器，（JS7－2A，线圈电压 380V 或 JS20、JZC45—30/1）1 只，三联按钮（LA10－3H 或 LA4—3H）1 个，接线端子排（JX2－1015，500V，10A，15 节）1 条，木螺钉（ϕ3×20mm 或 ϕ3×15mm）30 个，平垫圈（ϕ4mm）30 个，圆珠笔 1 支，塑料软铜线（BVR－2.5mm^2，颜色自定）20m，塑料软铜线（BVR—1.5mm^2，颜色自定）20m，塑料软铜线（BVR－0.75mm^2，颜色自定）5m，接地线（BVR－1.5mm^2）5m，别径压端子（UT2.5—4，UT1－4）20 个，行线槽（TC3025，长 34cm，两边打 ϕ3.5mm 孔）5 条，异形塑料管（ϕ3.5mm）0.5m，电工通用工具 1 套，万用表（自定）1 块，兆欧表（500V，0～200MΩ 或自定）1 台，钳形电流表（0～50A）1 只。

3. 训练步骤

1）电器元件检查，配齐所用电器元件，并进行质量检验。

2）根据板前线槽布线操作工艺进行布线安装。

3）试车、交验。

操作提示

◇接线时，注意主电路中接触器KM1、KM2在两种转速下电源相序的改变，不能接错；否则，两种转速下电动机的转向相反，换相时将产生很大的冲击电流。

◇控制双速电动机△联结的接触器KM1和YY联结的KM2主触头不能对换接线，否则不但无法实现双速控制要求，而且会在YY联结运转时造成电源短路事故。

◇热继电器FR1、FR2的整定电流及其在主电路中的接线不要搞错。

◇通电试车前，要复验一下电动机的接线是否正确，并测试绝缘电阻是否符合要求。

◇通电试车时，必须有指导教师在现场监护，同时做到安全文明生产。检修前要先掌握电路图中各个控制环节的作用和原理，并熟悉电动机的接线方法。

课题六 三相异步电动机制动控制电路及其安装

教学要求

1. 掌握三相笼型异步电动机制动控制电路的工作原理。

2. 掌握三相笼型异步电动机制动控制电路的安装技能。

电动机断开电源以后，由于惯性作用不会马上停止转动，而是需要转动一段时间才会完全停下来，这对于某些要求迅速停车及准确定位的机械设备是不能满足要求的，所以要对电动机进行制动。所谓制动，就是给电动机一个与转动方向相反的转矩使它迅速停转（或限制其转速）。常见的制动方法分为机械制动和电力制动两大类。

所谓电力制动是指使电动机在切断定子电源停转的过程中，产生一个和电动机实际旋转方向相反的电磁力矩（制动力矩），迫使电动机迅速制动停转的方法。电力制动常用的方法有：反接制动、能耗制动、电容制动和再生发电制动等。

一、反接制动

依靠改变电动机定子绕组的电源相序来产生制动力矩，迫使电动机迅速停转的方法称为反接制动。反接制动原理如图5－44所示。当电动机为正常运行时，电动机定子绕组的电源相序为L1—L2—L3，电动机将沿旋转磁场方向以$n<n_1$的速度正常运转。当电动机需要停转时，可拉开开关QS，使电动机先脱离电源（此时转子仍按原方向旋转），当将开关迅速向下投合时，使电动机三相电源的相序发生改变，旋转磁场反转，此时转子将以n_1+n的相对速度沿原转动方向切割旋转磁场，在转子绕组中产生感应电流，其方向可由左手定则判断出来，可见此转矩方向与电动机的转动方向相反，使电动机受制动迅速停转。

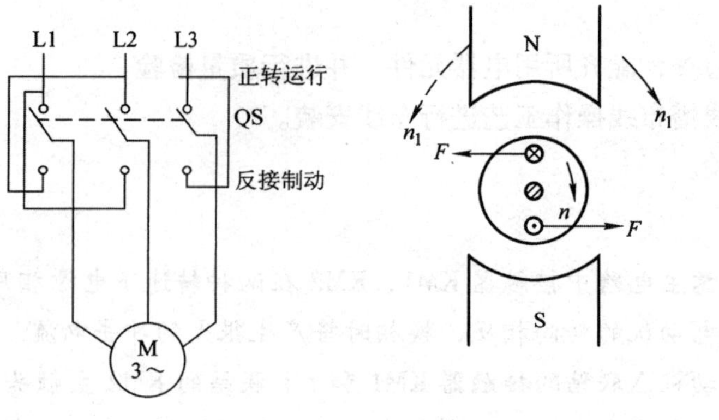

图 5－44　反接制动原理图

反接制动时应注意的是：当电动机转速接近零值时，应立即切断电动机的电源，否则电动机将反转。在反接制动设备中，为保证电动机的转速被制动到接近零值时能迅速切断电源，防止反向起动，常利用速度继电器来自动及时地切断电源。

1. 速度继电器

速度继电器是反映转速和转向的继电器，其主要作用是以旋转速度的快慢为指令信号，与接触器配合实现对电动机的反接制动控制，故又称为反接制动继电器。常用速度继电器的型号及含义如下：

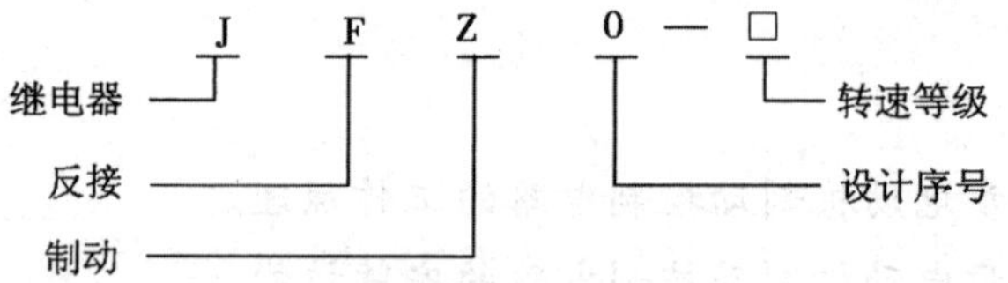

JY1 型速度继电器的外形、结构和工作原理分别如图 5－45、图 5－46 所示。它主要由定子、转子、可动支架、触头系统及端盖等部分组成。转子由永久磁铁制成，固定在转轴上；定子由硅钢片叠成并装有笼型短路绕组，能作小范围偏转；触头系统由两组转换触头组成，一组在转子正转时动作，另一组在转子反转时动作。

当电动机旋转时，带动与电动机同轴相连的速度继电器的转子旋转，相当于在空间中产生旋转磁场；从而在定子笼型短路绕组中产生感应电流，感应电流与永久磁铁的旋转磁场相互作用，产生电磁转矩，使定子随永久磁铁转动的方向偏转，与定子相连的胶木摆杆也随之偏转。当定子偏转到一定角度时，胶木摆杆推动簧片，使继电器的触头动作。

当转子转速减小到零时，由于定子的电磁转矩减小，胶木摆杆恢复原状态，触头随即复位。

速度继电器的动作转速一般不低于 100～300r/min，复位速度约在 100r/min 以下。常用的速度继电器中，JY1 型速度继电器能在 3000r/min 以下可靠的工作，JFZ0 型速度继电器的两组触头改用两个微动开关，使其触头的动作速度不受定子偏转速度的影响。额定工作转速有 300～1000r/min（JFZ0—1 型）和 1000～3600r/min（JFZ0—2 型）两种。

2. 电路原理分析

单向起动反接制动控制电路如图 5－47 所示。该电路的主电路和正反转控制电路相同，只是在反接制动时增加了三个限流电阻 R，电路中 KM1 为正转运行接触器，KM2 为反接制动接触器，KS 为速度继电器，其轴与电动机轴相连。

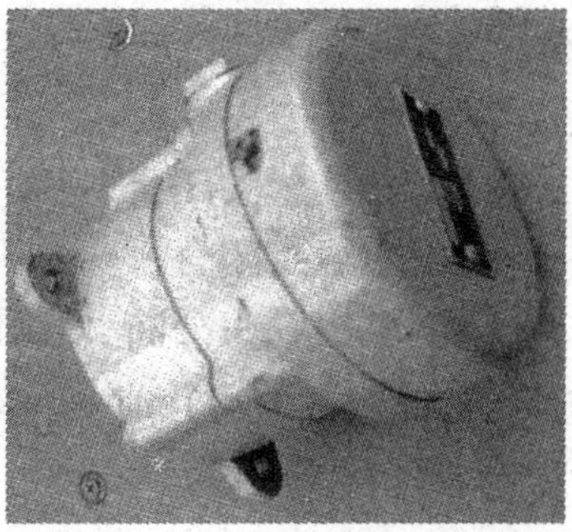

图 5－45　JY1 型速度继电器的外形

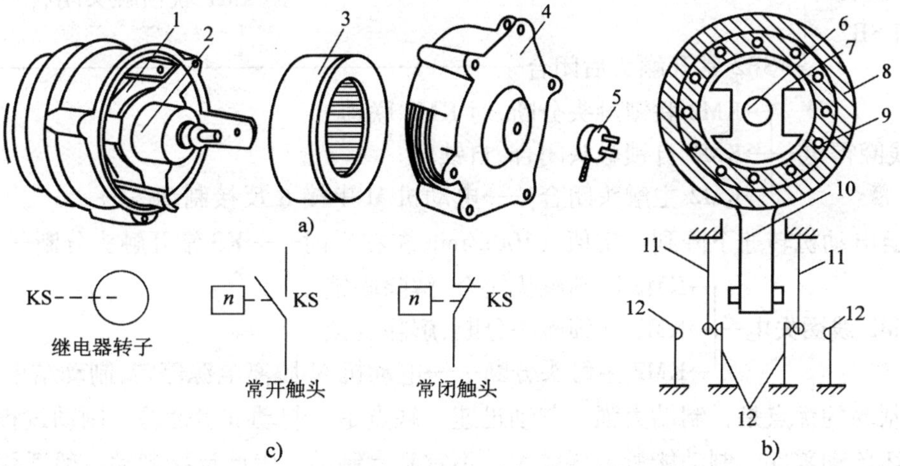

图 5－46　JY1 型速度继电器的结构和工作原理

a）外部结构　b）内部结构　c）符号

1—可动支架　2—转子　3、8—定子　4—端盖　5—连接头　6—电动机轴

7—转子（永久磁铁）　9—定子绕组　10—胶木摆杆　11—簧片（动触头）　12—静触头

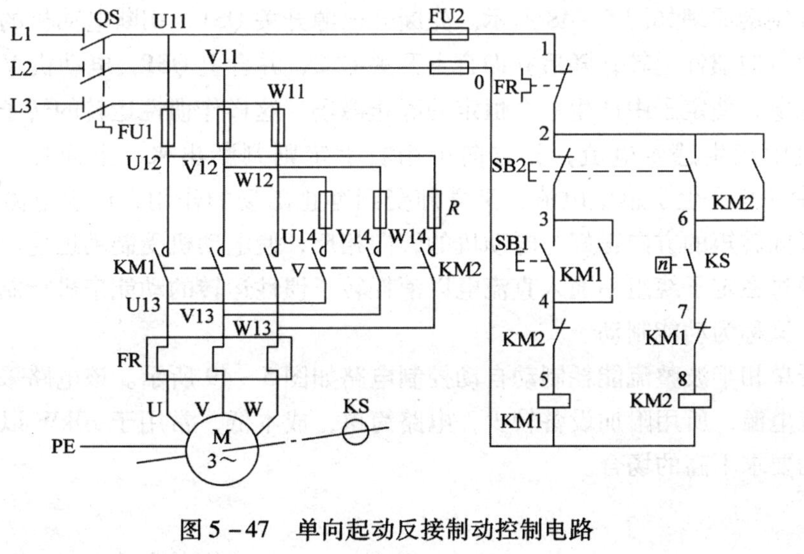

图 5－47　单向起动反接制动控制电路

电路的工作原理如下：先合上电源开关 QS。

单向起动：

按下 SB1—KM1 线圈得电→KM1 自锁触头闭合，自锁→电动机 M 起动运转→
　　　　　　　　　　　→KM1 主触头闭合
　　　　　　　　　　　→KM1 联锁触头分断，对 KM2 联锁

→至电动机转速上升到一定值（120r/min 左右）时→KS 常开触头闭合为制动做准备

反接制动：

按下复合按钮 SB2→SB2 常闭触头先分断→KM1 线圈失电→KM1 自锁触头分断，解除自锁
　　　　　　　　　　　　　　　　　　　　　　　　→KM1 主触头分断，M 暂失电
　　　　　　　　　　　　　　　　　　　　　　　　→KM1 联锁触头闭合→
　　　　　　　→SB2 常开触头后闭合→

→KM2 线圈得电→KM2 联锁触头分断，对 KM1 联锁
　　　　　　　→KM2 自锁触头闭合，自锁
　　　　　　　→KM2 主触头闭合→电动机 M 串接 R 反接制动→

→至电动机转速下降到一定值（100r/min 左右）时→KS 常开触头分断→

→KM2 线圈失电→KM2 联锁触头闭合，解除联锁
　　　　　　　→KM2 自锁触头分断，解除自锁
　　　　　　　→KM2 主触头分断→电动机 M 脱离电源停转，制动结束

反接制动的优点是：制动力强、制动迅速。缺点是：制动准确性差。制动过程中冲击强烈、易损坏传动零件、制动能量消耗较大、不宜经常制动。因此反接制动一般适用于制动要求迅速、系统惯性较大、不经常起动与制动的场合。

二、能耗制动

当电动机切断交流电源后，立即在定子绕组中通入直流电，迫使电动机停转的方法称为能耗制动。其制动原理如图 5－48 所示。先断开电源开关 QS1，切断电动机的交流电源，这时转子仍沿原方向惯性运转；随后立即合上开关 QS2，并合上 QS1，电动机 V、W 两相定子绕组通入直流电，使定子中产生一个恒定的静止磁场，这样作惯性运转的转子因切割磁力线而在转子绕组中产生感生电流，其方向可用右手定则判断出来，上面标“×”，下面标“·”。绕组中一旦产生了感生电流，又立即受到静止磁场的作用，产生电磁转矩，用左手定则判断，可知转矩的方向正好与电动机的转向相反，使电动机受制动迅速停转。由于这种制动方法是通过在定子绕组中通入直流电以消耗转子惯性运转的动能来进行制动的，所以称为能耗制动，又称为动能制动。

无变压器单相半波整流能耗制动自动控制电路如图 5－49 所示。该电路采用单相半波整流器作为直流电源，所用附加设备较少，电路简单，成本低，常用于 10kW 以下小功率电动机，且对制动要求不高的场合。

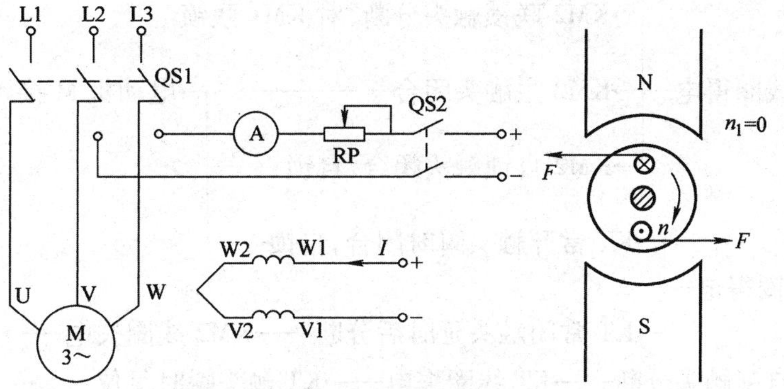

图 5－48　能耗制动原理图

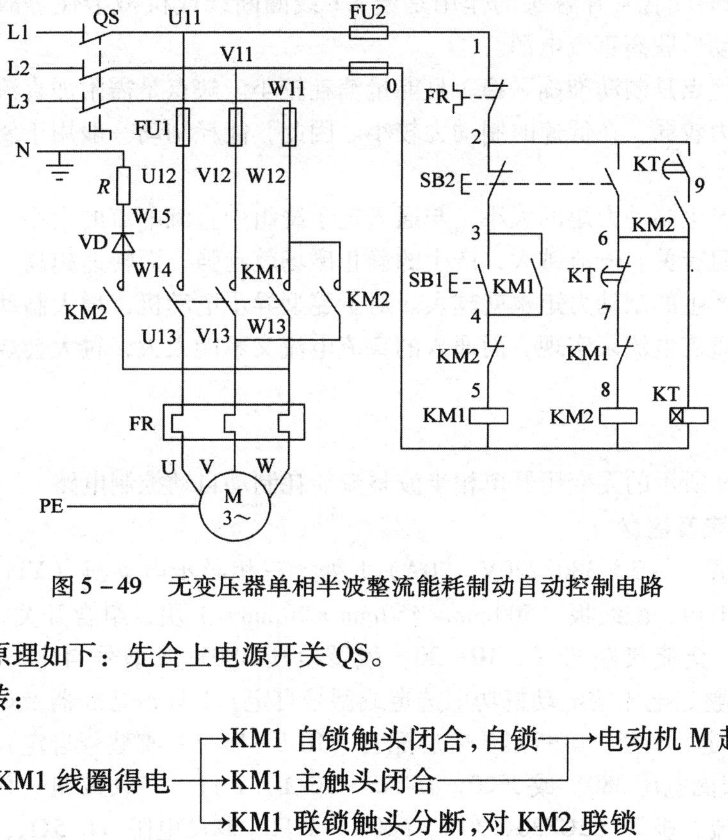

图 5－49　无变压器单相半波整流能耗制动自动控制电路

其电路工作原理如下：先合上电源开关 QS。

单向起动运转：

按下 SB1—KM1 线圈得电→KM1 自锁触头闭合，自锁→电动机 M 起动运转
→KM1 主触头闭合→电动机 M 起动运转
→KM1 联锁触头分断，对 KM2 联锁

能耗制动停转：

按下 SB2→SB2 常闭触头先分断→KM1 线圈失电→KM1 自锁触头分断，解除自锁
→KM1 主触头分断→M 暂失电并惯性运转
→KM1 联锁触头闭合
→SB2 常开触头后闭合

→KM2 线圈得电→KM2 联锁触头分断，对 KM1 联锁
→KM2 线圈得电→KM2 主触头闭合→电动机 M 接入直流电能耗制动
→KM2 线圈得电→KM2 自锁触头闭合，自锁
→KT 线圈得电→KT 常开触头瞬时闭合，自锁
→KT 线圈得电→KT 常闭触头延时后分断⟶KM2 线圈失电⟶

→KM2 自锁触头分断⟶KT 线圈失电⟶KT 触头瞬时复位
→KM2 主触头分断⟶电动机 M 切断直流电源并停转，能耗制动结束
→KM2 联锁触头恢复闭合

图中，KT 瞬时闭合常开触头的作用是当 KT 线圈断线或机械卡住等故障时，按下 SB2 后能使电动机制动后脱离直流电源。

能耗制动的优点是制动准确平稳，且能量消耗较小。缺点是需附加直流电源装置，设备费用较高，制动力较弱，在低速时制动力较小。因此，能耗制动一般用于要求制动准确、平稳的场合。

能耗制动时产生制动力矩的大小，与通入定子绕组中直流电流的大小、电动机的转速及转子电路中的电阻有关。电流越大，产生的静止磁场就越强，而转速越高，转子切割磁力线的速度就越大，产生的制动力矩也就越大。对于笼型异步电动机，增大制动力矩只能通过增大通入电动机的直流电流来实现，而通入的直流电流又不能太大，过大会烧坏定子绕组。

【技能训练】

1. 训练内容

安装图 5－49 所示的无变压器单相半波整流能耗制动自动控制电路。

2. 工具、仪表及器材

三相四线电源（～3×380/220V、20A）1 处，三相异步电动机（Y112M－4，7.5kW，380V，△联结）1 台，配线板（500mm×450mm×20mm）1 块，组合开关（HZ10－25/3 或型号自定）1 个，交流接触器（CJ10—20，线圈电压 380V 或型号自定）3 只，热继电器（JR16－20/3D，整定电流按电动机功率选定或型号自定）1 只，熔断器及熔芯配套（RL1—60/20A 或型号自定）3 套，熔断器及熔芯配套（RL1—15/4A 或型号自定）2 套，时间继电器（JS7－2A，线圈电压 380V 或 JS20，JZC45－30/1）1 只，三联按钮（LA10－3H 或 LA4－3H）1 个，整流二极管（2CZ30，30A，600V）1 只，制动电阻（0.5Ω，500W）1 只，接线端子排（JX2—1015，500V，10A，15 节）1 条，木螺钉（ϕ3×20mm 或 ϕ3×15mm）30 个，平垫圈（ϕ4mm）30 个，圆珠笔 1 支，塑料软铜线（BVR－2.5mm^2，颜色自定）20m，塑料软铜线（BVR－1.5mm^2，颜色自定）20m，塑料软铜线（BVR－0.75mm^2，颜色自定）5m，接地线（BVR－1.5mm^2）5m，别径压端子（UT2.5－4，UT1－4）20 个，行线槽（TC3025，长 34cm，两边打 ϕ3.5mm 孔）5 条，异形塑料管（ϕ3.5mm）0.5m，电工通用工具 1 套，万用表（自定）1 块，兆欧表（500V，0～200MΩ 或自定）1 台，钳形电流表（0～50A）1 只。

3. 训练步骤

1）电器元件检查，配齐所用电器元件，并进行质量检验。

2）根据板前线槽布线操作工艺进行布线安装。

3）试车、交验。

操作提示

◇时间继电器的整定时间不要调的过长，以免制动时间过长引起定子绕组发热。

◇整流二极管要配装散热器和固定散热器支架。

◇制动电阻要安装在控制板外面。

◇进行制动时，停止按钮 SB2 要按到底。

第六章　电子电路的安装与调试

学习目标

随着电子技术的飞速发展，各类电子产品广泛应用于各个领域，要生产出性能优良可靠的电子产品，并对其进行维修和调试，作为一名维修电工必须掌握电子方面的基本技能和电子电路的安装、调试与维修技能。本章主要介绍电子技术的焊接技术、元器件的识别等基本操作技能、常用电子仪器仪表的使用、典型电子电路的安装与调试技能。

本章的学习目标

1. 掌握电子技术的基本操作技能。
2. 掌握电子电路的安装与调试技能。

课题一　电子焊接基本操作与元器件识别

教学要求

1. 掌握电子常用工具的使用方法。
2. 熟练进行各种电子元器件的焊接。

一、焊接基本知识

1. 电子常用工具的使用

电子常用工具是指一般专业电工都要运用的常备工具。常用的工具有电烙铁、螺钉旋具、钢丝钳、尖嘴钳、平嘴钳、斜口钳、镊子等，另外，剥线钳、平头钳、钢板尺、卷尺、扳手、小刀、螺钉旋具、锥子、针头等也是经常用到的工具。作为一名电气人员，必须掌握电子常用工具的使用。

电子常用工具及其使用方法见表6－1。

2. 焊接工艺

（1）焊接的技术要求　焊接的质量直接影响整机产品的可靠性与质量。因此，在锡焊时，必须做到以下几点：

1）焊点的机械强度要满足需要。为了保证足够的机械强度，一般采用把被焊元器件的引线端子打弯后再焊接的方法，但不能用过多的焊料堆积，以防止造成虚焊或焊点之间短路。

表6－1　电子常用工具的使用方法

图　示	操作说明	相关知识
	外热式电烙铁是由烙铁头、烙铁芯、外壳、木柄、电源引线、插头等部分组成。烙铁头安装在烙铁芯里面，所以称为外热式电烙铁	常用的电烙铁有外热式、内热式、恒温式和吸锡式几种，它们都是利用电流的热效应进行焊接工作的。
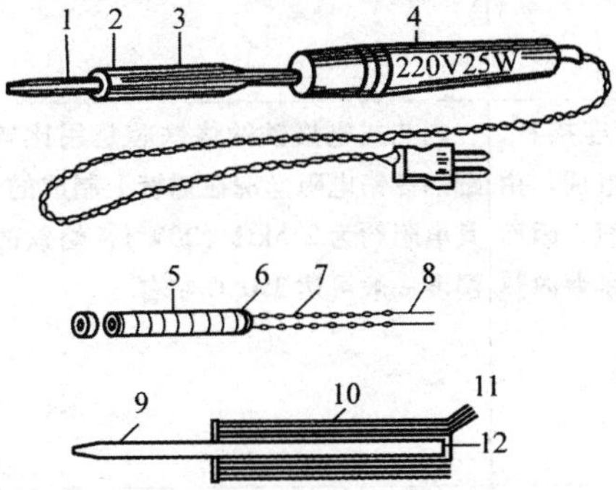 1—烙铁头　2—烙铁头固定螺灯　3—外壳 4—木柄　5—铁丝　6—云母片　7—瓷管 8—引线　9—烙铁头　10—电热丝 11—云母片　12—烙铁芯骨架	烙铁芯是电烙铁的关键部件，它是将电热丝平行地绕制在一根空心瓷管上，中间用云母片绝缘，并引出两根导线与220V交流电源连接	常用的外热式电烙铁规格有25W、45W、75W和100W等 烙铁芯的阻值不同，其功率也不相同。25W的阻值为2kΩ。因此，我们可以用万用表欧姆挡初步判别电烙铁的好坏及功率的大小
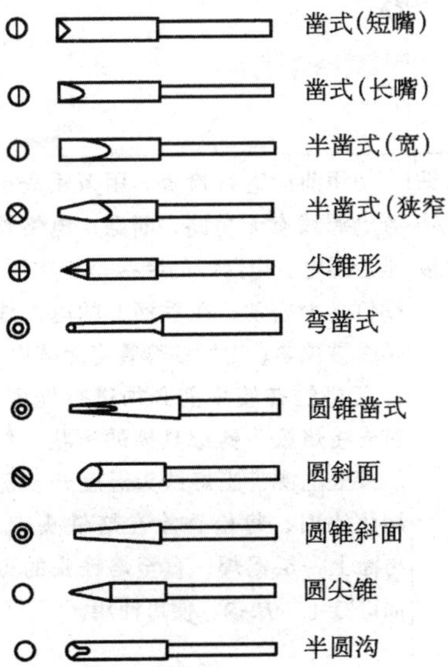	烙铁头是用纯铜制成的，作用是储存和传导热量。烙铁的温度与烙铁头的体积、形状、长短等都有一定的关系	当烙铁头的体积比较大时，则保持温度的时间就长些。另外，为适应不同焊接物的要求，烙铁头的形状有所不同，常见的有锥形、凿形、圆斜面形等

（续）

图　示	操　作　说　明	相　关　知　识
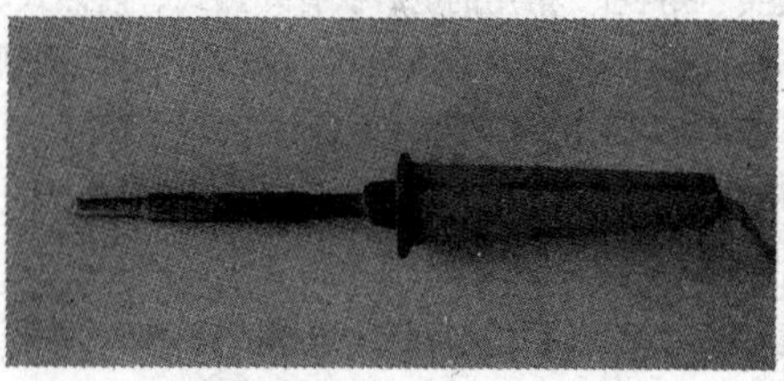	内热式电烙铁的常用规格有20W、25W、50W等几种。由于它的热效率高，20W内热式电烙铁就相当于40W左右的外热式电烙铁	内热式电烙铁具有升温快、质量轻、耗电省、体积小、热效率高的特点，应用非常普遍
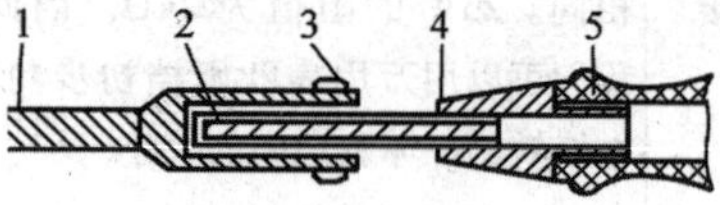 1—铜头　2—芯子　3—弹簧夹　4—连接杆 5—手柄	内热式电烙铁由手柄、连接杆、弹簧夹、烙铁芯、烙铁头组成。由于烙铁芯安装在烙铁头里面，因而发热快，热利用率高，故称为内热式电烙铁	内热式电烙铁的烙铁芯是用比较细的镍铬电阻丝绕在瓷管上制成的，其电阻约为2.5kΩ（20W），烙铁的温度一般可达350°C左右
 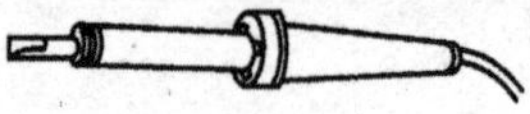	吸锡电烙铁是将活塞式吸锡器与电烙铁融为一体的拆焊工具。它具有使用方便、灵活、使用范围宽等特点，但不足之处是每次只能对一个焊点进行拆焊	选用电烙铁时，应考虑以下几个方面： ① 焊接集成电路、晶体管及其他受热易损元器件时，应选用20W内热式或25W外热式电烙铁 ② 焊接导线及同轴电缆时，应选用45～75W外热式电烙铁，或50W内热式电烙铁 ③ 焊接圈套的元器件时，如大电解电容器的引线脚、金属底盘接地焊片等，应选用100W以上的电烙铁
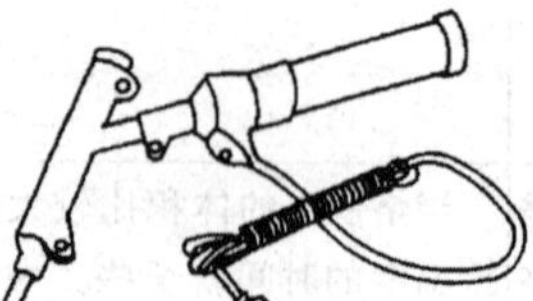	恒温电烙铁是在电烙铁头内，装有带磁铁式的温度控制器，通过控制通电时间而实现温控	
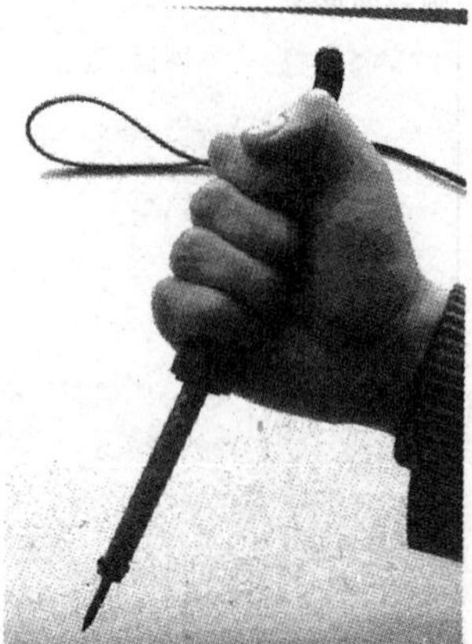	反握法就是用五个手指把电烙铁的手柄握在掌内。此法适用于大功率电烙铁，焊接散热量较大的被焊件	使用前应进行检查。用万用表检查电源线有无短路、断路；电烙铁是否漏电；电源线的装接是否牢固；螺钉是否松动；在手柄上的电源线是否被顶紧；电源线套管有无破损 新烙铁在使用前必须进行处理。首先将烙铁头锉成具体的形状，然后接上电源，当烙铁头温度升至能熔化锡时，将松香涂在烙铁头上，再涂上一层锡焊，直至烙铁头的刃面部挂上一层锡，便可使用。

（续）

图　示	操 作 说 明	相 关 知 识
	正握法使用的电烙铁功率比较大，且多为弯形烙铁头	电烙铁不使用时，不要长期通电，以防损坏电烙铁 电烙铁在焊接时，最好使用松香焊剂，以保护烙铁头不被腐蚀。电烙铁应放在烙铁架上，轻拿轻放，不要将烙铁上的焊锡乱甩 更换熔芯时要注意引线不要接错，以防发生触电事故
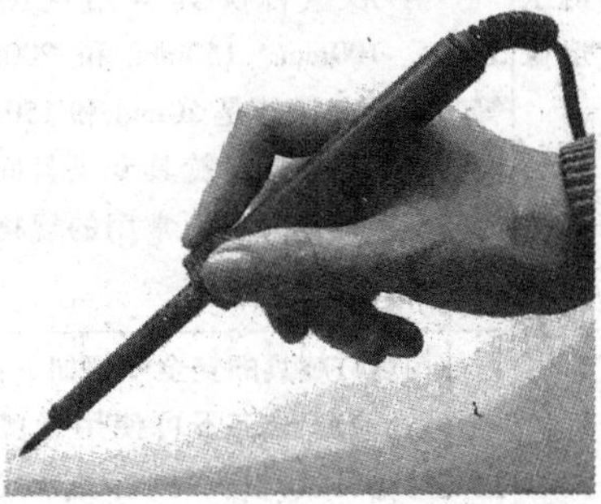	握笔法适用于小功率的电烙铁	
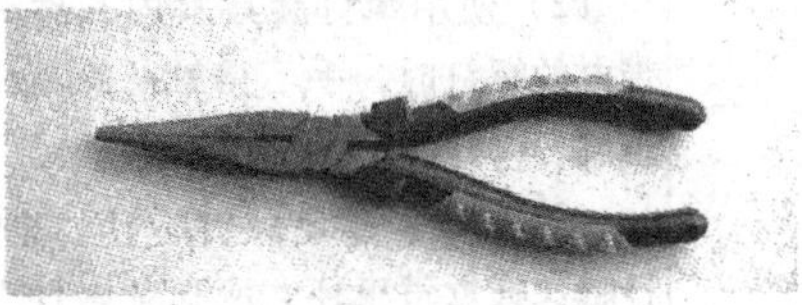	尖嘴钳的头部较细，适用于夹小型金属零件或弯曲元器件引线，不宜用于敲打物体或夹持螺母	尖嘴钳钳柄有铁柄和绝缘柄两种，绝缘柄的耐压值为500V，主要用于切断细小的导线、金属丝；夹持小螺钉、垫圈及导线等；还能将导线端头弯曲成所需的各种形状
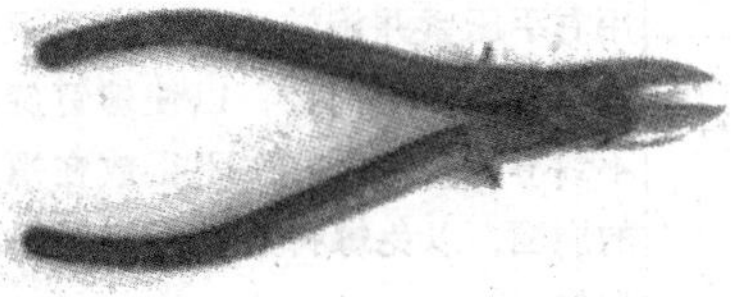	斜口钳用于剪焊后的线头，也可与尖嘴钳合用，剥导线的绝缘层	斜口钳绝缘柄的耐压值为500V
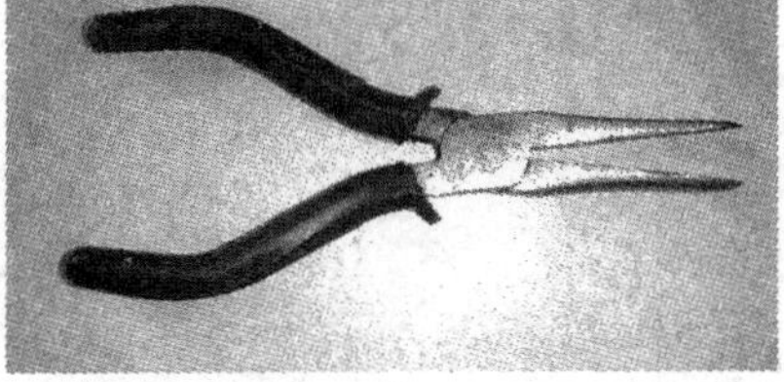	平嘴钳的钳口平直，可用于夹弯元器件管脚与导线	因平嘴钳钳口无纹路，所以用它对导线位直、整形比尖嘴钳适用。但因钳口较薄，不宜夹持螺母或需施力较大部位

（续）

图　示	操　作　说　明	相　关　知　识
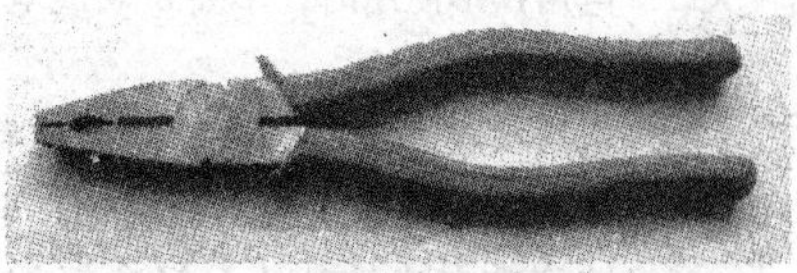	电工钢丝钳由钳头和钳柄两部分组成。钳头由钳口、齿口、刀口和铡口四部分组成	可用来加工较粗、较硬的导线成型，也可作为剪切工具使用
	尖嘴镊子用于夹持较细的导线，以便于装配焊接。圆嘴镊子用于弯曲元器件引线和夹持元器件焊接等，并有利于散热	镊子分尖嘴镊子和圆嘴镊子两种 使用时要常修整镊子的尖端，保持对正吻合；用镊子时，用力要轻，避免划伤手部
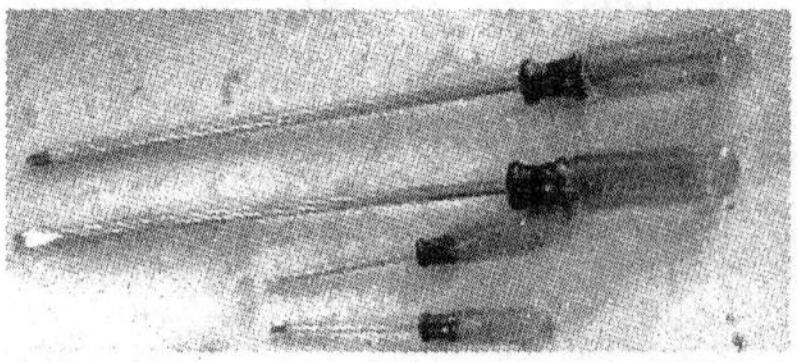	螺钉旋具是紧固或拆卸螺钉的工具，有木质柄、塑料透明葫芦形橡胶手柄等	一字形螺钉旋具常用规格有50mm、100mm、150mm和200mm等，电工必备的是50mm和150mm两种；十字形螺钉旋具专供紧固和拆卸十字槽的螺钉，常用的规格有Ⅰ、Ⅱ、Ⅲ、Ⅳ四种
	螺钉旋具的垂直用法	使用螺钉旋具的安全知识如下： （1）维修电工不可使用金属杆直通的螺钉旋具，否则容易造成触电事故 （2）使用螺钉旋具紧固和拆卸带电的螺钉时，手不得触及旋具的金属杆，以免发生触电事故 （3）为了避免螺钉旋具的金属杆触及临近带电体，应在金属杆上穿绝缘套管 （4）使用较长螺钉旋具时，可用右手压紧并旋转手柄，左手握住螺钉旋具中间部分，以使螺钉旋具不致滑脱。此时左手不得放在螺钉的周围，以免螺钉旋具滑出时将手划伤
	螺钉旋具的水平用法	

（续）

图　　示	操 作 说 明	相 关 知 识
	剥线钳、钢板尺、卷尺、扳手、小刀、剪刀、锥子、针头等也是经常用到的工具	
	焊料是指在钎焊中起连接作用的金属材料，它的熔点比被焊物的熔点低，而且易于与被焊物连为一体。焊料按组成成分划分，有锡铅焊料、银焊料、铜焊料；按使用的环境温度划分，有高温焊料和低温焊料。熔点在450℃以上的称为硬焊料；熔点在450℃以下的称为软焊料	在电子产品装配中，一般都选用锡铅系列焊料，也称为焊锡。其形状有圆片、带状、球状、焊丝等几种。焊锡在180℃时便可熔化，使用25W外热式或20W内热式电烙铁便可以进行焊接。它具有一定的机械强度，导电性能、抗腐蚀性能良好，对元器件引线和其他导线的附着力强，不易脱落。常用的是焊锡丝，在其内部夹有固体焊剂松香。焊锡丝的直径有4mm、3mm、2mm、1.5mm等规格
	松香酒精焊剂是用无水乙醇溶解纯松香配制成25%～30%的乙醇溶液，其优点是：没有腐蚀性，具有高绝缘性能和长期的稳定性及耐湿性；焊接后清洗容易，并形成覆盖焊点膜层，使焊点不被氧化腐蚀。因此，电子电路中的焊接通常都采用松香、松香酒精焊剂	用焊剂可以去除焊件表面的氧化物和杂质。焊剂同时也能防止焊件在加热过程中被氧化以及把热量从烙铁头快速地传递到被焊物上，使预热的速度加快

2）焊接可靠，保证导电性能良好。为保证有良好的导电性能，必须防止虚焊。

3）焊点表面要光滑、清洁。为使焊点美观、光滑、整齐，不但要有熟练的焊接技能，而且要选择合适的焊料和焊剂，否则将出现表面粗糙、拉尖、棱角现象。其次，烙铁的温度也要保持适当。

（2）焊接方法及步骤　焊接方法及步骤见表6－2。

基本操作步骤描述：焊接前的准备→清除元器件搪锡→焊接→检查→整理现场

表6－2　焊接方法及步骤

名　称	图　　示	焊接方法及步骤	说　　明
焊接前的准备		元器件引线加工成型：元器件在印制板上的排列和安装方式有两种：一种是立式；另一种是卧式。引线的跨距应根据尺寸优选2.5的倍数	加工时，注意不要将引线齐根弯折，并用工具保护引线的根部，以免损坏元器件
	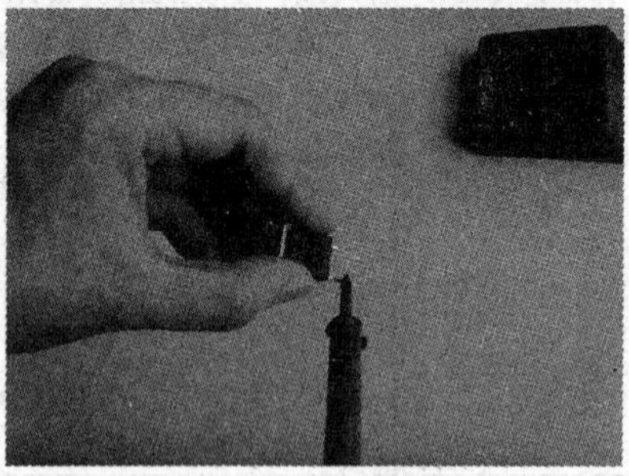	元器件引线表面会产生一层氧化膜，影响焊接，要搪锡（镀锡）	除少数有银、金镀层的引线外，大部分元器件引脚在焊接前必须先搪锡
焊接	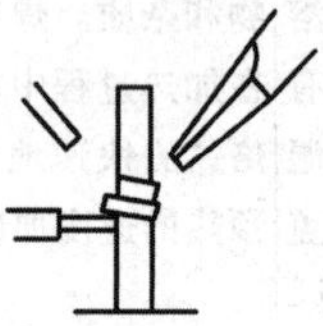	准备：焊接前的准备工作是检查电烙铁，电烙铁要具有良好的接地，而且导线无破损，连接牢固。烙铁头要保持清洁，能够挂锡并使电烙铁通电加热	焊接具体操作的五步法：准备、加热、送丝、去丝、移烙铁。对于小热容量焊件而言，整个焊接过程不超过2～4s
	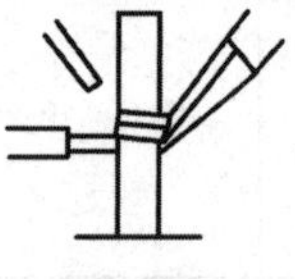	加热：指加热被焊件引线及焊盘。加热时要保证元器件引线及焊盘同时加热，同时达到焊接温度	电烙铁头加热要沿45°方向紧贴元器件引线并与焊盘紧密接触
	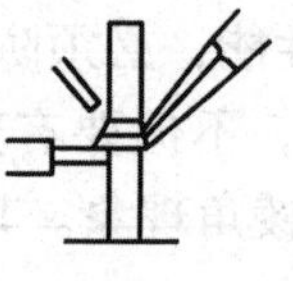	送锡：送锡是控制焊点大小关键的一步，送锡过程要观察焊点的形成过程，控制送锡量	注意：焊锡丝应从烙铁的对侧加入，而不是直接加在烙铁头上

（续）

名　称	图　　示	焊接方法及步骤	说　　明
焊接	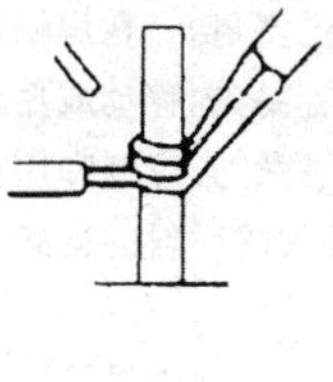	撤锡：当焊盘上形成适中的焊点后，要将焊锡丝及时撤离	撤离时速度要快，且焊锡丝应始终与焊盘呈45°夹角
	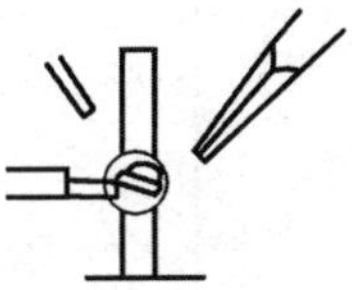	撤离电烙铁：撤离电烙铁要先慢后快，否则焊点收缩不到位容易形成拉尖	撤离方向也要与焊盘呈45°夹角
接操作手法	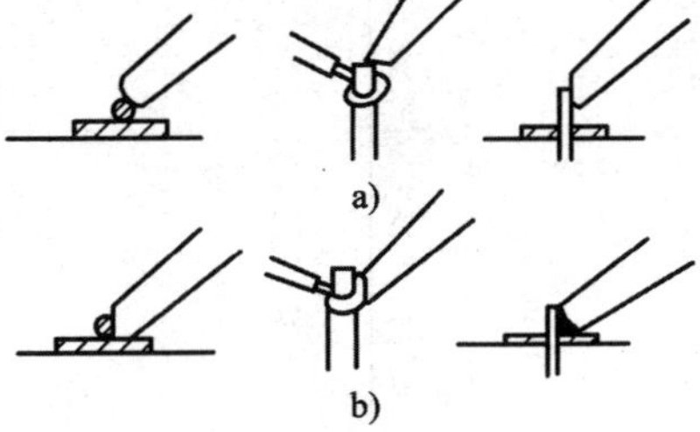 a）不正确　b）正确	采用正确的加热方法：根据焊件形状选用不同的烙铁头，尽量要让烙铁头与焊件形成面接触而不是点接触或线接触，这样能大大提高效率	不要用烙铁头对焊件加力，这样会加速烙铁头的损耗和造成元器件损坏
	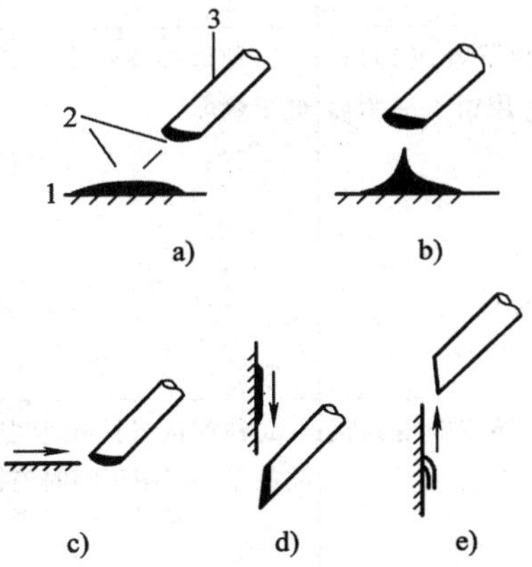 1—工件　2—焊锡　3—烙铁头 a）烙铁轴向45°撤离　b）向上撤离拉尖 c）水平方向撤离　d）垂直向下撤离、烙铁头吸除焊锡　e）垂直向上撤离，烙铁头上不挂锡	烙铁撤离要及时，并采用正确的撤离方式	加热要靠焊锡桥。就是靠烙铁上保留少量焊锡作为加热时烙铁头与焊件之间传热的桥梁，但作为焊锡桥的锡保留量不可过多

（续）

名　称	图　　示	焊接方法及步骤	说　　明
接操作手法	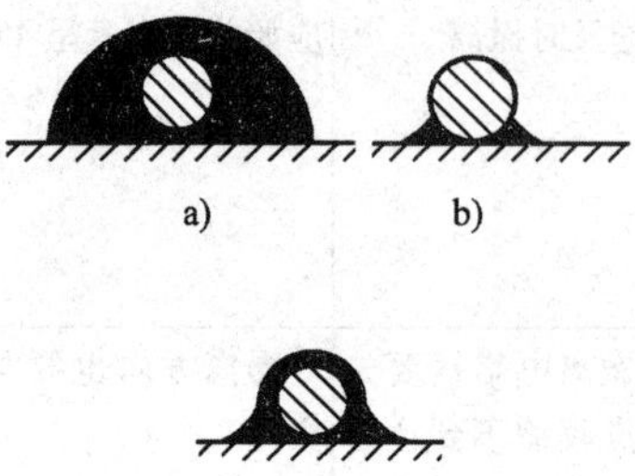 a)　b)　c)	焊锡量要合适。焊锡量过多容易造成焊点上焊锡堆积并容易造成短路，且浪费材料；焊锡量过少，容易焊接不牢，使焊件脱落	在焊锡凝固之前不要使焊件移动或振动，不要使用过量的焊剂和用已热的烙铁头作为焊料的运载工具
导线同接线端子的焊接	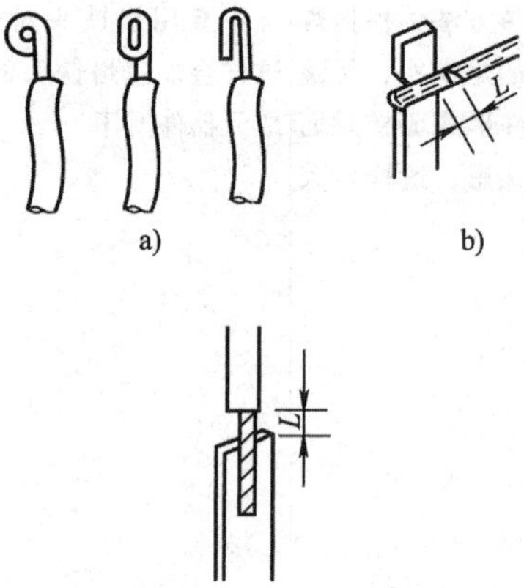 a)　b)　c)	绕焊：把经过镀锡的导线端头在接线端子上缠一圈，用钳子拉紧缠牢后进行焊接。这种焊接可靠性最好	导线与接线端子之间的焊接有三种基本形式：绕焊、钩焊和搭焊
	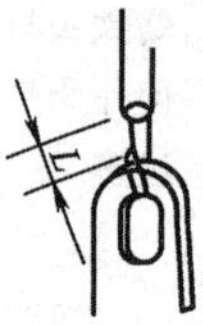	钩焊：将导线端子弯成钩形，钩在接线端子上并用钳子夹紧后焊接	这种焊接操作简便，但强度低于绕焊
		搭焊：把镀锡的导线端搭到接线端子上施焊	此种焊接最简便但强度可靠性最差，仅用于临时连接等

（续）

名　称	图　示	焊接方法及步骤	说　明
线与导线的焊接	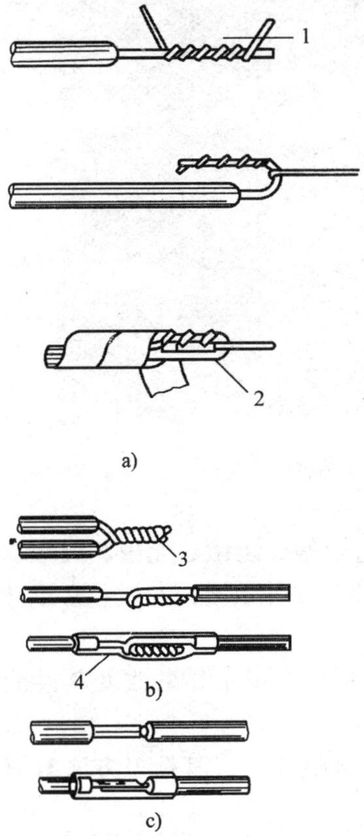 a）细导线绕到粗导线上　b）绕上同样粗细的导线　c）导线搭焊 1—剪去多余部分　2—绝缘前焊接 3—扭转并焊接　4—热缩套管	导线之间的焊接以绕焊为主，操作步骤如下： 1）去掉一定长度的绝缘外层 2）端头上锡，并套上合适的绝缘套管 3）绞合导线，施焊 4）趁热套上套管，冷却后套管固定在接头处	对调试或维修中的临时线，也可采用搭焊的办法
空心铆钉板上焊接	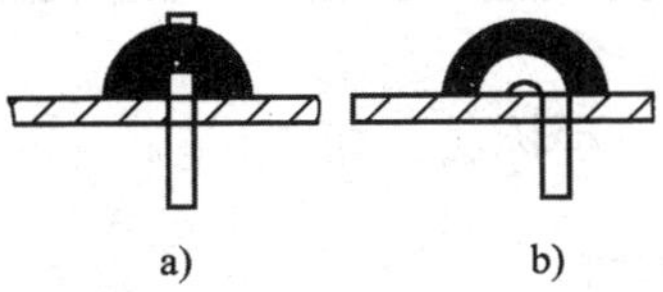 a）直角插焊　b）弯角插焊	在空心铆钉板上焊接铜丝（50个铆钉），先清除空心铆钉表面及铜丝表面的氧化层，然后镀锡，并在空心铆钉上（直插、弯插）焊接	焊点要圆润、光滑，焊锡适中，没有虚焊 剥导线绝缘层时，不要损伤铜芯。导线连接方法要正确、牢靠

二、常用电子元器件的识别及简易测试

1. 电阻器

（1）电阻器的分类

1）按结构形式可分为一般电阻器、片形电阻器、可变电阻器（电位器）。电阻器、电

位器的外形如图 6－1 所示。

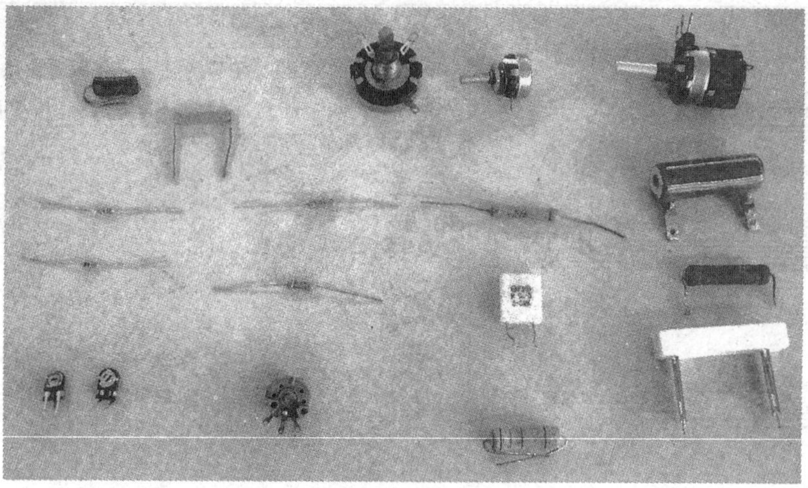

图 6－1 电阻器、电位器的外形

2）按材料可分为合金型、薄膜型和合成型。

另外，还有敏感电阻，也称为半导体电阻。通常有热敏、压敏、光敏、温敏、气敏、力敏等不同类型电阻。它们广泛应用于检测技术和自动控制各种领域，发展非常迅速。

（2）电阻器的主要技术指标

1）额定功率。电阻器在电路中长时间连续工作不损坏，或不显著改变其性能所允许消耗的最大功率，称为电阻器的额定功率。

2）阻值和偏差。电阻器的标称值和偏差都标注在电阻体上，其标志方法有直标法、文字符号法和色标法。见表 6－3。

表 6－3 标志方法及特点

标志方法	特 点
直标法	用阿拉伯数字和单位符号在电阻器表面直接标出标称电阻值，允许偏差直接用百分数表示
文字符号法	用阿拉伯数字和文字符号两者有规律地组合来表示标称阻值和允许偏差
色标法	小功率电阻较多使用色标法，特别是 0.5W 以下的碳膜和金属膜电阻

色标电阻（色环电阻）器可分为三环、四环、五环三种标法，如图 6－2 所示。

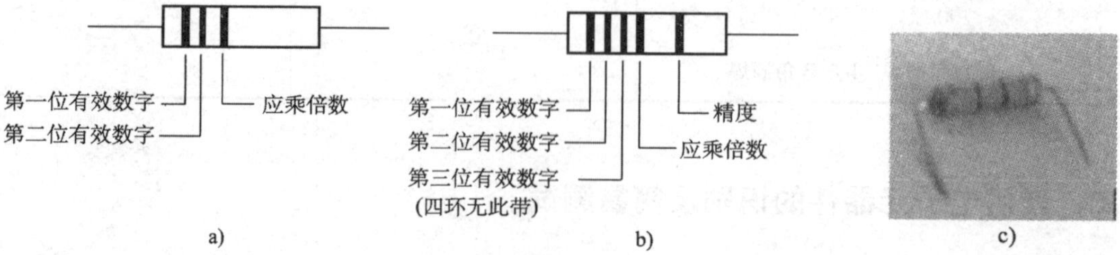

图 6－2 电阻色环含义

a）三环色标 b）五环色标 c）电阻外形

三环色标电阻：表示标称电阻值（精度均匀 ±20%）。

四环色标电阻：表示标称电阻值及精度。

五环色标电阻：表示标称电阻值（三位有效数字）及精度。

为避免混淆，第五色环的宽度是其他色环的 1.5～2 倍。

（3）电位器　电位器是一种可调电阻器，对外有三个引出端，其中两个为固定端，一个为滑动端（也称为中心抽头）。滑动端在两个固定端之间的电阻体上做机械运动，使其与固定端之间的电阻发生变化。其外形如图 6－3 所示。

图 6－3　电位器

（4）电阻器、电位器的测量与质量判别

基本操作步骤描述：测量电阻器→测量热敏电阻器→测量电位器→整理现场

1）电阻器的测量和质量判别。通常可用万用表电阻挡进行测量。测量中手指不要触碰被测固定电阻器的两根引出线，避免人体电阻对测量精度的影响。测量方法如图 6－4 所示。热敏电阻器检测时，在常温下用万用表 $R\times1$ 挡来测量。在正常时其测量值应与其标称阻值相同或接近（误差在 ±2Ω），用升温的电烙铁靠近热敏电阻器，并测量其阻值，其正常值应随温度上升而增大。测量方法如图 6－5 所示。

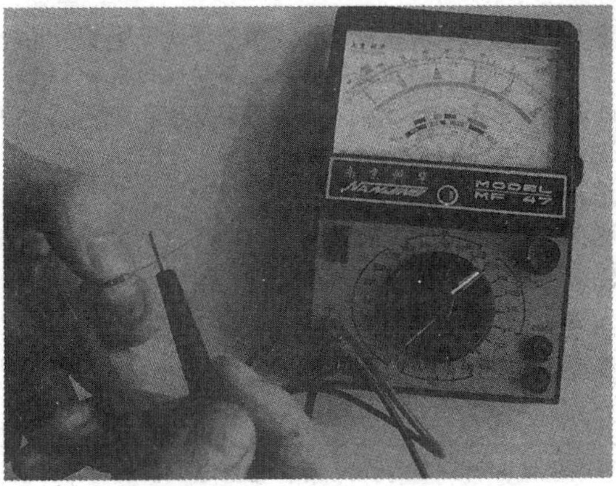

图 6－4　电阻器的测量

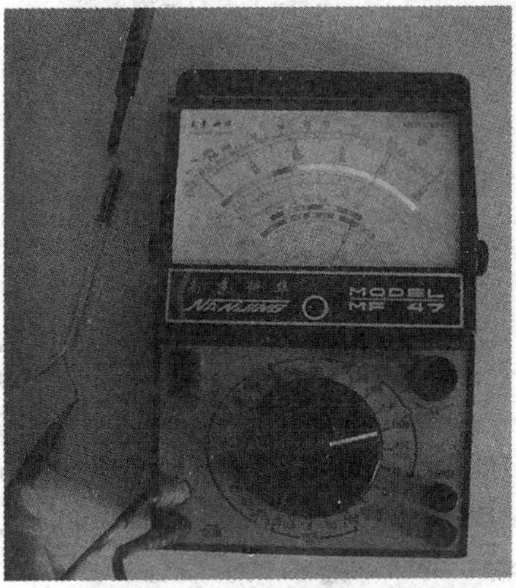

图 6－5　热敏电阻器的测量

电阻器的电阻体或引线折断以及烧焦等，可以从外观上看出。内部损坏或阻值变化较大，可用万用表欧姆挡测量核对。若电阻内部或引线有缺陷，以致接触不良时，用手轻轻地摇动引线，可以发现松动现象；用万用表测量时，指针指示不稳定。

2）电位器的测量和质量判别。电位器的测量和质量判别见表 6－4。

2. 电容器

电容器的外形及电路符号如图 6－6 所示。

（1）电容器的主要参数

1）电容器的标称电容量和偏差。不同材料制造的电容器，其标称电容量系列也不一样，一般电容器的标称电容量系列与电阻器采用的系列相同，即 E24、E12、E6 系列。

表 6－4　电位器的测量和质量判别

内　容	图　示	操 作 步 骤	说　明
电位器的识别和检测	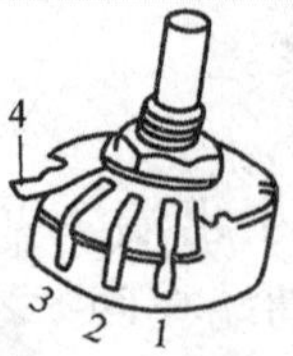 1—焊片 1　2—焊片 2 3—焊片 3　4—接地焊片	从外观上识别电位器，首先要检查引出端子是否松动；转动旋柄时应感觉平滑，不应有过紧或过松现象；开关是否灵活，开关通断时“咯哒”声是否清脆；此外，听一听电位器内部接触头和电阻体摩擦的声音，若有“沙沙”声，说明质量不好	
	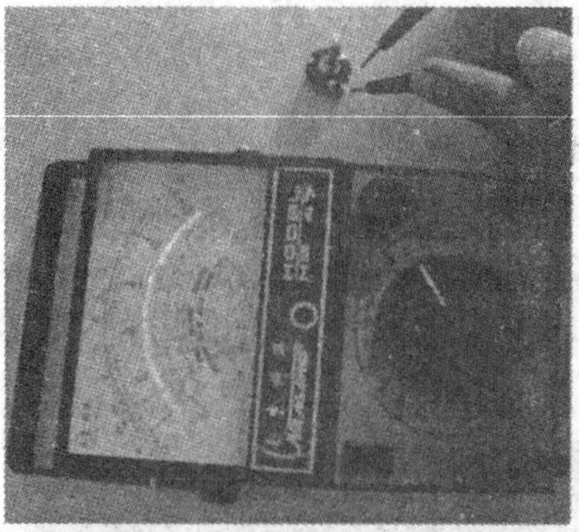	测量电位器阻值时，用万用表合适的电阻挡测量电位器两定片之间的阻值，其读数应为电位器的标称阻值	如果万用表的指针不动或阻值相差很多，则表明该电位器已损坏
	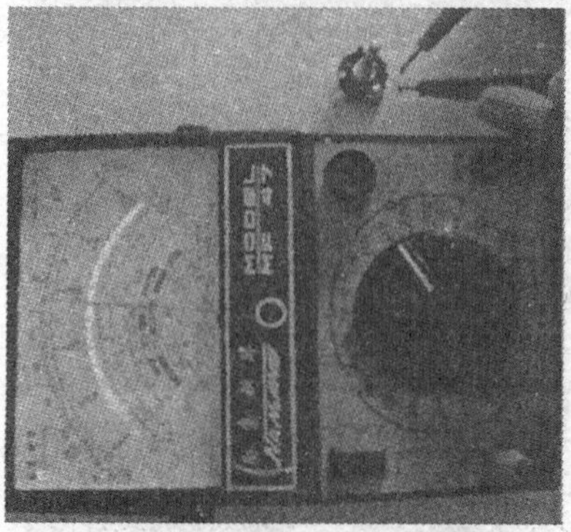	检查电位器的动片与电阻体的接触是否良好。用万用表表笔接电位器的动片和任一定片，并反复缓慢地旋转电位器的旋钮，观察万用表的指针是否连续、均匀地变化，其阻值应在 0Ω 到标称阻值之间连续变化，如果变化不连续（指跳动）或变化过程中电阻值不稳定，则说明电位器接触不良	测量过程中如果万用表指针平稳移动而无跌落、跳跃或抖动等现象，则说明电位器正常
	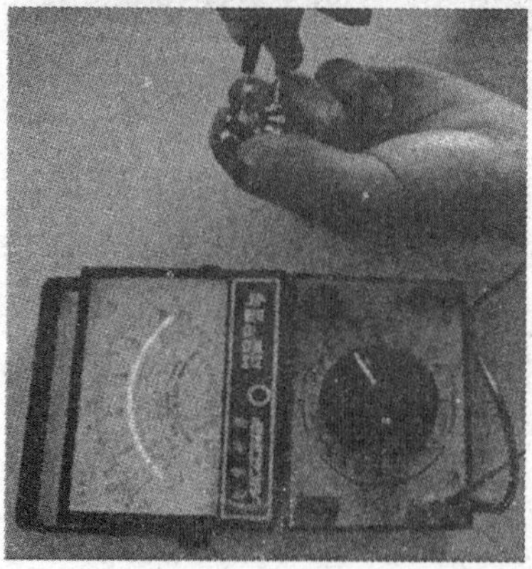	检查电位器各引脚与外壳及旋转轴之间的电阻值，观察是否为 ∞，否则说明有漏电现象	检查电位器的电源开关是否起作用，接触是否良好

电容器的标称电容量和偏差一般标在电容体上，其标志方法常采用直标法、数码表示法

和色码表示法。与电阻器的色环表示法类似，颜色涂于电容器的一端或从顶端向引线排列。色码一般只有三种颜色，前两环为有效数字，第三环为位率，单位为 pF。

2）电容器的额定直流工作电压。指在电路中能够长期可靠地工作而不被击穿时所能承受的最大直流电压（又称为耐压）。它的大小与介质的种类和厚度有关。

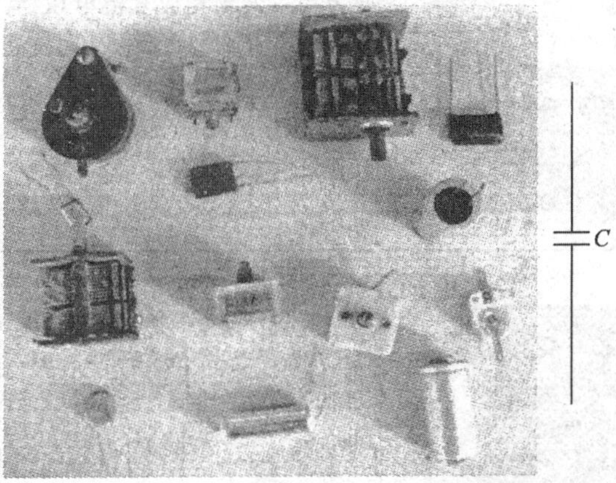

图 6－6　常见电容器的外形及电路符号

（2）电容器的测试　通常用万用表的欧姆挡来判别电容器的性能、好坏、电容量、极性等。要合理选用万用表的量程，5000pF 以下的电容应选用电容表测量。电容器的测试见表 6－5。

基本操作步骤描述：测量固定电容器→判别电容器的电容量→测量电解电容器极性判别→整理现场

表 6－5　电容器的测试

名　称	图　示	操 作 步 骤	说　　明
固定电容器的检测		检测电容量为 6800pF ~ 1μF 的电容器时，用 $R\times10\text{k}$ 挡，红、黑表笔分别接电容器的两根引脚，在表笔接通的瞬间应能看到表针有很小的摆动，若未看清表针的摆动，可将红、黑表笔互换一次再测，此时，表针的摆动幅度应略大一些，根据表针摆动情况判断电容器质量 （1）接通瞬间表针有摆动，然后返回（“∞”挡测量；“0” V 挡测量），表明良好。摆幅越大，电容量越大 （2）接通瞬间，表针不摆动，表明失效或断路 （3）表针摆幅很大，且停在那里不动；表明已击穿（短路）或严重漏电 （4）表针摆动正常，不能返回（“∞”挡测量；“0” V 挡测量），表明有漏电现象	检测电容量小于 6800pF 的电容器时，由于电容量太小，用万用表电阻挡检测时无法看到表针的摆动，此时只能检测电容器是否漏电和击穿，而不能检测是否存在开路或失效故障

（续）

名　称	图　示	操 作 步 骤	说　明
固定电容器的检测		检测电容量小于6800pF的电容器时，可借助一个外加直流电压，把万用表调到相应直流电压挡，黑表笔接直流电源负极，红表笔串接被测电容器后接电源正极，根据指针摆动情况判别电容器质量	
电解电容器的检测		选择欧姆挡来识别或估测（已失去标志）电解电容器的电容量，低于10μF选用$R\times10k$挡；10～100μF选用$R\times1k$挡；大于100μF选用$R\times100$挡	估测前要先把电容器的两引脚短路，以便放掉电容器内的残余电荷
	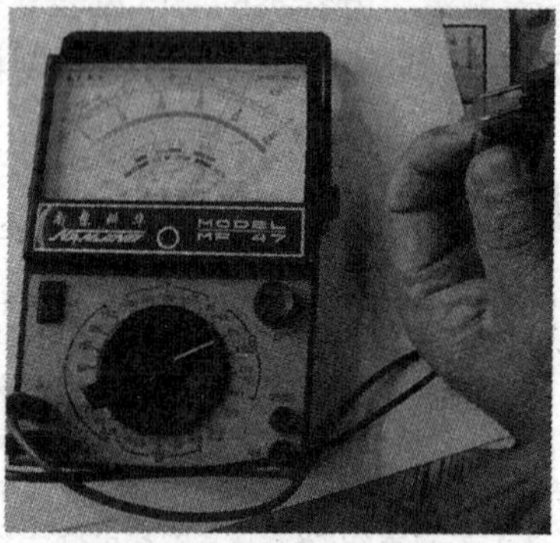	万用表的黑表笔接电解电容器的正极，红表笔接负极，检测其正向电阻，表针先向右做大幅摆动，然后再慢慢回到∞的位置	
	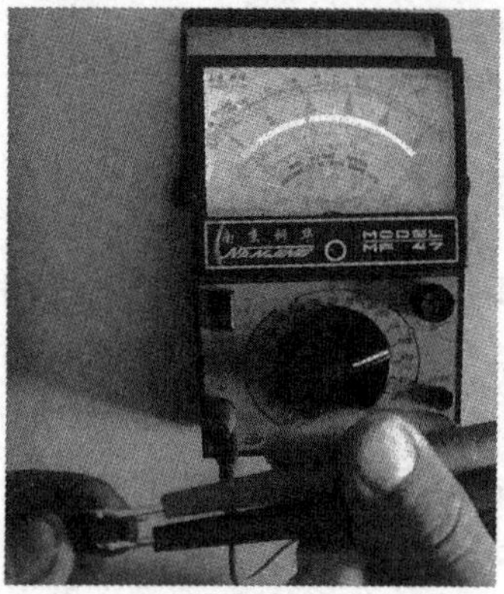	再次将电容器两引脚短路后，再将黑表笔接电解电容器的负极，红表笔接正极，检测反向电阻，表针先向右摆动，再慢慢返回，但一般不能回到无穷大的位置。检测过程中若与上述不符，则说明电容器已损坏	上述检测方法还可以用来鉴别电容器的正负极。对失掉正负极标志的电解电容器，可先用万用表两表笔进行一次检测，同时观察并记住表针向右摆动的幅度；然后两表笔对调再进行检测。哪一次检测中，表针最后停留的摆幅较小，该次万用表黑表笔接触的引脚为正极，另一脚为负极

3. 电感器

（1）电感器的分类　电感器的种类很多，而且分类标准也不一样。通常按电感量变化情况分为固定电感器、可变电感器、微调电感器等；按电感器线圈内介质不同分为空心电感器、铁心电感器、磁心电感器、铜心电感器等；按绕制特点分为单层电感器、多层电感器、蜂房电感器等。常见的部分电感器外形及图形符号如图 6－7 所示。

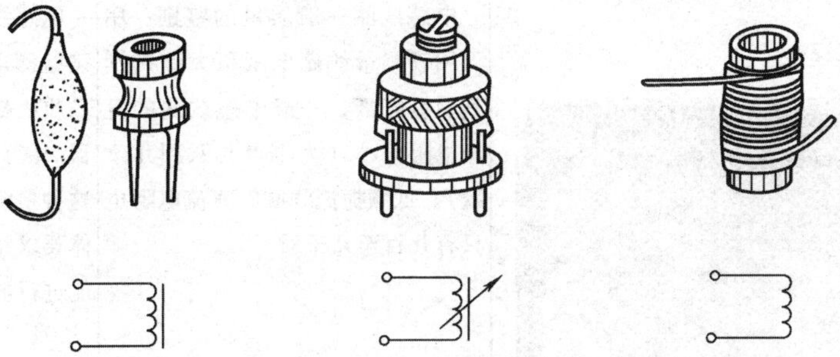

图 6－7　部分电感器外形及图形符号

a）磁心电感器　b）可调磁心电感器　c）空心电感器

（2）标志方法　电感器的标志方法与电阻器、电容器的标志方法相同，有直标法、文字符号法和色标法三种。

（3）电感器的参数

1）电感量 L。线圈的电感量 L 也叫自感系数或自感，是表示线圈产生自感能力的一个物理量。其单位为亨（H）、毫亨（mH）和微亨（μH）。

2）品质因数 Q。线圈的品质因数也叫优质因数，是表示线圈质量的一个物理量。它是指线圈在某一频率 f 的交流电压下工作时所呈现的感抗（ωL）与等效损耗电阻 $R_{等效}$ 之比，即

$$Q=\frac{\omega L}{R_{等效}}=\frac{2\pi fL}{R_{等效}}$$

频率较低时，可认为 R 等于线圈的直流电阻；频率较高时，R 应包括各种损耗在内的总等效电阻。

3）分布电容。线圈的匝与匝间、线圈与屏蔽罩间（有屏蔽罩时）、线圈与磁心、底板间存在的电容均称为分布电容。分布电容的存在使线圈 Q 值减小，稳定性变差，因而线圈的分布电容越小越好。

（4）电感器的质量鉴别　电感器的质量鉴别见表 6－6。

基本操作步骤描述：选好万用表的挡位→测量电感器的线圈电阻→判断质量好坏→整理现场

4. 二极管及晶体管的简易测试

（1）二极管的简易测试　常用的二极管有 2AP、2CP、2CZ 系列。2AP 主要用于检波和小电流整流；2CP 主要用于较小功率的整流；2CZ 主要用于大功率整流。

基本操作步骤描述：选好万用表的挡位→测量二极管的正向电阻→测量二极管的反向电

阻→判别极性及质量好坏→整理现场

一般，在二极管的管壳上注有极性标记；若无标记，可利用二极管的正向电阻小、反向电阻大的特点来判别其极性。同时也可利用这一特点判断二极管的好坏。

表 6－6　电感器的质量鉴别

名　称	图　　示	操 作 步 骤	说　　明
电感线圈的检测		电感线圈一般质量的鉴别：用万用表测量线圈电阻可大致判别其质量好坏，一般电感线圈的直流电阻很小（为零点几欧到几十欧），低频扼流线圈的直流电阻也只有几百至几千欧	电感线圈性能的测试：要准确检测电感线圈的电感量 L 和品质因数 Q，一般需要专门仪器。在实际工作中，多不进行这种检测，而是根据电路的具体要求结合具体的线圈，对性能进行推断和简易测试
		当测得线圈电阻为无穷大时，表明线圈内部或引出端已断路；当测得线圈电阻远小于正常值或接近零时，表明线圈局部短路	对于 Q 值的推断和估算： （1）线圈的电感量相同时，直流电阻越小，其 Q 值越高，即所用的直径越大，Q 值越高 （2）若采用多股线绕制线圈时，导线的股数越多（一般不超过 13 股），其 Q 值越高 （3）线圈骨架（或铁心）所用材料的损耗越小，其 Q 值越高

二极管的简易测试见表6－7。

表6－7　二极管的简易测试

名　称	图　　示	操　作　步　骤	说　　明
	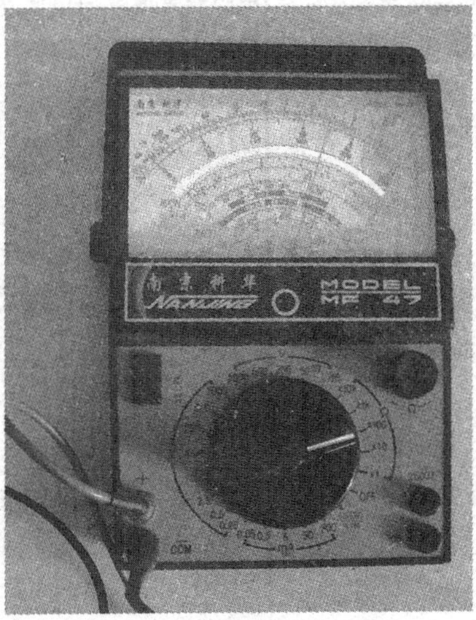	用万用表的$R\times100$或$R\times1k$挡判别二极管的极性，要注意调零	直观识别二极管的极性：二极管的正负极都标在外壳上，其标注形式有的是电路符号，有的用色点或标志环来表示，有的借助二极管的外形特征来识别
二极管的检测	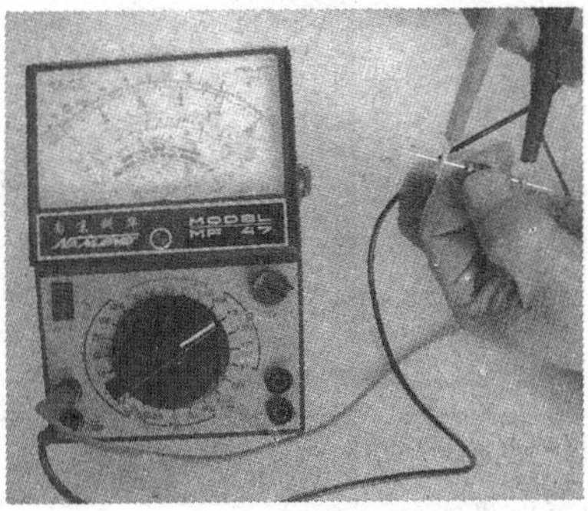	用红黑表笔同时接触二极管的两根引线，然后对调表笔重新测量	检测小功率二极管的正反向电阻，不宜使用$R\times1$或$R\times$10k挡，前者流过二极管的正向电流较大，可能烧坏管子；后者加在二极管两端的反向电压太高，易将管子击穿
	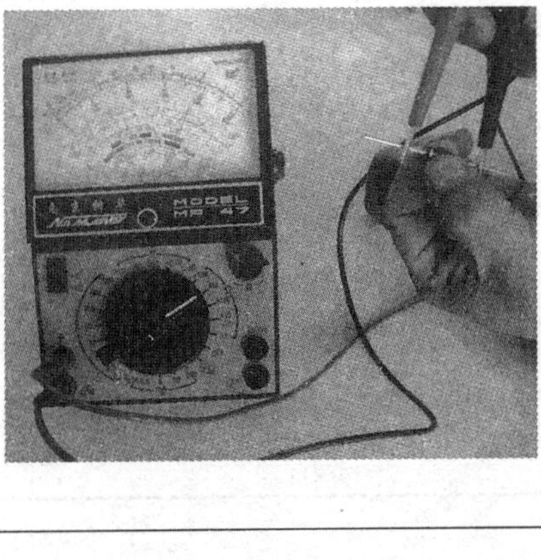	在所测阻值小的那次测量中，黑表笔所接的是二极管的正极，红表笔所接的是二极管的负极	

（续）

名 称	图 示	操 作 步 骤	说 明
二极管的检测	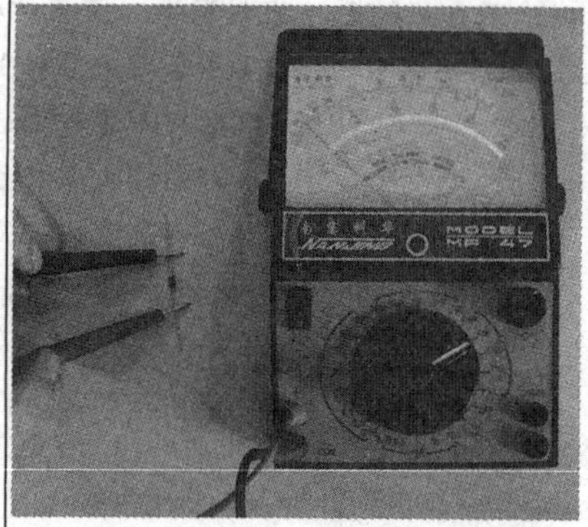	二极管正、反向电阻相差越大越好。两者相差越大，就表明二极管的单向导电特性越好；如果二极管的正、反向电阻值很相近，表明管子已坏。若正、反向电阻都很大，则说明管子内部已断路，不能使用	二极管的主要故障有断路、击穿、单向导电性变劣（正向电阻变大或反向电阻变小）及性能变劣等。
稳压二极管的检测		稳压二极管与普通二极管的识别：利用 $R\times1$ 挡测出二极管的正、负引脚	稳压二极管在反向击穿前的导电特性与一般二极管相似，因而可以通过检测正反向电阻的方法来判别极性
	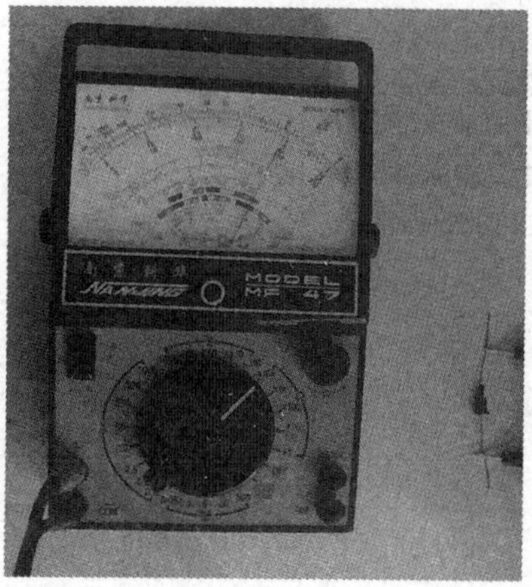	然后将万用表拨至 $R\times10k$ 挡上，黑表笔接二极管的负极，红表笔接二极管的正极，若此时测得反向电阻值变得很小，说明该管为稳压二极管；反之，测得反向电阻仍很大，说明该管为普通二极管	

（2）晶体管的简易测试　晶体管的简易测试方法见表6－8。

基本操作步骤描述：外形判别→选好万用表的挡位→判别极性→判别管型→判别性能质量好坏→整理现场

表6－8　晶体管的简易测试方法

名　称	图　　示	测　试　方　法	说　　明
晶体管的管形和电极识别		根据管子的外形粗略判别出它们的管形。目前，市场上的小功率金属壳晶体管，NPN管比PNP管低得多，且有一突出的标志	对塑封小功率晶体管来说，也多为NPN管
	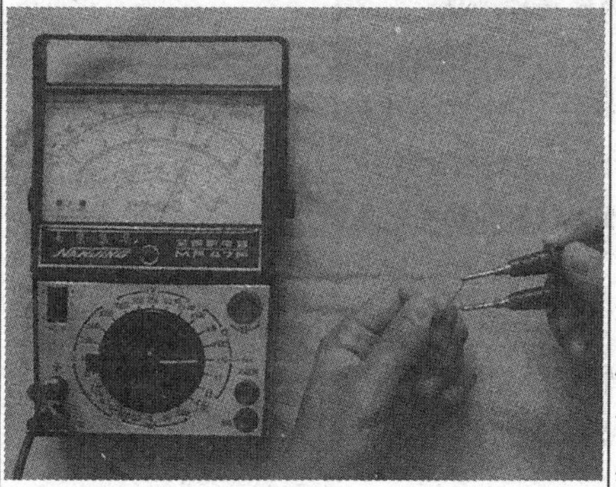	将万用表拨在$R\times100$（或$R\times1k$）挡，先找基极。用黑表笔接触晶体管的一根引脚，红表笔分别接触另外两根引脚，测得一组（两个）电阻值；黑表笔依次换接晶体管其余两个引脚，重复上述操作，又测得两组电阻值。将所测得的电阻值进行比较，当某一组中的两个电阻值基本相同时，黑表笔所接的引脚为晶体管的基极。若该组两个阻值为三组中的最小，则说明被测管为NPN型；若该组两个阻值为三组中的最大，则说明被测管为PNP型	晶体管可以看成是两个二极管，以便于判别
高、低频管的判别	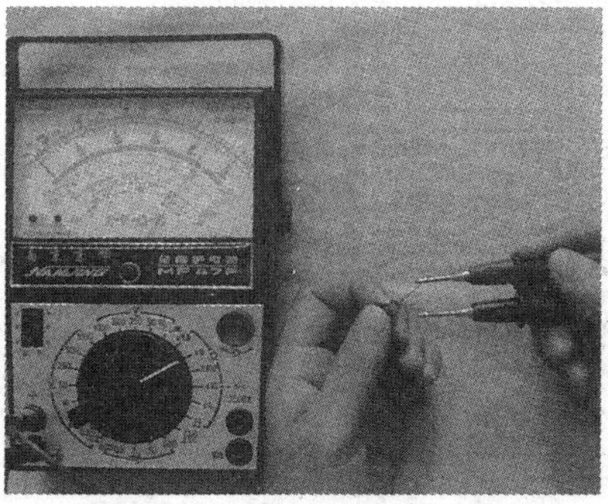	用万用表的$R\times1k$挡判别发射结正反向电阻值的大小（对NPN型晶体管，黑表笔接发射极e，红表笔接基极b；对于PNP型晶体管，则红、黑表笔互换一下），此时电阻一般均在几百千欧以上	当$f<3MHz$时为低频管，$f\geq3MHz$时为高频管。当晶体管的型号标志不清时，可利用低频管（为合金型结构）反向击穿电压$U_{(BR)ebo}$比较大、高频管（为扩散型或合金扩散型结构）反向击穿电压$U_{(BR)ebo}$比较低的不同，用万用表检测其类型

（续）

名称	图示	测试方法	说明
高低频管的判别		将万用表拨在 $R\times10\mathrm{k}$ 挡，重新检测其反向电阻值。若阻值变化不大（表内层叠电池电压未将管子发射结击穿），可断定该管为低频管；若阻值变化较大（发射结被击穿，阻值大大减少），可判定该管为高频管	
硅锗管的判别	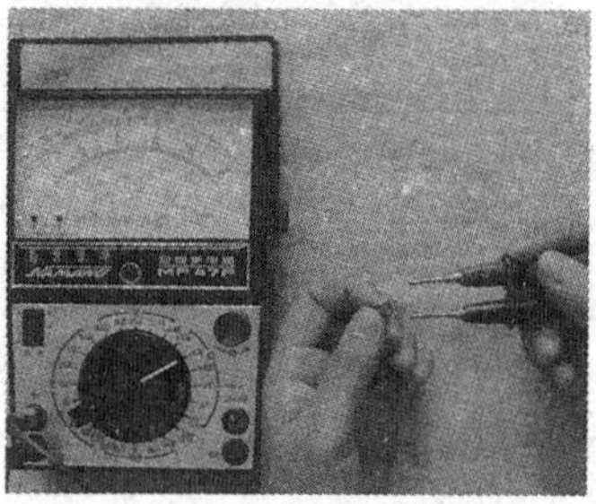	用万用表 $R\times1\mathrm{k}$ 挡测量晶体管发射结的正反向电阻大小（对NPN型管，黑表笔接基极，红表笔接发射极；对PNP型管，则黑、红表笔对调一下）。若测得阻值在3k～10kΩ，说明是硅管；若为500～1000Ω，说明是锗管	目前市场上锗管大多为PNP型，硅管多为NPN型
晶体管引脚的判别	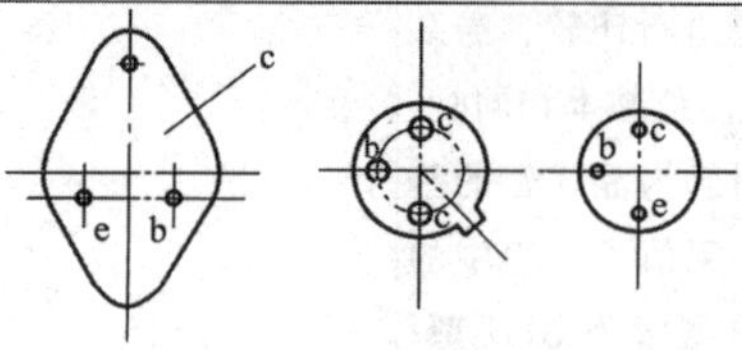 a)　　b)　　c) 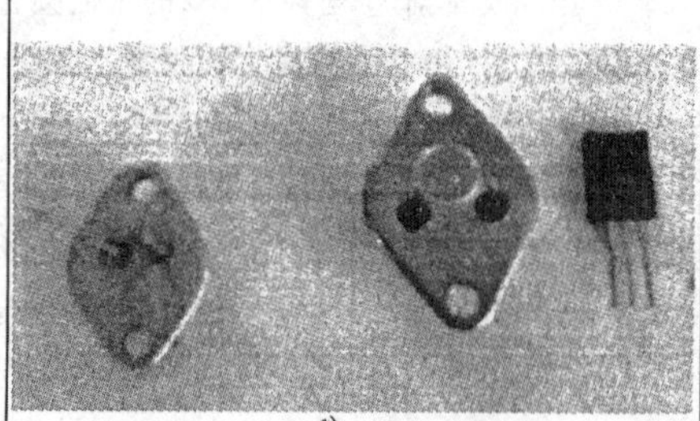 d) a）外壳为集电极　b）靠近标记处为发射极 c）e、b、c 组成等腰三角形 d）外形 NPN 管的极性判别	利用晶体管的三根引脚分布规律来识别晶体管管脚	

（续）

名　称	图　示	测　试　方　法	说　明
晶体管引脚的判别	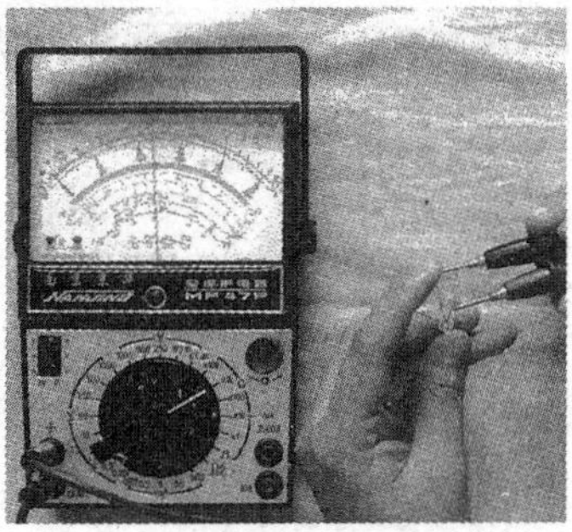 NPN 型晶体管的极性判别	在判断出管型和基极 b 的基础上，将万用表拨在 $R\times1$k 挡上，用黑、红表笔接基极之外的两根引脚，再用手同时捏住黑表笔接的电极（手相当于一个电阻器），注意不要使两表笔相碰，此时注意观察万用表指针向右摆动的幅度；然后，将红、黑表笔对调，重复上述步骤。比较两次检测中向右摆动的幅度，以摆动幅度大的那次为准，黑表笔接的是集电极，红表笔接的是发射极	用万用表的 $R\times1$k 挡先确定基极和管型（是 NPN 或 PNP），再确定集电极和发射极
	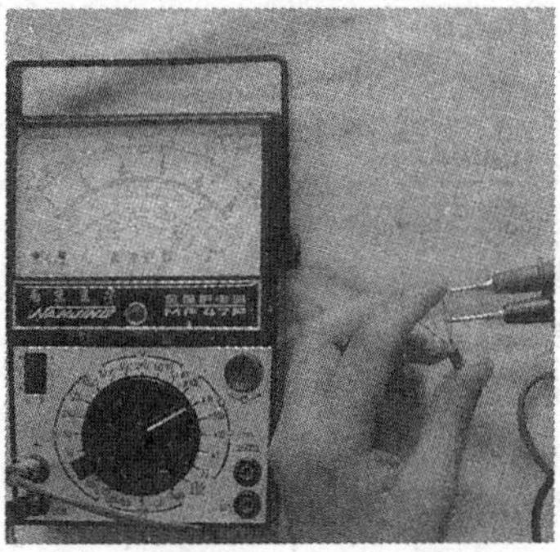 PNP 型晶体管的极性判别	将万用表拨在 $R\times100$ 或 $R\times1$k 挡，将黑、红表笔接基极之外的两根引脚，再用手同时捏住黑表笔接的电极（手相当于一个电阻器），注意不要使两表笔相碰，此时注意观察万用表指针向右摆动的幅度；然后，将红、黑表笔对调，重复上述步骤。比较两次检测中向右摆动的幅度，以摆动幅度大的那次为准，黑表笔接的是发射极，红表笔接的是集电极	
		插入专用孔内判断管脚极性	

（续）

<table>
<tr><th>名称</th><th>图示</th><th>测试方法</th><th>说明</th></tr>
<tr><td rowspan="4">晶体管的性能检测</td><td>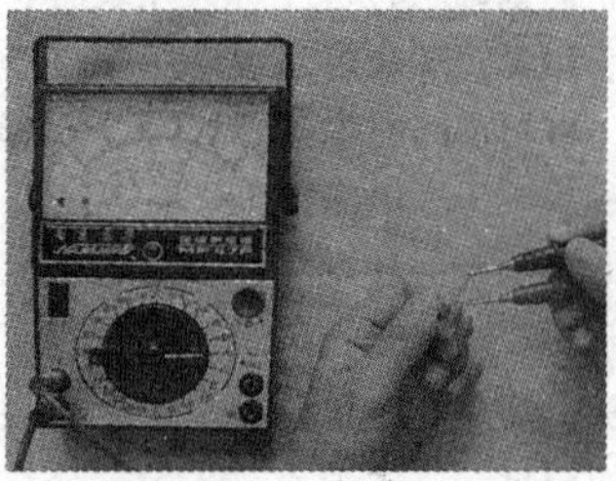</td><td>估测 NPN 型晶体管的穿透电流 I_{ceo}
用万用表 $R\times100$ 或 $R\times1k$ 挡测量集电极、发射极的反向电阻，若测得的电阻值越大，说明 Iceo 越小，则晶体管稳定性越好。</td><td rowspan="4">一般硅管比锗管阻值大，高频管比低频管阻值大，小功率管比大功率管阻值大</td></tr>
<tr><td>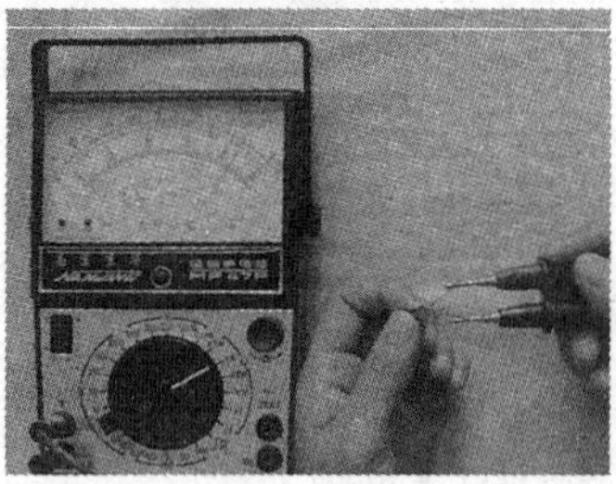</td><td>估测 PNP 型晶体管的穿透电流 I_{ceo}</td></tr>
<tr><td>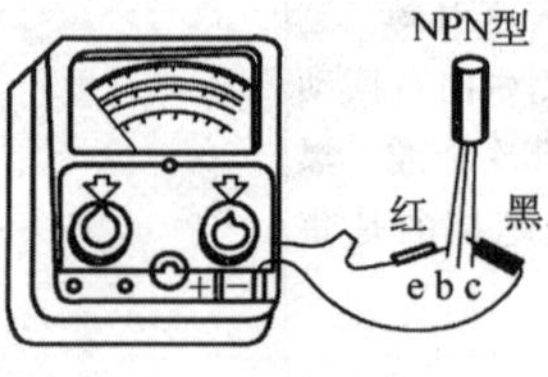

a)
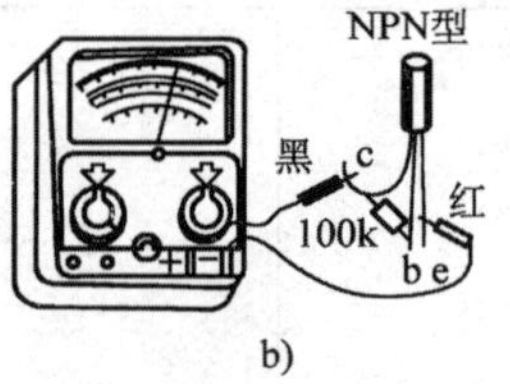

b)</td><td>若万用表有测 β 的功能，可直接进行测量读数；若没有测 β 的功能，可以在基极、集电极间接入一只 100kΩ 电阻，如图 b 所示。此时，集电极与发射极反向电阻较图 a 所示的小，即万用表指针偏摆大。指针偏摆幅度越大，则 β 值越大</td></tr>
<tr><td>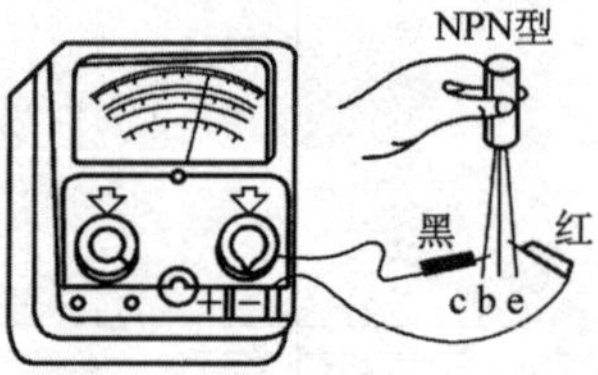
</td><td>晶体管的稳定性能判别：在判断 I_{ceo} 的同时，用手捏住管子，管子受人体温度影响，集电极与发射极反向电阻将有所减小，若指针偏摆较大，或者说反向电阻值迅速减小，则管子的稳定性较差</td></tr>
</table>

【技能训练】

1. 训练内容

焊接基本功训练。

2. 工具、材料

（1）所用工具　电烙铁：20W，1 把；尖嘴钳：150mm，1 把；斜口钳：150mm，1 把；镊子：1 只。

（2）所用材料　含有 50 个空心铆钉的板子 2 块；含有 100 个孔的印制电路板 2 块；单股及多股铜导线 2.5mm^2 若干；各种焊接片、绝缘套管若干。

3. 训练步骤

1）在空心铆钉板的铆钉上焊接圆点（50 个铆钉），先清除空心铆钉表面氧化层，然后在空心铆钉板各铆钉上焊上圆点。

2）在空心铆钉板上焊接铜丝（50 个铆钉），先清除空心铆钉及铜丝表面的氧化层，然后镀锡，并在空心铆钉上（直插、弯插）焊接，如图 6－8 所示。

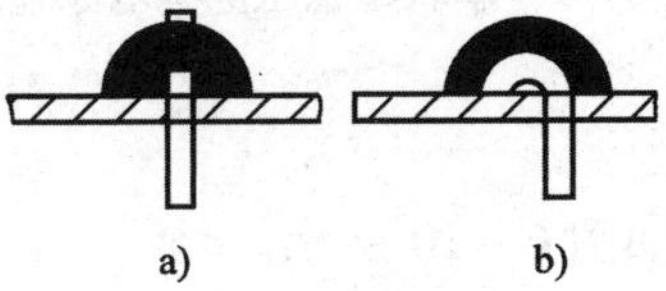

图6－8　直插、弯插焊接示意图

a）直角插焊　b）弯角插焊

3）在印制电路板上焊接铜丝（100 个孔），在保持印制电路板表面干净的情况下，清除铜丝表面氧化层，然后镀锡并在印制电路板上焊接。

4）用若干单股短导线（剥去导线端子绝缘层）练习导线与导线之间的焊接。

5）用单股及多股导线和焊接片练习导线与端子之间的绕焊、钩焊与搭接。

操作提示

1. 焊点要圆润、光滑，焊锡适中，没有虚焊。

2. 剥导线绝缘层时，不要损伤铜芯。导线连接方法要正确、牢靠。

课题二　串联型稳压电源的安装与调试

教学要求

1. 掌握串联型稳压电源的原理。

2. 掌握串联型稳压电源的安装与调试技能。

在各种电子设备中都需要由稳定的直流电源供电。通常将电网电压提供的 50Hz 正弦交流电经过变换来获得所需要的直流电。单相直流稳压电源按照使用的元件分有分立元件稳压电源和集成稳压电源两种，前者最常用的是串联型稳压电源。

串联型稳压电源具有输出电流较大，带负载能力强而且稳压性能较好的特点，串联型稳压电源电原理图如图 6－9 所示。

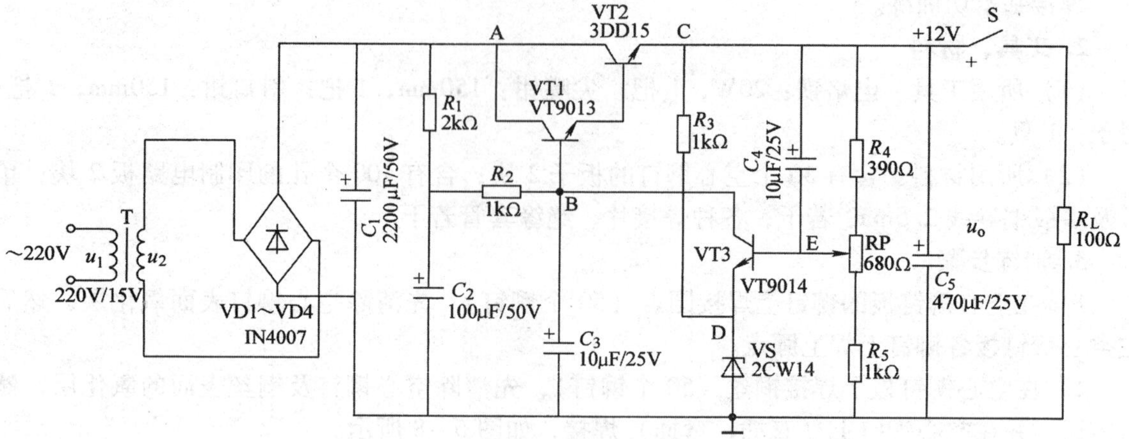

图 6－9 串联型稳压电源电原理图

一、电路的组成

串联型稳压电源的组成框图如图 6－10 所示。

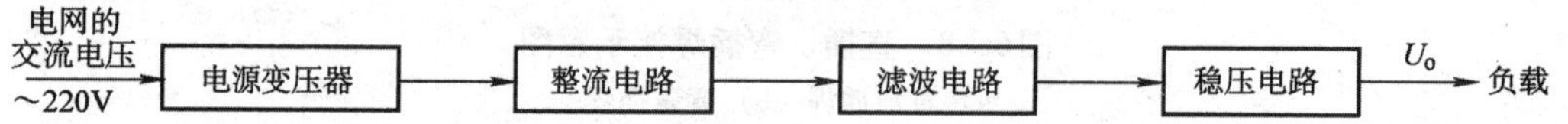

图 6－10 串联型稳压电源的组成框图

（1）电源变压器 T 电源变压器 T 的作用是将 220V 电网电压变换为整流电路所要求的交流电压值。

（2）整流电路 整流二极管 VD1～VD4 构成单相桥式整流电路，它的作用是将交流电压变换为脉动直流电压。

（3）滤波电容 C_1 它的作用是将脉动的直流电变换为平滑的直流电。

（4）稳压电路 稳压电路的作用是使直流电源的输出电压稳定，基本不受电网电压或负载变动的影响。图 6－9 所示为串联型直流稳压电路，它由基准电压电路、取样电路、比较放大电路和调整管组成。晶体管 VT1 和 VT2 管组成复合调整管，接成射极输出形式，因为它与负载 R_L 相串联，所以称为串联型直流稳压电路。

稳压管 VS 和限流电阻 R_3 构成基准电压电路。电阻 R_4、RP 和 R_5 为取样电路，当输出电压变化时，取样电路电阻将其变化量的一部分送到比较放大电路。晶体管 VT3 组成比较放大电路。取样电压和基准电压 U_Z 分别送至晶体管 VT3 的基极和发射极，进行比较放大，VT3 的集电极与调整管的基极相连，以控制调整管的基极电位。

二、稳压原理

假设由于某种原因（如电网电压波动或者负载电阻变化等）使输出电压 U_O 上升，取样电路将这一变化趋势送到比较放大管 VT3 的基极与发射极基准电压 U_Z 进行比较，并且将二者的差值进行放大，VT3 管集电极电位 U_{C3}（即调整管的基极电位 U_{B1}）降低。由于调整管采用射极输出形式，所以输出电压 U_O 必然降低，从而保证 U_O 基本稳定。其稳定过程可以表示如下：

$U_O\uparrow\rightarrow U_{B3}\uparrow\rightarrow U_{BE3}\uparrow\rightarrow I_{C3}\uparrow\rightarrow U_{C3}$（$U_{B1}$）$\downarrow\rightarrow U_O\downarrow$

若输出电压降低，则有如下稳压过程：

$U_O\downarrow\rightarrow U_{B3}\downarrow\rightarrow U_{BE3}\downarrow\rightarrow I_{C3}\downarrow\rightarrow U_{C3}$（$U_{B1}$）$\uparrow\rightarrow U_O\uparrow$

输出电压的调节电阻 RP 可以调节输出电压 U_O 的大小，使其在一定的范围内变化。

【技能训练】

1. 训练内容

安装和调试图 6－9 所示的串联型可调稳压电源电路。

2. 工具、仪表及器材

（1）工具及仪表　电子常用工具、万用表和示波器等。

（2）器材　晶体管 VT1，VT9013；晶体管 VT2，3DD15；晶体管 VT3，VT9014；稳压二极管 VS，2CW14；电位器 RP，680Ω；电阻器 R_1，2kΩ；电阻器 R_4，390Ω；电阻器 R_L，100Ω/2W；开关 S，单刀单掷；电解电容器 C_1，2200μF/50V；电解电容器 C_2，100μF/50V；电解电容器 C_5，470μF/25V；电源变压器 T，220V/15V；各 1 只。整流二极管 VD1～VD4，IN4007，4 只；电阻器 R_2、R_3、R_5，1kΩ，3 只；电解电容器 C_3、C_4，10μF/25V，2 只。铝型散热片、实验板各 1 块。

3. 训练步骤

基本操作步骤描述：配齐元器件→清除元器件搪锡→连接线搪锡→插装元器件→焊接元器件→清扫现场

（1）安装

1）配齐电路元器件并检测元器件。

2）清除元器件的氧化层，并搪锡。

3）剥去电源连接线及负载连接线的线端绝缘，清除氧化层，均加以搪锡处理。

4）插装元器件，经检查无误后，用硬铜导线根据电路的电气连接关系进行布线并焊接固定。焊接元器件时，可用镊子捏住焊件的引线，这样既方便焊接又有利于散热。

图 6－11　组装好的电路板

组装好的电路板如图 6－11 所示，其焊接面如图 6－12 所示。

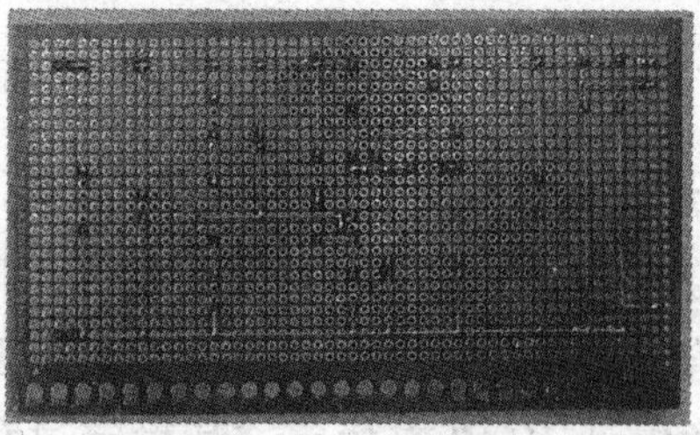

图6－12　焊接面

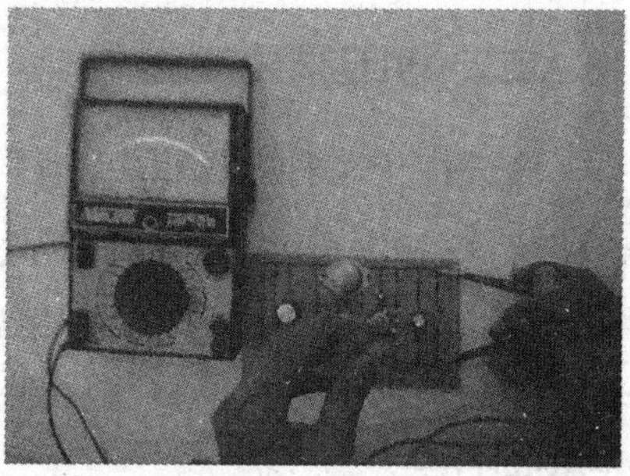

图6－13　测量电路中各点的电压

操作提示

◇稳压二极管应反向连接。

◇不可出现虚假焊接及漏焊现象，一经发现应及时纠正。

（2）调试

1）空载时工作电压的测量。将开关S断开，调节电位器RP，使得输出电压U_O为12V。测量电路中各点的电压，如图6－13所示。将测得的结果填入表6－9。

表6－9　空载时的工作电压

U_A	U_B	U_C	U_D	U_E

2）稳压电源内阻的测量。将开关S合上，电源接负载电阻$R_L=100\Omega$，用万用表测量电源的输出电压U_o'，那么电源的内阻$r=\left(\frac{U_o}{U_o'}-1\right)\times R_L$，将结果填入表6－10。

表6－10　稳压电源内阻的测量

U_o	R_L	U_o'	r

3）用示波器观察输出电压的波形，断开电容C_2和C_3再观察输出电压的波形。仔细观察比较哪种情况下输出电压波形的脉动程度相对较低。将观察的输出电压波形画到表6－11中。

表6－11　输出电压波形

输出电压波形	
接电容C_2和C_3时	不接电容C_2和C_3时
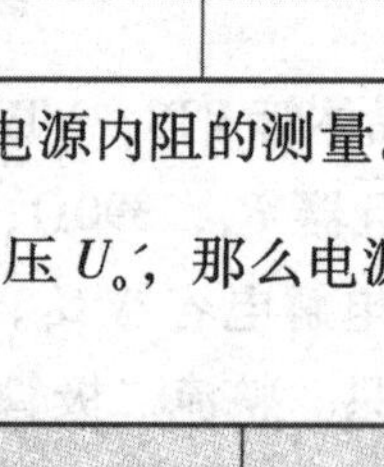	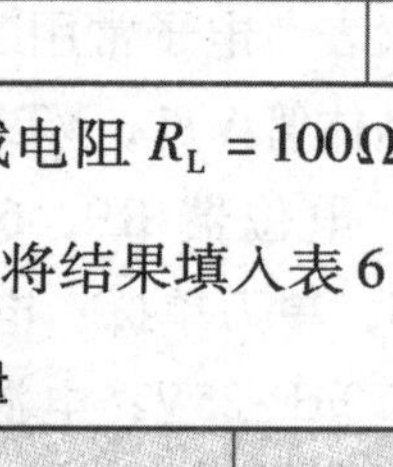

其中用示波器测量波形时，①垂直输入灵敏度选择开关（V/div）每格________V挡，②扫描时间转换开关（s/div）每格________ms挡。

课题三　放大电路的安装与调试

教学要求

1. 掌握放大电路的原理。
2. 掌握放大电路的安装与调试技能。

用电子元器件把微弱的电信号（电压、电流、功率）增强到所需值的电路称为放大电路。常见的放大电路有固定偏置放大电路、射极输出器等。下面以带负反馈的两级放大电路为例来说明放大电路的安装与调试。

一、电路的组成

电路图如图 6－14 所示。

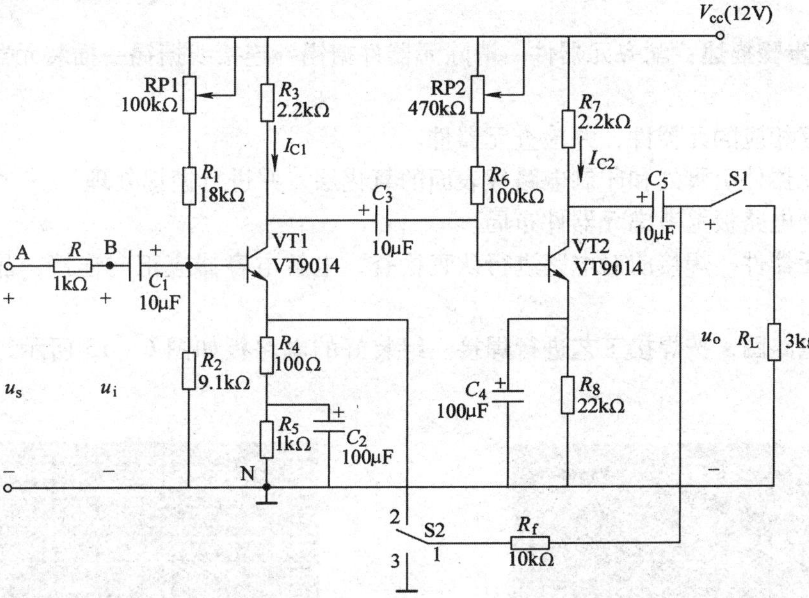

图 6－14　放大电路电原理图

二、电路的工作原理

电路由两级放大器组成。VT1 管是第一级放大器的放大管，电位器 RP1、电阻器 R_1 和 R_2 是基极偏置电阻，电阻器 R_3 是集电极电阻，R_4、R_5 是发射极偏置电阻，C_2 是旁路电容。静态时 VT1 管基极电压 U_{BQ1} 近似由电源 V_{cc} 和（R_1 + RP1）与 R_2 的分压比确定，所以第一级放大器常称为分压式射极偏置放大电路，它能有效地稳定放大电路的静态工作点。VT2 管是第二级放大器的放大管，电位器 RP2 和电阻器 R_6 是基极电阻，电阻器 R_7 是集电极电阻，R_8 是发射极电阻，C_4 是旁路电容。C_1、C_3 和 C_5 是耦合电容。当开关 S2 与端点 2 接通时，第二级放大器的输出信号通过 R_f 接到了第一级放大器 VT1 管的发射极上，对 VT1 管的净输入信号产生了影响，所以 R_f 是反馈元件，且为电压串联型交流负反馈。当开关 S2 与端点 3

接通时，则将断开负反馈。

【技能训练】

1. 训练内容

安装与调试图 6－14 所示的两级放大电路。

2. 工具、仪表及器材

（1）工具、仪表　通用示波器 1 台，低频信号发生器 1 台，常用无线电工具 1 套，晶体管毫伏表 1 只，电烙铁 25W1 只，镊子、尖嘴钳各 1 把，直流稳压源 1 台。

（2）器材　开关 S1 单刀单掷；开关 S2 单刀双掷；电位器 RP1，100kΩ；电位器 RP2，470kΩ；电阻器 R_1，20 kΩ；电阻器 R_2，9.1kΩ；电阻器 R_4，100Ω；电阻器 R，1kΩ；电阻器 R_5，1kΩ；电阻器 R_3，2.2kΩ；电阻器 R_6，100kΩ；电阻器 R_7，2.2kΩ；电阻器 R_8，2.2kΩ；电阻器 R_L，3kΩ/0.25W；电阻器 R_f，10kΩ；各 1 只。电解电容器 C_1、C_3、C_5，10μF/25V，3 只。电解电容器 C2、C4，100μF/25V，2 只。试验板 1 块。

3. 训练步骤

（1）安装

基本操作步骤描述：配齐元器件→清除元器件搪锡→连接线搪锡→插装元器件→焊接元器件

1）准备好相应的元器件，并检查元器件。

2）清除元器件引脚处和印制电路板表面的氧化层，并进行搪锡处理。

3）在印制电路板上考虑元器件布局。

4）插接元器件，焊接前对电路进行认真检查，电解电容器应正向连接，晶体管的三个电极不能接错。

5）对照电路图，按焊接工艺进行焊接。组装好的电路板如图 6－15 所示，其焊接面如图6－16所示。

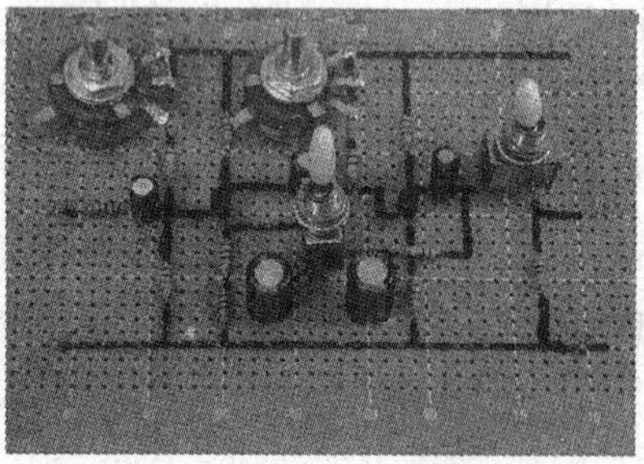

图 6－15　电路板

图 6－16　焊接面

（2）电路的测试

基本操作步骤描述：安装电源→检查各元器件的焊接质量→通电测试→清理现场

1）静态工作点的测量。断开信号源，将电路的输入端对地短路，开关 S1 断开，开关 S2 接通端点 3，用万用表测量电阻 R_3 两端的电压并且调整 RP1 使得它为 3.3V，同样再调整 RP2 使得电阻 R_7 两端的电压也为 3.3V，那么经过调整后两管的集电极电流 I_{C1} 和 I_{C2} 都约为 1.5mA，然后测量并记录负反馈放大器的静态工作点，将记录结果填入表 6－12。

表 6－12　静态工作点

U_{B1}	U_{E1}	U_{C1}	U_{B2}	U_{E2}	U_{C2}

2）负反馈对放大器性能影响的测量

①对放大倍数 A_u 的影响。将开关 S1 合上，放大器输入 1mV/1kHz 的正弦波信号，在不接反馈（开关 S2 接通端点 3）和接入反馈（开关 S2 接通端点 2）两种情况下分别用示波器测量有载时放大电路输入电压 u_i（B 点与 N 点之间）和输出电压 u_o 的波形，读出它们的不失真最大值 U_{im} 和 U_{om}，将记录结果填入表 6－13，计算电压放大倍数 $Au=\frac{U_{om}}{U_{im}}$。

表 6－13　交流测量值

不接反馈时	U_{im}	U_{om}	A_u
接反馈时	U_{im}	U_{om}	A_u

②对输入电阻 R_i 的影响。将开关 S1 合上，放大电路输入端（A 点）接信号源 u_s，在不接反馈（开关 S2 接通端点 3）和接入反馈（开关 S2 接通端点 2）两种情况下分别用示波器观察 u_s（A 点与 N 点之间）和 u_i（B 点与 N 点之间）的波形，调节信号源 u_s 的幅度，读出 u_s 和 u_i 的不失真最大值 U_{sm} 和 U_{im}，将记录结果填入表 6－14，并且分析引入负反馈后对放大器电输入电阻的影响。电路的输入电阻为 $R_i=\frac{U_{im}}{U_{sm}-U_{im}}\times R$

表 6－14　交流测量值

不接反馈时	U_{im}	U_{sm}	R_i
接反馈时	U_{im}	U_{sm}	R_i

③对输出电阻 R_o 的影响。在不接反馈（开关 S2 接通端点 3）和接入反馈（开关 S2 接通端点 2）两种情况下分别测量放大器的输出电阻。将放大电路输入端（A 点）接信号源 u_s，用示波器观察输出波形，先将开关 S1 断开，读出输出电压的不失真最大值 U_{om}，然后将开关 S1 合上，再读出输出电压的不失真最大值 U'_{om}，将记录结果填入表 6－15，并且分析引入负反馈后对放大器输出电阻的影响。电路的输出电阻为 $R_O=\left(\frac{U_{om}}{U'_{om}}-1\right)\times R_L$

表 6－15　交流测量值

不接反馈时	U_{om}	U'_{om}	R_O
接反馈时	U_{om}	U'_{om}	R_O

操作提示

◇严格按正确的焊接步骤操作，焊接时动作要快，以免烫坏元器件与电路板。

◇电路调试与测试前要仔细分析电路原理，对调试与测试的目的做到心中有数。

课题四　功率放大器的安装与调试

教学要求

1. 掌握功率放大器的原理。
2. 掌握 OTL 功率放大器的安装与调试技能。

向负载提供低频功率的放大器称为低频功率放大器，简称“功放”。按照功率放大器的输出端特点分类，可以分为：变压器耦合功率放大器、无输出变压器功率放大器（OTL）和无输出电容功率放大器（OCL）。

一、电路的组成

OTL 功率放大电路由激励放大级和功率放大输出级组成，如图 6－17 所示。

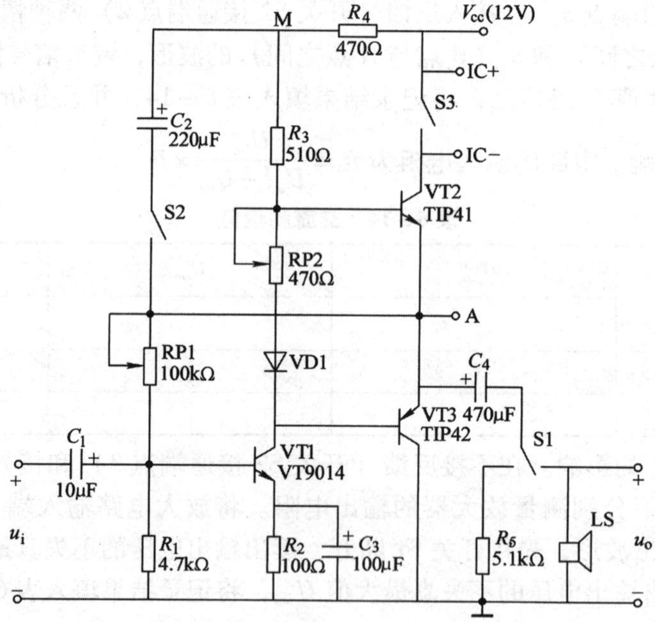

图 6－17　OTL 功率放大器电路图

（1）激励放大级　由晶体管 VT1 组成工作点稳定的分压式射极偏置放大电路。输入信号 u_i 经放大后由集电极输出，加到 VT2、VT3 的基极，RP1 引入电压并联负反馈，可以稳定静态工作点和提高输出信号电压的稳定度。

（2）功率放大输出级　晶体管 VT2 和 VT3 组成互补对称功放电路。RP2 和二极管 VD

为 VT2、VT3 提供适当的发射结电压，使得两管在静态时处于微导通状态，以消除交越失真。调节 RP2（配合调节 RP1）可以调整功放管的静态工作点。二极管 VD 的正向压降随温度的升高而降低，对功放管还能起到一定的温度补偿作用。

二、电路的工作原理

设输入信号 u_i 为负半周，经 VT1 倒相放大后，加到 VT2 和 VT3 管基极的是正半周信号，功放管 VT2 导通，VT3 管截止。负载 R_L 上获得正半周信号。当输入波形 u_i 为正半周时，负载（扬声器或者 R_5）获得负半周信号。如此两管轮流工作，在负载上可以得到完整的信号波形。

由于静态时 C_2 已经充有约为 $V_{cc}/2$ 的上正下负的电压，当 U_A 接近 V_{cc} 时，U_M 可以升高到 $V_{cc}+V_{cc}/2$，这样 VT2 管便可接近饱和导通，从而解决顶部失真问题。图中 R_4 为隔离电阻，它将电源 V_{cc} 与电容 C_2 隔开，使 M 点可获得高于 V_{cc} 的自举电压。

【技能训练】

1. 训练内容

安装与调试图 6－17 所示的低频功率放大器电路。

2. 工具、仪表及器材

（1）工具、仪器仪表　通用示波器 1 台，正弦信号发生器 1 台，直流稳压电源 1 台，常用电子工具 1 套。

（2）元器件　二极管 VD，IN4007，1 只；晶体管 VT1，VT9014，1 只；晶体管 VT2，TIP41，1 只；晶体管 VT3，TIP42，1 只；电阻器 R_1，4.7kΩ，1 只；电阻器 R_2，100Ω，1 只；电阻器 R_3，510Ω，1 只；电阻器 $R4$，470Ω，1 只；电阻器 $R5$，5.1kΩ/0.25W，1 只；电位器 RP1，100kΩ，1 只；电位器 RP2，470Ω1 只；电解电容器 C_1，10μF/25V，1 只；电解电容器 C_2，220μF/25V1，1 只；电解电容器 C_3，100μF/25V，1 只；电解电容器 C_4，470μF/25V，1 只；扬声器 LS，8Ω，1 只；开关 S1，单刀双掷，1 只；开关 S2 和 S3，单刀单掷，2 只；铝型散热片，2 只；实验板，1 块。

3. 操作步骤

（1）安装电路

基本操作步骤描述：配齐元器件→清除元器件搪锡→插装元器件→焊接元器件

1）准备好常用的电工工具及相应的元器件，并进行测试。

2）清除元器件的氧化层，并搪锡。

3）剥去电源连接线及负载连接线的线端绝缘，清除氧化层，均加以搪锡处理。

4）插装元器件，经检查无误后，用硬铜导线根据电路的电气连接关系进行布线并焊接固定。

5）按照电子元器件的焊接工艺，将元器件插装后再焊接固定，用硬铜导线根据电路的电气连接关系进行布线并焊接固定，组装好的电路板如图 6－18 所示，其焊接面如图 6－19 所示。

图 6-18 组装好的电路板

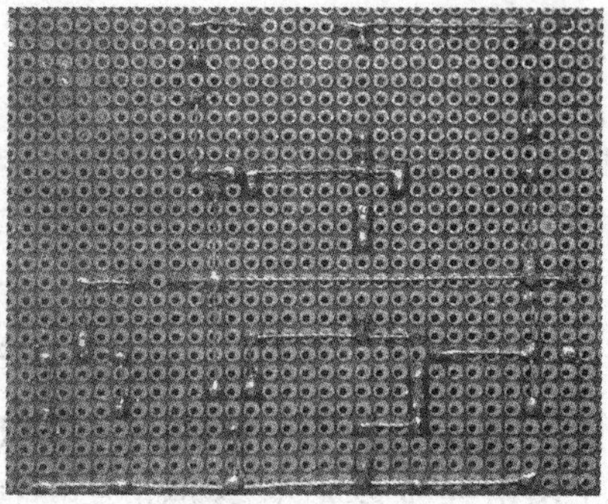

图 6-19 焊接面

(2) 电路的测试

基本操作步骤描述：测试前的准备→调整静态工作点→测量最大不失真输出功率→清理现场

1) 测试前的准备。在胶木板上安装变压器、开关、熔断器等元器件，并做好电源引线的连接和电路板交流输入端的连接。检查焊接质量。

2) 调整静态工作点

①将开关 S2 闭合，开关 S1 接扬声器，开关 S3 断开，在测试端 I_C+ 和 I_C- 串联电流表，调整 RP1 于中间位置，使 RP2 接入为 0Ω。接通工作电源 +12V，调整 RP1 使中点 A 电压等于 +6V。

②将 $U_i=100$mV，$f=1$kHz 的音频正弦波信号接到输入端，用示波器在输出端观察 u_o 波形，逐渐增加输入信号幅度，直到输出波形出现交越失真，将看到的交越失真现象（波形）描绘下来。

③调整 RP2，使输出波形的交越失真现象基本消除，并且重新调整 RP1，以校正 A 点电压。电路调好后可以使 A 点电压保持为 6V，输出波形没有交越失真，电流表的数值小于 200mA。

3) 测量最大不失真输出功率 P_{OM}

①将开关 S2 和 S3 闭合，S1 接负载扬声器 $R_L=8\Omega$，输入电压（$f=1$kHz）逐渐增大幅度，用示波器观察输出波形，当输出电压略有失真时，测量以下数据：

输入电压 U_i（有效值），负载上的电压 U_o（有效值）。记录测量结果，并根据公式 $P_{OM}=U_O^2/R_L$，计算最大不失真输出功率。

②断开开关 S2（不接自举电路），重复上述步骤，记录测量结果。

③将开关 S1 接负载 $R_5=5.1$kΩ，重复上述步骤，记录测量结果。

将上述测量结果填入表 6-16。

表 6-16 测量参数表

参数	开关 S1 接扬声器 $R_L=8\Omega$		开关 S1 接负载 $R_5=5.1$kΩ		交越失真波形的形状
	开关 S2 闭合	开关 S2 断开	开关 S2 闭合	开关 S2 断开	
U_i					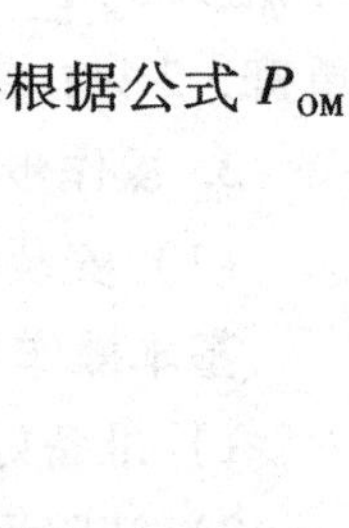
U_o					
P_{OM}					

课题五 晶闸管触发电路的安装与调试

教学要求

1. 掌握晶闸管触发电路的安装技能。
2. 掌握晶闸管触发电路的调试技能。

晶闸管是一种大功率半导体器件，可用于可控整流，也就是把交流电变换成输出电压可调的直流电。单结晶体管触发的调光电路如图 6－20 所示。它可使灯泡两端的电压在几十伏至 200V 范围内变化，调光作用显著。

VU、$R2$、R_3、R_4、RP、C 组成单结晶体管的张弛振荡器。在接通电源前，电容 C 上电压为零；接通电源后，电容经由 R_4、RP 充电使电压 U_e 逐渐升高。当 U_e 达到峰点电压时，$e-b_1$ 间变成导通，电容上电压经 $e-b_1$ 向电阻 R_3 放电，在 R_3 上输出一个脉冲电压。由于 R_4、RP 的电阻值较大，当电容上的电压降到谷点电压时，经由 R_4、RP 供给的电流小于谷点电流，不能满足导通要求，于是单结晶体管恢复阻断状态。此后，电容又重新充电，重复上述过程，结果在电容上形成锯齿状电压，在 R_3 上形成脉冲电压。在交流电压的每个半周期内，单结晶体管都将输出一组脉冲，起作用的第一个脉冲去触发 VU 的门极，使晶闸管导通，灯泡发光。改变 RP 的电阻值，可以改变电容充电的快慢，即改变锯齿波的振荡频率，从而改变晶闸管 V 的导通角大小，即改变了可控整流电路的直流平均输出电压，达到调节灯泡亮度的目的。

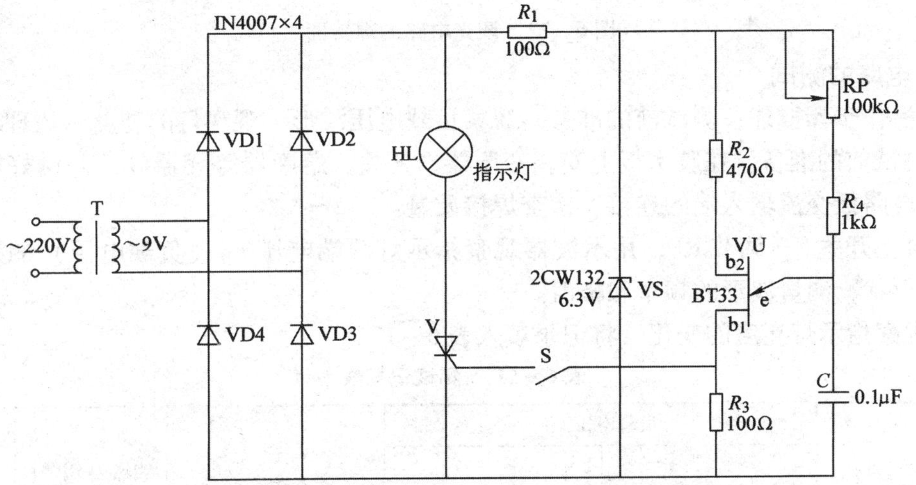

图 6－20 单结晶体管触发的调光电路

【技能训练】

1. 训练内容

安装与调试图 6－20 所示单结晶体管触发的调光电路。

2. 工具、仪表及器材

（1）工具及仪表 常用无线电工具、万用表和示波器。

（2）器材 稳压二极管VS，2CW132；晶闸管V，BT151；单结晶体管VU，BT33；电位器RP，100kΩ；电容器C，0.1uF；电阻器R_1，100Ω；电阻器R_3，100Ω；电阻器R_2，470Ω；各1只。整流二极管VD1、VD2、VD3、VD4，IN4007，4只。电源变压器T，1只。指示灯，1个；开关，单刀单掷，1个；试验板1块。

3. 训练步骤

（1）安装

基本操作步骤描述：配齐元器件→插装元器件→焊接元器件→清扫现场

1）准备好常用的无线电常用工具及相应的元器件，并检测元器件，判别二极管及晶闸管的管脚电极。

2）将元器件插装后再焊接固定，用硬铜导线根据电路的电气连接关系进行布线并焊接固定，接线规范为：布线美观，横平竖直，接线牢固，无虚焊，焊点符合要求。组装好的电路板如图6-21所示，其焊接面如图6-22所示。

图6-21 组装好的电路板

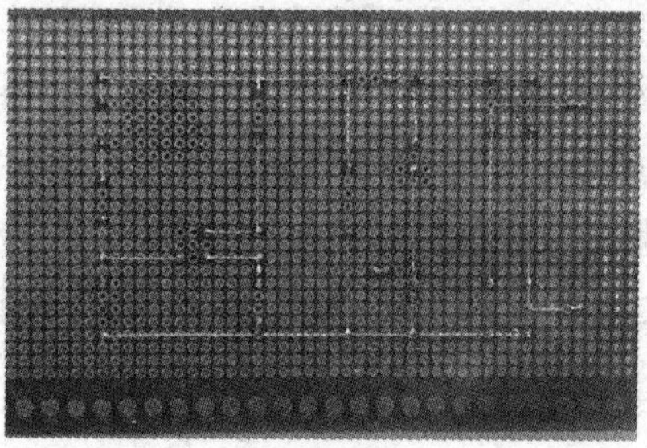

图6-22 调光电路的焊接面

（2）电路的测试

基本操作步骤描述：测试前的准备→观察负载电压波形→观察灯的亮度→清理现场

1）测试前的准备。在胶木板上安装变压器、开关、熔断器等元器件，并做好电源引线的连接和电路板交流输入端的连接。检查焊接质量。

2）合上开关S，调节RP，用示波器观察指示灯两端电压u_H（负载电压）的波形，记录波形的形状，测量波形的频率和幅值。

3）观察指示灯亮度的变化，将记录填入表6-17。

表6-17 测试记录表

<table>
<tr><td rowspan="3">
</td><td colspan="2">负载电压 u_H</td><td rowspan="3">指示灯亮度变化</td><td rowspan="2">当增大RP时</td><td rowspan="2"></td></tr>
<tr><td>频　率</td><td></td></tr>
<tr><td>幅　值</td><td></td><td>当减小RP时</td><td></td></tr>
</table>

其中用示波器测量波形时，①垂直输入灵敏度选择开关（V/div）每格________V挡，②扫描时间转换开关（s/div）每格________ms挡。

操作提示

◇带开关电位器用螺母固定在印制电路板的孔上，电位器接线脚用导线连接到印制电路板的所在位置。

◇灯泡安装在灯头插座上，灯头插座固定在印制电路板上。根据灯头插座的尺寸，在印制电路板上钻固定孔和导线串接孔。

◇印制电路板四周用四个螺母固定、支撑。

◇由于电路直接与220V相连接，调试时应注意安全，防止触电。调试前认真、仔细检查各元器件安装情况。最后接上灯泡，进行调试。

◇由BT33组成的单结晶体管张弛振荡电路停振，可能造成灯泡不亮，或灯泡不可调光。其原因可能是BT33或C损坏。

◇电位器顺时针旋转时，灯泡逐渐变暗，可能是电位器中心抽头接错位置。

◇当调节电位器RP至最小时，灯泡突然熄灭，则应适当增大电阻R_4的阻值。

◇仔细检查主电路与控制电路接线是否正确，特别注意晶闸管的门极不要与其他部分发生短路。

◇控制电路不可用调压变压器作为电源，而主电路在调试时可用调压变压器的低电压调试。

课题六　音乐门铃电路的安装与调试

教学要求

1. 掌握音乐门铃电路的原理。
2. 掌握集成电路的安装和调试技能。

555集成定时器电路是一种多用途的数字—模拟混合集成电路，它将数字电路和模拟电路巧妙地结合在一起，在自动控制、家用电器等领域得到了广泛的应用。

常用的555集成定时器组成的音乐门铃电路如图6－23所示，SB为门铃的按钮，其示意框图如图6－24所示。

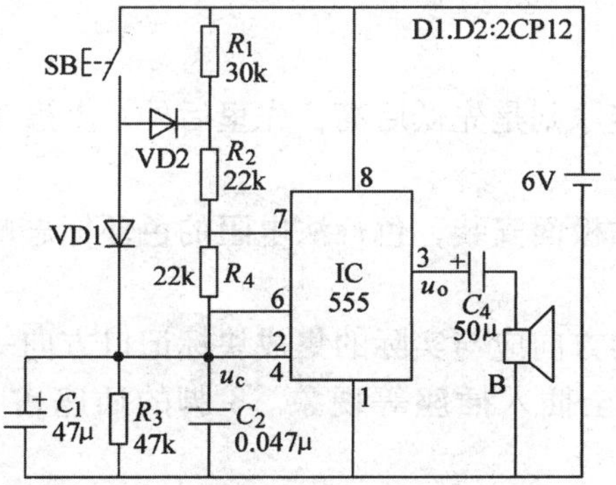

图6－23　音乐门铃电路

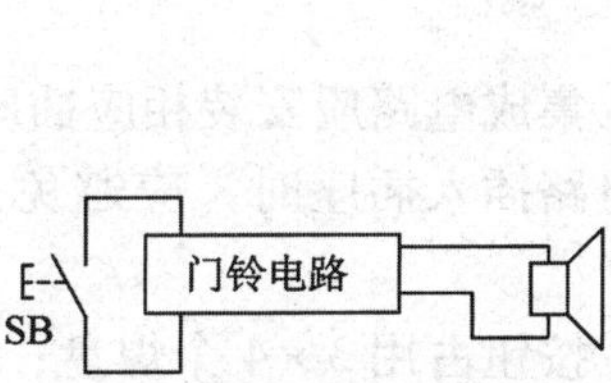

图6－24　门铃电路示意图

当按下按钮 SB 后，电源经 VD2 对 C_1 充电。当 555 定时器 4 脚（复位端）电压大于 1V 时，电路振荡，扬声器中发出“叮”声。松开按钮 SB，C_1 电容储存的电能经 R_3 电阻放电，此刻 555 定时器 4 脚继续维持高电平而保持振荡，但这时因 R_1 电阻也接入振荡电路，振荡频率变低，使扬声器发出“咚”声。当 C_1 电容器上的电能释放一定时间后，555 定时器 4 脚电压低于 1V，此时电路将停止振荡。再按一次按钮，电路将重复上述过程。

【技能训练】

1. 训练内容

安装和调试图 6－23 所示的由 555 集成定时器组成的音乐门铃电路。

2. 工具、仪表及器材

（1）工具及仪表　电子钳、电烙铁、镊子等常用电子组装工具一套；+15V 稳压电源、示波器、万用表各 1 台。

（2）器材　二极管 VD1、VD2，2CP12，2 只；电阻器 R_2、R_4，22kΩ，2 只；555 定时器，IC；集成电路插座，8 脚；按钮 SB；电阻器 R_1，30kΩ；电阻器 R_3，47kΩ；电容器 C_2，0.047μF；电容器 C_4，50μF；电容器 C_1，47μF；电容器 C_3，0.01μF；扬声器 HA，0.25Ω，8W；各 1 只。试验板 1 块。

3. 训练步骤

（1）安装

基本操作步骤描述：配齐元器件→画出装配图→元器件检测→插装元器件→焊接元器件

1）配齐元器件。核对元器件的数量、型号和规格，若有短缺、差错应及时补缺和更换。

①集成电路。熟悉 555 定时器的外形及其引脚功能。

②扬声器。熟悉扬声器的外形及其连接。

2）画出装配图。根据电原理图正确进行安装图的设计，可以两面布线，以焊点一面为主，图中焊点、连接线、元器件都是安装时的实际位置，实线表示焊点一面的连接线，虚线表示元器件一面的连接线，连接线画的要平直，不能交叉。

装配图如图 6－25 所示。实际安装电路板的焊点面如图 6－26。

3）检测元器件。用万用表的电阻挡对元器件进行检测，对不符合质量要求的元器件剔除并更换。

4）试验板的插装与焊接

①按装配图将元器件插装在试验板上，安装原则是先低后高，先里后外，上道工序不得影响下道工序的安装。

②电阻器采用卧式安装占用四个焊盘，紧贴板面安装，色标法电阻的色环标志顺序方向一致。

③集成电路应安装相应插座，插座标记口的方向应与实际的集成块标记口方向一致。将集成电路插入插座时，应避免插反及引脚未完全插入插座等现象。8 脚的插座占 4×4 个焊盘。

④按钮占用 3×4 个焊盘；电容器占用两个焊盘，引线脚高度为 3mm。

⑤所有焊点均采用直脚焊，焊后剪去多余引脚。

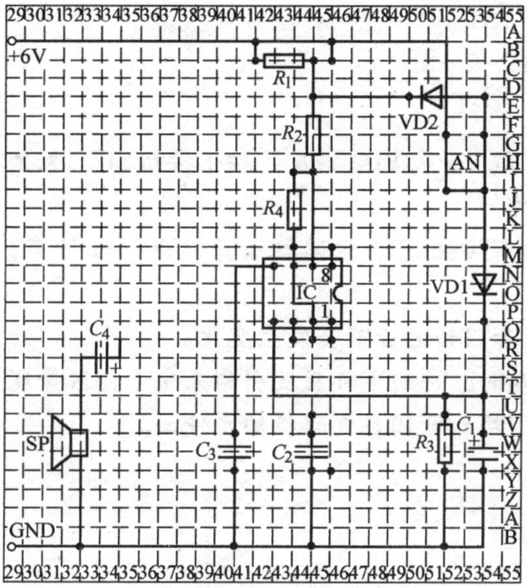

图 6－25　装配图

操作提示

◇如果使用集成块插座在印刷板上焊接，焊接方法与焊接二极管方法相同。如果直接焊接集成块，一般采用“三步焊接法”，管脚焊接的顺序为：地端→输出→端电源→输入端。注意：每个焊点的焊接时间应尽量短。

◇导线连线在焊点面上拐弯时，采用直角形状，直角处用焊点固定。

安装好的音乐门铃电路板如图 6－27 所示。

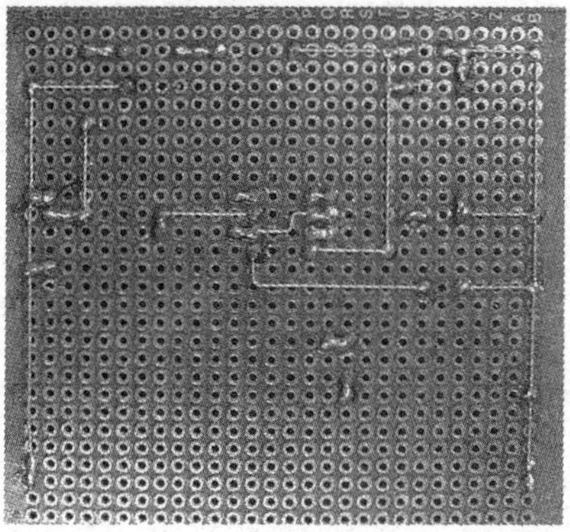

图 6－26　实际安装电路板的焊点面

图 6－27　音乐门铃电路板

（2）测试电路

基本操作步骤描述：测试前的准备→观察负载电压波形→聆听扬声器→清理现场

1）测试前的准备。音乐门铃的测试电路如图 6－24 所示。安装完成后，对照测试电路图和装配图进行检查。

2）用万用表检测电源是否有短路问题，无误后插上集成电路，方可通电测试。

3）将电路的 8 脚与电源相连接。按下按钮 SB，再松开 SB，用示波器观察 u_c、u_o 的波形。

4）聆听扬声器的声音。

操作提示

◇二极管 VD2 不能接反，如果 VD2 接反，按下按钮 SB，电源不能对 C_1 进行充电，4 脚为低电平，门铃电路不工作。

◇如果 R_1 开路，当按下按钮 SB，电路振荡并发出“叮”声；松开按钮 SB，因为振荡回路开路，而不发出声音。

◇改变 C_2 的数值，变音门铃的音节会发生变化。

◇将集成电路插入插座时，应避免插反及引脚未完全插入等现象。

◇电源变压器要用紧固螺钉紧固在电路板的元件面。

下篇　电工综合技能

第七章　常用机床控制电路的检修

学习目标

机床电气设备在运行的过程中，由于各种原因难免会产生各种故障，致使机床不能正常工作。这样不但影响生产效率，严重时还会造成人身事故。因此，电气设备发生故障后，维修人员能够及时、熟练、准确、迅速、安全地查出故障并加以排除，尽快恢复机床正常运行，是非常重要的。

常用生产机械种类很多，在此选择典型的车床、钻床、铣床各一种，通过认识、维护和分析这些机床及电气故障的检修，进一步掌握各基本控制电路在机床控制系统中的应用及电气控制系统中机械与电气控制的配合，从而提高在实际工作中分析问题和解决问题的能力。本章主要介绍车床、钻床、铣床控制电路的原理、调试与维修。

本章的学习目标

1. 掌握 CA6140 型卧式车床控制电路的原理、调试与维修。
2. 掌握 Z3050 钻床控制电路的原理、调试与维修。
3. 掌握 X62W 铣床控制线路的原理、调试与维修。

课题一　车床控制电路的检修

教学要求

1. 掌握机床控制电路的检修方法。
2. 掌握 CA6140 型卧式车床常见电气故障的检修方法。

车床是一种应用极为广泛的金属切削机床。它能完成车内圆、外圆、端面、螺纹、钻孔、镗孔、倒角、割槽及切断等加工工序。如用于机械制造业的单件、小批生产车间，各行业的工具制造部门，机器设备修理部门以及试验室等。车床可分为卧式车床和立式车床等不同的种类。本课题以 CA6140 型卧式车床为例进行介绍。

该车床型号意义：

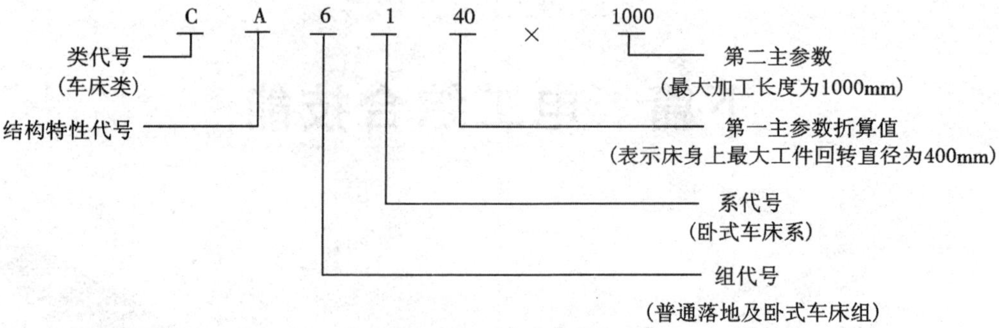

一、CA6140 型卧式车床主要结构与运动形式

CA6140 型卧式车床的外形如图 7－1 所示。CA6140 型卧式车床主要由床身、主轴箱、滑板箱、进给箱、刀架、丝杆、光杆、尾架等部分组成。

车床的切削运动包括工件旋转的主运动和刀具的直线进给运动。

1. 主运动

主运动是指车床的主轴电动机带动被固定在卡盘上的工件的旋转运动。主轴变速是主轴电动机经 V 带传递到主轴变速箱实现的。CA6140 型卧式车床的主轴正转速度有 24 种（10～1400r/min）；反转速度有 12 种（14～1580r/min）。

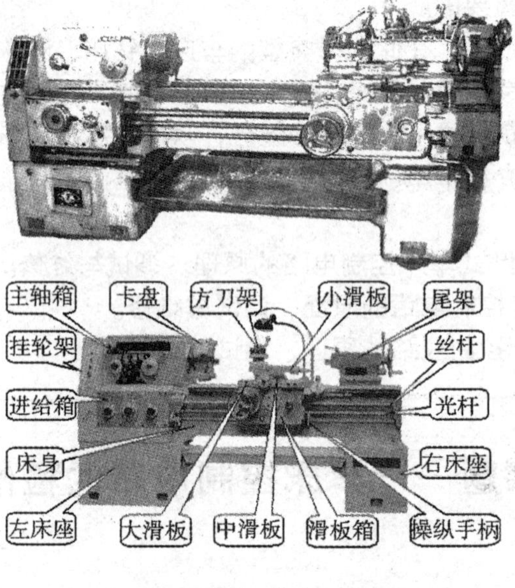

图 7－1 CA6140 型卧式车床外形

2. 进给运动

进给运动是指车床的刀架带动刀具的直线运动。滑板箱把丝杆或光杆的转动传递给刀架部分、变换箱外的手柄位置，经刀架部分使车刀做沿着床身的纵向或垂直床身的横向进给。

3. 辅助运动

除车床切削运动以外的必须的运动，如尾架的纵向移动，工件的夹紧与放松等。

二、CA6140 型卧式车床电气控制电路分析

1. 阅读机床电气原理图的基本知识

电气原理图一般由电源电路、主电路、控制电路和辅助电路四部分组成，如图 7-2 所示。

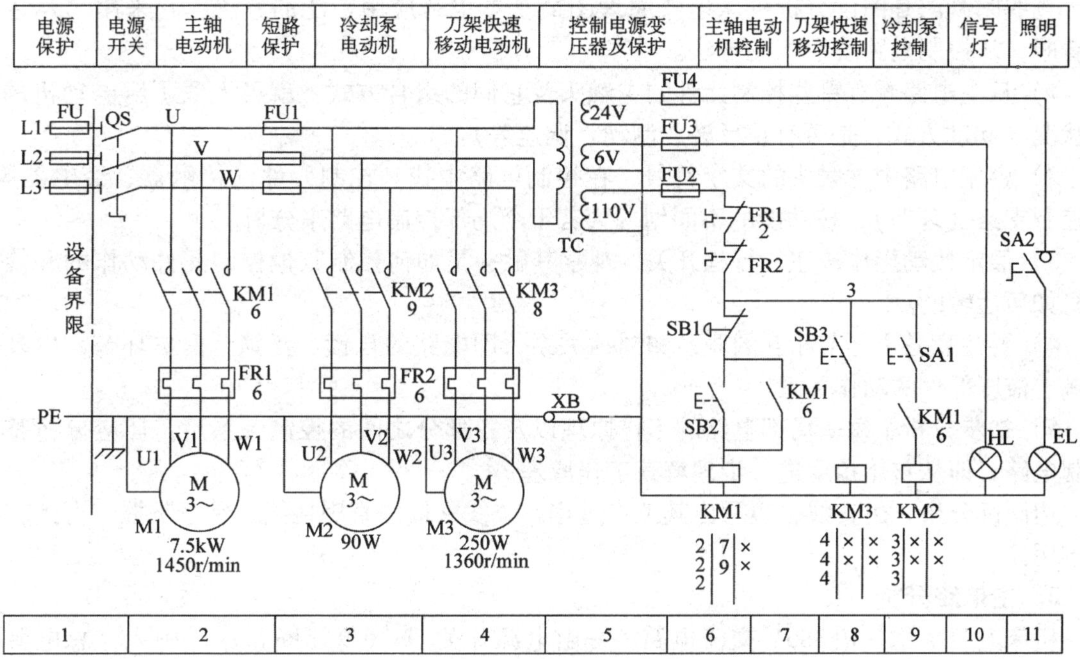

图 7-2　CA6140 型卧式车床电气原理图

（1）电源电路　由电源保护电器和电源开关组成，按规定画成水平线。

（2）主电路　作用于被控对象的电路，如电动机、电磁铁及其保护电器的电路，直接输出功率，并且通过较大电流。主电路垂直于电源电路，在图的左侧。

（3）控制电路　实现对被控对象运转的控制，具有逻辑判断、记忆、顺序动作等作用。控制电路垂直于电源电路，在主电路的右侧。继电器、接触器和电磁铁的线圈、灯泡等元件连在接地的水平电源上，继电器、接触器的触头连接上方水平电源线与线圈等耗能元件之间。

（4）辅助电路　由变压器、整流电源、照明灯和信号灯等低压电路组成。

机床电气原理图所包含的电器元件和电气设备的符号较多，要正确阅读机床电气原理图，需明确以下几点：

1）电气原理图按功能划分成若干个图区，通常是一条回路或一条支路划为一个图区，并从左向右依次用阿拉伯数字编号，标注在图形下部的图区栏中，如图 7-2 所示。

2）电气原理图中每个电路在机床电气操作中的用途，必须用文字标明在电气原理图上部的用途栏内，如图 7-2 所示。

3）在电气原理图中每个接触器线圈的文字符号 KM1、KM2、KM3 的下面画有两条竖直线，分成左、中、右三栏，左栏为主触头所处的图区号，中栏为辅助常开触头所处的图区号，右栏为辅助常闭触头所处的图区号。而未用的触头，在相应的栏中用记号“×”标出或不标出任何符号，如图 7-2 所示。

4）在电气原理图中每个继电器线圈符号下面画有一条竖直线，分成左、右两栏，左栏为常开触头所处的图区号，右栏为常闭触头所处的图区号。同样，未用的触头，在相应的栏中用记号“×”标出或不标出任何符号。

2. 阅读机床电气原理图的方法

查线阅读法是阅读分析机床电气原理图最基本也是应用广泛的方法。它采用“从主电路着眼，从控制电路着手”的方法。

1）从主电路看有哪些控制元件的主触头及它们的组合方式，就可大致了解电动机的工作状况（起动方式，是否有正反转、制动、调速等）。

2）由主电路中主触头的文字符号，在控制电路中找到控制元件（接触器、继电器等）的控制支路（环节），按功能的不同划分为若干个局部控制电路来分析。

3）假定按动操作按钮、行程开关，观察其触头是如何控制其他控制元件动作的和使电动机如何运转的。

4）要注意各个环节相互的联系和制约关系，即电路的自锁、互锁、保护环节，以及与机械、液压部件的动作关系。

5）初步分析了每一局部电路的工作原理以及各部分之间的控制关系后，还应分析整个控制电路，即从整体角度进一步理解其工作原理。

边阅读分析，边查线，边写出其工作过程。查线阅读法直观性强、易于掌握，得到广泛的应用。

3. 主电路分析

机床电源采用三相380V交流电路——由电源开关QS（低压断路器）引入，总电源短路保护为FU。主轴电动机M1的短路保护由低压断路器QS的电磁扣器来实现，而冷却泵电动机M2、刀架快速移动电动机M3的短路保护由FU1来实现，M1和M2的过载保护是由各自的热继电器FR1和FR2来实现的，三台电动机分别采用接触器控制。

4. 控制电路

控制电路由控制变压器TC供电，控制电源电压为110V，熔断器FU2作短路保护。

（1）M1起动　工作过程如下：

合上QS→主轴电动机准备起动，指示灯HL1、HL2亮→按下SB2→

KM1线圈得电→KM1自锁触头(7区)闭合
KM1线圈得电→KM1主触头(3区)闭合→主轴电动机M1起动运转（KM1自锁触头(7区)闭合与KM1主触头(3区)闭合共同）
KM1线圈得电→KM1辅助常开触头(9区)闭合→冷却泵准备起动

（2）M1停止　工作过程如下：

按下SB1→KM1线圈失电→KM1触头复位→M1失电停转。

冷却泵电动机M2与主轴电动机M1是联锁控制的，只有当M1起动并闭合开关SA1后，M2才能起动，M1停止后，M2也立即停止，以满足车工工艺的要求。

从安全需要考虑，快速进给电动机采用点控制，按下SB3，就可以快速进给。当电动机M1或M2过载时，热继电器FR1或FR2动作，其常闭触头断开控制电路电源，接触器KM1或KM2断电释放，电动机M1或M2断电停转，从而起到过载保护作用。

主轴的正反转是采用多片离合器实现的。

5. 照明、指示电路

当车床主电源接通后，由控制变压器6V绕组供电的指示灯HL亮，表示车床已接通电源，可以开始工作。若闭合开关 SA2，由控制变压器 24V 绕组供电的车床照明工作灯 EL 点亮。

三、CA6140 型卧式车床常见电气故障的检修

1. 常见故障的检查与分析

1）合上电源开关 QS，电源指示灯 HL 不亮，可合上照明灯开关 SA2，看照明灯 EL 亮不亮。

①如果照明灯 EL 亮，则说明控制变压器 TC 之前的电路没有问题。可检查熔断器 FU3 是否熔断；指示灯泡是否烧坏；灯泡与灯座之间接触是否良好。如果都没有问题，则需要检查有无 6V 电压。可用万用表的交流 10V 挡或用 6V 的试灯，从指示灯 HL 的灯座倒着往前测量，直到控制变压器 TC 的 6V 绕组输出接线端；也可顺着从变压器测量到灯座，通过测量即可确定是边线问题，还是控制变压器的 6V 绕组问题，或是某处有接触不良的问题。

②如果照明灯 EL 不亮，则故障很可能发生在控制变压器之前。当然，也不能排除电源指示灯和照明灯电路同时出现问题的可能性。但发生这种情况的概率毕竟很小，一般应先从控制变压器前查起。

首先检查熔断器 FU1 是否熔断，如果没有问题，可用万用表的交流 500V 挡测量电源开关 QS 输出端 U、V 之间的电压是否正常。如果不正常，再检查电源开关输入电源进线端，从而可判断出是电源进线无电压，还是电源开关接触不良或损坏；如果正常，可再检查控制变压器 TC 输入接线端电压是否正常。如果变压器 TC 输入接线端电压不正常，应检查电源开关输出到控制变压器输入之间的电路，例如，连线是否有问题、熔断器接触是否良好等；如果正常，可再测量变压器 6V 绕组输出端的电压是否正常。如果 6V 绕组输出端的电压不正常，则说明控制变压器有问题；如果正常，说明电源指示灯和照明灯电路同时出现问题，可按前面的步骤进行检查，直到查出故障点。

2）合上电源开关 QS，电源指示灯 HL 亮，合上照明灯开关 SA2，照明灯 EL 不亮。首先检查照明灯灯泡是否烧坏；熔断器 FU4 对公共端有无电压。

①如果熔断器一端有电压一端无电压，说明熔断器熔丝与熔断器座之间接触不良。

②如果熔断器两端都无电压，应检查控制变压器 TC 的 24V 绕组输出端。如果有电压，则是变压器输出到熔断器之间的连线有问题；如果无电压，则是控制变压器 24V 绕组有问题。

③如果熔断器两端都有电压，再检查照明灯两端有无电压。如果有电压，说明照明灯灯泡与灯座之间接触不好；如果无电压，可继续检查照明灯开关两端的电压，从而判断出是连线问题还是开关的问题。

3）起动主轴电动机，电动机 M1 不转。在电源指示灯亮的情况下，首先检查接触器 KM1 是否能吸合。

①如果 KM1 不吸合，可检查热继电器触头 FR1、FR2 是否动作了但未复位，熔断器 FU2 是否熔断。如果没有问题，可用万用表交流 250V 挡逐级检查接触器 KM1 线圈回路的 110V 电压是否正常，从而判断出是控制变压器 110V 绕组的问题，还是接触器 KM1 线圈烧坏、熔断器插座或某个触头接触不良，或是回路中的连线有问题。

②如果 KM1 吸合，电动机 M1 还不转，则应用万用表交流 500V 挡检查接触器 KM1 主触头的输出端有无电压。如果无电压，可再测量 KM1 主触头的输入端，如果还没有电压，

则只能是 U、V、W 到接触器 KM1 输入端的连线有问题。如果 KM1 输入端有电压，则是由于 KM1 的主触头接触不好。如果接触器 KM1 的输出端有电压，则应检查电动机 M1 有无进线电压，如果无电压，说明接触器 KM1 输出端到电动机 M1 进线端之间有问题（包括热继电器 FR1 和相应的边线）；如果电动机 M1 进线电压正常，则只能是电动机本身的问题。

另外，如果电动机 M1 断相，或者因为负载过重，也可引起电动机不转，应进一步检查判断。

4）主轴电动机能起动，但不能自锁，或工作中突然停转。检查接触器 KM1 的自锁触头接触是否良好，自锁回路边线是否接好。如果不好的话，按主轴起动按钮 SB2 后，接触器 KM1 吸合，主轴电动机转动，但起动按钮 SB2 一松开，由于 KM1 的自锁回路有问题而不能自锁，KM1 马上释放，主轴电动机停转。也可能当主轴电动机起动时，KM1 的自锁回路起作用，KM1 能够自锁，但由于自锁回路有接触不良的现象存在，在工作中瞬间断开一下，就会使 KM1 释放而使主轴停转。

另外，当接触器 KM1 的控制回路（起动按钮 SB2 除外）的任何地方有接触不良的现象，都可能出现主轴电动机工作中突然停转的现象。

5）按停止按钮 SB1，主轴电动机不停转。断开电源开关 QS，看接触器 KM1 是否能释放。如果能释放，说明 KM1 的控制回路有短路现象，应进一步排查；如果 KM1 仍然不释放，说明接触器内部有机械卡死现象，或接触器主触头因“熔焊”而粘死，需拆开修理。

6）合上冷却泵开关，冷却泵电动机 M2 不转。冷却泵必须在主轴运转时才能运转，首先起动主轴电动机，在主轴正常运转的情况下，检查接触器 KM2 是否吸合。

①如果 KM2 不吸合，应进一步检查接触器 KM2 线圈两端有无电压。如果有电压，说明接触器 KM2 的线圈损坏；如果无电压，应检查 KM1 的辅助触头、冷却泵开关 SA1 接触是否良好，相关连线是否接好。

②如果 KM2 吸合，应检查电动机 M2 的进线电压有无断相，电压是否正常。如果正常，说明冷却泵电动机或冷却泵有问题；如果电压不正常，应进一步检查热继电器 FR2 是否烧坏、接触器 KM2 的主触头是否接触不良、熔断器 FU1 是否熔断，以及相关的连线是否连接好。

7）按下刀架快速移动按钮，刀架不移动。起动主轴电动机和冷却泵电动机，如果都运转正常，首先检查接触器 KM3 是否吸合。如果 KM3 吸合，应进一步检查 KM3 的主触头是否接触不良、相关连线是否连接好、刀架快速移动电动机 M3 是否有问题、机械负载是否有卡死现象；如果 KM3 不吸合，则应进一步检查 KM3 的线圈是否烧坏、刀架快速移动按钮是否接触不上，以及相关连线是否连接好。

2. 机床检修一般步骤和方法

故障检修一般按照图 7－3 所示的步骤进行。

（1）观察故障现象　当机床发生故障后，切忌盲目随便动手检修，在检修前，通过问、看、听、摸、闻来了解故障前后的操作情况和故障发生后出现的异常现象，以便根据故障现象判断出故障发生的部位，进而准确地排除故障。

1）问：通过询问操作者故障前后机床的运行状况，如机床是否有异常的响声、冒烟、火花等；故障发生前有无切削力过大和频繁地起动、停止、制动等情况；有无经过保养检修或改电路等。

2）看：观察故障发生后是否有明显的外观征兆，如各种信号、有指示装置的熔断器的情况、保护电器脱扣动作、接线脱落、触头烧蚀或熔焊、线圈过热烧毁等。

3）听：在电路还能运行和不扩大故障范围、不损坏机床的前提下通电试车，听电动机、接触器和继电器等电器的声音是否正常。

4）闻：走近有故障的机床旁，有时能闻到电动机、变压器等过热直至烧毁所发出的异味、焦味。

5）摸：在刚切断电源后，尽快触摸检查电动机、变压器、电磁线圈及熔断器等，看是否有过热现象。

（2）判断故障范围　检修简单的电气控制电路时，若采取每个电器元件，每根连接导线逐一检查，也是能够找到故障点的。但遇到复杂电路时，仍采用逐一检查的方法，不仅需耗费大量的时间而且也容易漏查。在这种情况下，根据电器的工作原理和故障现象，采用逻辑分析确定故障可能发生的范围，提高检修的针对性，可达到既准又快的效果。

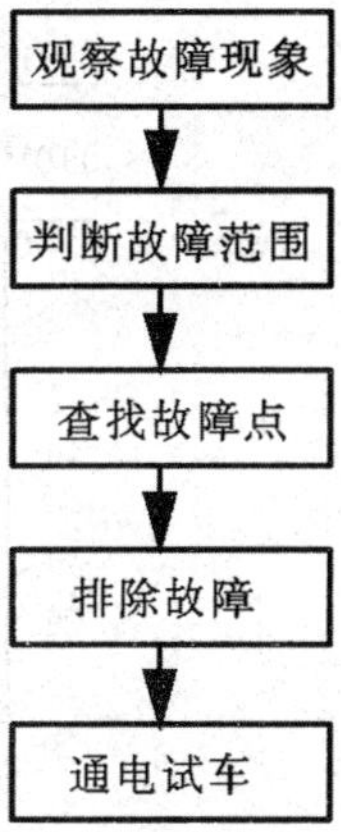

图 7－3　检修步骤

当故障的可能范围较大时，可在故障范围内的中间环节寻找突破口，进一步判断故障究竟在哪一部分，从而通过逻辑推理，合理地缩小故障可能发生的范围。例如：当主轴电动机 M1 不能正常运转时用图 7－4 所示的方法来说明如何运用逻辑分析法来判断故障范围。

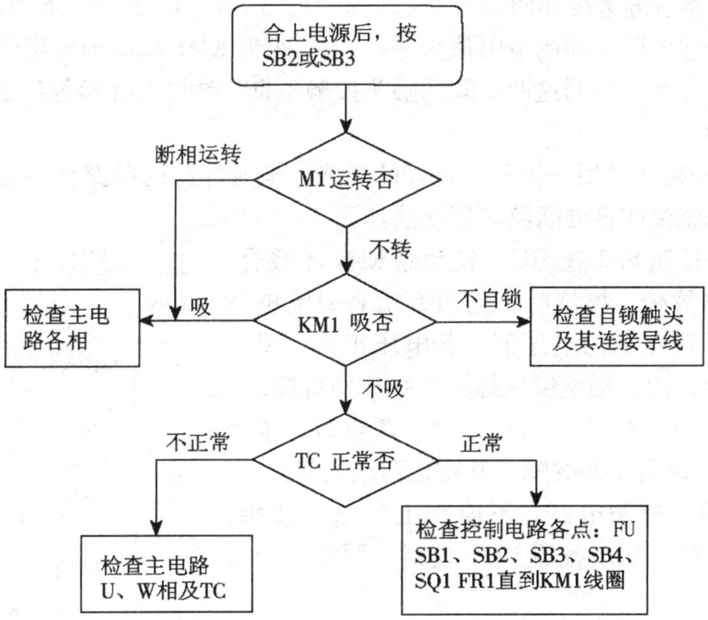

图 7－4　主轴电动机检修流程图

运用逻辑分析法判断故障范围，可避免盲目性，缩短检修时间。

（3）查找故障点　在确定了故障范围后，通过选择合适的检修方法查找故障点。常有的检修方法有：直观法、电压测量法、电阻测量法、短接法、试灯法、波形测试法等。查找故障必须在确定的故障范围内，顺着检修思路逐点检查，直到找出故障点。

1）电压测量法。电压测量法就是使用万用表检测电路的工作电压，以测量结果和正常值作比较，电压测量法又分电压分阶测量法和电压分段测量法。电压分段测量法如图 7－5 所示。

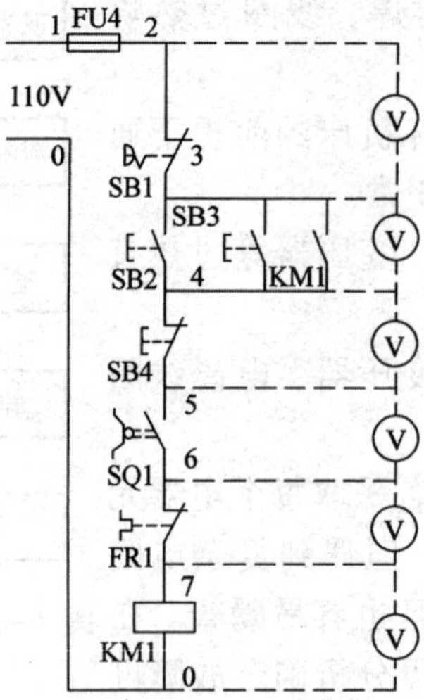

图 7－5 电压分段测量法

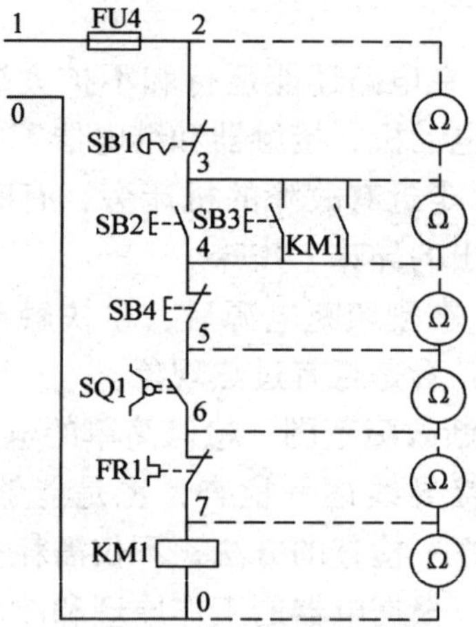

图 7－6 电阻分段测量法

2）电阻分段测量法。电阻分段测量法如图 7－6 所示。

检查时，万用表选择好合适的挡位（$R\times100\Omega$）调零。先切断电源，按下起动按钮 SB2 或 SB3，然后依次逐段测量相邻两标号 1－2、2－3、3－4、4－5、5－6、6－7 间的电阻值。电路正常时，则上述各两点间的电阻值为零。7－0 间为 KM1 线圈的电阻值。如果测得某两点间的电阻值为无穷大，说明这两点间的触头接触不良、线圈或连接导线断路。根据其测量结果可找出故障点。

3）短接法。短接法是用一根绝缘良好的导线，把所怀疑的断路部位短接。如果短接过程中电路被接通，就说明该处断路。短接法如图 7－7 所示。

按下主轴起动按钮 SB2 或 SB3，接触器 KM1 不吸合，说明该电路有断路故障。检修时，先用万用表交流电压 250V 挡位测 0－2 两点间的电压值。若电压正常，可按下 SB2 或 SB3 不放，用一根绝缘良好的导线分别短接 2－3、3－4、4－5、5－6、6－7。当短接到某两点时，接触器 KM1 得电吸合，说明断路故障点就在这两点之间。

短接法一般用于控制电路，不能在主电路中使用，且绝对不能短接负载，如接触器 KM1 线圈的两端，否则将发生短路故障。

在实际检修中，机床电气故障是多样的，就是同一种故障现象，发生的故障部位也是不同的。因此，采用以上故障检修步骤和方法时，不要生搬硬套，而应按不同的故障情况灵活应用，力求迅速、准确地找出故障点，查明故障原因，及时正确地排除故障。

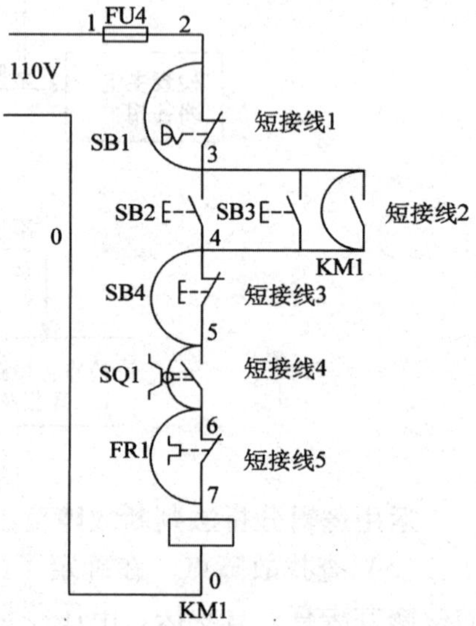

图 7－7 短接法

（4）排除故障 找到故障点后，就要进行故障排除，如更换元件设备、紧固线头修补等。对更换的新元件要注意尽量使用相同的规格、型号，并进行性能检测，确认性能完好后方可替换。特别是熔体一定要更换相同的规格、型号，不得随意加大规格。在故障排除中还要注意周围的元件导线等，不可再扩大故障。

（5）通电试车 故障排除后，应重新通电试车检查机床的各项操作，必须符合技术要求。

上述的五个步骤中，重点是判断故障范围和查找故障点这两个步骤。

3．常见故障的排除及注意事项

1）发现熔断器熔断故障后，不要急于更换熔断器的熔丝，而应仔细分析熔断器熔断的原因。如果是负载电流过大或有短路现象，应进一步查出故障并排除后，再更换熔断器熔丝；如果是容量选小了，应根据所接负载重新核算选用合适的熔丝；如果是接触不良所引起的，应对熔断器座进行修理或更换。

2）如果查出是电动机、变压器、接触器等出了故障，可按照前面学过的方法进行修理。对按钮、开关等电器，这里没有直接介绍修理方法，但由于它们都属于触头开关式电器，可参照其他触头电器的修理方法进行修理。如果损坏严重无法修理，则应更换新的。

3）为了减少设备的停机时间，亦可先用新的电器将故障电器替换下来再修。

4）对于接触器主触头“熔焊”粘死故障，这很可能是由于负载短路造成的，一定要将负载的问题解决后再试验。

由于故障的诊断或修理，许多情况下需要带电操作，所以一定要严格遵守电工操作规程，注意安全。

四、CA6140型卧式车床的调试

1．电气系统的一般调试方法和步骤

（1）试车前的检查

1）用兆欧表对电路进行测试，检查元器件及导线绝缘是否良好，相间或相线与底板之间有无短路现象。

2）用兆欧表对电动机及电动机引线进行对地绝缘测试，检查有无对地短路现象。断开电动机三相绕组间的连接头，检查电动机引线相间绝缘，检查有无相间短路现象。

3）用手转动电动机转轴，观察电动机转动是否灵活，有无噪声及卡住现象。

4）断开交流接触器下接线端子的电动机引线，接上起动和停止按钮。在电气柜电源进线端通上三相额定电压，按起动按钮，观察交流接触器是否吸合。松开起动按钮后能否自保持住，然后用万用表500V交流挡量程测量交流接触器下接线端有无三相额定电压，是否断相。如果电压正常，按停止按钮，观察交流接触器是否能断开。一切动作正常后，断开总电源，将交流接触器下接线端头和电动机引线复原。

（2）试车

1）合上总电源开关。

2）左手手指触摸起动按钮，右手手指触摸停止按钮。左手按起动按钮，电动机起动后，注意听和观察电动机有无异常声音及转向是否正确。如果有异常声音及转向不对，应立即按停止按钮，使电动机断电。断电后，电动机依靠惯性仍旧在转动。此时，应注意是否有异常声音，若仍有异常声音，则可判定是机械部分故障；若无异常声音，则可判定是电动机电气部分故障。有噪声时也应对电动机进行检修。电动机反转，可将接线盒打开，将电动机电源进线中的任意两相对调即可排除故障。

再次起动电动机前，应用钳形电流表夹住电动机三根引线的其中一根引线，测量电动机的起动电流。电动机的起动电流一般是额定电流的5~7倍。测量时钳形电流表的量程应该超过这一数值的1.2~1.5倍，否则容易损坏钳形电流表，或造成测量数据不准确。

电动机转入正常运转后，用钳形电流表依次卡住电动机三根引线，分别测量电动机三相电流，比较它们是否平衡，空载和有负载时电流是否超过额定值。

如果电流正常，使电动机运行30min，运行中应经常测试电动机的外壳温度，检查长时间运行中的温升是否太高或太快。

（3）试验记录

1）记录试验设备名称、位置；参加试验人员名单；试验日期等。

2）工具、材料清单，如万用表、钳形电流表、导线、调压器等。

3）试验中有关图样、资料以及加工工件的毛坯。

4）列出试验步骤。

5）记录试验中出现的问题、解决方法以及更换的元器件。

6）记录试验中测量的电气参数。

7）试验过程中更改的元器件或控制电路要记录入档，并反映到有关图样资料中去。

2. 调试前的准备

（1）图样、资料　将有关CA6140型卧式车床的图样和安装、使用、维修、调试说明书准备好。

（2）工具、仪表　将电工工具、兆欧表、万用表和钳形电流表准备好。

（3）电器元件的检查

1）测量电动机M1、M2、M3绕组间及绕组对地的绝缘电阻是否大于0.5MΩ，否则要进行浸漆烘干处理；测量线路对地的绝缘电阻是否大于3MΩ。检查电动机是否转动灵活，轴承有无缺油等异常现象。

2）检查低压断路器、熔断器是否和电器元件表一致，热继电器调整是否合理。

3）检查主电路、控制电路所有电器元件是否完好、动作是否灵活，有无接错、掉线、漏接和螺钉松动现象；检查接地系统是否可靠。

3. 控制电路试车

先将电动机M1、M2、M3接线端的接线断开，并包好绝缘。

1）先接通低压断路器QS，检查熔断器FU1前后有无380V电压。

2）检查控制变压器一次和二次电压是否分别为380V、24V、6V和110V。再检查FU2、FU3和FU4后面电压是否正常。电源指示灯HL应该亮。

3）按下SB2按钮，接触器KM1应吸合，检查U1、V1和W1之间有无380V电压。按下SB1按钮，KM1应释放，同时U1、V1和W1之间无电压。接触器无异常响声。

4）同样按下SB3可检查KM3和U2、V2、W2。

5）按下SB2和接通冷却泵旋钮开关SA1可检查KM2和U3、V3、W3。

6）断开热继电器FR1或FR2的辅助触头，上述3）~5）项动作应不能进行，KM1、KM2、KM3也不吸合。

7）接通照明旋钮开关SA2，照明灯EL亮。

4. 主电路加电试车

首先断开机械负载。分别连接电动机与端子 U1、V1、W1、U2、V2、W2、U3、V3 和 W3 之间的边线。按控制电路试车中第 3）～7）项的顺序试车。检查主轴电动机 M1、冷却泵电动机 M2 和刀架快速移动电动机 M3 运转是否正常。

1）检查电动机旋转方向是否与工艺要求相同。检查电动机空载电流是否正常。

2）经过一段时间试运行，检查电动机有无异常响声、异味、冒烟、振动和温升过高等异常现象。

3）让电动机带上机械负载，按控制电路试车中第 3）～7）项的顺序试车。检查能否满足工艺要求而动作，并按最大切削负载运转。检查电动机是否超过额定值。再按上述 2）项中的内容检查电动机。

以上各项调试完毕后，全部合格才能验收，交付使用。

【技能训练】

1. 训练内容

CA6140 型卧式车床电气故障的检修。

2. 工具、仪表及器材

（1）工具　测电笔、电工刀、剥线钳、尖嘴钳、斜口钳、螺钉旋具等。

（2）仪表　万用表。

（3）设备　CA6140 型卧式车床及配套电路图。

3. 训练步骤

1）在教师的指导下，分析理解主轴电动机的电气控制电路原理，由电气接线图和电器位置图出发，在车床上通过测量等方法找出实际走线路径。

2）学生观摩在 CA6140 型卧式车床上人为设置一个自然故障点，教师示范检修。教师示范检修时，按检修步骤观察故障现象；判断故障范围；查找故障点；排除故障；通电试车，边讲解边操作。

3）学生预先知道故障点，知道如何从观察现象着手进行分析，运用正确的检修步骤和方法。

4）学生练习一个故障点的检修。

基本操作步骤描述：调查研究，找出故障现象→分析故障范围→用试验法找出故障点→用测量法确认故障点→检修故障点→通电试车

①观察故障现象：合上电源开关 QS，按下 SB2 或 SB3 时，KM1 吸合，主轴电动机 M1 转速极低甚至不转，并发出“嗡嗡”声。应立即切断电源，避免损坏电动机。

②判断故障范围：根据故障现象，判断故障范围。

③查找故障点：用电压测量法检修。

a. 断开电源开关 QS，将万用表的选择开关拨至交流电压 500V 挡，检验无电后，拆除主轴电动机的三根线（U1、V1、W1）并恢复绝缘。

b. 再合上电源开关 QS，按下 SB2 或 SB3，然后测接线端子排 XT1 上 U1、V1、W1 两两标号间的电压，测得电压值为 380V 时表明电路正常，如果电压为 0V，表明电路不正常。用此法确定故障在中间一相，即 XT1（V11）、V11 导线、KM1、V12 导线、FR1、V1 导线、XT1（V1）。

c. 接着采用电压分阶测量法，将万用表的黑表笔接到参考点 XT1（U1）上，红表笔依次测：XT1（V11）、KM1（V11）、KM1（V12）、FR1（V12）、FR1（V1）、XT1（V1）各点，测得电压值为380V 表明电路正常。

d. 当测得前一点电压值正常，而后一点电压约为0V 时，则故障点就在此处。如果测到 FR1（V1）电压值正常，而测得 XT1（V1）电压约0V，则故障点为连接热继电器 FR1 常闭触头和接线端子排 XT1 的 V1 导线断路。

④排除故障：根据故障点情况，断开电源开关 QS，排除故障。更换同规格的连接热继电器 FR1 和接线端子排 XT1 的 V1 导线。装上主轴电动机的三根线（U1、V1、W1）。

⑤通电试车：检查车床各项操作，直至符合技术要求为止。

操作提示

◇带电操作检修时，必须有指导教师监护，确保人身、设备安全。

◇检修所用工具、仪表等应符合使用要求。

◇排除故障时，必须修复故障点，严禁扩大故障范围或产生新故障。

课题二　钻床控制电路的检修

教学要求

掌握钻床控制电路的检修方法。

钻床是一种用来进行钻孔、扩孔、铰孔、镗孔、刮平面及攻螺纹等机械加工的通用机床。钻床的结构有多种，如立式钻床、卧式钻床、深孔钻床等。摇臂钻床属于立式钻床。本节以 Z3050 型摇臂钻床为例进行介绍。

一、Z3050 型摇臂钻床的主要结构和运动形式

Z3050 型立式摇臂钻床的外形如图 7－8 所示。

Z3050 型摇臂钻床主要由底座、外立柱、内立柱、摇臂、主轴箱、工作台等部分组成。

工作台用螺柱固定在底座上，工作台上面固定加工工件。内立柱亦固定在底座上。

外立柱套在内立柱上，用液压夹紧机构夹紧后，二者不能作相对运动；松开后，外立柱用手推动可绕内立柱旋转 360°。

该钻床的型号意义为：

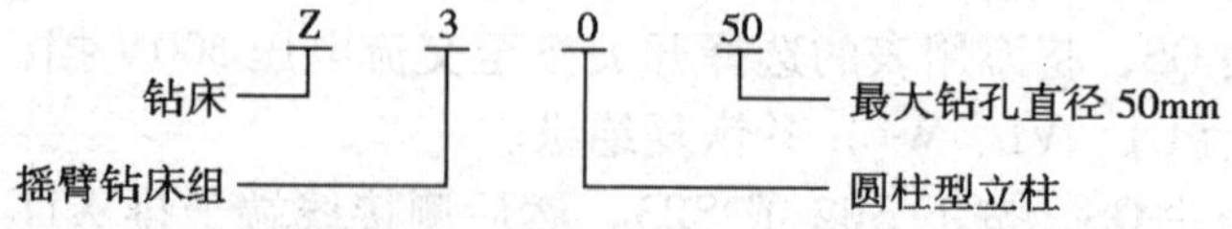

Z3050 型摇臂钻床的运动形式为：

（1）主运动　摇臂钻床主轴带着钻头（刀具）的旋转运动。

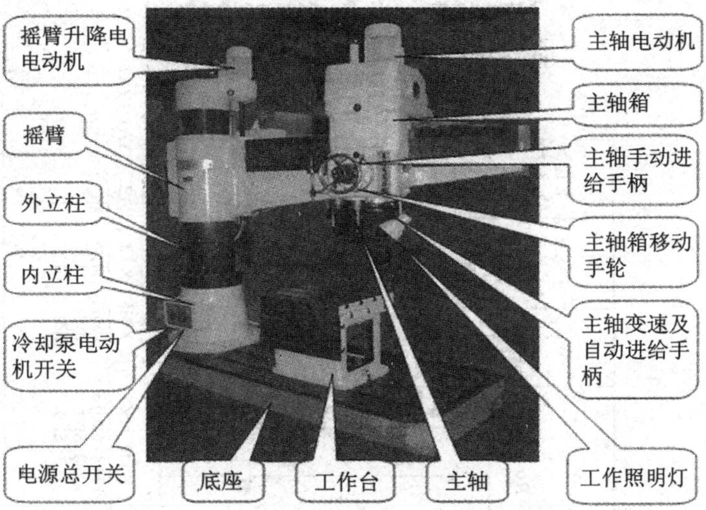

图 7－8 Z3050 型摇臂钻床外形图

（2）进给运动 摇臂钻床主轴的垂直运动（手动或自动）。

（3）辅助运动 辅助运动用来调整主轴（刀具）与工件纵向、横向即水平面上的相对位置以及相对高度。

二、Z3050 型摇臂钻床电气控制电路

Z3050 型摇臂钻床电气控制电路如图 7－9 所示。

1. 电气控制电路分析

（1）主电路分析 Z3050 型摇臂钻床共有 4 台电动机。除冷却泵电动机采用断路器直接起动外，其余三台异步电动机均采用接触器直接起动。

M1 是主轴电动机，由接触器 KM1 控制，只要求单方向旋转，主轴的正反转由机械手柄操作。M1 装于主轴箱顶部，拖动主轴及进给传动系统运转。热继电器 FR1 作为电动机 M1 的过载及断相保护，短路保护由断路器 QF1 中的电磁脱扣器装置来完成。

M2 是摇臂升降电动机，用接触器 KM2 和 KM3 控制其正反转。由于电动机 M2 是间断性工作，所以不设过载保护。

M3 是液压泵电动机，用接触器 KM4 和 KM5 控制其正反转。由热继电器 FR2 作为过载及断相保护。该电动机的主要作用是拖动油泵供给液压装置压力油，以实现摇臂、立柱以及主轴箱的松开和夹紧。

摇臂升降电动机 M2 和液压泵电动机 M3 共用断路器 QF3 中的电磁脱扣器作为短路保护。

M4 是冷却泵电动机，由断路器 QF2 直接控制，并实现短路、过载及断相保护。

电源配电盘在立柱前下部。冷却泵电动机 M4 装于靠近立柱的底座上，升降电动机 M2 装于立柱顶部，其余电气设备置于主轴箱或摇臂上。由于 Z3050 型摇臂钻床内、外立柱间未装设汇流环，故在使用时，请勿沿一个方向连续转动摇臂，以免发生事故。

主电路电源电压为交流 380V，断路器 QF1 作为电源的引入开关。

（2）Z3050 型摇臂钻床控制电路分析 控制电路电源由控制变压器 TC 降压后供给 110V 电压，熔断器 FU1 作为短路保护。

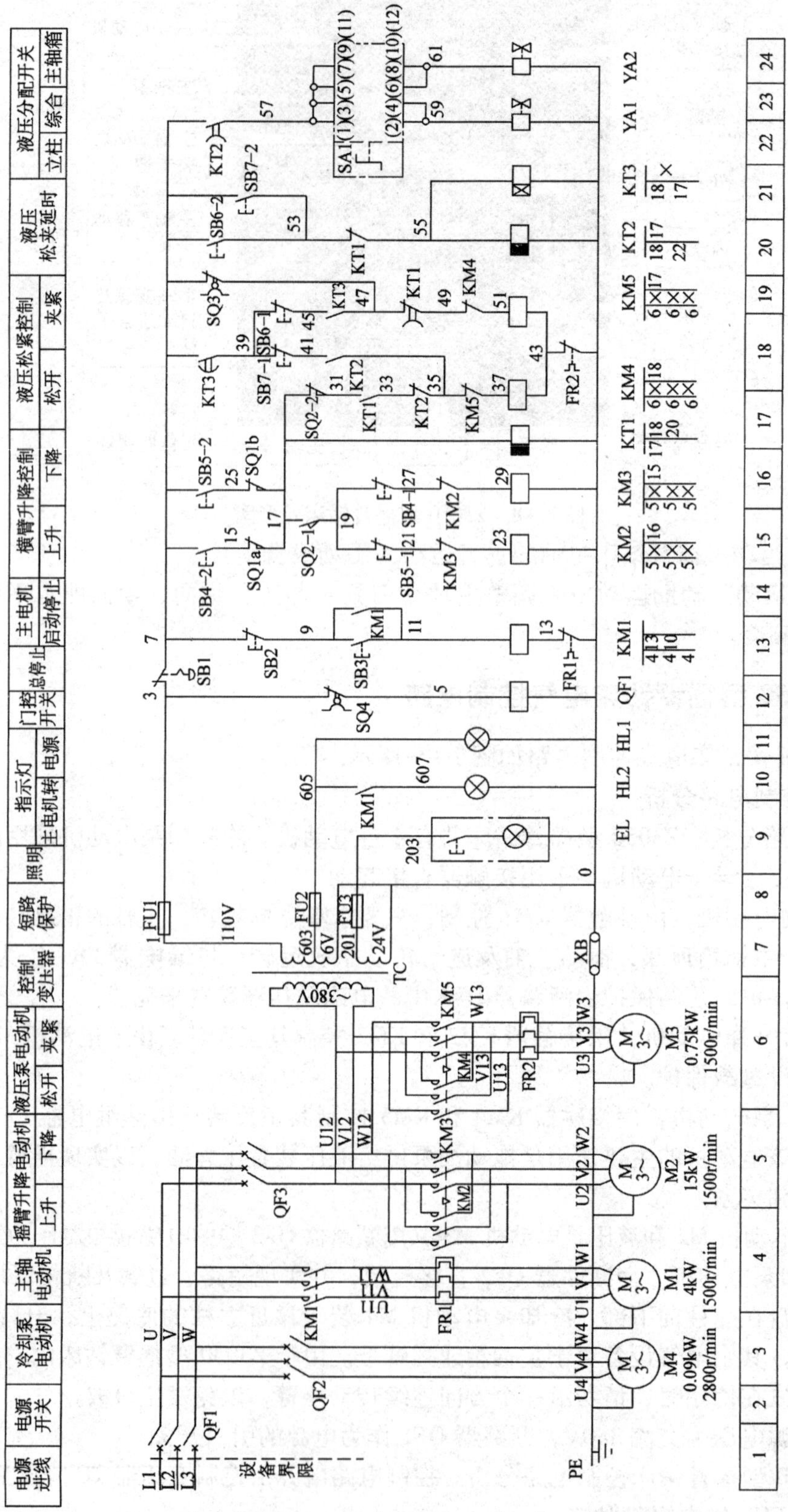

图7-9 Z3050型摇臂钻床电气控制电路

1）开车前的准备工作。为保证操作安全，本钻床具有“开门断电”功能。所以开车前应将立柱下部及摇臂后部的电门盖关好，方能接通电源。合上 QF3（5 区）及总电源开关 QF1（2 区），则电源指示灯 HL1（11 区）亮，表示钻床的电气电路已进入带电状态。

2）主轴电动机 M1 的控制　按下起动按钮 SB3（13 区），接触器 KM1 吸合并自锁，使主轴电动机 M1 开始旋转，同时指示灯 HL2 亮。

3）摇臂升降控制　按下上升按钮 SB4（15 区）（或下降按钮 SB5），则时间继电器 KT1（17 区）通电吸合，其瞬时闭合的常开触头（17 区）闭合，接触器 KM4 线圈（17 区）通电，液压泵电动机 M3 起动，正向旋转，供给压力油。压力油经分配阀体进入摇臂的“松开油腔”推动活塞移动，活塞推动菱形块，将摇臂松开。同时活塞杆通过弹簧片压下位置开关 SQ2，使其常闭触头（17 区）断开，常开触头（15 区）闭合。前者切断了接触器 KM4 的线圈电路，KM4 主触头（6 区）断开，液压泵电动机 M3 停止工作。后者使交流接触器 KM2（或 KM3）的线圈（15 区或 16 区）通电，KM2（或 KM3）的主触头（5 区）接通 M2 的电源，摇臂升降电动机 M2 起动旋转，带动摇臂上升（或下降）。如果此时摇臂尚未松开，则位置开关 SQ2 的常开触头则不能闭合，接触器 KM2（或 KM3）的线圈无电，摇臂就不能上升（或下降）。

当摇臂上升（或下降）到所需位置时，松开按钮 SB4（或 SB5），则接触器 KM2（或 KM3）和时间继电器 KT1 断电释放，M2 停止工作，随之摇臂停止上升（或下降）。

由于时间继电器 KT1 断电释放，经 1～3s 时间的延时后，其延时闭合的常闭触头（18 区）闭合，液压泵 M3 反转，随之泵内压力油经分配阀进入摇臂的“夹紧油腔”使摇臂夹紧。在摇臂夹紧后，活塞杆推动弹簧片压下位置开关 SQ3，其常闭触头（19 区）断开，KM5 断电释放，M3 最终停止工作，完成了摇臂的松开→上升（或下降）→夹紧的整套动作。

组合开关 SQ1a（15 区）和 SQ1b（16 区）作为摇臂升降的超限程限位保护。当摇臂上升到限位位置时，压下 SQ1a 使其关断，接触器 KM2 断电释放，M2 停止运行，摇臂停止上升；当摇臂下降到极限位置时，压下 SQ1b 使其断开，接触器 KM3 断电释放，M2 停止运行，摇臂停止下降。

摇臂的自动夹紧由位置开关 SQ3 控制。如果液压夹紧系统出现故障，不能自动夹紧摇臂，或者由于 SQ3 调整不当，在摇臂夹紧后不能使 SQ3 的常闭触头断开，都会使液压泵电动机 M3 因长期过载运行而损坏。为此电路中设有 FR2，其整定值应根据 M3 的额定电流进行整定。

摇臂升降电动机 M2 的正反转控制接触器 KM2 和 KM3，不允许同时获电动作，以防止电源相间短路，为避免因操作失误，主触头熔焊等原因而造成短路事故，在摇臂上升和下降的控制电路中采用了接触器联锁和复合按钮联锁，以确保电路安全工作。

4）立柱和主轴箱的夹紧（或放松）既可以同时进行，也可以单独进行，由转换开关 SA1（22～24 区）和复合按钮 SB6（或 SB7）（20 或 21 区）进行控制。SA1 有三个位置：扳到中间位置时，立柱和主轴箱的夹紧（或放松）同时进行；扳到左边位置时，立柱夹紧（或放松）；扳到右边位置时，主轴箱夹紧（或放松）。SB6 是松开控制按钮，SB7 是夹紧控制按钮。

①立柱和主轴箱的夹紧与放松控制：将转换开关 SA1 扳到中间位置，然后按下松开控

制按钮 SB6，时间继电器 KT2、KT3 线圈（20、21 区）同时得电。KT2 延时断开的常开触头（22 区）瞬时闭合，电磁铁 YA1、YA2 得电吸合。而 KT3 延时闭合的常开触头（18 区）经 1～3s 延时后闭合，使接触器 KM4 获电吸合，液压泵电动机 M3 正转，供出的压力油进入立柱和主轴箱的松开油腔，使立柱和主轴箱同时松开。

松开 SB6，时间继电器 KT2、KT3 断电释放，KT3 延时闭合的常开触头瞬时分断，接触器 KM4 断电释放，液压泵电动机 M3 停转。KT2 延时分断的常开触头（22 区）经 1～3s 后分断，电磁铁 YA1、YA2 线圈断电释放，立柱和主轴箱同时松开的操作结束。

立柱和主轴箱同时夹紧的工作原理与松开相似，只要按下 SB7，使接触器 KM5 获电吸合，液压泵电动机 M3 反转即可。

②立柱和主轴箱单独松开、夹紧：如果希望单独控制主轴箱，可将转换开关 SA1 扳到右侧位置。按下 SB6（或 SB7），时间继电器 KT2、KT3 线圈同时得电，这时只有电磁铁 YA2 单独通电吸合，从而实现主轴箱的单独松开（或夹紧）。

松开 SB6（或 SB7），时间继电器 KT2、KT3 断电释放，KT3 延时闭合的常开触头瞬时分断，接触器 KM4 断电释放，液压泵电动机 M3 停转。经 1～3s 的延时后，KT2 延时分断的常开触头（22 区）分断，电磁铁 YA2 的线圈断电释放，主轴箱松开（或夹紧）的操作结束。

同理，把转换开关 SA1 扳到左侧，则可使立柱单独松开或夹紧。

因为立柱和主轴箱的松开与夹紧是短时间的调整工作，所以采用点动控制。

5）冷却泵电动机 M4 的控制。扳动断路器 QF2，就可以接通或断开电源，操纵冷却泵电动机 M4 的工作或停止。

（3）照明、指示电路分析　照明、指示电路的电源也由控制变压器 TC 降压后提供 24V、6V 的电压，由熔断器 FU3、FU2 作短路保护，EL 是照明灯，HL1 是电源指示灯，HL2 是主轴指示灯。Z3050 型摇臂钻床的电器元件明细见表 7－1。

二、常见电气故障的分析与检修

摇臂钻床电气控制的特殊环节是摇臂升降、立柱和主轴箱的夹紧和松开。Z3050 型摇臂钻床的工作过程是由电气、机械以及液压系统紧密配合实现的。因此，在维修中不仅要注意电气部分能否正常工作，还要注意它与机械和液压部分的协调关系。

（1）摇臂不能升降　由摇臂升降过程可知，升降电动机 M2 旋转，带动摇臂升降，其条件是使摇臂从立柱上完全松开后，活塞杆压合位置开关 SQ2。所以，发生故障时，应首先检查位置开关 SQ2 是否动作，如果 SQ2 不动作，常见故障原因是 SQ2 的安装位置移动或已损坏。这样摇臂虽已放松，但活塞杆压不上 SQ2，摇臂就不能升降。有时，液压系统发生故障，使摇臂放松不够，也会压不上 SQ2，使摇臂不能运动。由此可见，SQ2 的位置非常重要，排除故障时，应配合机械、液压调整好后紧固。

（2）摇臂升降后不能夹紧　由摇臂夹紧的动作可知，夹紧动作的结果是由位置开关 SQ3 来完成的，如果 SQ3 动作过早，会使 M3 尚未充分夹紧就停转。常见的故障原因是 SQ3 安装位置不合适，或固定螺钉松动造成 SQ3 移位，使 SQ3 在摇臂夹紧动作未完成时就被压上，切断 KM5 回路，M3 停转。

判断此故障时，首先判断是液压系统的故障（如活塞杆阀芯卡死或油路堵塞造成的夹紧力不够），还是电气系统故障，对电气方面的故障，应重新调整 SQ3 的动作距离，固定好螺钉即可。

表 7－1　Z3050 型摇臂钻床的电器元件明细

代号	名称	型号	规格	数量	用途
M1	主轴电动机	Y112M－4	4kW、1440r/min	1	驱动主轴及进给
M2	摇臂升降电动机	Y90L－4	1.5kW、1440r/min	1	驱动摇臂升降
M3	液压泵电动机	Y802－4	0.75kW、1390r/min	1	驱动液压系统
M4	冷却泵电动机	AOB－25	90W、2800r/min	1	驱动冷却泵
KM1	交流接触器	CJO－20B	线圈电压 110V	1	控制主轴电动机
KM2～KM5	交流接触器	CJO－10B	线圈电压 110V	4	控制 M2、M3 正反转
FU1－FU3	熔断器	BZ－001A	2A	3	控制、指示、照明电路的短路保护
KT1、KT2	时间继电器	JJSK2－4	线圈电压 110V	2	
KT3	时间继电器	JJSK2－2	线圈电压 110V	1	
FR1	热继电器	JRO－20/3D	6.8～11A	1	M1 过载保护
FR2	热继电器	JRO－20/3D	1.5～2.4A	1	M3 过载保护
QF1	低压断路器	DZ5－20/330FSH	10A	1	总电源开关
QF2	低压断路器	DZ5－20/330H	0.3～0.45A	1	M4 控制开关
QF3	低压断路器	DZ5－20/330H	6.5A	1	M2、M3 电源开关
YA1、YA2	交流电磁铁	MFJ1－3	线圈电压 110V	2	液压分配
TC	控制变压器	BK－150	380/110－24－6V	1	控制、指示、照明电路供电
SB1	按钮	LAY3－11	红色	1	总停止开关
SB2	按钮	LAY3－11D		1	主轴电动机停止
SB3	按钮	LAY3－11	绿色	1	主轴电动机起动
SB4	按钮	LAY3－11		1	摇臂上升
SB5	按钮	LAY3－11		1	摇臂下降
SB6	按钮	LAY3－11		1	松开控制
SB7	按钮	LAY3－11		1	夹紧控制
SQ1	组合开关	HZ4－22		1	摇臂升降限位
SQ2、SQ3	位置开关	LX5－11		1	摇臂松、紧限位
SQ4	门控开关	JWM6－11		1	门控
SA1	万能转换开关	LW6－2/8071		1	液压分配开关
HL1	指示灯	XD1	6V、白色	1	电源指示
HL2	指示灯	XD1	6V	1	主轴指示
EL	照明灯	JC－25	40W、24V	1	照明

（3）立柱和主轴箱不能夹紧和松开　立柱和主轴箱不能夹紧和松开的可能原因是油路堵塞、接触器 KM4 或 KM5 不能吸合所致。出现故障时，应检查按钮 SB6、SB7 的接线情况是否良好。若 KM4 或 KM5 能吸合，M3 能运转，可排除电气方面的故障，则应请液压、机械修理人员检修油路，以确定是否是油路故障。

（4）摇臂上升或下降限位保护开关失灵　组合开关 SQ1 的失灵分两种情况：一是组合开关 SQ1 损坏，SQ1 触头不能因开关动作而闭合或接触不良使电路断开，由此使摇臂不能上升或下降；二是组合开关 SQ1 不能动作，触头熔焊，使电路始终处于接通状态，当摇臂上升或下降到极限位置后，摇臂升降电动机 M2 发生堵转，这时应立即松开 SB4 或 SB5。根据上述情况进行分析，找出故障原因，更换或修理失灵的组合开关 SQ1 即可。

（5）按下 SB6，立柱、主轴箱能夹紧，但释放后就松开　由于立柱、主轴箱的夹紧和放松机构都采用机械菱形块结构，所以这种故障多为机械故障原因造成（可能是菱形块和承压块的角度方向装错，或者距离不适当。如果菱形块立不起来，这是因为夹紧力调得太大或夹紧液压系统压力不够所致），可找机械维修工检修。

【技能训练】

1．训练内容

Z3050 型摇臂钻床电气控制电路的故障检修。

2．工具、仪表及器材

（1）工具　测电笔、电工刀、剥线钳、尖嘴钳、斜口钳、螺钉旋具等。

（2）仪表　万用表。

（3）设备　Z3050 型摇臂钻床及配套电路图。

3．训练步骤

基本操作步骤描述：调查研究，找出故障现象→分析故障范围→用试验法找出故障点→用测量法确认故障点→检修故障点→通电试车

1）在操作师傅的指导下，对钻床进行操作，了解钻床的各种工作状态及操作方法。

2）在教师指导下，掌握钻床电器元件安装位置及走线情况；结合机械、电气、液压几方面的相关知识，掌握钻床电气控制的特殊环节。

3）在有故障的钻床上或人为设置故障的钻床上，由教师示范检修，其步骤如下：

①用通电试验法引导学生观察故障现象。

②根据故障现象，依据电路图用逻辑分析法确定故障范围。

③采用正确的检查方法，查找故障点并排除故障。

④检修完毕，进行通电试验，并做好维修记录。

4）由教师设置让学生事先知道的故障点，指导学生如何从故障现象着手进行分析，逐步引导学生采用正确的检修步骤和检修方法。

5）教师再次设置故障，由学生按照检修步骤和检修方法进行检修。

操作提示

◇熟悉 Z3050 型摇臂钻床电气控制电路的基本环节及控制要求；弄清电气元件与执行元件如何配合实现某种运动形式；认真观察教师的示范检修。

◇检修所用的工具、仪表应符合使用要求。

◇不能随意改变升降电动机原来的电源相序。

◇排除故障时，必须修复故障点，但不得采用元件代换法。

◇检修时，严禁扩大故障范围或产生新的故障。

◇带电检修，必须有指导教师监护，以确保安全。

课题三　铣床控制电路的检修

教学要求

掌握铣床控制电路的检修方法。

铣床是一种用来加工平面、斜面、沟槽，装上分度盘可以铣切齿轮和螺旋面，装上圆工作台可以铣切凸轮和弧形槽的常用机床。铣床种类很多，可分为卧式铣床、立式铣床、仿形铣床、龙门铣床、专用铣床和万能铣床等。下面以 X62W 型万能铣床为例进行介绍。

一、X62W 型万能铣床的主要结构和运动形式

X62W 型万能铣床的外形如图 7－10 所示。

图 7－10　X62W 型万能铣床的外形

X62W 型万能铣床主要由底座、床身、主轴、悬梁、刀杆支架、升降台、横溜板及工作台等组成。

该铣床的型号意义为：

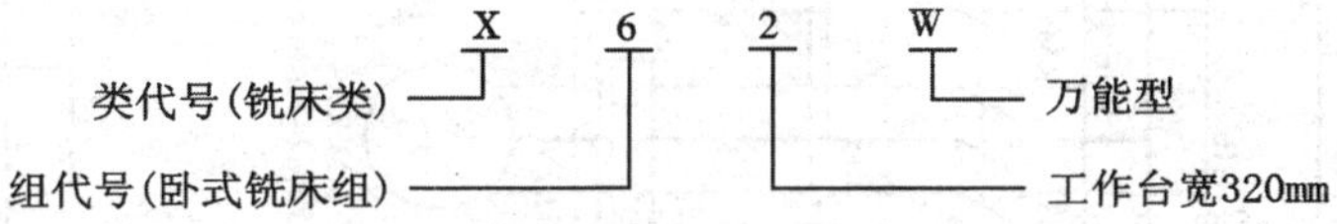

二、X62W 型万能铣床的电力拖动控制特点及控制要求

X62W 型万能铣床电气控制电路如图 7－11 所示。

1. 主电路分析

主电路有三台电动机 M1 是主轴电动机；M2 是进给电动机；M3 是冷却泵电动机。

（1）主轴电动机 M1　通过换相开关 SA4 与接触器 KM1 配合，能进行正反转控制，而与接触器 KM2、制动电阻器 R 及速度继电器的配合，能实现串电阻瞬时冲动和正反转反接制动控制，并能通过机械进行变速。

（2）进给电动机 M2　能进行正反转控制，通过接触器 KM3、KM4 与行程开关及 KM5、牵引电磁铁 YA 配合，能实现进给变速时的瞬时冲动、六个方向的常速进给和快速进给控制。

（3）冷却泵电动机 M3　只能正转。

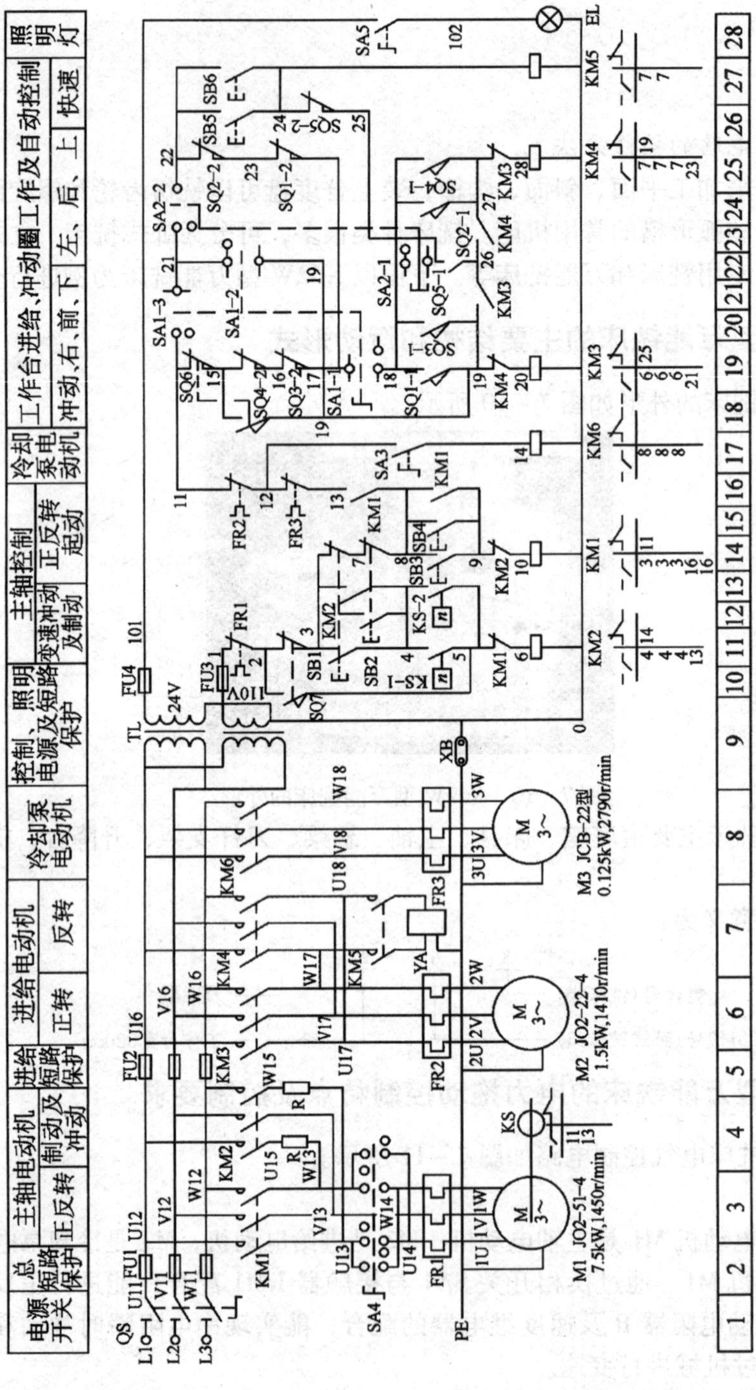

图 7-11 X62W 型万能铣床电气原理图

（4）其他　电路中的 FU1 作机床总短路保护，也兼作 M1 的短路保护；FU2 作为 M2、M3 及控制、照明变压器一次侧的短路保护；热继电器 FR1、FR2、FR3 分别作为 M1、M2、M3 的过载保护。

2. 控制电路分析

（1）主轴电动机的控制

1）SB1、SB3 与 SB2、SB4 是分别装在机床两边的停止（制动）和起动按钮，实现两地控制，方便操作。

2）KM1 是主轴电动机起动接触器，KM2 是反接制动和主轴变速冲动接触器。

3）SQ7 是与主轴变速手柄联动的瞬时动作行程开关。

4）主轴电动机需起动时，要先将 SA4 扳到主轴电动机所需要的旋转方向，然后再按起动按钮 SB3 或 SB4 来起动电动机。

5）主轴电动机起动后，速度继电器 KS 的一副常开触头闭合，为主轴电动机的停转制动作好准备。

6）停车时，按停止按钮 SB1 或 SB2 切断 KM1 电路，接通 KM2 电路，改变 M1 的电源相序进行串电阻反接制动。当 M1 转速低于 120r/min 时，速度继电器 KS 的一副常开触头恢复断开，切断 KM2 电路，M1 停转，制动结束。

7）主轴电动机变速时的瞬动（冲动）控制，是利用变速手柄与冲动行程开关 SQ7 通过机械上的联动机构进行控制的。主轴电动机变速冲动控制示意图如图 7-12 所示。

变速时，先下压变速手柄，然后拉到前面，当快要落到第二道槽时，转动变速盘，选择需要的转速。此时凸轮压下弹簧杆，使冲动行程开关 SQ7 的常开触头后接通，KM2 线圈得电动作，M1 被反接制动。当手柄拉到第二道槽时，SQ7 不受凸轮控制而复位，M1 停转。接着把手柄从第二道槽推回原始位置时，凸轮又瞬时压动行程开关 SQ7，使 M1 反向瞬时冲动一下，以利于变速后的齿轮啮合。但要注意，不论是开车还是停车时变速，都应以较快的速度把手柄推回原始位置，以免通电时间过长，引起 M1 转速过高而打坏齿轮。

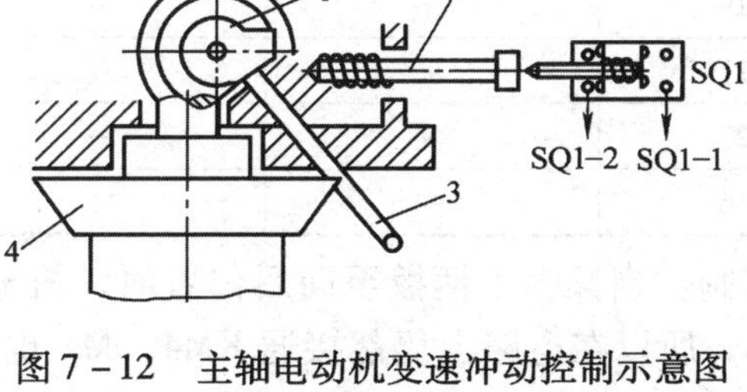

图 7-12　主轴电动机变速冲动控制示意图

1—凸轮　2—弹簧杆　3—变速手柄　4—变速盘

（2）工作台进给电动机的控制　工作台的纵向、横向和垂直运动都由进给电动机 M2 驱动，接触器 KM3 和 KM4 使 M2 实现正反转，用以改变进给运动方向。它的控制电路采用了与纵向运动机械操作手柄联动的行程开关 SQ1、SQ2 和横向及垂直运动机械操作手柄联动的行程开关 SQ3、SQ4 相互组成复合联锁控制，即在选择三种运动形式的六个方向移动时，只能进行其中一个方向的移动，以确保操作安全。当这两个机械操作手柄都在中间位置时，各行程开关都处于未受压的原始状态，如图 7－11 中所示。

在机床接通电源后，将控制圆工作台的组合开关 SA1 扳到断开位置，使触头 SA1－1（17－18）和 SAl－3（11－21）闭合，而 SA1－2（19－21）断开；再将选择工作台自动与手动控制的组合开关 SA2 扳到手动位置，使触头 SA2－1（18－25）断开，而 SA2－2（21－22）闭合，然后起动 M1。这时接触器 KM1 吸合，使 KM1 常开触头（8－13）闭合，就可进行工作台的进给控制。

1）工作台垂直（上下）和横向（前后）运动的控制。工作台的垂直和横向运动，由垂直和横向进给手柄操纵。此手柄是复式的，由两个完全相同的手柄分别装在工作台左侧的前、后方。手柄的联动机械一方面能压下行程开关 SQ3 或 SQ4，同时能接通垂直或横向进给离合器。操纵手柄有五个位置，五个位置是联锁的，工作台的上下和前后的终端保护是利用装在床身导轨旁与工作台座上的撞铁，将操纵十字手柄撞到中间位置，使 M2 断电停转。操作手柄位置与工作台运动方向见表 7－2。

表 7－2　操作手柄位置与工作台运动方向

手柄位置	工作台运动方向	接通离合器	动作行程开关	动作接触器	M2 转向
向上	向上进给或快速向上	垂直进给离合器	SQ4	KM4	反转
向下	向下进给或快速向下	垂直进给离合器	SQ3	KM3	正转
向前	向前进给或快速向前	横向进给离合器	SQ3	KM3	正转
向后	向后进给或快速向后	横向进给离合器	SQ4	KM4	反转
中间	垂直或横向停止	横向进给离合器	—	—	停止

①工作台向上运动的控制：在 M1 起动后，将操作手柄扳至向上位置，其联动机构一方面机械上接通垂直离合器，同时压下行程开关 SQ4，图区 19 上的 SQ4（15－16）断开，图区 25 上的 SQ4（18－27）闭合，见表 7－3。接触器 KM4 线圈通电吸合，M2 反转，工作台向上运动。

表 7－3　工作台垂直、横向进给行程开关 SQ3、SQ4 通断表

触头		位置：向上、向后	停止	向下、向前
SQ3	18－19	—	—	+
	16－17	+	+	—
SQ4	18－27	+	—	—
	15－16	—	+	+

②工作台向后运动的控制：当操纵手柄扳至向后位置时，机械上接通横向进给离合器，而压下的行程开关仍是 SQ4，所以在电路上仍然接通 KM4，M2 也是反转。但在横向进给离合器的作用下，机械传动装置带动工作台向后进给运动。

③工作台向下运动的控制：将操纵手柄扳至向下位置时，机械上接通垂直进给离合器，同时压下行程开关 SQ3，其图区 19 上的常闭触头 SQ3－2（16－17）断开，图区 20 上的常开触点 SQ3－1（18－19）闭合，接触器 KM3 吸合，M2 正转，工作台向下进给运动。

④工作台向前运动的控制：当操纵手柄扳至向前位置时，机械上接通横向进给离合器，而压下的行程开关仍是 SQ3，所以在电路上仍然接通 KM3，M2 也是正转，但在横向离合器的作用下，机械传动装置带动工作台向前运动。

2）工作台纵向（左右）运动的控制。工作台的纵向运动也是由进给电动机 M2 驱动，由纵向操纵手柄来控制。此手柄也是复式的，一个安装在工作台底座的顶面中央部位，另一个安装在工作台底座的左下方。手柄有三个位置：向左、向右、零位。当手柄扳到向右或向左运动方向时，手柄的联动机构压下行程开关 SQ1 或 SQ2，使接触器 KM3 或 KM4 动作，控制进给电动机 M2 的正反转。工作台左右运动的行程，可通过调整安装在工作台两端的撞铁位置来实现。当工作台纵向运动到极限位置时，撞铁撞动纵向操纵手柄，使它回到零，M2 停转，工作台停止运动，从而实现了纵向终端保护。

①工作台向左运动：在 M1 起动后，将操作手柄扳至向左位置，一方面在机械上接通纵向进给离合器，同时在电气上压下行程开关 SQ2，使图区 25 上的行程开关常闭触头 SQ2－2（22－23）断开，图区 24 上的行程开关常开触头 SQ2－1（18－27）闭合，而其他控制进给运动的行程开关都处于原始位置，见表 7－4。此时，使接触器 KM4 吸合，M2 反转，工作台向左进给运动。

表 7－4 工作台纵向进给行程开关 SQ1、SQ2 通断表

触头	位置	向左	停止	向右
SQ1	18－19	—	—	+
	17－23	+	+	—
SQ2	18－27	+	—	—
	22－23	—	+	+

②工作台向右运动：当操纵手柄扳至向右位置时，机械上仍然接通纵向进给离合器，但却压动了行程开关 SQ1。其 SQ1 常闭触头（17－23）断开，常开触头（18－19）闭合，这样，接触器 KM3 吸合，M2 正转，工作台向右进给运转。

3）工作台的快速进给控制。为提高劳动生产率，要求铣床在不作铣切加工时，工作台能快速移动。工作台快速移动控制分手动和自动两种控制方法。铣工在操作时，多数采用手动快速进给控制。

工作台快速进给也是由进给电动机 M2 来驱动，在纵向、横向和垂直三种运动形式六个方向上都可以实现快速进给控制。

主轴电动机起动后，将进给操纵手柄扳到所需位置，工作台按照选定的速度和方向作常速进给移动时，再按下快速进给按钮 SB5（或 SB6），使接触器 KM5 通电吸合，接通牵引电磁铁 YA，电磁铁通过杠杆使摩擦离合器合上，减少中间传动装置，使工作台按原运动方向作快速进给运动。当松开快速进给按钮时，电磁铁 YA 断电，摩擦离合器断开，快速进给运动停止，工作台仍按原常速进给时的速度继续运动。

4）进给电动机变速时的瞬动（冲动）控制。变速时，为使齿轮易于啮合，进给变速与主轴变速一样，设有变速冲动环节。当需要进行进给变速时，应将转速盘的蘑菇形手轮向外拉出并转动转速盘，把所需进给量的标尺数字对准箭头，然后再把蘑菇形手轮用力向外拉到极限位置并随即推向原位，就在一次操纵手轮的同时，其连杆机构二次瞬时压下行程开关 SQ6，使 SQ6 的常闭触头 SQ6（11－15）断开，常开触头 SQ6（15－19）闭合，使接触器 KM3 得电吸合，其通电回路是 11－21－22－23－17－16－15－19－20－KM3－0，电动机 M2 正转。因为 KM3 是瞬时接通的，故能达到 M2 瞬时转动一下，从而保证变速齿轮易于啮合。

由于进给变速瞬时冲动的通电回路要经过 SQ1 ~ SQ4 四个行程开关的常闭触头，因此，只有当进给运动的操作手柄都在中间（停止）位置时，才能实现进给变速冲动控制，以保证操作时的安全。同时，与主轴变速时冲动控制一样，电动机的通电时间不能太长，以防止转速过高，在变速时打坏齿轮。

（3）圆工作台运动的控制　若需铣切螺旋槽、弧形槽等曲线时，可在工作台上安装圆形工作台及其传动机械。圆形工作台的回转运动也是由进给电动机 M2 经传动机构驱动的。

圆工作台工作时，应先将进给操作手柄都扳到中间（停止）位置，然后将圆工作台组合开关 SA1 扳到接通位置，这时图 7 - 11 中图区 19 和图区 20 上的 SA1 - 1 及 SA1 - 3 断开，图区 22 上的 SA1 - 2 闭合，见表 7 - 5。准备就绪后，按下主轴起动按钮 SB3 或 SB4，则接触器 KM1 与 KM3 相继吸合，主轴电动机 M1 与进给电动机 M2 相继起动并运转，而进给电动机仅以正转方向带动圆工作台作定向回转运动，此时 KM3 的通电回路为：1 - 2 - 3 - 7 - 8 - 13 - 12 - 11 - 15 - 16 - 17 - 23 - 22 - 21 - 19 - 20 - KM3 - 0。若要使圆工作台停止运动，可按主轴停止按钮 SB1 或 SB2，则主轴与圆工作台同时停止工作。

表 7 - 5　圆工作台组合开关 SA1 通断表

触头＼位置	圆工作台	
	接通	断开
SA1 - 1（17 - 18）	—	+
SA1 - 2（19 - 21）	+	—
SA1 - 3（11 - 21）	—	+

由以上通电回路中可知，圆工作台不能反转，只能定向作回转运动，并且不允许工作台在纵向、横向和垂直方向上有任何运动。当圆工作台工作时，若误操作而扳动进给运动操纵手柄，由于实现了电气上的联锁，就立即切断圆工作台的控制电路，电动机停止运转。

三、常见电气故障分析

1. 主电路故障

（1）主轴电动机不能制动　主轴电动机不能制动时，要首先按下停止按钮 SB1 或 SB2，检查反接制动接触器 KM2 是否吸合，若 KM2 不吸合，则故障原因一定在控制电路部分。检查时可先操作主轴变速冲动手柄，若有冲动，故障范围就缩小到速度继电器和按钮支路上。若 KM2 吸合，则故障原因就比较复杂，其故障原因之一是，主电路的 KM2、R 制动支路中，至少有缺两相的故障存在；其二是，速度继电器的常开触头过早断开。在检查时，只要仔细观察故障现象，这两种故障原因是能够区别的，前者的故障现象是完全没有制动作用，而后者则是制动效果不明显。

从以上分析可知，主轴电动机停车时无制动的故障原因，较多是由于速度继电器 KS 发生故障引起的。如 KS 常开触头不能正常闭合，其原因有：推动触头的胶木摆杆断裂；KS 轴伸端圆销扭弯、磨损或弹性连接元件损坏；螺钉、销钉松动或打滑等。若 KS 常开触头过早断开，其原因有 KS 动触头的反力弹簧调节过紧、KS 的永久磁铁转子的磁性衰减等。

（2）按下停止按钮后主轴电动机不停　产生故障的原因有：接触器 KM1 主触头熔焊；

反接制动时两相运行；起动按钮 SB3 或 SB4 在起动 M1 后绝缘被击穿。这三种故障原因，在故障的现象上是能够加以区别的：如果按下停止按钮后，KM1 不释放，则故障可断定是由熔焊引起的；如果按下停止按钮后，接触器的动作正确，即 KM1 能释放，KM2 能吸合，同时伴有嗡嗡声或转速过低，则可断定是制动时主电路有断相故障存在；若制动时接触器动作顺序正确，电动机也能进行反接制动，但松开停止按钮后，电动机又再次自行起动，则可断定是起动按钮绝缘被击穿。

2. 工作台常见故障

(1) 工作台不能作向上进给运动　由于铣床电气电路与机械系统的配合密切和工作台向上进给运动的控制是处于多回路电路之中，因此，不宜采用按步就班地逐个检查的方法。在检查时，可先依次进行快速进给，进给变速冲动，圆工作台向前进给、向左进给及向后进给的控制，以逐步缩小故障的范围（一般可从中间环节的控制开始），然后再逐个检查故障范围内的元器件、触头、导线及接点，以查出故障点。在检查时，还必须考虑到由于机械磨损或移位使操纵失灵等因素，若发现此类故障原因，应与机修钳工互相配合进行修理。

假设故障点在图区 25 上行程开关 SQ4－1 由于安装螺钉松动而移动位置，造成操纵手柄虽然到位，但触头 SQ4－1（18－27）仍不能闭合。在检查时，若进行进给变速冲动控制正常后，即可排除与向上进给相关的公共支路上存在故障的可能性。也就说明向上进给回路中，线路 11－21－22－23－17 是完好的，再通过向左进给控制正常，又能排除线路 17－18 和 27－28－0 存在故障的可能性。这样就将故障的范围缩小到 18－（SQ4－1）－27 的范围内。再经过仔细检查或测量，就能很快找出故障点。

(2) 工作台纵向不能进给运动　应先检查横向或垂直进给是否正常，如果正常，说明进给电动机 M2、主电路、接触器 KM3、接触器 KM4 及与纵向进给相关的公共支路都正常，此时应重点检查图区 19 上的行程开关 SQ6（11－15）、SQ4－2（15－16）及 SQ3－2（16－17），即线号为 11－15－16－17 支路，因为只要三对常闭触头中有一对不能闭合或有一根线头脱落就会使纵向不能进给。然后再检查进给变速冲动是否正常，如果也正常，则故障的范围可缩小到 SQ6（11－15）及 SQ1－1、SQ2－1 上，一般来说，SQ1－1、SQ2－1 两副常开触头同时发生故障的可能性很小，而 SQ6（11－15）由于进给变速时，常因用力过猛而容易损坏，所以可先检查 SQ6（11－15）触头，直至找到故障点并予以排除。

(3) 工作台各个方向都不能进给　可先进行进给变速冲动或圆工作台控制，如果正常，则故障可能在图区 19 的行程开关 SA1－1 及引接线 17－18 上，若进给变速冲动也不能工作，应检查接触器 KM3 是否吸合，如果 KM3 不能吸合，则故障可能发生在控制电路的电源部分，即 8－13－12－11 线路及 0 号线上，若 KM3 能吸合，则应着重检查主电路，包括电动机的接线及绕组是否存在故障。

【技能训练】

1. 训练内容

X62W 型万能铣床电气控制电路的故障检修。

2. 工具、仪表及器材

(1) 工具　测电笔、电工刀、剥线钳、尖嘴钳、斜口钳、螺钉旋具等。

(2) 仪表　万用表。

(3) 设备　X62W 型万能铣床及配套电路图。

3. 训练步骤

基本操作步骤描述：调查研究，找出故障现象→分析故障范围→用试验法找出故障点→用测量法确认故障点→检修故障点→通电试车

1）熟悉铣床的主要结构和运动形式，对铣床进行实际操作，了解铣床的各种工作状态及操作手柄的作用。

2）熟悉铣床电器元件的安装位置、走线情况以及操作手柄处于不同的位置时，位置开关的工作状态及运动部件的工作情况。

3）在有故障的铣床上或人为设置故障的铣床上，由教师示范检修，边分析边检查，直至故障排除。

4）故障点设置：将19区连接SQ4－2、SQ3－2的16号线断开。则故障现象为工作台不能左右运动。

5）学生向教师询问故障现象，了解故障发生后的异常现象为：工作台不能左右运动，判断故障的大致范围应在进给电路中。

6）依照机床电气电路的工作原理分析故障。工作台在方向手柄的控制下，应该能够实现左、右、上、下、前、后六个方向的移动。由工作台垂直、横向（上、下、前、后）运动控制电路的路径和工作台纵向（左、右）运动控制电路的路径特点可以得知：故障点引起工作台六个方向中的两个方向都不能移动，应考虑到进给电动机的主电路完好，垂直、横向控制电路的路径正常，工作台左、右方向控制电路的公共路径存在故障：即11号线→SQ6常闭触头→SQ4－2常闭触头→16号线→SQ3－2常闭触头→17号线。

7）通过试验观察法对故障进一步分析，缩小故障范围。为收到准而快的效果，在不扩大故障范围、不损伤电气设备的前提下，可直接进行通电试验：接通电源，工作台方向手柄都处于中间位置，然后按下起动按钮SB3（或SB4），主轴电动机起动正常。操作工作台左、右方向手柄，上、下、前、后方向手柄：工作台有上、下、前、后四个方向的运动，证明：进给电动机的主电路完好；控制电路中的11号线→SA1－3→21号线→SA2－2→22号线→SQ2常闭触头→23号线→SQ1常闭触头→与SQ1常闭触头相连的17号线，连接KM3、KM4的0号线正常。在操作工作台左、右两个方向的手柄时，注意到没有接触器吸合的响声，加上故障点只有一个的前提条件，应在工作台左、右控制电路的公共部分。为缩小故障范围，拉出进给调速手轮，瞬时压下SQ6后，观察到接触器KM3没有吸合。故障检查范围可缩小到：与SQ6常开触头、SQ6常闭触头（19区）相连的15号线→SQ4－2常闭触头→16号线→SQ3－2常闭触头→17号线。

8）故障检测。用电阻测量法寻找故障点。断开电源开关QS，验电后，为避免受其他并联支路的影响，产生误判断，将工作台左、右方向的手柄打在向左（或右）的位置，断开上、下、前、后四个方向的电路回路。进行如下操作：将万用表调至$R\times1$的量程上→调零→测量与SQ4－2常闭相连的15号线→阻值为0→正常→测量SQ4－2常闭触头→阻值为0→正常→测量与SQ4－2常闭触头、SQ3－2常闭触头相连的16号线→阻值为∞位→有断点，修复16号线。

9）通电试车。如果还存在其他故障，用试验法继续观察下一个故障现象。重复以上步骤，直到故障全部排出。

10）整理现场。合上机床电气柜门，断开机床总电源开关，拉下总电源开关。整理机

床电气电路，将检修过程涉及的各接线点重新紧固一遍；线槽盖板、灭弧罩、熔断器帽等盖好旋紧；各导线整理规范美观。将电气壁龛内的绝缘皮、废弃的线头等杂物清理干净。最后将电工工具、仪表和材料整齐摆放于桌面，清扫地面。

11）总结经验做好维修记录。记录机床型号、名称、编号、故障发生日期、故障现象、部位、损坏的电器、故障原因、修复措施及修复后的运行情况等。

操作提示

◇检修前要认真阅读电路图，熟练掌握各个控制环节的原理及作用，并认真仔细地观察教师的示范检修。

◇由于该类铣床的电气控制与机械结构的配合十分紧密，因此，在出现故障时，应首先判明是机械故障还是电气故障。

◇修复故障使机床恢复正常时，要注意消除产生故障的根本原因，以避免频繁发生相同的故障。

◇停电要验电。带电检修时，必须有指导教师在现场监护，以确保用电安全。同时要做好训练记录。

第八章　PLC 及变频器的应用

学习目标

随着电子技术的飞速发展，各类电子产品广泛应用于各个领域，要生产出性能优良可靠的电子产品，并对其进行维修和调试，作为一名维修电工必须掌握电子方面的基本技能和电子电路的安装、调试与维修技能。本章主要介绍电子技术的焊接技术，元器件的识别等基本操作技能，常用电子仪器仪表的使用，典型电子电路的安装、调试与维修技能。

本章的学习目标

1. 掌握 PLC 基本指令及编程器的使用。
2. 掌握 PLC 编程软件的使用。
3. 掌握 PLC 控制电路的安装与调试。
4. 掌握变频器的拆装技能。

课题一　PLC 的基本指令及编程器的使用

教学要求

1. 掌握 PLC 基本指令。
2. 熟练进行编程器的操作。
3. 掌握 PLC 控制电路的安装与调试技能。

PLC（可编程序控制器）是在继电顺序控制的基础上发展起来的以微处理器为核心的通用自动控制装置，它具有条件控制、定时控制、计数控制、步进控制、数据处理、通信、联网、对控制系统的监控、停电记忆和故障诊断功能。

PLC 具有可靠性高、编程方便、对环境要求低、与其他配置连接方便等特点。在工业生产中得到了广泛的应用。

PLC 主要由中央处理机（CPU）、存储器、输入接口电路、输出接口电路和电源几部分组成，PLC 的外形和结构示意图分别如图 8－1 和图 8－2 所示。

PLC 的软件包括系统软件和应用软件。系统软件主要是系统的管理程序和用户指令的解释程序，已固化在系统程序存储器中，用户不能更改。应用软件即用户程序，是由用户根据控制要求，按照 PLC 编程语言自行编制的程序。

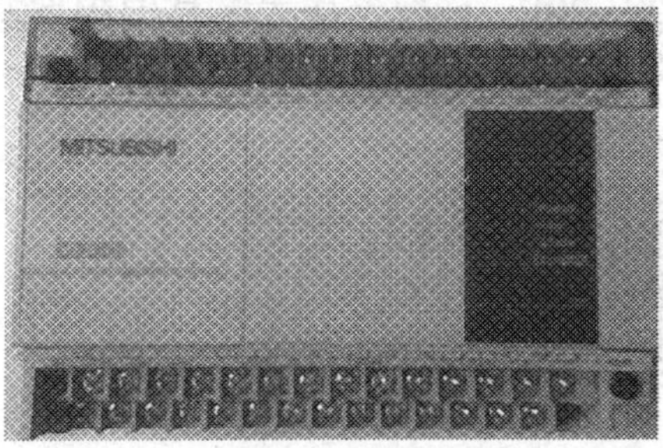

图 8 - 1 PLC 外形

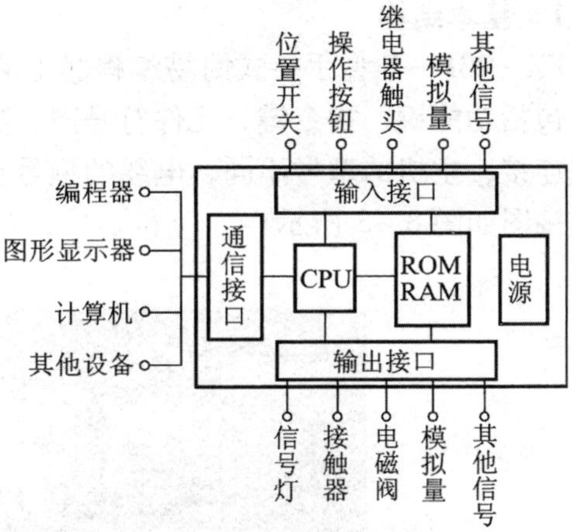

图 8 - 2 PLC 结构示意图

一、PLC 的基本指令

PLC 的编程语言主要是梯形图和助记符语言。梯形图语言是从继电器梯形图演变过来的一种图形语言，形象及逻辑关系清晰直观，容易掌握，但梯形图需要专用的软件才能输入图形符号。在生产现场还广泛使用助记符语言，助记符语言组成的程序由操作码和操作数组成。

FX2 系列 PLC 的指令系统包括 20 条基本指令、2 条步进指令和 87 条功能指令。其常见的基本指令见表 8 - 1。

表 8 - 1 FX2 系列 PLC 的基本指令

指令	助记符功能	指令	助记符功能
LD	常开触点与左母线连接	MPS	进栈
LDI	常闭触头与左母线连接	MRD	读栈
OUT	输出逻辑运算结果，驱动输出线圈	MPP	出栈
AND	常开触头	MC	主控（公共触头串联连接）
ANI	常闭触点串联连接	MCR	主控复位
OR	常开触头并联连接	SET	置位（使操作保持）
ORI	常闭触头并联连接	RST	复位（使操作复位或当前数据清零）
ORB	电路块与电路块并联连接	PLS	上升沿产生触发脉冲
ANB	电路块与电路块串联连接	PLF	下降沿产生触发脉冲
NOP	空操作	END	结束输入、输出处理，程序回第“0”步

二、手持式编程器的使用

编程器是 PLC 最重要的外围设备，它一方面对 PLC 进行编程，另一方面又可对 PLC 的运行状况进行监控。FX 系列 PLC 常用的编程器有手持式简易编程器和利用编程软件在计算机上编程的编程器。FX 系列 PLC 的手持式简易编程器型号为 FX—20P—E 型。FX—20P—E 型手持式简易编程器可联机（在线）编程，还可脱机（离线）编程。

1. 基本结构

FX—20P—E 型手持式简易编程器由液晶显示屏、ROM 写入器接口、存储器卡盒接口、以及包括功能键、指令键、元件符号键、数字键等的键盘组成。编程器与主机之间采用专用电缆连接，主机的型号不同，电缆的型号也不同。FX—20P—E 型手持式简易编程器与主机的连接图如图 8-3 所示。

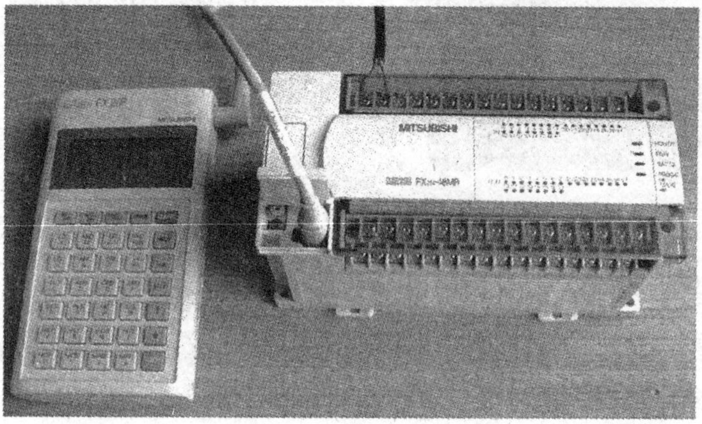

图 8-3　FX—20P—E 型手持式简易编程器与主机的连接图

2. 操作面板

FX—20P—E 型手持式简易编程器的操作面板如图 8-4 所示，操作面板上各个按键的功能如下：

（1）功能键　功能键有三个，RD/WD 为读出/写入键；INS/DEL 为插入/删除键盘，MNT/TEST 为监视/测试键。三个功能键都是复用键，交替起作用，按第一次时选择键左上方表示的功能，按第二次时则选择右下方表示的功能。

（2）执行键 GO　此键用于指令的确认、执行、显示画面和检索。

（3）清除键 CLEAR　如果在按执行键之后按此键，则清除键入的数据。该键也可用于清除显示屏上的错误信息或恢复原来的画面。

（4）其他键 OTHER　在任何状态下按此键，将显示方式项目单菜单。安装 ROM 写入模块时，在脱机方式项目单上进行项目选择。

（5）辅助键 HELP　显示应用指令一览表。在监视时，进行十进制数和十六进制数的转换。

（6）空格键 SP　在输入时，用此键指定元件号和常数。

（7）步序键 STEP　设定步序号时按此键。

（8）光标键 ↑、↓　用该键移动光标和提示符，指定已指定元件前一个或后一个地址号的元件，进行滚动。

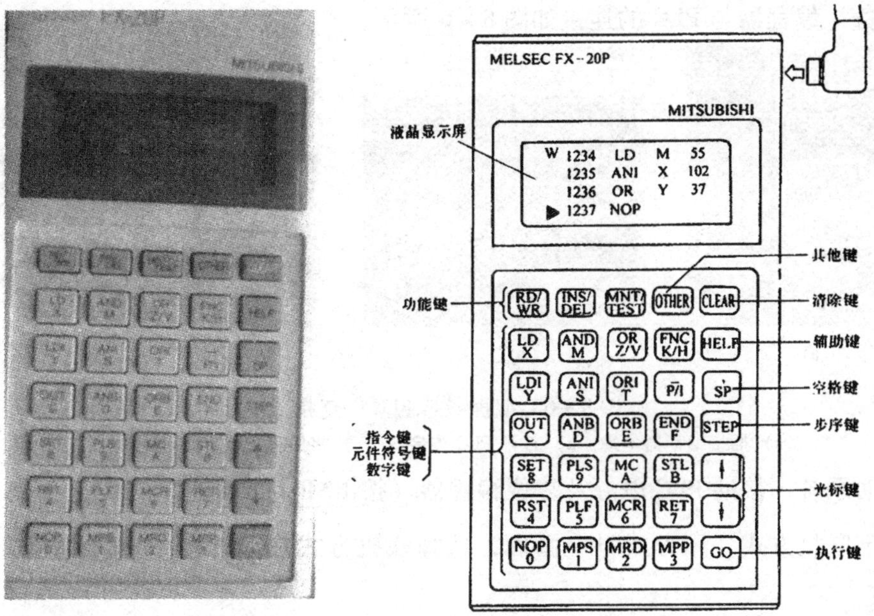

a) b)

图 8-4 FX—20P—E 的操作面板

a）外形图 b）键盘名称

除上述键外，还有指令键、元件符号键、数字键，这些键均是复用键，每个键的上面为指令符号，下面为元件符号或者数字。各键中上下的功能是根据当前所执行的操作自动进行切换的，其中下面的元件符号 Z/V、K/H、P/I 又是交替起作用，反复按该键时交替切换。

3. 显示屏

FX—20P—E 型手持式简易编程器的液晶显示屏较小，只能同时显示 4 行，每行 16 个字符。在编程操作时，显示屏上显示的画面如图 8-5 所示。

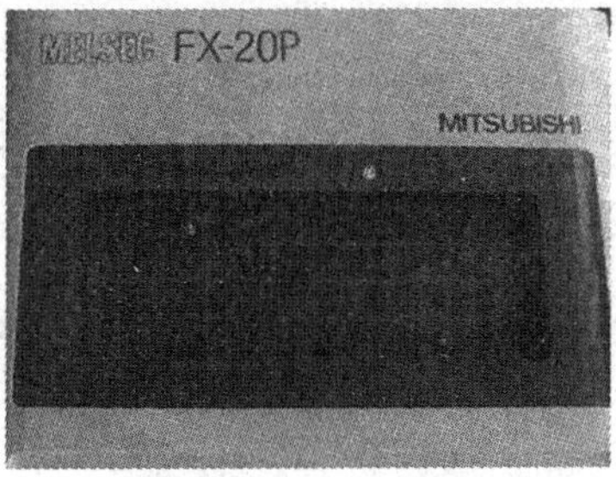

图 8-5 液晶显示屏

显示屏中黑三角旁的字母为功能方式提示，不同字母其含义如下：R（Read）——读出；D（Delete）——删除；W（Write）——写入；M（Monitor）——监视；I（Insert）——插入；T（Test）——测试。

三、编程器的联机操作

1. 编程操作

无论是联机方式或是脱机方式，基本编程操作相同，其步骤如下：

（1）准备　编程器与PLC的连接如图8－6所示。

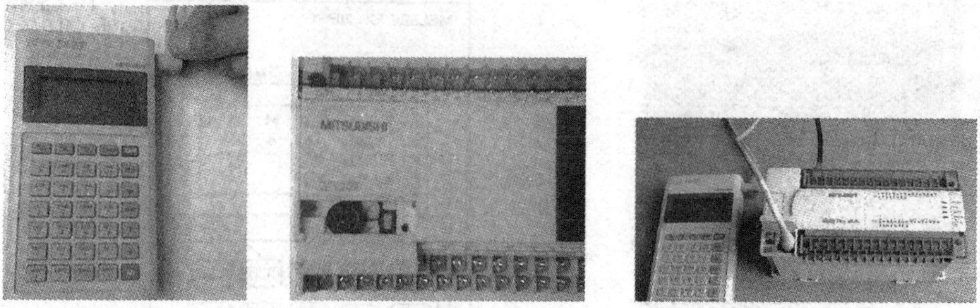

a)　　b)　　c)

图8－6　编程器与PLC的连接

a）插接编程器电缆　b）打开PLC连接口　c）将编程器与PLC连接

（2）启动系统　接通PLC电源及复位编程器（按RST＋GO键）。

（3）设定联机方式　用方式设定画面，选择联机方式按GO键，选择脱机方式按↓、GO键。

（4）编程操作　利用写入、读出、插入、删除等功能，编制程序。

1）写入程序：在写入程序前，先对PLC的用户存储器清零。清零过程如下：

RD/WD→RD/WD→NOP→A→GO→GO

清零后即可进行程序写入操作。写入操作包括基本指令（包括步进指令共22条）的写入和功能指令的写入。

①基本指令的写入。基本指令有三种情况：一是仅有指令助记符不带元件；二是有指令助记符带一个元件；三是有指令助记符带两个元件。写入上面三种基本指令的操作框图如图8－7所示。

［写入功能］→指令→GO

［写入功能］→指令→元件符号→GO

［写入功能］→指令→元件符号→元件号→SP→元件符号→元件号→GO

图8－7　基本指令的写入

在指令的写入过程中，若需要修改，方法如图8－8所示。

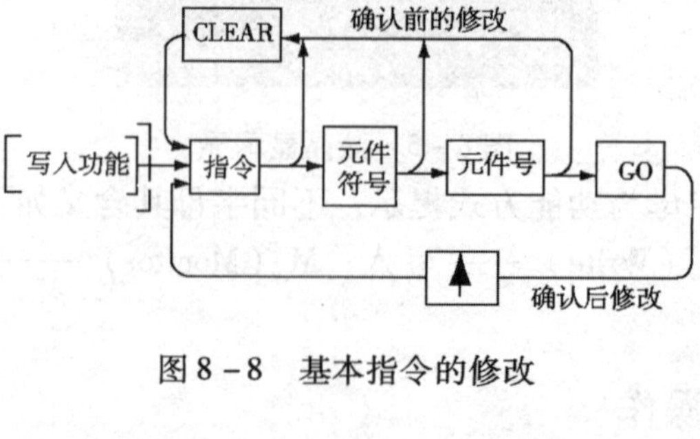

图8－8　基本指令的修改

②功能指令的写入。写入功能指令时，按FNC键后再输入功能指令号。这时不能像写入基本指令那样使用元件符号键。

功能指令的输入方法有两种：一是直接输入指令号；二是借助于 HELP 键的功能，在所显示的指令一览表上检索指令编号后再输入。

功能指令写入的基本操作如图 8－9 所示。

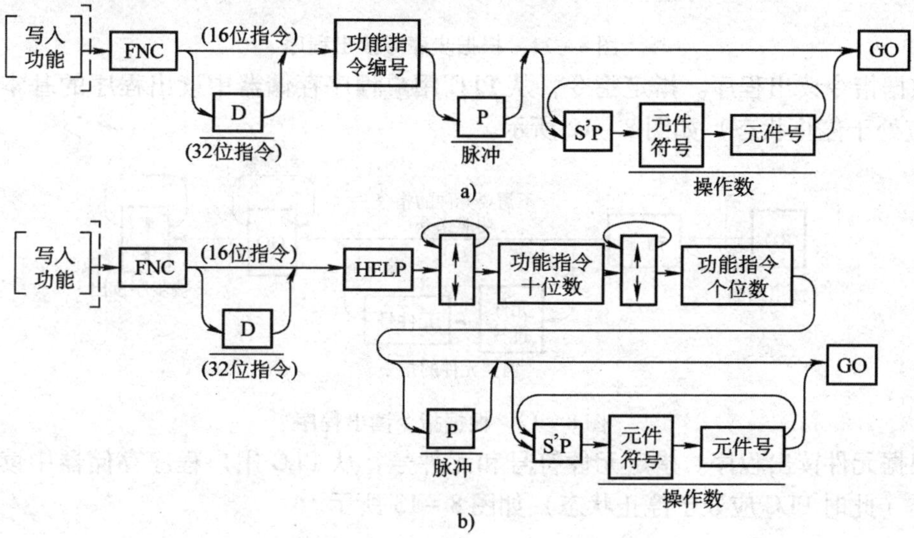

图 8－9　功能指令的写入

a）直接输入指令号　b）检索指令编号后再输入

③程序的改写。在程序输入后，如果要对某一程序进行改写，可按下列步骤操作：

a. 根据步序号读出程序。

b. 按 WR 键后，依次键入指令、元件符号及元件号。

c. 按 SP 键，键入第二元件符号和第二元件号。

d. 按 GO 键，重新写入指令。

④NOP 的成批写入。在指定范围内，将 NOP 成批写入的基本操作如图 8－10 所示。

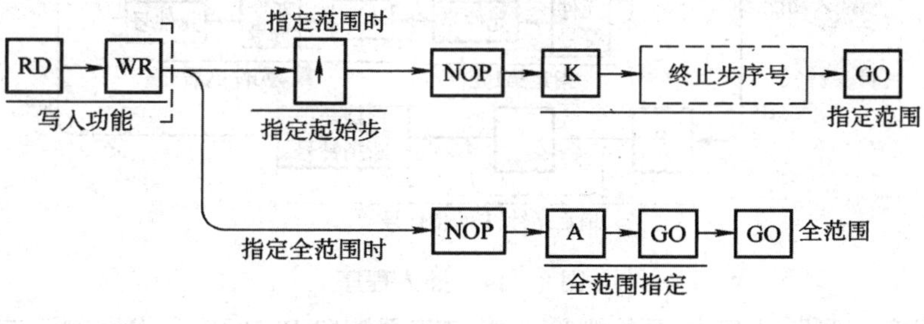

图 8－10　NOP 的成批写入

2）读出程序：有时需要将已写入的程序读出以便检查。读出程序的方式有几种，如根据步序号读出，根据指令或根据元件读出。在联机方式下，PLC 在运行状态时要读出指令，只能根据步序号读出。若 PLC 处在停止状态，还可用其他方式读出程序。

①根据步序号读出程序。指定步序号，从 PLC 用户程序存储器中读出程序的基本操作，如图 8－11 所示。

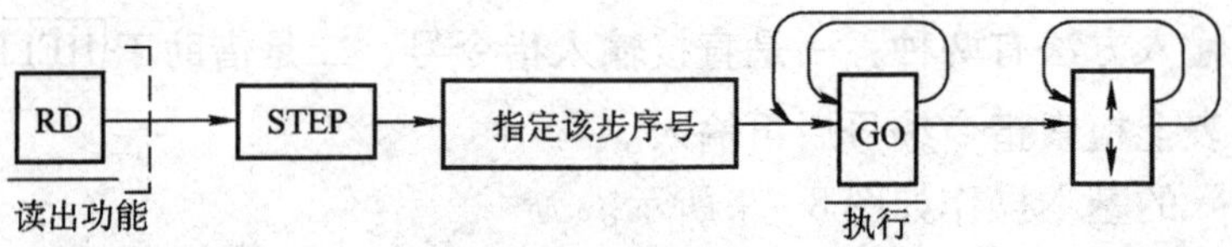

图 8-11 根据步序号读出程序

②根据指令读出程序。指定指令，从 PLC 用户程序存储器中读出程序的基本操作（此时 PLC 应处于停止状态）如图 8-12 所示。

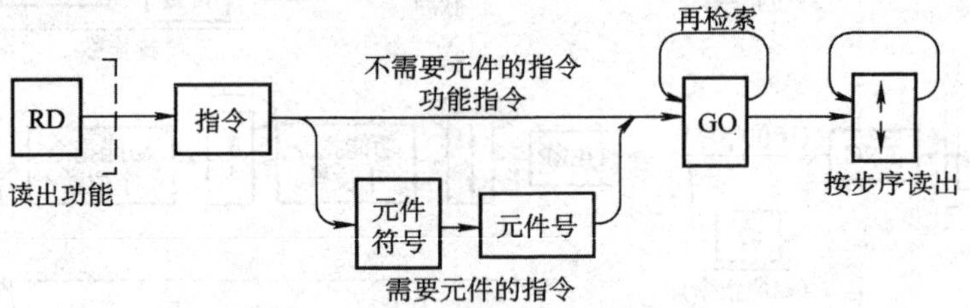

图 8-12 根据指令读出程序

③根据元件读出程序。指定元件符号和元件号，从 PLC 用户程序存储器中读出程序的基本操作（此时 PLC 应处于停止状态）如图 8-13 所示。

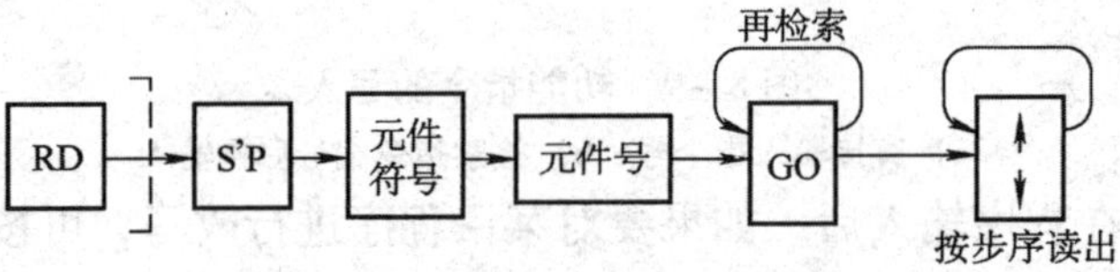

图 8-13 根据元件读出程序

3）插入程序：插入程序操作是根据步序号读出程序，在指定的位置上插入指令或指针，其基本操作如图 8-14 所示。

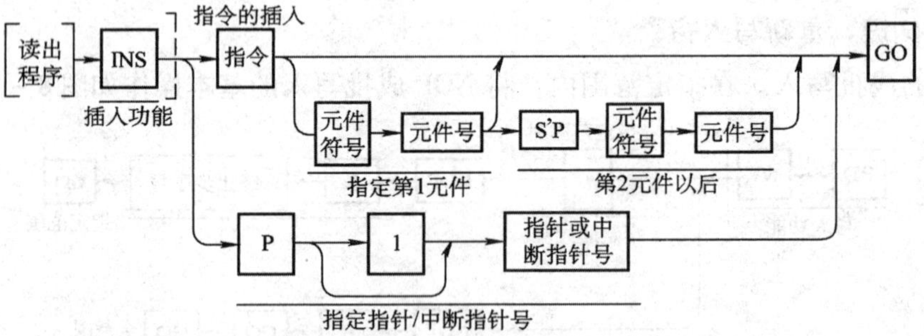

图 8-14 插入程序

4）删除程序：删除程序分逐条删除、指定范围删除和 NOP 式成批删除三种方式。下面以逐条删除为例，介绍删除程序的基本操作。

要删除程序时，先读出有关程序，用光标指定需删除的指令或指针，基本操作如图 8-15 所示。

2. 监控操作

监控功能可分为监视功能和测控功能。监视功能是通过编程器的显示屏监视和确认在联机方式下 PLC 的动作和控制状态，它包括元件的监视和动作状态监视等。测控功能主要是指编程器对 PLC 的位元件触头和线圈进行强制 ON/OFF，以及对常数的修改。

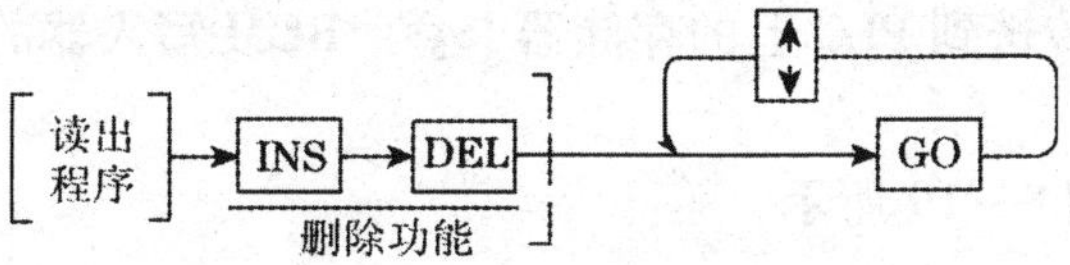

图 8－15　删除程序

(1) 元件监视　元件监视是指监视指定元件的 ON/OFF 状态、设定值及当前值。元件监视的基本操作如图 8－16 所示。

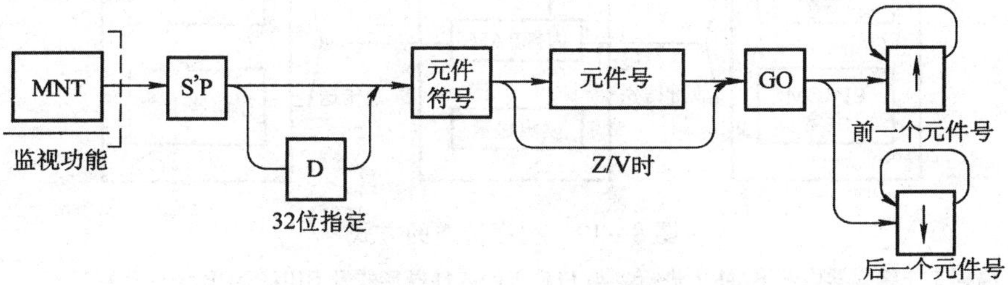

图 8－16　元件监视

(2) 动作状态监视　利用步进指令监视 S 的动作状态（状态号从小到大，最多为 8 点）的键盘操作如下：

MNT → STL → GO

(3) 强制 ON/OFF　对元件进行强制 ON/OFF 操作时，应先对元件进行监视，然后进行测试。基本操作如图 8－17 所示。

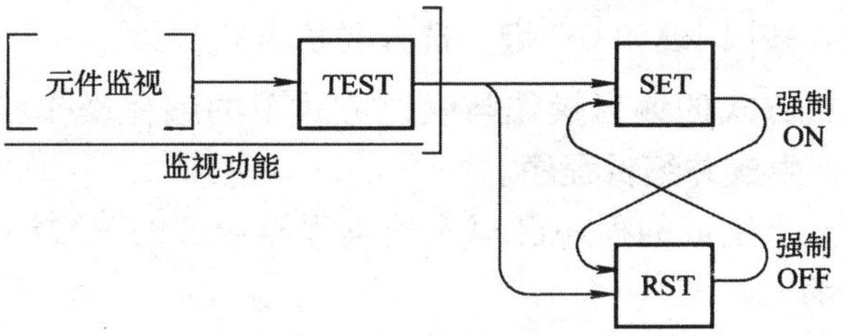

图 8－17　强制 ON/OFF

强制 ON/OFF 操作只在一个运行周期内有效。

(4) 修改 T、C 设定值　对元件监视操作后，转到测试功能，可修改 T、C 的设定值，基本操作如图 8－18 所示。

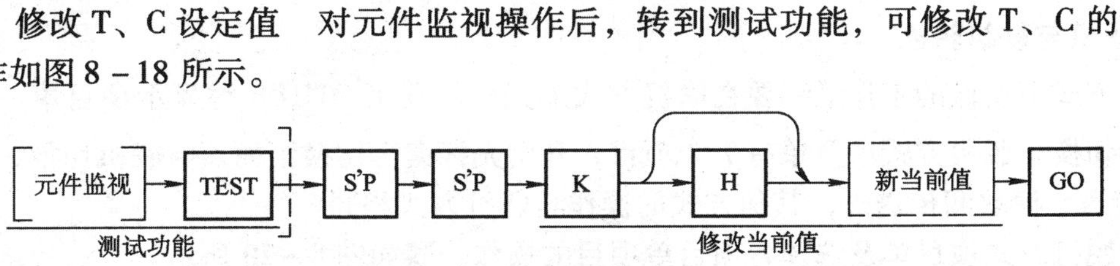

图 8－18　修改 T、C 设定值

四、编程器的脱机工作

编程器脱机方式是指对编程器内部存储器的存取方式，即脱机时所编制的程序存放在编程器内部的 RAM 中。而在联机方式中，编程器键入的程序是放在 PLC 内的 RAM 中，此时编程器内的程序原封不动地保存着。在编程器内部RAM上写入的程序可成批地传送到PLC内部RAM，也可成批地传送到PLC上的存储器卡盒。ROM写入器的传送，也可在脱机方式下进行。

程序传送的方式如图8-19所示，

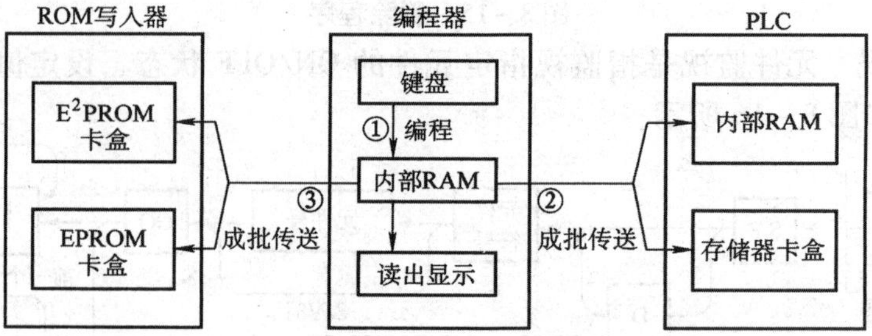

图8-19 程序传送的方式

①表示此时编程是在编程器内部RAM上进行，与PLC上的存储器形式及RUN/STOP状态无关。

②表示成批传送，分为编程器送PLC（写入）和PLC送编程器（读出）两种。写入时PLC的RUN/STOP状态应处于STOP，PLC的程序存储器保护开关为OFF。读出时PLC的状态开关为RUN、STOP均可。

③表示成批传送，但与PLC上的状态开关和存储器形式无关。

1. 脱机方式下的操作过程

（1）准备 将编程器与PLC连接好。

（2）组成系统 接通PLC电源，将编程器复位（按[RST]+[GO]键）。

（3）脱机方式设定 按[↓]键和[GO]键，选择脱机方式。

（4）编程操作 脱机方式的编程操作与联机方式下的编程操作相同，即利用写入、读出、插入、删除等功能，生成并编辑程序。

（5）结束 脱机方式下生成的程序已写入到编程器内部的RAM中，若传送到PLC中，则PLC中原有的程序将消失。

编程器内RAM中的程序用超级电容进行停电保护。其充电1h，可保持3天以上。因此，可以将在实验室里脱机生成并保存在编程器内的程序，传送给装在现场的PLC。

2. 脱机与联机转换

脱机方式下所做的工作最终要在联机方式下完成。利用[OTHER]键显示项目单一览表进行方式的切换。脱机方式项目单有7个项目，利用光标键可切换画面。除联机切换、编程器与PLC传送、模块间传送外，其他方式的操作与联机方式相同。

显示脱机方式项目单及选择各项目单项目的操作步骤如图8-20所示。

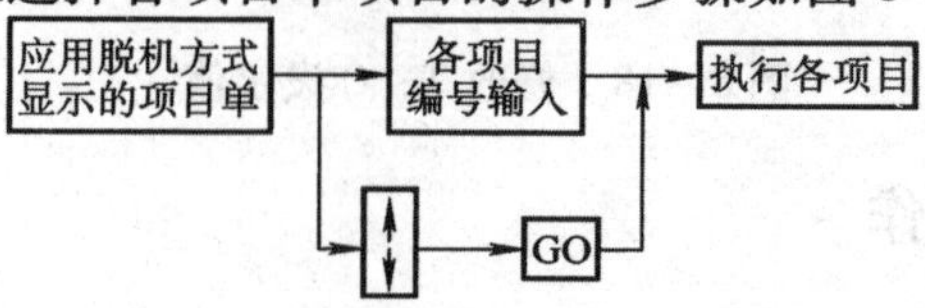

图8-20 脱机操作步骤

显示方式项目单时，按所选的项目或使光标对准所选项目并按[GO]键，即显示各项目单的项目，实现从脱机方式到联机方式的切换。

例如：编程器与主机（HPP—FX PLC）之间的传送，在无存储器卡盒的情况下，编程器（HPP）和主机（FX-PLC）之间成批传送程序和参数的显示如图 8－21 所示。图中：①表示从 HPP 内部 RAM 往 PLC 内部 RAM 成批传送程序和 PLC 处于 STOP 状态。②表示从 PLC 内部往 HPP 内部 RAM 成批传送程序和参数。③表示校验 HPP 内部 RAM 和 PLC 内部 RAM 的程序和参数。

◢ HPP → FX—RAM	①
HPP ← FX—RAM	②
HPP： FX—RAM	③

图 8－21

若 PLC 已安装了 E^2PROM 卡盒，进行 HPP→E^2PROM 传送时，必须使 PLC 处于 STOP 状态，并使存储器卡盒内的存储器保护开关置于 OFF 位置。其他操作相同。

【技能训练】

1．训练内容

用 PLC 改造和安装图 8－22 所示的通电延时带直流能耗制动的Y－△起动的控制电路，并用手持式编程器输入设计好的程序进行调试。

2．工具、仪表及器材

常用电工工具 1 套，万用表（MF47 或自定）1 块、钳形电流表（T301－A 型或自定）、兆欧表（500V、0～200MΩ）各 1 只，三相四线电源（～3×380/220V、20A）1 处，单相交流电源（～220V、36V、5A）1 处，三相电动机（Y112M－6，2.2kW、380V、Y联结或自定）1 台，配线板（500mm×450mm×20mm）1 处，可编程序控制器（FX2－48MR 或自定）1 台，便携式编程器（FX2－20P 或自定）1 台，组合开关（HZ10－25/3 或自定）1 个，交流接触器（CJ10－20，线圈电压 380V 或自定）4 只，热继电器（JR16－20/3D 或自定）1 只，熔断器及熔芯配套（RL1－60/20A）3 套，熔断器及熔芯配套（RL1－15/4A 或自定）2 套，三联按钮（LA10－3H、LA4－3H 或自定）2 个，接线端子排（JX2－1015，500V、10A、15 节或自定）1 条。

3．训练步骤

基本操作步骤描述：分析控制要求→分配 I/O 点数→画出 PLC 外部接线图→设计程序→安装接线→接入电源，用编程器输入程序→通电试车

（1）分析控制要求　起动时，按起动按钮 SB2，接触器 KM1、KM3 相继吸合，三相异步电动机定子绕组接成Y联结减压起动，同时时间继电器 KT 接通后开始计时，经 10s（起动时间整定值）后接触器 KM3 释放，KM2 吸合，此时电动机定子绕组接成△联结正常运行。

停车时，按停止按钮 SB1，接触器 KM1 和 KM2 释放，电动机停转。同时 KM4、KM3 吸合，三相异步电动机以Y联结直流能耗制动。

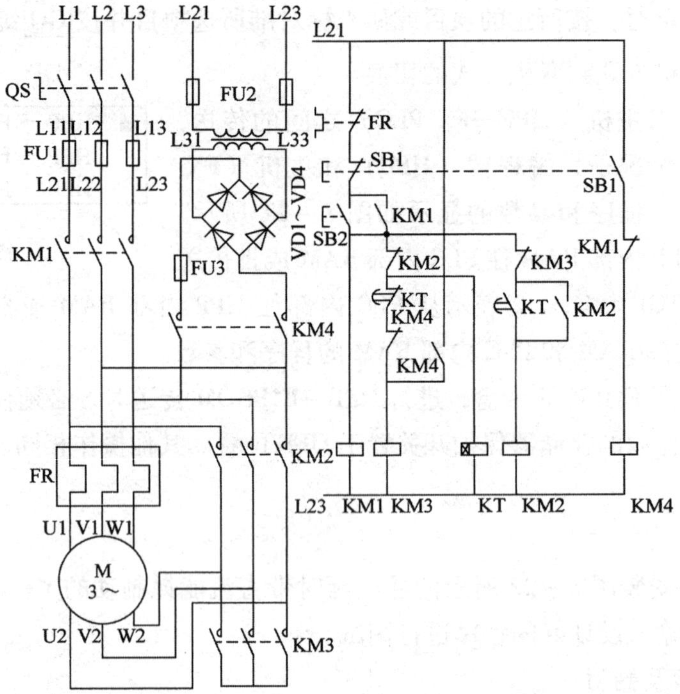

图 8-22　通电延时带直流能耗制动的Y-△起动的控制电路

（2）分配 I/O 点数　根据给定的继电控制电路图，列出 PLC 控制 I/O 口（输入/输出）元件地址分配表，见表 8-2。

表 8-2　I/O 点数分配表

输入			输出		
X1	SB1	停止	Y1	KM1	接触器 1
X2	SB2	起动	Y2	KM2	接触器 2
			Y3	KM3	接触器 3
			Y4	KM4	接触器 4

（3）画出 PLC 外部接线图　如图 8-23 所示。

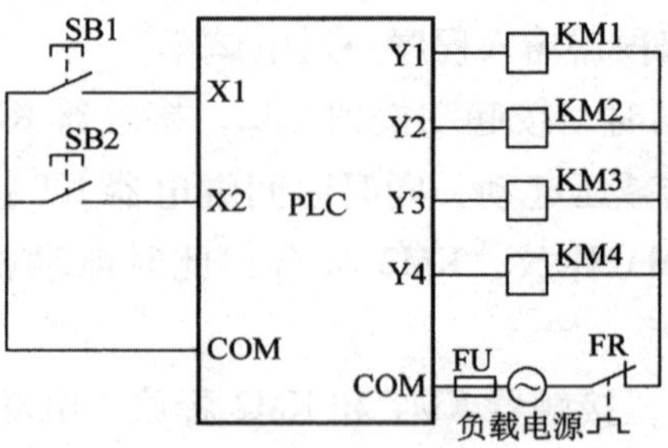

图 8-23　PLC 外部接线图

（4）设计程序

1）画出梯形图：梯形图如图 8-24 所示。

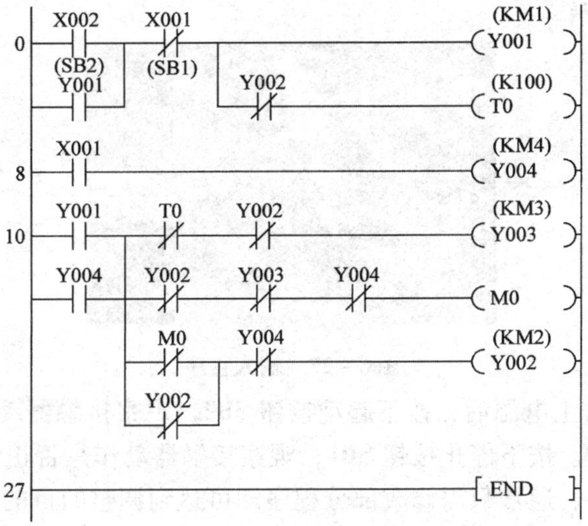

图 8－24　梯形图

2）写出语句表。具体如下：

0	LD	X002		16	MRD	
1	OR	Y001		17	ANI	Y002
2	ANI	X001		18	ANI	Y003
3	OUT	Y001		19	ANI	Y004
4	ANI	Y002		20	OUT	MO
5	OUT	TO	K100	21	MPP	
8	LD	X001		22	LD	MO
9	OUT	Y004		23	OR	Y002
10	LD	Y001		24	ANB	
11	OR	Y004		25	ANI	Y004
12	MPS			26	OUT	Y002
13	ANI	TO		27	END	
14	ANI	Y002				
15	OUT	Y003				

（5）安装接线　按 PLC 控制 I/O 口（输入/输出）接线图在模拟配线板正确安装，元器件在配线板上布置要合理，安装要准确紧固，配线导线要紧固、美观，导线要穿线槽，导线要有端子标号，引出端要有别径压端子。

1）首先按照所设计电路安装主电路。

2）安装 PLC 的输入/输出线，如图 8－25 所示。

3）安装好的电路如图 8－26 所示。用万用表、兆欧表检查电路的连接是否正确。

图 8－25　安装 PLC 的输入/输出线

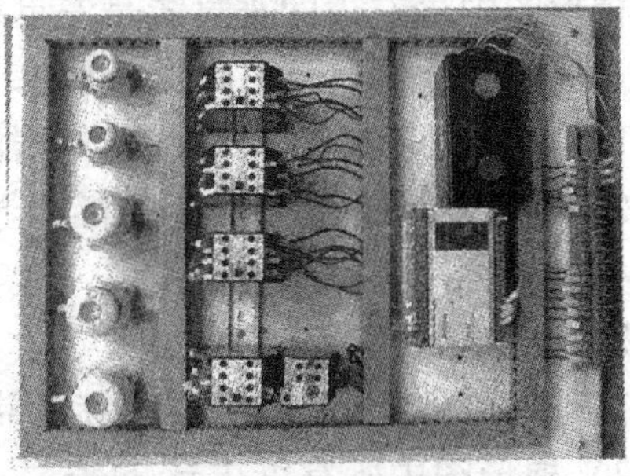

图 8－26　安装好的电路

（6）接入电源，用编程器输入程序　将设计好的程序用编程器输入到 PLC 中，进行编辑和检查。输入程序时，一旦发现问题，应立即修改和调整程序，直至满足控制要求，如图 8 - 27 所示。

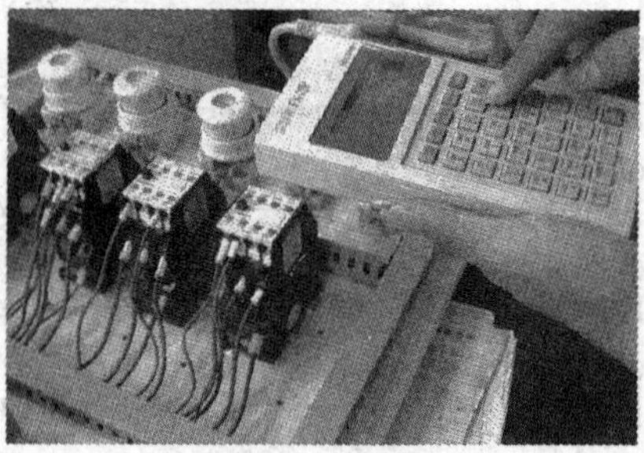

图 8 - 27　输入程序

（7）系统调试　合上电源后，按下起动按钮 SB2，观察接触器动作是否正常，Y- △转换接触器动作是否正常。按下停止按钮 SB1，观察接触器动作是否正常。若不符合要求，则可对硬件和程序做调整，通常只需修改部分程序即可达到调整的目的。

操作提示

◇调试好的程序传送到现场使用的 PLC 存储器中时，可先不带负载，只带上接触器线圈、信号灯等进行调试。

课题二　PLC 编程软件的使用

教学要求

1. 熟悉 SWOPC - FXGP/WIN - C 编程软件的主要功能。
2. 掌握 SWOPC - FXGP/WIN - C 编程软件的使用方法。

一、梯形图编程的基本规则

梯形图是 PLC 最常用的编程语言，梯形图在形式上类似于继电控制电路，但两者在本质上有很大区别。梯形图编程的基本规则如下：

1. 梯形图中的左、右母线

梯形图中最左边的垂直线是左母线，最右边的是右母线。画梯形图时每一个逻辑行必须从左母线开始，终止于右母线。画梯形图时必须遵守以下两点：

1）左母线只能直接接各类继电器的触点，继电器线圈不能直接接左母线。

2）右母线只能直接接各类继电器的线圈（不含输入继电器线圈），继电器的触头不能直接接右母线。

2. 继电器线圈和触头

1）梯形图中，只表示输入继电器的触头，输入继电器的线圈是不反映的。

2）梯形图中所有继电器的编号，应在所选 PLC 软元件表所列范围之内，不能任意选用。一般情况下，同一线圈的编号在梯形图中出现一次，而同一触点的编号在梯形图中可以重复出现。

在一段程序中，同一编号继电器的触头可以多次重复使用，不受次数限制。

3）梯形图中，不允许出现PLC所驱动的负载（例如指示灯、电磁阀、接触器等），只能出现相应的线圈。

4）梯形图中，所有触点都应按从上到下、从左到右的顺序排列，并且触点只允许画在水平方向。

3. 合理设计梯形图

1）在每个逻辑行上，串联触头多的电路块应安排在最上面，这样可以省略一条ORB指令。

2）每个逻辑行上，并联触头多的电路块应安排在最左边，这样可以省略一条ANB指令。

3）如果多个逻辑行中都具有相同的控制条件，可将每个逻辑行中相同的部分合列在一起，共用同一个控制条件，以简化梯形图。

二、PLC的编程软件

三菱SWOPC—FXGP/WIN—C编程软件是应用于FX系列PLC的中文编程软件，可在Windows操作系统中运行，下面以其为例进行介绍。

1. SWOPC—FXGP/WIN—C编程软件的主要功能

1）在SWOPC—FXGP/WIN—C编程软件中，可通过电路符号、列表语言及SFC符号来创建顺序控制指令程序，建立注释数据并设置寄存器数据。

2）创建顺序控制指令程序并将其储存为文件，用打印机打印。

3）该程序可在串行系统中与PLC进行通信、文件传送、操作控制以及各种功能测试。

2. 系统配置

（1）计算机　要求配置为IBM PC/AT（兼容）；CPU486以上；内存8MB或更高（推荐16MB以上）；显示器分辨率800×600，16色或更高。

（2）编程和通信软件　采用应用于FX系列PLC的编程软件SWOPC-FXG/WIN—C。

（3）接口单元　采用FX—232AVC型RS—232C/RS—422转换器（便捷式）或FX—232AW型RS—232C/RS—422转换器（内置式），以及其他指定的转换器。

（4）通信电缆线　采用FX—422CAB型RS—422电缆线（用于FX2、FX2C型PLC，0.3m）或FX—422CAB—150型RS—422电缆线（用于FX2、FX2C型PLC，1.5m），以及其他指定的电缆线。

3. SWOPC—FXGP/WIN—C编程软件的操作环境

可运行于Windows操作系统。

4. SWOPC—FXGP/WIN—C编程软件的使用

（1）系统的启动与退出　要想启动SWOPC—FXGP/WIN—C编程软件，可用鼠标双击桌面上的软件图标。启动后将出现如图8-28所示的窗口。

执行“文件”菜单下的“退出”命令，即可退出SWOPC—FXGP/WIN—C系统，如图8-29所示。

（2）文件的管理

1）创建新文件：创建一个新的顺控程序的操作方法是：执行“文件”菜单下的“新文件”命令或者按“Ctrl”+“N”键，将弹出PLC类型设置对话框，如图8-30所示；然后在

PLC 类型设置对话框中选择顺控程序的目标 PLC 类型，如选择 FX2 系列 PLC 后，单击“确认”或者按“O”键即可。

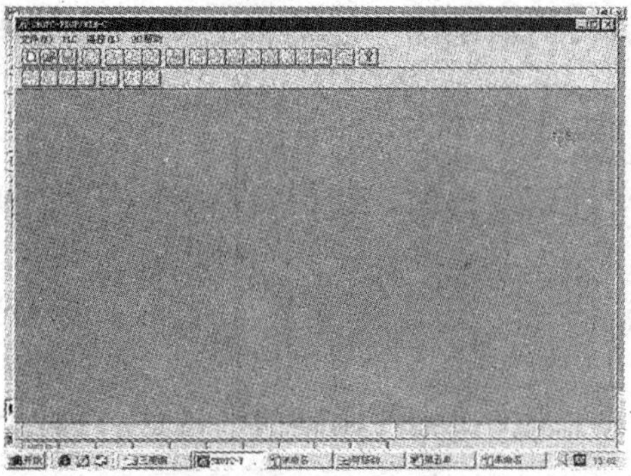

图 8－28　打开的 SWOPC—FXGP/WIN—C 窗口

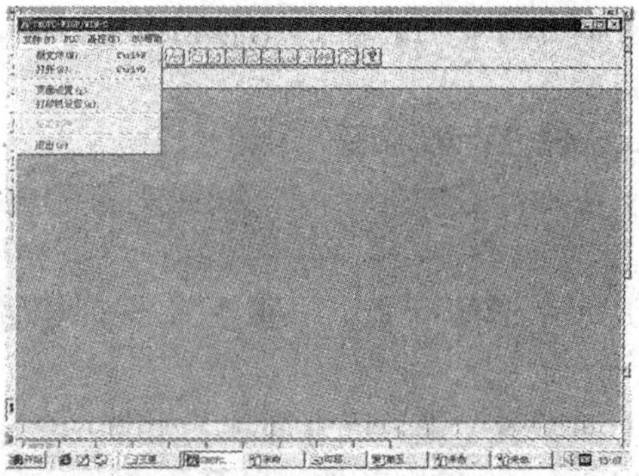

图 8－29　退出 SWOPC—FXGP/WIN—C 系统的操作

2）打开文件：从一个文件列表中打开一个顺控程序或数据的操作方法是：先执行“文件”菜单下的“打开”命令或按“Ctrl”＋“O”键，再在打开的文件菜单中选择一个所需的顺控指令程序，单击“确认”即可，如图 8－31 所示。

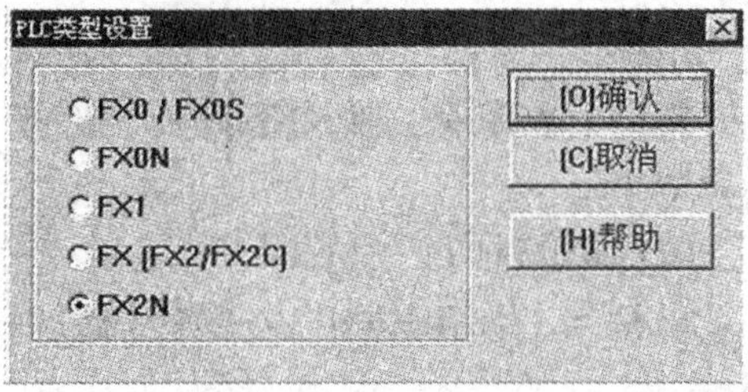

图 8－30　PLC 类型设置对话框

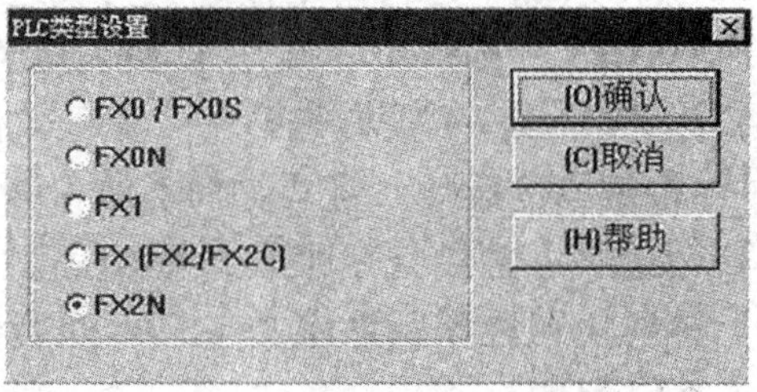

图 8－31　打开文件对话框

3）保存和关闭文件：保存当前顺控程序、注释数据以及其他在同一文件名下的数据。如果是第一次保存，屏幕显示如图 8－32 所示的“文件保存”对话框，可通过该对话框将当前程序命名并保存下来。操作方法是：执行“文件”菜单下的“保存”命令或按“Ctrl＋S”键即可。

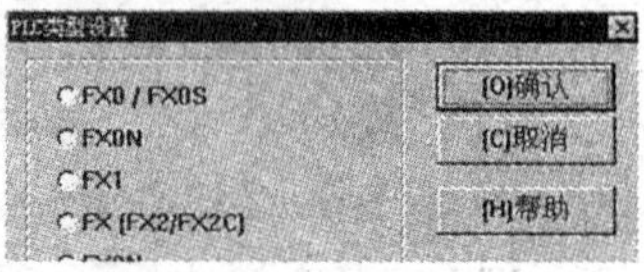

图 8－32　文件保存对话框

将已处于打开状态的顺控程序关闭，再打开一个已有的程序及相应的注释和数据，操作方法是执行“文件”菜单下的“关闭打开”命令。

（3）梯形图编程

1）编程操作：梯形图单元块的剪切、复制、粘贴、删除、块选择以及行删除和行插入，元件名的输入、元件注释、线圈注释以及梯形图单元块的注释，可通过执行“编辑”菜单来实现，如图 8－33a 所示。

2）元件输入：触点、线圈符号、特殊功能线圈和连接导线的输入，程序的清除，可通过执行“工具”菜单来实现，如图 8－33b 所示。

3）梯形图的转换：将创建的梯形图转换格式存入到计算机中，操作方法是执行“工具”菜单下的“转换”命令或按“F4”键，如图 8－33b 所示。在转换过程中将显示梯形图转换信息，如果在不完成转换的情况下关闭梯形图窗口，创建的梯形图将被抹去。

4）查找：程序的到顶、到底和到指定程序步，有关元件接点、线圈和指令的查找，元

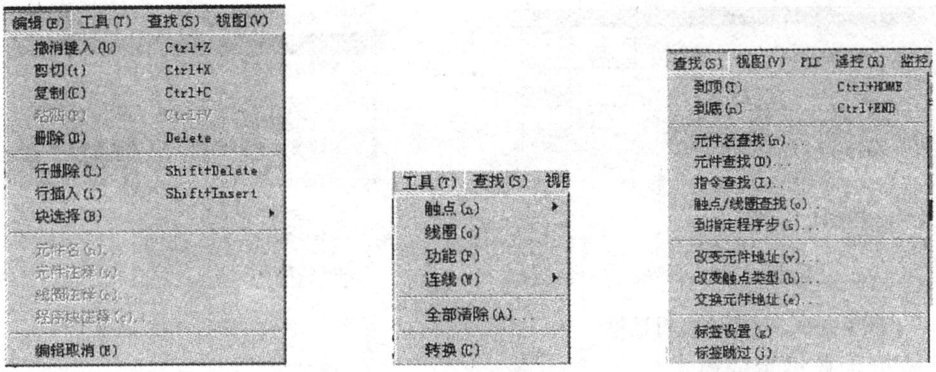

a)　　b)　　c)

图8-33　编辑、工具和查找菜单

a）编辑菜单　b）工具菜单　c）查找菜单

件类型和编号的改变、元件的替换，可通过执行“查找”菜单来实现，如图8-33c所示。

（4）指令表编程　执行“视图”菜单下的“指令表”命令或按“N”键，可实现指令表状态下的编程；执行“视图”菜单下的“指令表”或“梯形图”命令，可实现指令表程序与梯形图程序之间的转换，如图8-34所示。

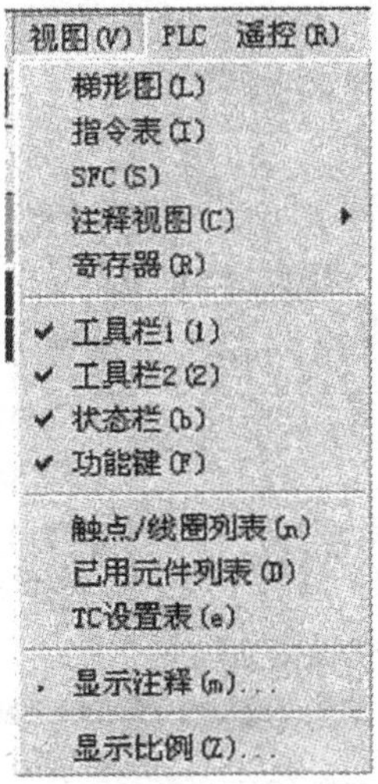

图8-34　视图菜单

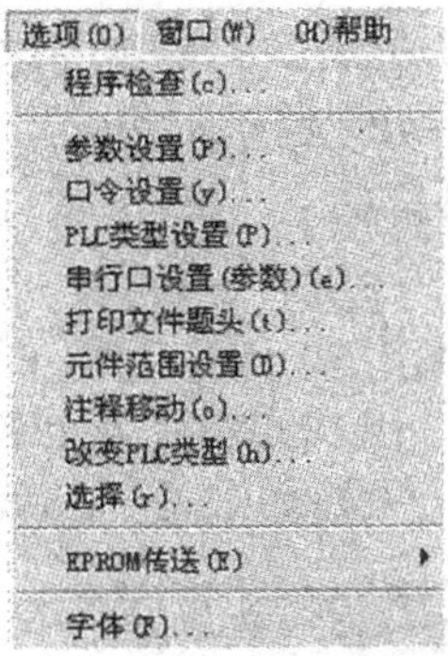

图8-35　选项菜单

（5）程序的检查　执行“选项”菜单下的“程序检查”命令，选择相应的检查内容，如图8-35所示，然后单击“确认”，可实现对程序的检验，如图8-36所示。

（6）程序的传送　传送功能如下：

“读入”是将PLC中的程序传送到计算机中；“写出”是将计算机中的程序发送到PLC中；“核对”是将在计算机和PLC中的程序加以校验。

操作方法是执行“PLC”菜单下的“传送”命令完成相应操作。当选择“读入”时，应在PLC模式设置对话框中对已连接的PLC进行模式设置，操作菜单如图8-37所示。

传送程序时，应注意以下问题：

1）计算机的RS-232C端口与PLC之间必须用指定的电缆线及转换器连接。

2）执行完“读入”后，计算机中的程序将丢失，原有的程序将被读入的程序所替代，

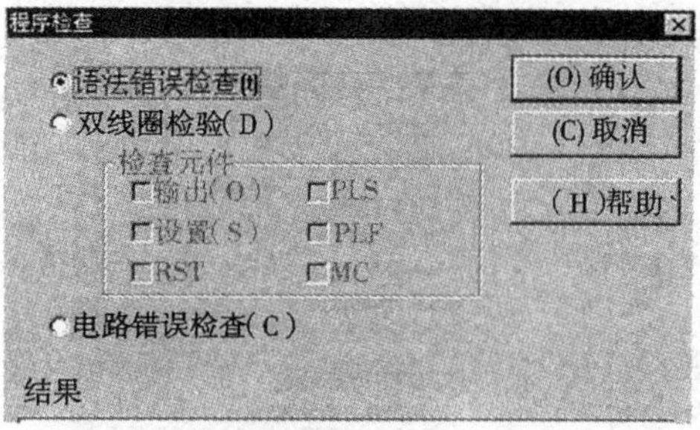

图 8-36 程序检查对话框

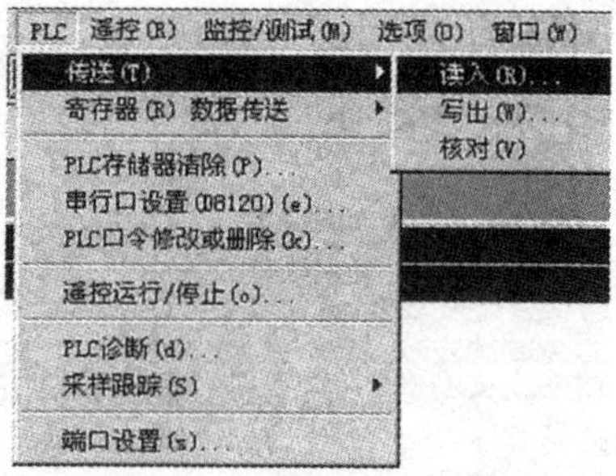

图 8-37 PLC 菜单

PLC 模式改变为被设定的模式。

3）在“写出”时，PLC 应停止运行，程序必须在 RAM 或 EEPROM 内存保护关断的情况下写出，然后进行校验。

（7）监控操作

1）设置显示元件：设置在元件登录监控中被显示的元件，操作方法是在“元件设置”对话框中对以下各项进行设置。

①“元件”。设置为监控的起始元件。有效的元件为位元件 X、Y 和 M，字元件 S、T、C 和 D，变址寄存器 V 和 Z。

②“显示点数”。设置由元件不断表示的显示点数，最大登陆数为 48 点。

③“刷新屏幕”。清除已显示文件，显示新的指定文件。

设置完成后，单击登陆按钮或按“ENTER”键。

2）元件监控。监控元件的操作方法是执行“监控/测试”菜单下的“进入元件监控”命令，如图 8-38 所示。屏幕显示文件登录监控窗口，在此登陆元件。双击鼠标左键或按“ENTER”键显示元件登录对话框。元件及显示点数设置完成后，单击“确认”按钮或按“ENTER”键即可。

3）元件测控

①强制 PLC 输出点（Y）输出 ON/OFF。操作方法是执行“监控/测试”菜单下的“强制 Y 输出”命令，出现强制 Y 输出对话框，如图 8-39 所示。设置元件地址及 ON/OFF 状态后，单击“确认”按钮或按“ENTER”键，即可完成特定输出。

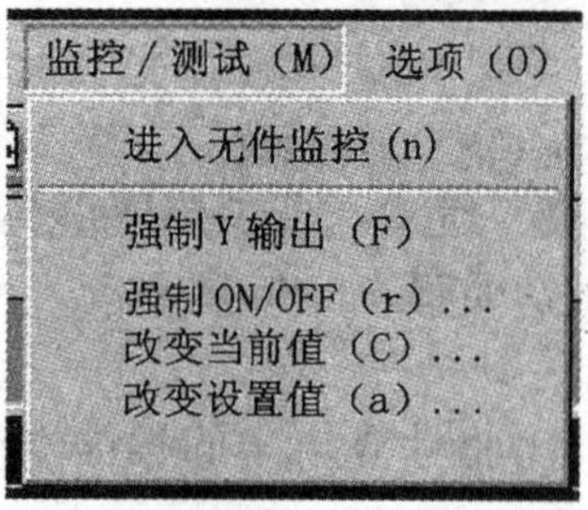

图 8-38 监控/测试菜单

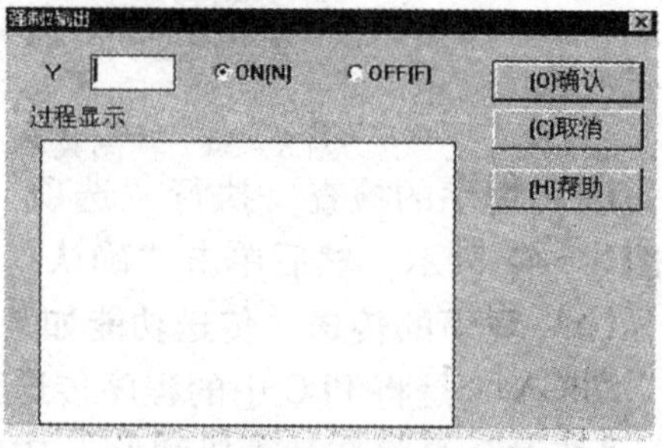

图 8-39 强制 Y 输出对话框

②强行设置或重新设置 PLC 的位元件状态。操作方法是执行“监控/测试”菜单下的“强制 ON/OFF”命令，屏幕显示强制 ON/OFF 对话框，如图 8-40 所示。在此设置或重新设置元件后，单击“确认”按钮或“ENTER”键，使特定元件得到设置或重新设置。

③改变 PLC 字元件的当前值。操作方法是执行“监控/测试”菜单下的“改变当前值”

命令，屏幕显示改变当前值对话框，如图8－41所示。在此改变元件及当前值后，单击“确认”按钮或按“ENTER”键，选定元件的当前值被改变。

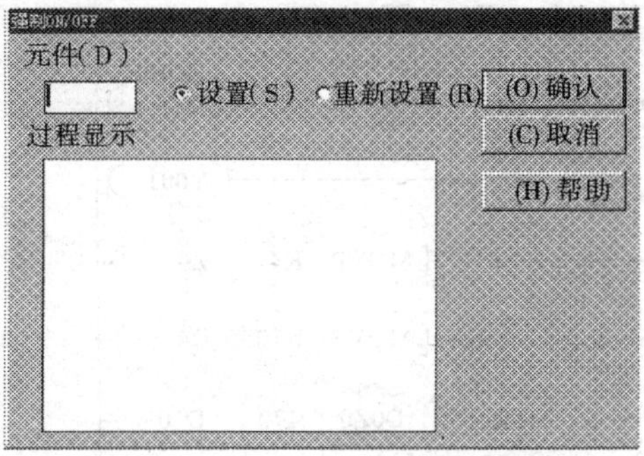

图8－40 强制ON/OFF对话框

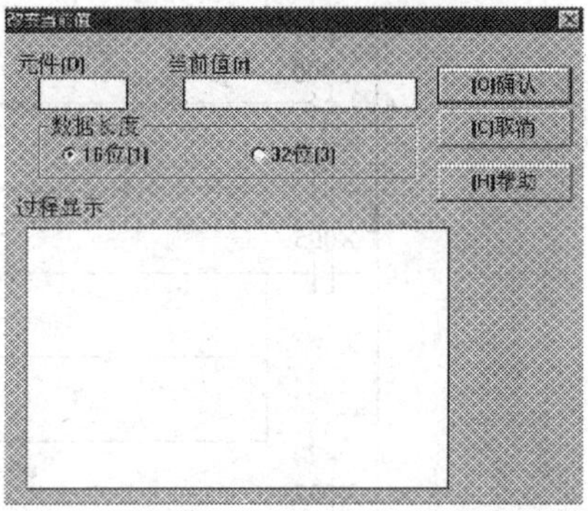

图8－41 改变当前值对话框

④改变PLC中计数器或计时器的当前值。操作方法是在梯形图监控中执行“监控/测试”菜单下的“改变当前值”命令，屏幕显示改变当前值对话框。在此设置待改变的值并单击“确认”按钮或按“ENTER”键，指定元件的当前值被改变。如果设置输出命令的是数据寄存器，或光标正在应用命令位置并且D、V或Z当前可用，该功能同样可被执行。在这种情况下，元件号可被改变。

【技能训练】

1．训练内容

WOPC－FXGP/WIN－C编程软件的使用。

打开SWOPC－FXGP/WIN—C编程软件，建立一个程序文件。采用梯形图编程的方法，将图8－42所示的梯形图输入到计算机，并通过编程操作对输入的程序进行修改和检查。最后将编辑好的梯形图程序保存，并将文件命名为a. pmw。

2．工具、仪表及器材

（1）工具　电工工具1套。

（2）仪表　MF－500B型万用表1只。

（3）器材　FX2N可编程序控制器1台，装有编程软件的微型计算机1台。

3．训练步骤

基本操作步骤描述：编程准备→编程操作→程序的传送→运行操作→监控操作

（1）编程准备

1）首先将电缆线和转换器连接好，如图8－43所示。连接时要小心，并将固定螺钉上紧。

2）将连接端口插入计算机的RS－232C端口，如图8－44所示。插入时不要用力过猛，要可靠连接。

3）将电缆线与PLC连接，如图8－45所示。插入连接线时，一定要细心，防止插脚折断。

4）检查PLC与计算机的连接是否正确，如图8－46所示，接通计算机和PLC的电源，使PLC处于“停机”状态。

（2）编程操作　打开SWOPC—FXGP/WIN—C编程软件，建立一个程序文件。采用梯形图编程的方法，将图8－42所示的梯形图程序输入到计算机，并通过编程操作对输入的程序进行修改和检查。最后将编辑好的梯形图程序保存，并将文件命名为a. pmw。

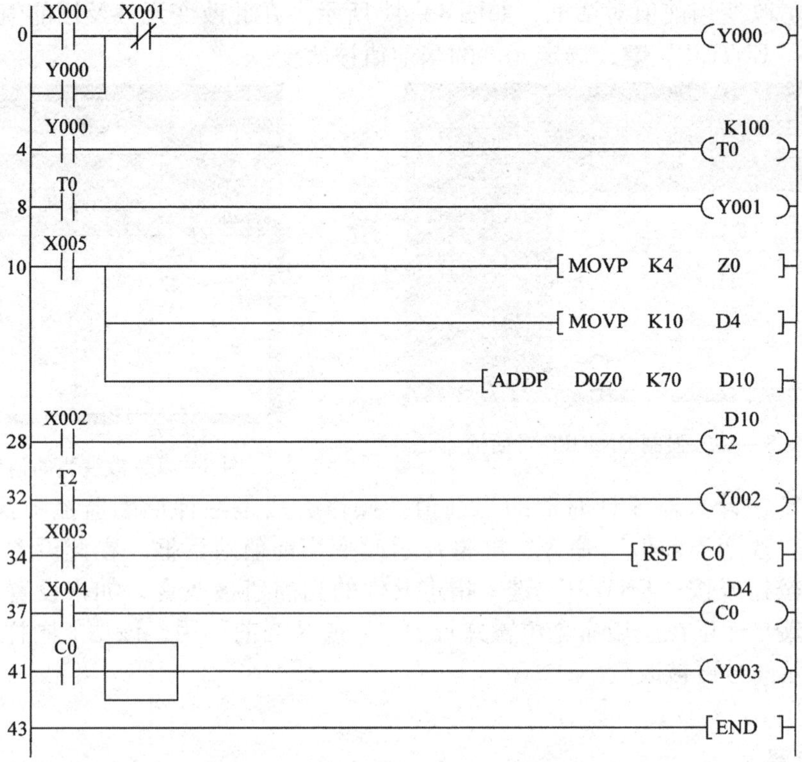

图 8－42 梯形图

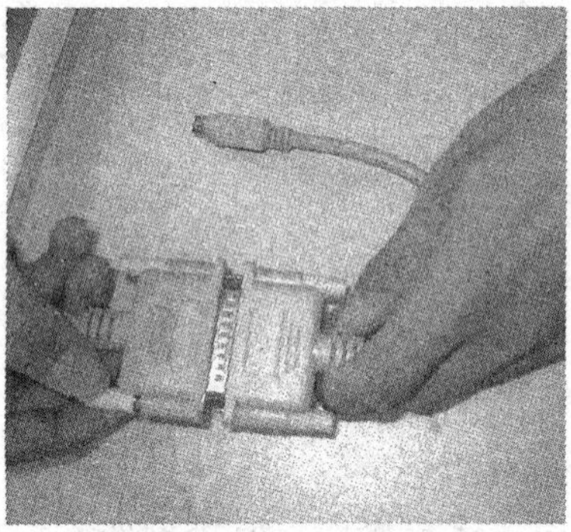

图 8－43 电缆线和转换器的连接

图 8－44 将连接端口插入计算机的 RS－232C 端口

（3）程序的传送

1）程序的写出：打开程序文件，执行［写出］命令将程序文件 a. pmw 传送到 PLC 用户储存器 RAM 中，然后进行校验。

2）程序的读入：执行［读入］命令将 PLC 用户储存器中已有的程序文件读入到计算机中，然后进行校验。

3）程序的校验：在程序校验过程中，只有当计算机对两端程序比较无误后，方可认为程序传送正确。否则应查清原因，重新传送。

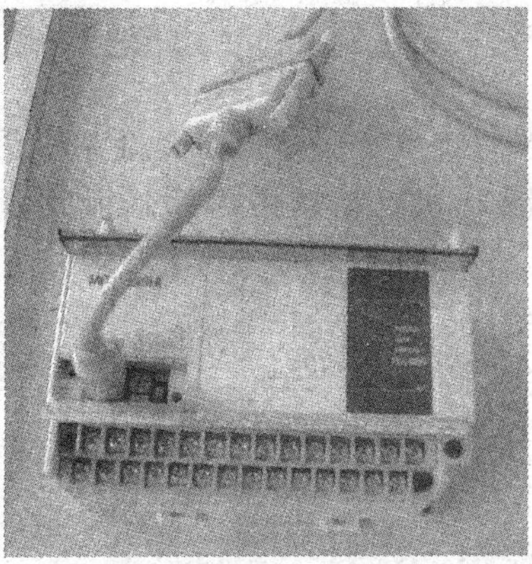

图8-45　将电缆线与PLC连接

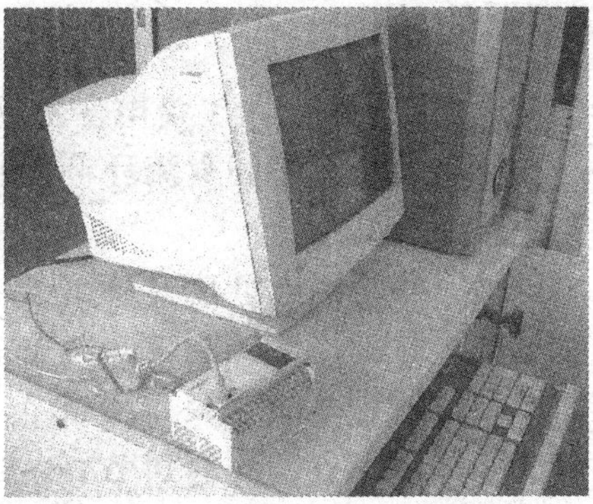

图8-46　检查PLC与计算机的连接

（4）运行操作　根据梯形图程序，将PLC的输入/输出端与外部模拟信号连接好，如图8-47所示。

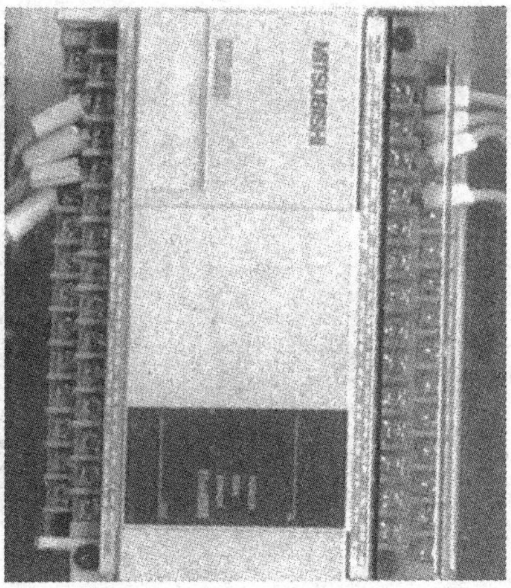

图8-47　PLC的输入/输出端与外部模拟信号连接

接通PLC运行开关，PLC面板上的RUN灯亮，表明程序已经运行。结合控制程序，操作有关输入信号，在不同输入状态下观察输入/输出指示灯的变化。若输出指示灯的状态与程序要求一致，则表明程序运行正常。

（5）监控操作

1）监视X0~X5、Y0~Y3的ON/OFF状态，监视T0、T2和C0的设定值及当前值。

2）输出强制ON/OFF。

3）对Y0、Y1进行强制OFF操作，对Y2、Y3进行强制ON操作。

课题三　变频器的安装与基本操作

教学要求

1. 熟悉变频器的安装要求和方法。
2. 掌握变频器的基本操作技能。

一、变频器的结构

变频器是把电压频率固定的交流电变换成电压、频率分别可调的交流电的变换器。变频器由主电路（包括整流器，中间直流环节，逆变器）和控制电路两部分组成。其基本结构原理如图8－48所示。

整流器可以把三相交流电整流成直流电；逆变器是利用功率器件，有规律地控制逆变器中主开关的通断，从而得到任意频率的三相交流输出；中间直流环节的储能元件用于直流环节和电动机间的无功功率交换；控制电路可完成对逆变器的开关控制，对整流器的电压控制，通过外部接口电路发送控制信息，以实现各种保护功能。变频器上端盖如图8－49所示。

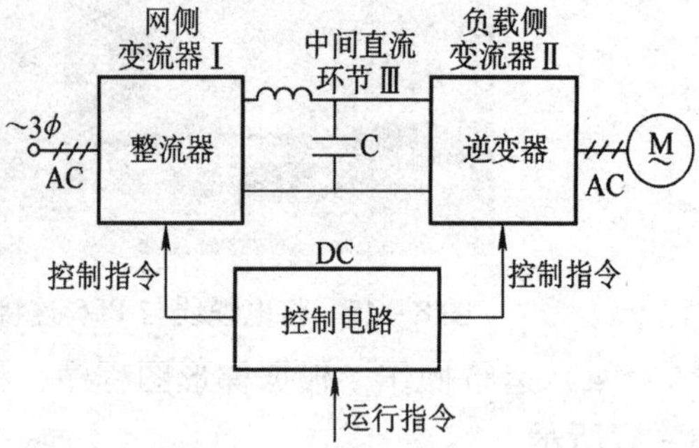

图8－48 变频器基本结构原理

变频器的数字操作显示面板如图8－50所示。

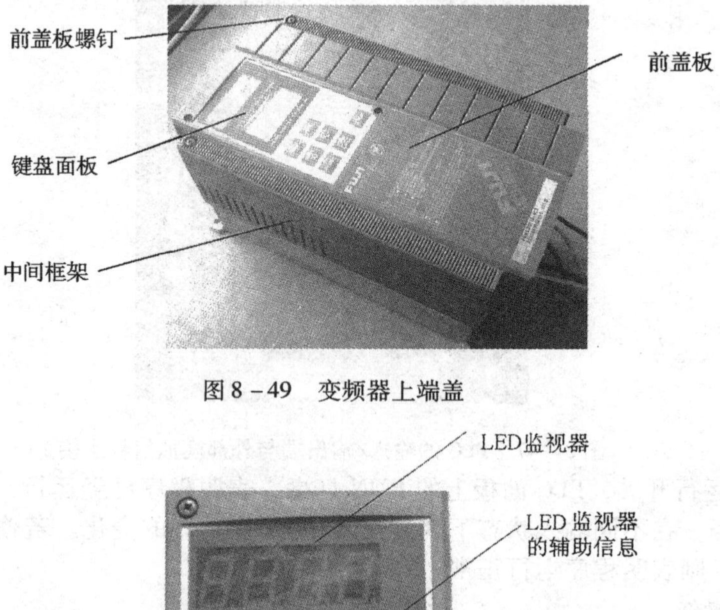

图8－49 变频器上端盖

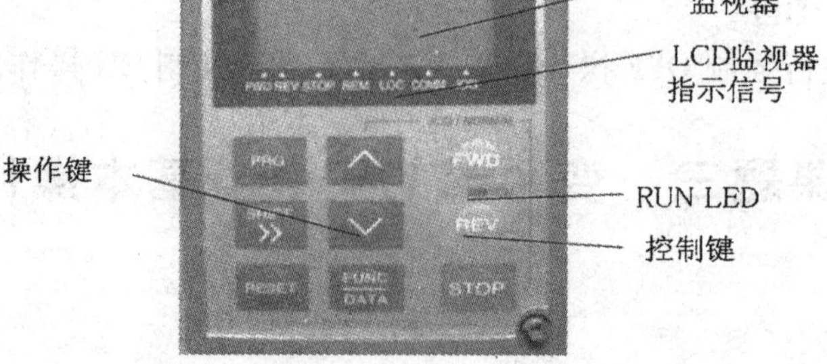

图8－50 变频器的数字操作显示面板

1. 变频器的键盘配置

（1）LED 监视器 7 段 LED 四位显示。显示设定频率、输出频率等各种监视数据以及报警代码等。

（2）LCD 监视器 显示运行状态及功能数据等各种信息。LCD 最低行以轮换方式显示操作指导信息。

（3）LCD 监视器指示信号

1）显示运行状态。FWD：正转运行；REV：反转运行；STOP：停止。

2）显示选择的运行模式。REM：端子台；LOC：键盘面板；COMM：通信端子；JOG：点动模式；另外，符号“▼”表示后面还有其他信息。

（4）RUNLED 仅键盘面板操作时有效。按 FWD 和 REV 键输入运行命令时点亮。

（5）操作键 用于更换画面、变更数据和设定频率等。

1）PRG。模式转换键，用来更改工作模式，由现行画面转换为菜单画面，或者由运行/跳闸模式转换至初始画面。如显示运行及程序设定模式等。

2）∧、∨。增/减键，用于增加或减小数据，用以加速数据更改；游标上下移动（选择），画面轮换。

3）FUNC DATA。LED 监视更换，设定频率存入，功能码数据存入。

4）SHIFT ≫。数据变更时数位移动，功能组跳越（同时按此键和增/减键）。

5）RESET。数据变更取消，显示画面转换。报警复位（仅在报警初始画面显示时有效）。

6）STOP + ∧。通常运行模式和点动运行模式可相互切换（模式相互切换）。所选模式显示于 LCD 监视器。

7）STOP + RESET。键盘面板和外部端子信号运行方法的切换（设定数据保护时无法切换）。同时对应功能码 F02 的数据也相互在 1 和 0 切换。所选模式显示于 LCD 监视器。

（6）控制键

1）FWD。正转运行。

2）REV。反转运行。

3）STOP。停止运行。

2. 键盘面板操作体系

1）正常运行时，键盘面板操作体系的基本结构如图 8－51 所示。

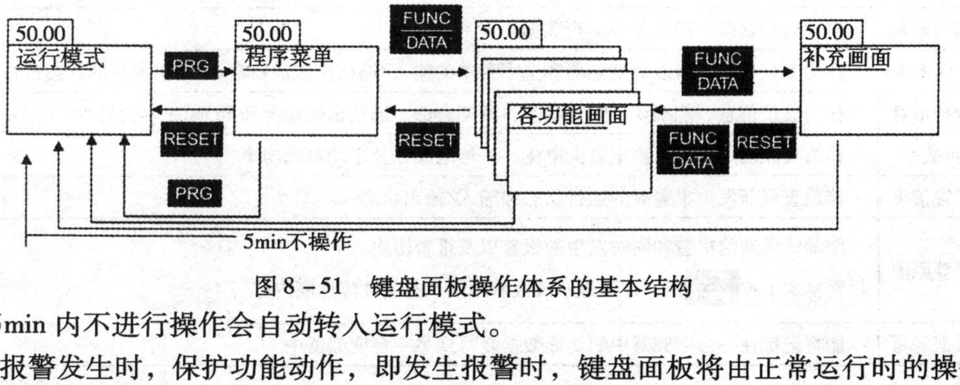

图 8－51 键盘面板操作体系的基本结构

若 5min 内不进行操作会自动转入运行模式。

2）报警发生时，保护功能动作，即发生报警时，键盘面板将由正常运行时的操作体系自动转换为报警时的操作体系。报警发生时出现的报警模式画面显示各种报警信息。报警模式如图 8－52 所示。

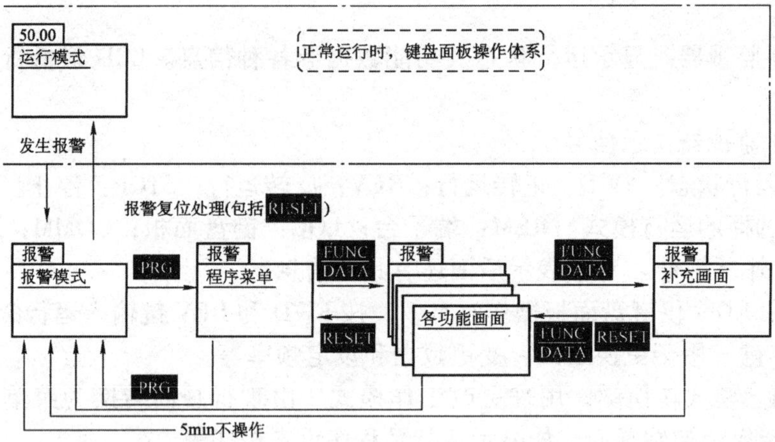

图 8－52 报警模式

程序菜单、各种功能画面和补充画面仍和正常运行时的一样，但是由程序菜单转换为报警模式只能通过 PRG 键。此外，若 5min 内不进行操作会自动进入报警模式。

3. 各层次显示内容概要

（1）运行模式。正常运行状态画面，仅在此画面显示时，才能由键盘面板设定频率以及更换 LRD 的监视内容。

（2）程序菜单 键盘面板的各种功能以菜单方式显示和选择，按照菜单选择必要的功能，按 FUNC DATA 键，即能显示所选功能的画面。键盘面板的各种功能菜单见表 8－3。

（3）各种功能画面 显示按程序菜单选择的功能画面，藉以完成相应功能。

（4）补充画面 作为补充画面，在单独的功能上显示未完成功能（例如变更数据、显示报警原因）。

表 8－3 键盘面板的各种功能菜单

序号	菜单名称	概 要
1	数据设定	显示功能码和名称，选择所需功能，转换为数据设定画面，进行确认和修改数据
2	数据确认	显示功能码和数据，选择所需功能，进行数据确认，可转换为和数据设定一样的画面，进行修改数据
3	运行监视	监视运行状态，确认各种运行数据
4	I/O 检查	作为 I/O 检查，可以对变频器和选项菜单的输入/输出模拟量和输入/输出接点的状态进行检查
5	维护信息	作为维护信息，能确认变频器状态、预期寿命、通信出错情况和 ROM 版本信息等
6	负载率	作为负载测定，可以测定最大电流、平均电流以及平均制动功率
7	报警信息	能检查最新发生报警时的运行状态和输入/输出状态
8	报警原因	能确认最新的报警和同时发生的报警以及报警历史 报警模式下按 FUNC DATA 键，即可显示其报警原因及有关故障诊断内容
9	数据复写	能将记忆在一台变频器中的功能数据复写到另一台变频器中

二、变频器的安装

1. 通用变频器的安装要求

变频器属于电子器件装置，为了确保变频器能安全、可靠地稳定运行，变频器的安装环境应满足下列要求：

（1）环境温度　温度是影响变频器寿命及可靠性的重要因素，一般要求为 -10 ~ 40℃。如果散热条件好（如除去外壳），则上限温度可提高到 50℃。如果变频器长期不用，存放温度最好为 -10 ~ 30℃。如果不能满足这些要求，应安装空调。

（2）环境湿度　相对湿度不超过 90%（无结露现象）。对于新建厂房和在阴雨季节使用时，每次开机前，应检查变频器是否有结露现象，以避免变频器发生短路故障。

（3）安装场所　在海拔 1000m 以下使用。如果海拔超过 1000m，则其散热能力下降，变频器最大允许输出电流和电压都要降低使用。

在室内使用，应安装在无直射阳光、无腐蚀性气体及易燃气体、尘埃少的环境。潮湿、腐蚀性气体及尘埃是造成变频器内部电子元器件生锈、接触不良、绝缘性能降低的重要因素。对于有导电性尘埃的场所，要采用封闭结构。对有可能产生腐蚀性气体的场所，应对控制板进行防腐处理。

2. 安装说明

（1）墙挂式安装　由于变频器本身具有较好的外壳，故在一般情况下，允许直接靠墙安装，称为墙挂式。如图 8-53 所示。

为了具有良好的通风，变频器与周围阻挡物之间的距离应符合以下要求：

1）两侧大于或等于 100mm。

2）上下方大于或等于 150mm。

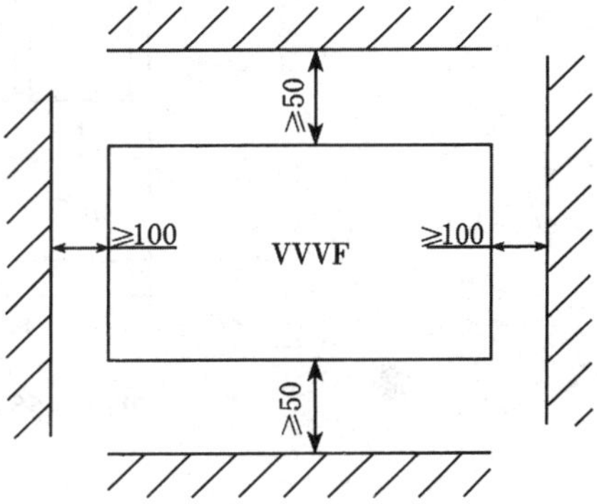

图 8-53　墙挂式安装

为了改善冷却效果，所有变频器都应垂直安装。此外，为了防止异物掉在变频器的出风口而阻塞风道，最好在变频器出风口的上方加装保护网罩。

（2）柜式安装　当周围的尘埃较多，或和变频器配用的其他控制电器较多而又需要和变频器安装在一起时，应采用柜式安装。具体的安装方法如下：

1）在比较洁净、尘埃很少时，尽量采用柜外冷却方式。如图 8-54a 所示。

2）如果采用柜内冷却时，应在柜顶加装抽风式冷却风扇。冷却风扇的位置应尽量在变频器的上方，如图 8-54b 所示。

当一台控制柜内装有两台或两台以上变频器时，应尽量并排安装（横向排列），如图 8-55a 所示，必须采用纵向排列时，则应在两台变频器间加一块隔板，以避免从下面变频器出来的热风直接进入到上面的变频器内，如图 8-55b 所示。

变频器在控制柜内不要上下颠倒或平放安装，控制柜在室内的空间位置，要便于变频器的定期维护。

3. 安装注意事项

1）变频器使用了塑料零件，为了不造成破损，要小心使用，不要在前盖板上施加太大的力。

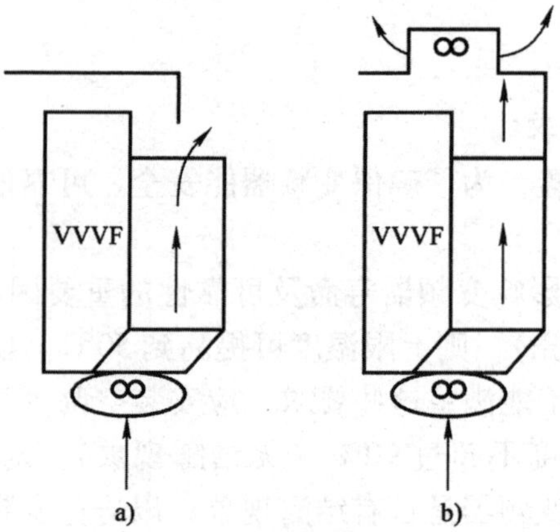

图 8-54 柜式安装

a）柜外冷却方式 b）柜内冷却方式

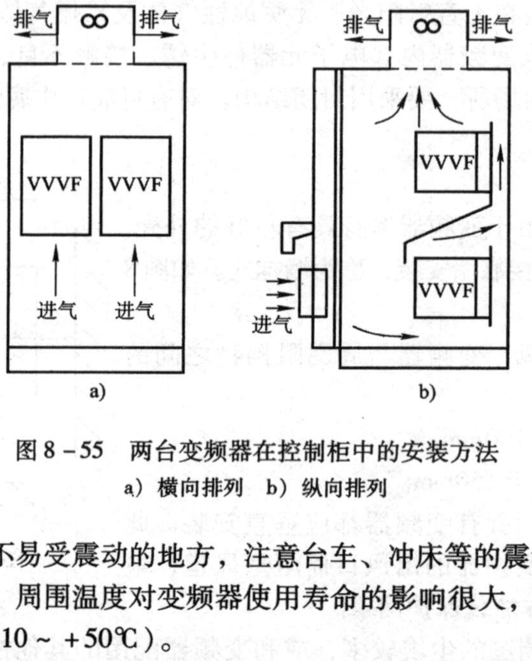

图 8-55 两台变频器在控制柜中的安装方法

a）横向排列 b）纵向排列

2）变频器应安置在不易受震动的地方，注意台车、冲床等的震动。

3）注意周围的温度。周围温度对变频器使用寿命的影响很大，因此安装场所的周围温度不能超过允许温度（-10～+50℃）。

4）安装在不可燃的表面上。变频器可能会达到很高的温度（最高约为150℃），为了便于热量散发，变频器应安装在不可燃的表面上，并在其周围留有足够的散热空间，如图 8-53 所示。

5）避免安装在阳光直射、高温和潮湿的场所。

6）避免安装在油雾、易燃性气体、棉尘及尘埃等较多的场所，或安装在可阻挡任何悬浮物质的封闭型屏板内。

7）变频器要用螺钉垂直且牢固地安装在安装板上，方向如图 8-56 所示。

三、变频器的接线

1. 主电路的接线

（1）主电路的基本接线 变频器主电路的基本接线如图 8-57 所示。变频器的输入端和输出端是绝对不允许接错的。万一将电源进线接到了U、V、W端，则不管哪个逆变管导通，都将引起两相间的短路而将逆变管迅速烧坏。

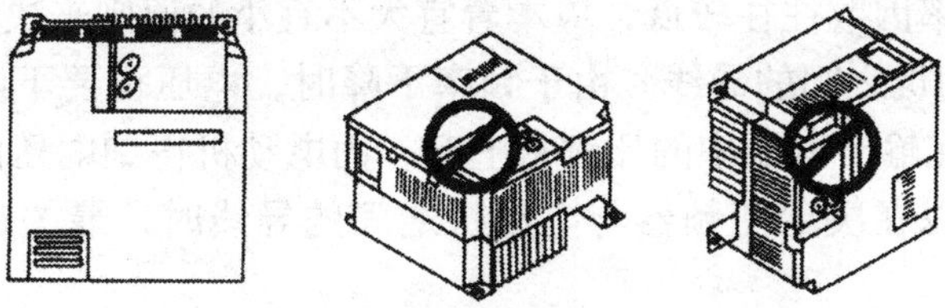

图8-56 变频器的安装

a）正确安装 b）错误安装

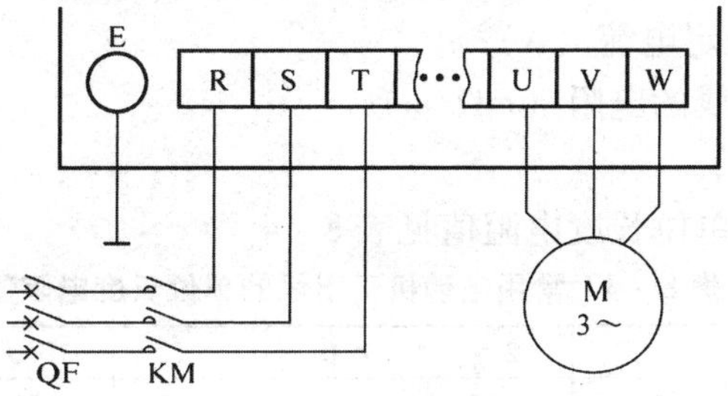

图8-57 主电路的基本接线

QF—断路器 KM—接触器主触头

R、S、T—变频器的输入端，接电源进线 U、V、W—变频器的输出端，接电动机

注意：不能用接触器KM的触头来控制变频器的运行和停止，应该使用控制面板上的操作键或接线端子上的控制信号进行控制；变频器的输出端不能接电力电容器或浪涌吸收器；电动机的旋转方向如果和生产工艺要求不一致，最好用调换变频器输出相序的方法，不要用调换控制端子FWD或REV的控制信号来改变电动机的旋转方向。

某些负载是不允许停机的，一旦变频器发生故障，必须迅速将电动机切换到工频电源上，使电动机不停止工作。切换的主电路及控制电路如图8-58所示。

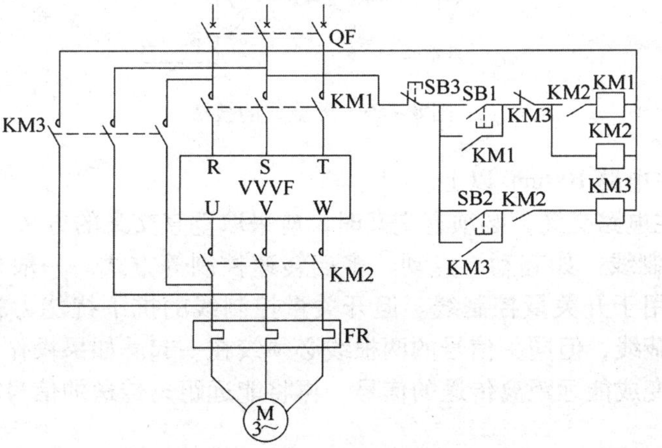

图8-58 切换的主电路及控制电路

(2) 主电路线径的选择

1) 电源与变频器之间的导线。一般来说，和同功率普通电动机的电线选择方法相同。考虑到其输入侧的功率因数往往较低，应本着宜大不宜小的原则来决定线径。

2) 变频器与电动机之间的导线。由于频率下降时，电压也要下降，在电流相等的条件下，线路电压降 ΔU 在输出电压中的比例将上升，而电动机得到电压的比例则下降，有可能导致电动机发热。所以在决定变频器与电动机之间的导线时，最关键的因素便是线路电压降。一般要求为

$$\Delta U \leqslant (2\sim3)\%U_N$$

ΔU 的计算公式为

$$\Delta U=\frac{I_{MN}R_0l\sqrt{3}}{1000}$$

式中 I_{MN}——电动机的额定电流（A）；

R_0——单位长度导线的电阻（mΩ/m）；

l——导线长度（m）

常用电动机引出线的单位长度电阻值见表 8-4

表 8-4 常用电动机引出线的单位长度电阻值

标称截面积/mm^2	1.0	1.5	2.5	4.0	6.0	10.0	16.0	25.0	35.0
R_0（mΩ/m）	17.8	11.9	6.92	4.40	2.92	1.73	1.10	0.69	0.49

2. 控制电路的接线

(1) 模拟量控制线　模拟量控制线主要包括：输入侧的给定信号线与反馈信号线，输入侧的频率信号线和电流信号线

模拟量信号的抗干扰能力较差，因此必须使用屏蔽线。屏蔽层靠近变频器的一端应接控制电路的公共端（COM），而不要接到变频器的地端（E）或大地，如图 8-59 所示。屏蔽层的另一端应该悬空。布线时还应该遵守以下原则：

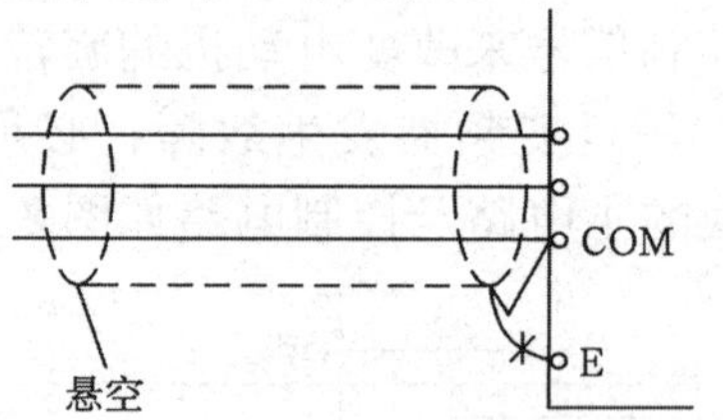

图 8-59 屏蔽线的接法

1) 尽量远离主电路 100mm 以上。

2) 尽量不和主电路交叉，必须有交叉时，应采取垂直交叉的方法。

(2) 开关量控制线　如起动、点动、多挡转速控制等方式。一般来说，模拟量控制线的接线原则也都适用于开关量控制线。但开关量控制线的抗干扰能力较强，故在距离不远时，允许不使用屏蔽线，但同一信号的两根线必须绞在一起。如果操作台离变频器较远，应该先将控制信号转变成能远距离传送的信号，再将能远距离传送的信号转变成变频器所要求的信号。

(3) 变频器的接地　所有变频器都专门有一个接地端子“E”，用户应将此端子与大地

相接。当变频器和其他设备，或有多台变频器一起接地时，每台设备应分别与地线相接，如图8-60所示；不允许将一台设备的接地端和另一台设备的接地端相接后再接地，如图8-60b所示。

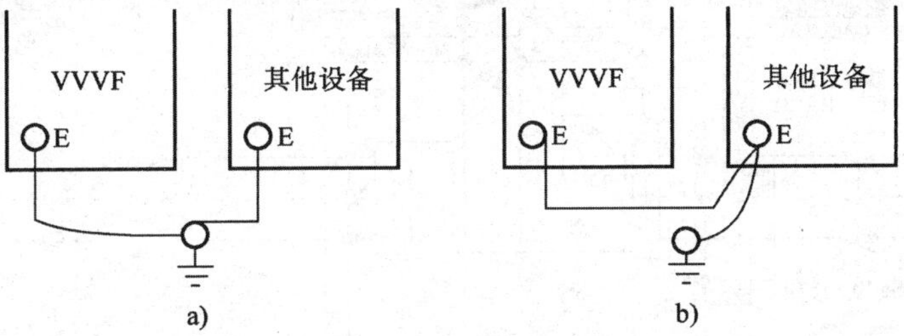

图8-60　变频器和其他设备的接地
a）正确接法　b）错误接法

四、变频器的外部接口电路

变频器的外部接口电路通常包括逻辑控制指令输入电路、频率指令输入/输出电路、过程参数检测信号输入/输出电路和数字信号输入/输出电路等。而变频器和外部信号的连接需要通过相应的接口进行，如图8-61所示。

【技能训练1】

1．训练内容

变频器面板的拆装练习。

2．工具、仪表及器材

（1）工具　电工工具1套。

（2）仪表　MF-500B型万用表1只。

（3）器材　富士FRN2.2G11S—4CX变频器、电动机1.1kW各1。

3．训练步骤

基本操作步骤描述：变频器部件的认识→前端盖的拆卸→卸下键盘面板→卸通风窗→安装

（1）变频器部件的认识　变频器从外部结构上看，有开启式和封闭式两种。开启式的散热性能好，但接线端子外露，适用于电器柜内部安装；封闭式的接线端子全部在内部，不打开盖子是看不见的，这里所讲的变频器是封闭式的。

（2）前端盖的拆卸方法

1）松开盖板的固定螺钉，如图8-62所示。

2）握住盖板上部，如图8-63所示。

3）取下前盖板螺钉，卸下前端盖板，如图8-64所示。

（3）卸下键盘面板

1）松开键盘面板固定螺钉，如图8-65所示。

2）手指伸入键盘面板侧面的开口部，慢慢地将其取出。不要用力过猛，否则会损坏其连接器，如图8-66所示。

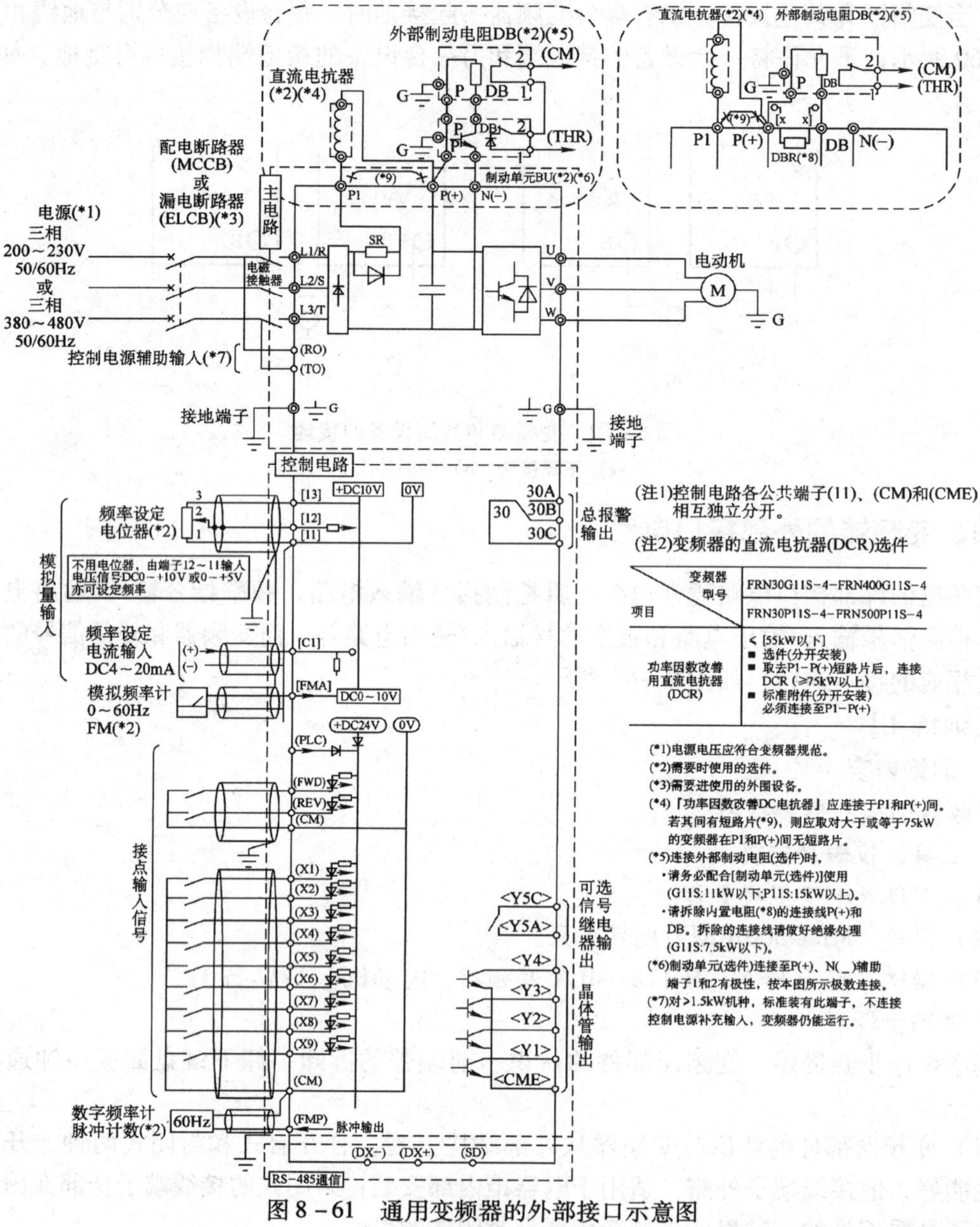

(注1)控制电路各公共端子(11)、(CM)和(CME)相互独立分开。

(注2)变频器的直流电抗器(DCR)选件

项目 \ 变频器型号	FRN30G11S-4-FRN400G11S-4 FRN30P11S-4-FRN500P11S-4
功率因数改善用直流电抗器(DCR)	< [55kW以下] ■ 选件(分开安装) ■ 取去P1-P(+)短路片后，连接DCR（≥75kW以上） ■ 标准附件(分开安装) 必须连接至P1-P(+)

(*1)电源电压应符合变频器规范。
(*2)需要时使用的选件。
(*3)需要进使用的外围设备。
(*4)「功率因数改善DC电抗器」应连接于P1和P(+)间。若其间有短路片(*9)，则应取对大于或等于75kW的变频器在P1和P(+)间无短路片。
(*5)连接外部制动电阻(选件)时，
·请务必配合[制动单元(选件)]使用(G11S:11kW以下;P11S:15kW以上)。
·请拆除内置电阻(*8)的连接线P(+)和DB。拆除的连接线请做好绝缘处理(G11S:7.5kW以下)。
(*6)制动单元(选件)连接至P(+)、N(_)辅助端子1和2有极性，按本图所示极数连接。
(*7)对>1.5kW机种，标准装有此端子，不连接控制电源补充输入，变频器仍能运行。

图 8-61　通用变频器的外部接口示意图

图 8-62　拆卸螺钉

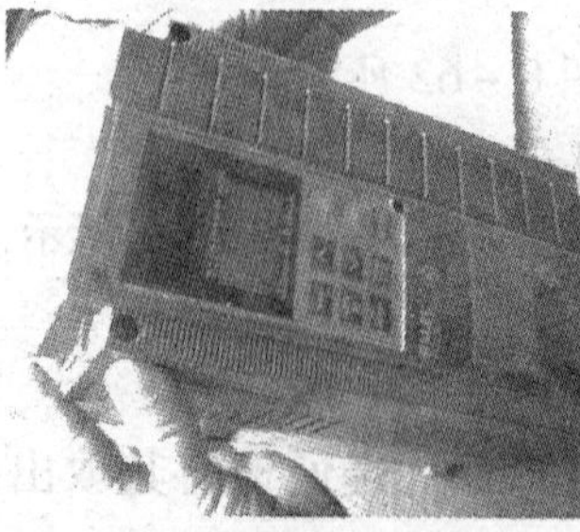

图 8-63　握住盖板上部

图 8-64　卸下前端盖板

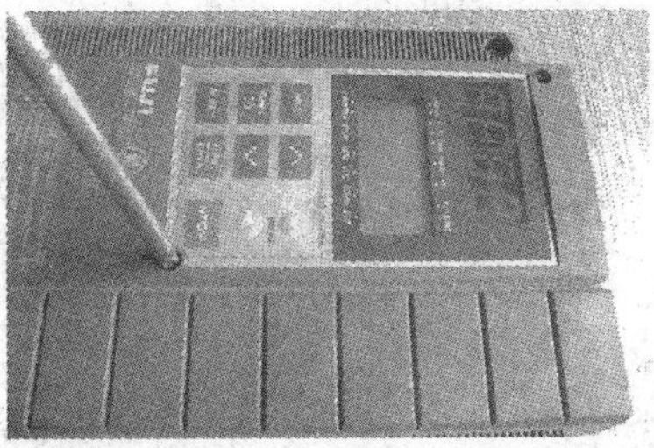

图 8－65　松开键盘面板固定螺钉

a)

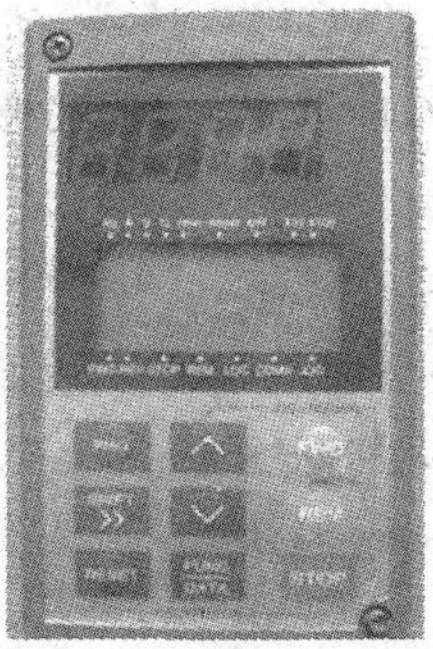

b)

图 8－66　卸下键盘面板

a）卸下的键盘面板与前盖板　b）键盘面板正面

（4）卸通风窗　变频器的顶部有一个通风窗，其底部有 2～3 个通风窗。对于小于 22kW 的变频器，当周围温度超过 40℃时，应取下通风窗挡板。

1）卸下前盖，如图 8－67 所示。

图 8－67　先卸下前盖

2）取下通风窗挡板。直接用手指或螺钉旋具等从内部推出中间外盖的各通风窗，如图 8－68 所示。

（5）安装　安装方法如下：

1）将前盖板的插销插入变频器底部的拆孔。

2）以安装插销部分为支点，将盖板完全推入机身。

3）安装前盖板前应拆去操作面板，安装好盖板后再安装操作面板，如图 8－69 所示。

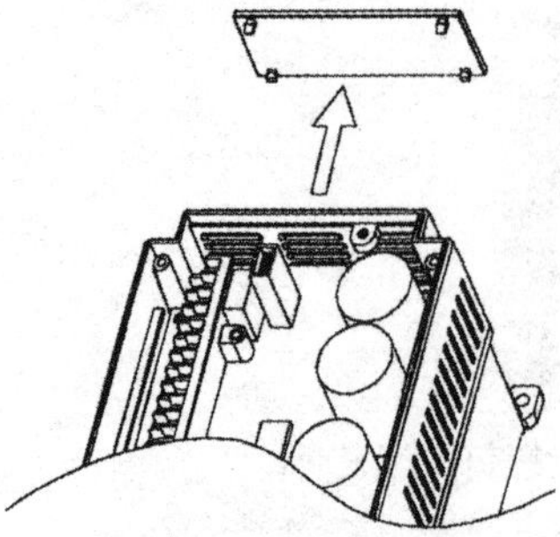

图 8-68　取下通风窗挡板

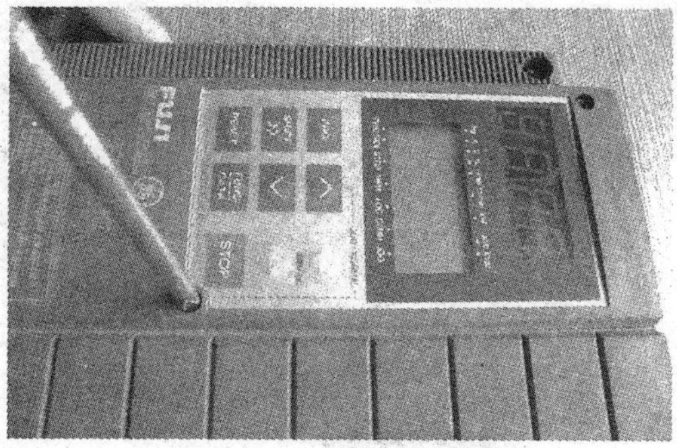

图 8-69　安装操作面板

操作提示

◇不要在带电的情况下拿走操作面板。

◇不要在带电时进行拆装。

◇抬起时要缓慢轻拿。

【技能训练2】

1. 训练内容

变频器通电与预置及试验练习。

2. 工具、仪表及器材

（1）工具　电工工具1套。

（2）仪表　MF-500B型万用表1只，钳形电流表1只，转速表1只。

（3）器材　富士FRN2.2G11S-4CX变频器、电动机1.1kW各1。

3. 训练步骤

基本操作步骤描述：运行前的检查和准备→试运行→变频器的通电和预置→电动机的空载试验→拖动系统的起动和停机

（1）运行前的检查和准备　变频器运行开始前应检查以下各项：

1）核对接线是否正确，特别是检查变频器的输出端U、V、W不能连接至电源，并确认接地端子E（G）接地良好。变频器连接图如图8-70所示。

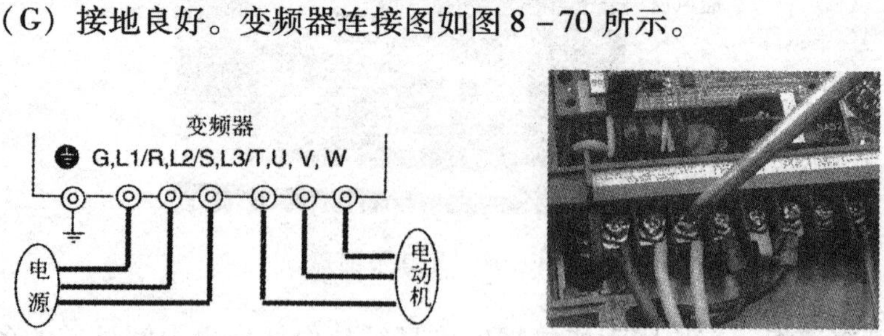

a)　　b)

图 8-70　变频器连接图

a）原理图　b）接线操作

2）确认端子间或各暴露的带电部位没有短路或对地短路情况。

3）确认端子连接、插接式连接器和螺钉等均紧固，无松动现象。

3）确认端子连接、插接式连接器和螺钉等均紧固，无松动现象。

4）确认电动机没有连接其机械负载。

5）投入电源前，使所有开关都处于断开状态，保证投入电源时，变频器不会起动和不发生异常动作。

投入电源后核对以下各点：

①键盘面板显示应如图8－71所示。

②变频器内装的冷却风扇正常运行。

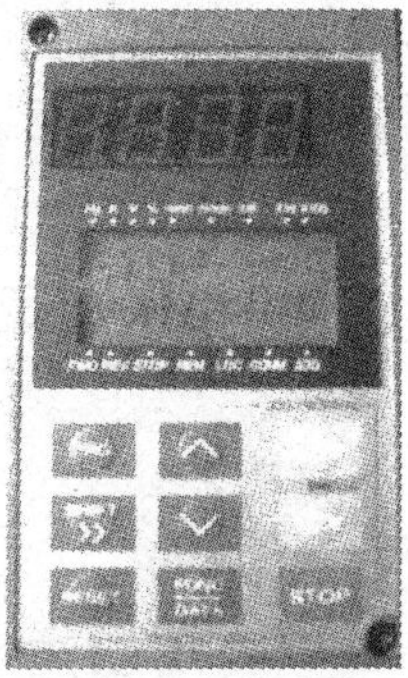

图8－71　键盘面板显示

操作提示

◇盖板安装好后才能接通电源；接通时，不能取盖板。以防止电击事故。

6）选择合适的运行方法。变频器的运行方法有多种，按应用要求和运行规定选择最合适的操作方法。通常采用的操作方法见表8－5。

表8－5　采用的操作方法

运行方法	频率设定	运行命令
键盘面板操作	键盘上按键 ∧、∨	键盘上按键 FWD、STOP、REV
由外部端子信号操作	∧、∨	接点输入 端子FWD—CM 端子REV—CM
	电位器或模拟电压、电流	

（2）试运行

确认无异常情况后，可以进行试运行。产品出厂时，设定为键盘面板运行方式。

1）电源投入后，确定LED闪烁显示频率为0.00Hz。

2）用按键设定5Hz左右的低频率。

3）正转时操作按FWD键，反转时按REV键，停车时按STOP键。

4）检查以下各点：

①电动机旋转方向是否符合要求。

②电动机旋转是否平稳（无啸叫声和振动）。

③加速/减速是否平稳。

若无异常情况，则增加运行频率，继续试运行。

经过以上试运行，确认无任何异常情况后可以正式投入运行。

注意：如果变频器和电动机的运行发生异常，则应立即停止运行，并检查发生异常情况的原因。

变频器停止输出后，如果未断开主电路电源，端子L1/R1、L2/S、L3/T和辅助电源RO、TO仍带电。这时，如果触及变频器的输出端子U、V、W，则将发生电击。另外，即使切除主电源，由于滤波电容器上有充电电压，放电结束需要一定时间。

主电源切除后，接触电气电路前，需确认电源显示灯已灭或低于安全电压后才能接触变频器内部电路。

（3）变频器的通电和预置

1）按说明书要求进行“起动”和“停止”，观察变频器的工作情况是否正常，同时也要进一步熟悉键盘的操作。如图 8－72 所示。

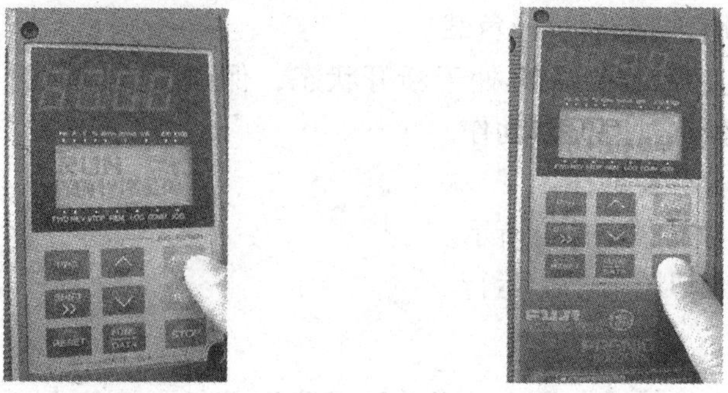

a)　　　　　　　　b)

图 8－72　“起动”和“停止”操作

a）起动操作　b）停止操作

2）进行有关功能的预置操作。如图 8－73 所示。

3）将外接输入线接好，逐项检查各外接控制功能的执行情况。

4）用钳形电流表检查三相输出电流是否平衡。如图 8－74 所示。

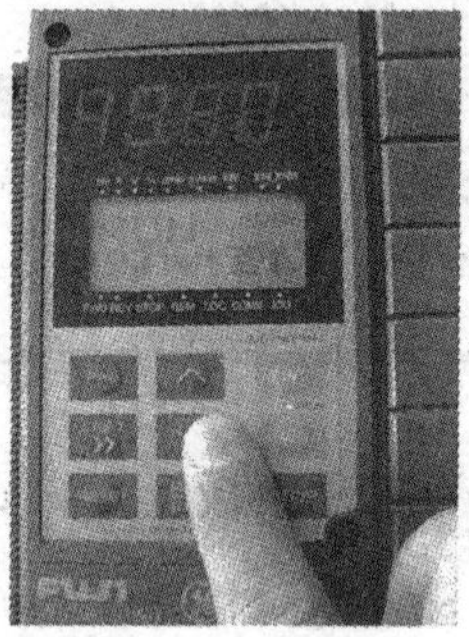

图 8－73　预置操作

图 8－74　钳形电流表检查三相输出电流

（4）电动机的空载试验

将变频器的输出端接上电动机，但电动机应尽可能与负载脱开，进行通电试验。其目的是观察变频器配上电动机后的工作情况，顺便校准电动机的旋转方向是否正确。如果方向相反，则予以纠正。

1）将频率上升至额定频率 50Hz，使电动机运行一段时间。如果一切正常，再选若干个常用的工作频率（40Hz、45Hz、60Hz），也使电动机运行一段时间。

2）将给定频率信号突降至 0Hz（或按停止按钮），观察电动机的制动情况。

（5）拖动系统的起动和停机　将电动机的输出端与机械传动装置连接起来，进行试验。

1）起转试验。使工作频率从 0Hz 开始微微增加，观察拖动系统能否起转，在多大频率下起转。如果起转比较困难，应设法加大起动转矩，加大 U/f 之比，以及采用矢量控制等。

2）起动试验。将起动信号调至最大，按起动键，观察以下情况：

①起动电流的变化。

②整个拖动系统在升速过程中运行是否平稳。如果因起动电流过大而跳闸，则应适当延长升速时间。如果在某一速度段起动电流偏大，则设法通过改变起动方式（S 型、半 S 型）

来解决。

3）停机试验。将运行频率调至最高频率，按停止键，观察以下情况：

①拖动系统的停机过程中是否出现因过电压或过电流而跳闸，如果有，则应适当延长降速时间。

②当输出频率为 0Hz 时，观察拖动系统有无爬行现象，如果有，则应适当加强直流制动。

课题四　变频器的参数设置

教学要求

1. 掌握进行数字频率的设定、LED 监视内容的更换以及功能数据的确认。

2. 熟悉报警功能和数据复写功能。

变频器控制电动机运行其各种性能以及运行方式的实现均是通过许多的参数设定来实现的，不同的参数定义着某一功能，不同的变频器其参数的多少是不一样的。总体来说，有基本功能参数、运行参数、定义控制端子功能参数、附加功能参数、运行模式参数等，理解这些参数的意义，是应用变频器的基础。

1. 运行模式

变频器正常运行画面包括一个显示变频器运行状态的操作指导信息以及一个由棒图显示运行数据的画面，两者可用功能 E45 进行切换。

（1）操作指导（E45 = 0）　操作方法如图 8 – 75 所示。

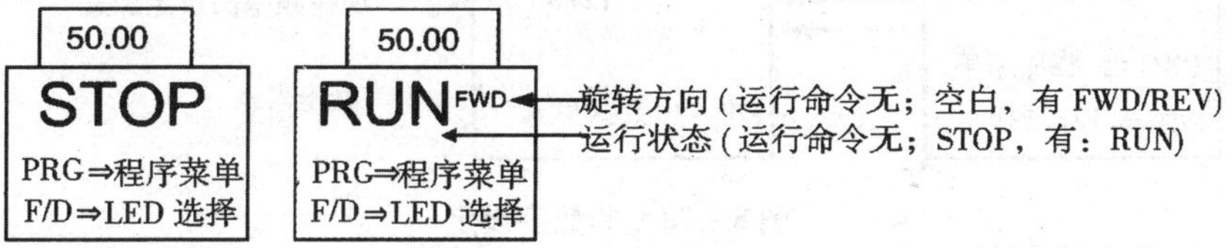

图 8 – 75　操作指导

（2）棒图（E45 = 1）　如图 8 – 76 所示。

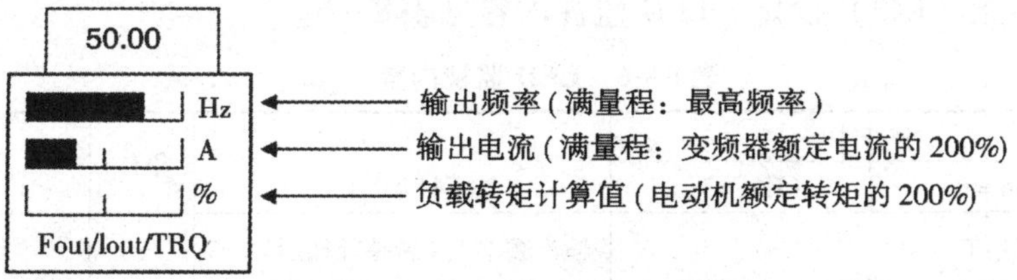

图 8 – 76　棒图

2. 频率的数字设定方法

1）显示运行模式画面，按 ∧ 、 ∨ 键，LED 显示设定频率值。开始时，按最小单位数据增加或减小，连续按着 ∧ 、 ∨ 键，则增加或减小的速度加快。

另外可用 SHIFT ≫ 键任意选择要改变数据的位，直接改变数据。需保存设定频率时，按键将它存入存储器。

2）按RESET或PRG键可恢复运行模式。

3）若不选择键盘面板设定，则这时频率所对的那个模式将显示在LCD上。

4）当选用PID功能时，可根据过程值设定PID命令（详细参阅有关技术资料）。

5）通过键盘面板进行设定频率的保存。键盘面板的频率初始值为0.001Hz。若要保存修改后的频率，需在修改频率设定后，在第7块LED高速闪烁的5s内按FUNC DATA键，这样那个频率会被保存在变频器内部。

注意：若超过5s，即使按FUNC DATA键也无法保存修改后的设定频率。

①数字（键盘面板）设定（F01＝0或C30＝0）：如图8－77所示。

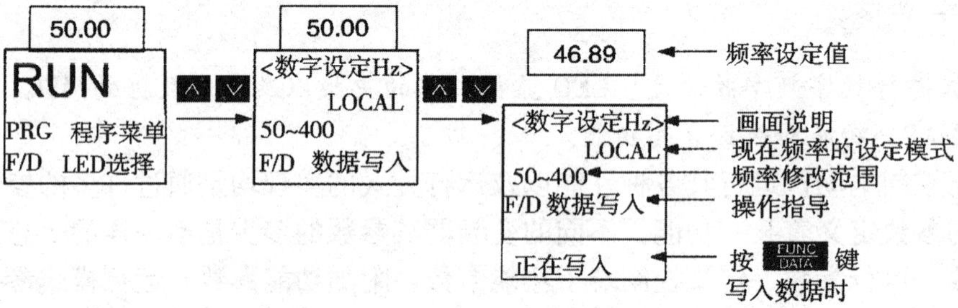

图8－77 数字设定

②非数字设定：如图8－78所示。

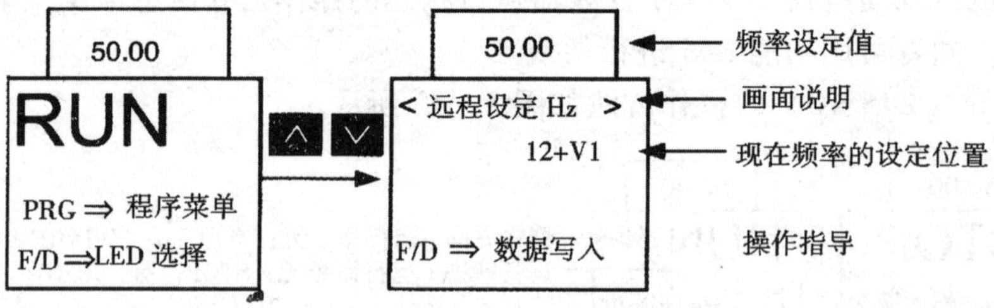

图8－78 非数字设定

3. LED监视内容更换

在正常运行模式，按FUNC DATA键，可更换LED监视器的监视内容，电源投入时，LED监视器显示的内容由功能（E43）设定。LED监视内容见表8－6。

表8－6 LED监视内容

序号 \ E43	停止中 (E44＝0)	停止中 (E44＝1)	运行中 (E44＝0.1)	单位	备注
0	频率设定值		输出频率1（转差补偿后）	Hz	
1	频率设定值		输出频率2（转差补偿后）		
2	频率设定值		频率设定值		
3	输出电流		输出电流	A	
4	输出电压（命令值）		输出电压（命令值）	V	

（续）

E43 / 序号	停止中 (E44 = 0)	停止中 (E44 = 1)	运行中 (E44 = 0.1)	单位	备　注
5	同步转速设定值		同步转速	r/min	高于4位数时，丢弃低位数。由指示器的×10、×100作为标识
6	线速度设定值		线速度	m/min	
7	负载转速设定值		负载转速	r/min	
8	转矩计算值		转矩计算值	%	有±指示
9	输入功率		输入功率	kW	
10	PID命令值		PID命令值	—	仅当PID动作选择
11	PID远方命令值		PID远方命令值	—	
12	PID反馈量		PID反馈量	—	

4. 菜单画面

按PRG键，可显示图8－79所示的菜单画面，一个画面只能显示一个项目。

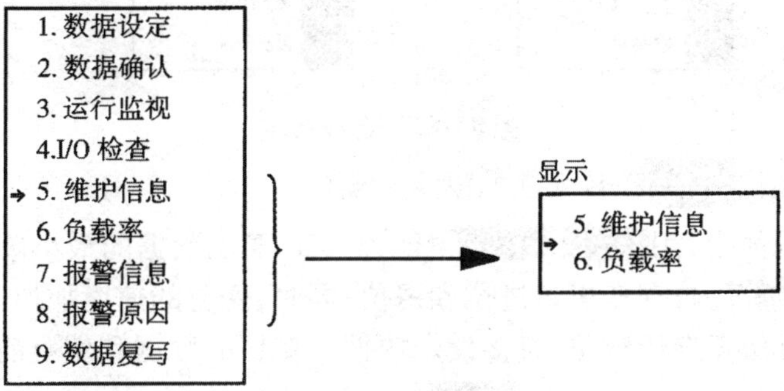

图8－79　菜单画面

按∧、∨键，可以移动游标，选择项目。

按FUNC DATA键，显示相应项目的内容。

只能同时显示4个菜单。

5. 功能数据设定方法

从运行模式画面转到编程菜单画面，选择“1. 数据设定”，会显示有功能码和功能名称的选择画面，然后再选择所需功能码，如图8－80所示。

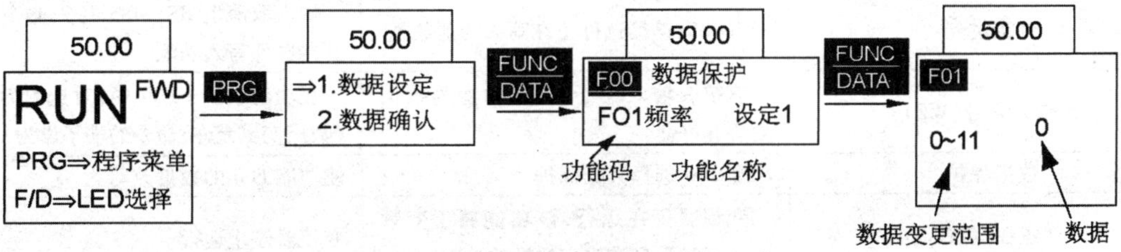

图8－80　功能数据设定方法

功能码由字母和数字构成，每个功能码由一组大写字母表示。见表8－7。

表 8－7　功能码

功能码	功能	备注
F00－F42	基本功能	
E01－E47	端子功能	
C01－C33	控制功能	
P01－P09	电动机 1 参数	
H03－H39	高级功能	
A01－A18	电动机 2 参数	
U01－U61	用户功能	
O01－O55	可选功能	仅在连接有选件卡时可选用

1）选择功能时，用 ≫ + ∧ 或 ≫ + ∨ 键可按功能作为单位进行转移，便于大范围快速选择所需功能。如图 8－81 所示。

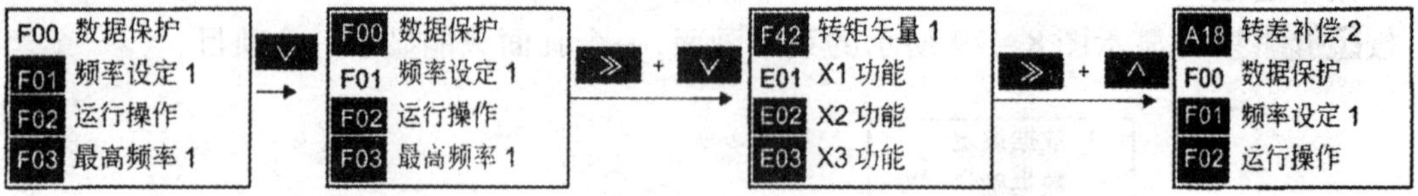

图 8－81　选择功能

2）选择所需功能按 FUNC/DATA 键转入数据设定画面。

3）在数据设定画面上，用 ∧、∨ 键能以 LCD 显示数据的最小单位增大或减小数据。持续按着 ∧、∨ 键，数据变更将进位和退位，同时，变更的速度加快。

另外，≫ 键可任意选择数位，直接设定数据。变更的数据和变更前的原数据同时显示，可用于参数对照。一旦数据确定，可按 FUNC/DATA 键将数据写入存储器。如果不考虑改变数据，则可在写入前按 RESET 键，恢复功能选择画面。变更的数据用 FUNC/DATA 键存入存储器后，将作为变频器有效的运行数据，数据仅变更，不写入，将不影响变频器的运行。

注意，在变频器处于数据保护状态或某些功能数据在变频器运行时不能变更等情况下，要变更数据必须变更条件。

不能变更数据的原因和解除方法见表 8－8。

表 8－8　不能变更数据的原因和解除方法

显　示	不能变更的原因	解除方法
链接优先	RS—485/链接选件正在写入功能数据	输入取消由 RS—485 写入命令中止链接选件写入功能
无许可信号（WE）	有扩展输入端子，选择功能为数据变更允许命令	在功能 E01～E09 中，对选择数据 9（数据变更允许）命令的端子设为 ON
数据保护	功能 F00 选择数据保护	使功能 F00 的数据改写为“0”
正在运行	变频器正在运行，该功能属于变频器运行时不允许改变数据的功能	变频器停止运行
有 FWD/REV 连接	FWD/REV 指令有效时禁止变更的功能无法改变	断开 FWD/REV 运行命令

注意：关于功能设定，如果进行了误设定或设定值不适当的话，所设定的运行、功能可能无

法实现，反而出现意想不到的情况。甚至可能引发设备事故。

6. 功能数据确认方法

由运行模式画面转换为程序菜单画面，选择数据“2. 数据确认”，会显示功能码及其数据功能的选择画面，选择所需功能，确认其数据。如图 8-82 所示。

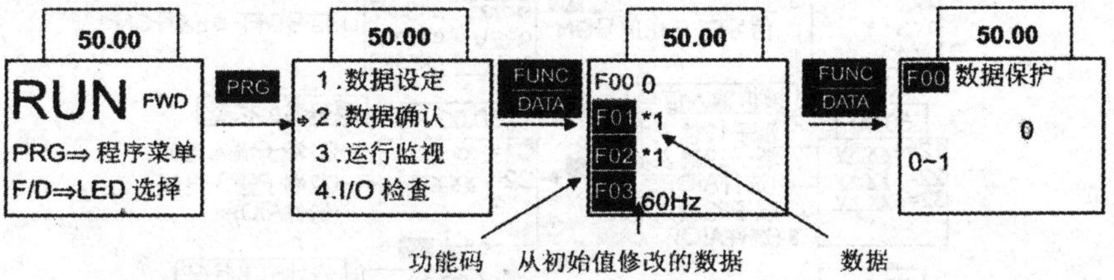

图 8-82 功能数据确认方法

选择功能后，再按 FUNC DATA 键，可转换为功能数据设定画面。

7. 运行状态监视

由运行模式画面转换为程序菜单画面，选择“3. 运行监视”。会显示变频器当时的运行状态，运行状态监视共有 4 幅画面，可用 ∧ 、∨ 键进行更换，按画面数据确认运行状态。如图 8-83 所示。

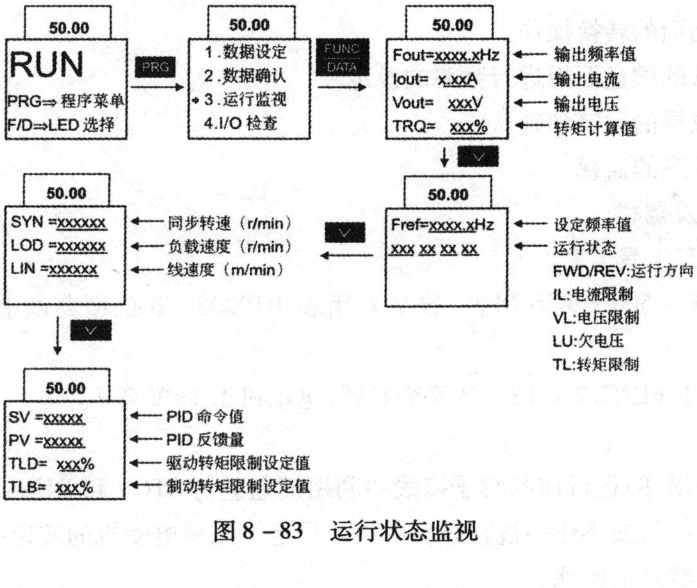

图 8-83 运行状态监视

8. I/O 检查

由运行状态画面转换为程序菜单画面，选择“4. I/O 检查”，会显示变频器和选件的模拟量输入/输出和接点输入/输出状态，I/O 检查监视共有 8 幅画面，可用 ∧ 、∨ 键进行更换。按各画面确认 I/O 状态。如图 8-84 所示。

【技能训练】

1. 训练内容

变频器的键盘面板基本操作。

1）进行变频器运行模式的转换操作。

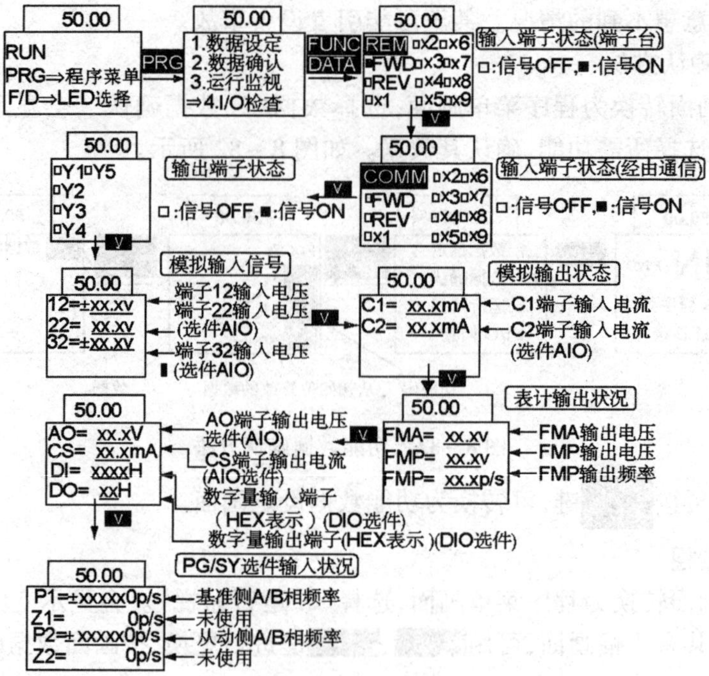

图 8-84 I/O 检查

2)进行菜单画面的转换操作。

3)利用变频器的键盘面板进行频率的设定。

4)进行功能数据的设定和确认。

5)进行运行状态的监视。

2. 工具、仪表及器材

(1)工具 电工工具1套。

(2)仪表 MF-500B 型万用表、数字万用表 DT9202、5050 型兆欧表、频率计、测速表各1。

(3)器材 富士 FRN2.2G11S-4CX 变频器、电动机 1.1kW 各1。

3. 训练步骤

基本操作步骤描述:运行前的端子接线→利用键盘进行 STOP 和 RUN 方式的切换→利用键盘进行菜单画面的转换操作→进行频率的数字设定→测量电动机的转速→进行功能数据的设定和确认→运行状态的监视。

1)运行前连接好变频器的电源和电动机的端子接线,如图 8-85 所示。

2)利用键盘进行 STOP 和 RUN 方式的切换,并记录键盘面板画面显示的数据信息,如图 8-86 所示。

3)利用变频器的键盘面板进行菜单画面的转换操作,依次显示出所有菜单项目内容。如图 8-87 所示。

4)进行频率的数字设定。将初始频率设定为 50Hz,运行并记录数据信息;然后将频率设定为 60Hz,观察运行情况并记录数据信息,如图 8-88 所示。

图 8－85　端子接线

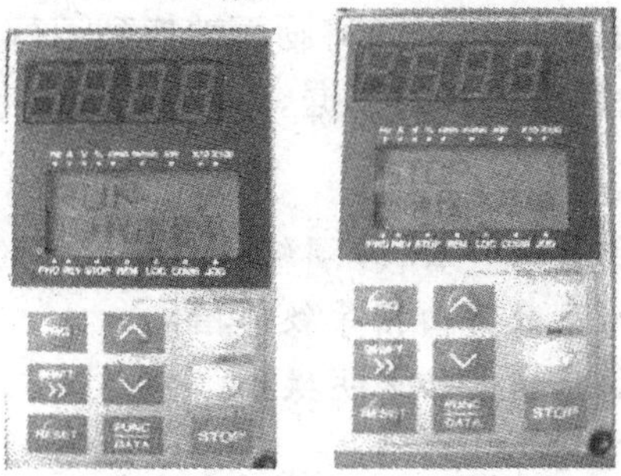

a)　　　b)

图 8－86　STOP 和 RUN 方式的切换

a) RUN 操作　b) STOP 操作

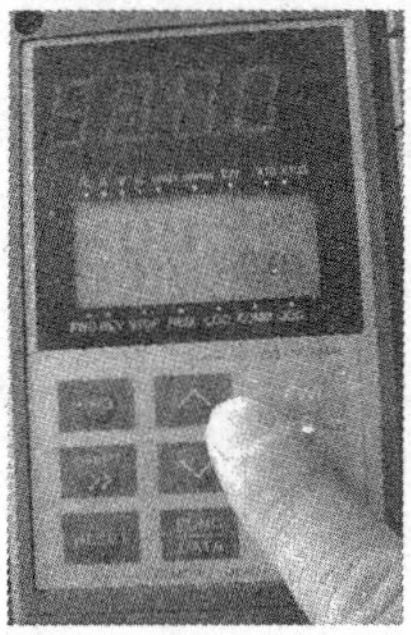

图 8－87　菜单画面的转换操作

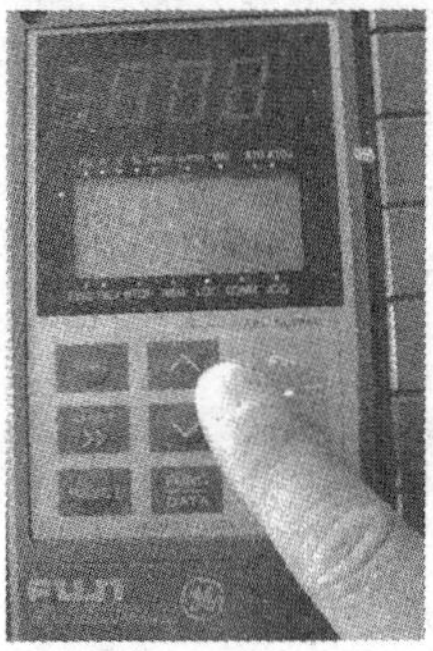

图 8－88　进行频率的数字设定

5) 测量电动机的转速，用离心式转速表测量电动机的转速，方法如图 8－89 所示。

6) 进行功能数据的设定和确认

①进行功能数据的设定，如图 8－90 所示。

a. 选择基本功能设定，进入频率设定画面后再转入运行操作。

b. 选择端子功能控制画面，进行该方式下的所有项目转换操作。

c. 选择控制功能控制画面，进行该方式下的所有项目转换操作。

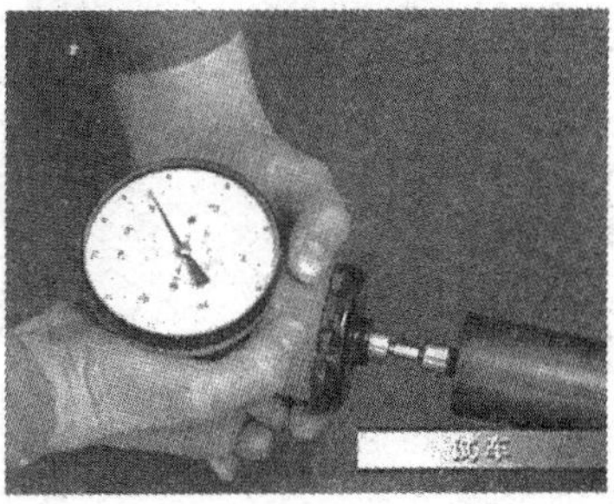

图 8－89　测量电动机转速

②进行功能数据的确认：首先将画面转换到功能数据的确认，然后选择 F01、F02 项目，确认其数据，并记录其结果，如图 8－91 所示。

图 8－90　进行功能数据的设定

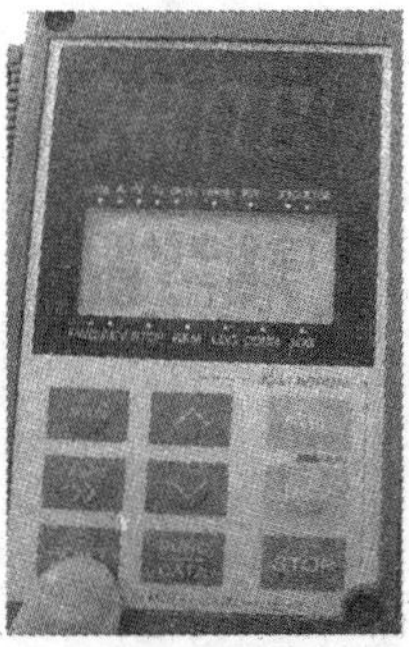

图 8－91　进行功能数据的确认

7)进行运行状态的监视。将画面转换到运行监视,依次选择4幅画面,按各画面数据确认运行状态,并记录运行监视的数据。

操作提示

◇键盘面板设置操作后,必须经过指导教师的检查后,方可运行。

◇设置的具体参数可由指导教师指定

◇操作时要注意安全和文明操作。

模拟试卷

一、试卷的结构

1. 理论知识试卷的结构

国家题库理论知识试卷，按鉴定考核用卷是否为标准化试卷划分为标准化试卷和非标准化试卷。维修电工（中级、高级）知识试卷采用标准化试卷；非标准化试卷有三种组成形式。其具体的题型比例、题量和配分参见试卷表1、试卷表2、试卷表3、试卷表4。

试卷表1　标准化理论知识试卷的题型、题量与配分方案

题　型	鉴定工种等级			分　数	
	初级工	中级工	高级工	初、中级	高级
选　择	60题（1分/题）			60分	
判　断	20题（2分/题）		20题（1分/题）	40分	20分
简答/计算	无		4题（5分/题）	0分	20分
总　分	100分（80/84题）				

注：维修电工标准化理论知识试卷还采用了100题型、200题型两种。

试卷表2　非标准化理论知识试卷的题型、题量与配分方案（一）

题　型	鉴定工种等级			分　数	
	初级工	中级工	高级工	初、中级	高级
填　空	10题（2分/题）			20分	
选　择	20题（2分/题）			40分	
判　断	10题（2分/题）		10题（1分/题）	20分	10分
简答/计算	共4题（5分/题）			20分	
论述/绘图	（无）		1题（10分/题）	0分	10分
总　分	100分（44/45题）				

试卷表3　非标准化理论知识试卷的题型、题量与配分方案（二）

题　型	鉴定工种等级			分　数	
	初级工	中级工	高级工	初、中级	高级
填　空	10题（2分/题）			20分	
选　择	20题（2分/题）		20题（1.5分/题）	40分	30分
判　断	20题（1分/题）			20分	

（续）

题　型	鉴定工种等级			分　数	
	初级工	中级工	高级工	初、中级	高级
简答/计算	共4题（5分/题）			20分	
论述/绘图	（无）		1题（10分/题）	0分	10分
总　分	100分（54/55题）				

试卷表4　非标准化理论知识试卷的题型、题量与配分方案（三）

题　型	鉴定工种等级			分数	
	初级工	中级工	高级工	初、中级	高级
填　空	15题（2分/题）			30分	
选　择	20题（1.5分/题）		20题（1分/题）	30分	20分
判　断	20题（1分/题）			20分	
简答/计算	共4题（5分/题）			20分	
论述/绘图	（无）		1题（10分/题）	0分	10分
总分	100分（59/60题）				

2. 操作技能试卷的结构

操作技能试卷的结构见试卷表5维修电工操作技能考核内容层次结构表。

试卷表5　维修电工操作技能考核内容层次结构表

项　目	操作技能					综合工作能力		
	基本技能	设计、安装和调试	故障检修	仪器、仪表的使用与维护	安全文明生产	培训指导	工艺计划答辩	论文答辩
初　级	（10分） 10～60min	（30分） 100～240min	（40分） 45～240min	（10分） 10～30min	（10分）			
中　级		（40分） 100～240min	（40分） 45～240min	（10分） 10～30min	（10分）			
高　级		（40分） 100～240min	（40分） 60～240min	（10分） 20～30min		（10分） 10～45min		
技　师		（30分） 60～480min				（20分） 10～45min	（10分） 10min	（40分） 30min
高级技师		（30分） 60～480min				（20分） 10～45min	（10分） 10min	（40分） 30min
否定项	无	无	初、中、高级为否定项		有否定项的内容		无	否定项
考核项目组合及方式	选一项	选一项	选一项	选一项	必考项	选一项	选一项	必考项

国家题库操作技能试卷采用由“准备通知单”、“试卷正文”和“评分记录表”三部分组成的基本结构，分别供考场、考生和考评员使用。

（1）准备通知单　包括材料准备，设备准备，工具、量具、刃具、卡具准备等考场准备（标准、名称、规格、数量）要求。

（2）试卷正文　包含需要说明的问题和要求、试题内容、总时间与各个试题的时间分配要求，考评人数，评分规则与评分方法等。

（3）评分记录表　包含具体的评分标准和评分记录表。

二、试卷的内容

理论知识试卷

1. 说明

1）本试卷以《中华人民共和国国家职业标准》为命题依据。

2）本试卷考核内容无地域限制。

3）本试卷只适用于本等级鉴定。

4）本试卷命题遵循学以致用的原则。

2. 模拟试卷正文

职业技能鉴定国家题库统一试卷

维修电工（中级）理论知识试卷

注 意 事 项

1. 考试时间：120min。
2. 请首先按要求在试卷的标封处填写您的姓名、准考证号和所在单位的名称。
3. 请仔细阅读各种题目的回答要求，在规定的位置填写您的答案。
4. 不要在试卷上乱写乱画，不要在标封区填写无关的内容。

	一	二	总 分
得 分			

得 分	
评分人	

一、单项选择（第 1 题～第 160 题。选择一个正确的答案，将相应的字母填入题内的括号中。每题 0.5 分，满分 80 分）

1. 在市场经济条件下，职业道德具有(　　)的社会功能。

（A）鼓励人们自由选择职业　　（B）遏制牟利最大化

（C）促进人们的行为规范化　　（D）最大限度地克服人们受利益驱动

2. 为了促进企业的规范化发展，需要发挥企业文化的(　　)功能。

（A）娱乐　（B）主导　（C）决策　（D）自律

3. 职业道德通过(　　)，起着增强企业凝聚力的作用。

（A）协调员工之间的关系　（B）增加职工福利

（C）为员工创造发展空间　（D）调节企业与社会的关系

4. 在商业活动中，不符合待人热情要求的是(　　)。

（A）严肃待客，表情冷漠　（B）主动服务，细致周到

（C）微笑大方，不厌其烦　（D）亲切友好，宾至如归

5. 对待职业和岗位，(　　)并不是爱岗敬业所要求的。

（A）树立职业理想　（B）干一行爱一行专一行

（C）遵守企业的规章制度　（D）一职定终身，不改行

6. 下列关于勤劳节俭的论述中，正确的选项是(　　)。

（A）勤劳一定能使人致富　（B）勤劳节俭有利于企业持续发展

（C）新时代需要巧干，不需要勤劳　（D）新时代需要创造，不需要节俭

7. 企业生产经营活动中，促进员工之间平等尊重的措施是(　　)。

（A）互利互惠，平均分配　（B）加强交流，平等对话

（C）只要合作，不要竞争　（D）人心叵测，谨慎行事

8. 在电源内部由负极指向正极，即从（　　）。

（A）高电位指向高电位　（B）低电位指向低电位

（C）高电位指向低电位　（D）低电位指向高电位

9. 电阻器反映导体对电流起阻碍作用的大小，简称（　　）。

（A）电动势　（B）功率　（C）电阻率　（D）电阻

10. 如试卷图1所示，不计电压表和电流表的内阻对电路的影响。开关接3时，电流表的电流为(　　)。

（A）0A　（B）10A

（C）0.2A　（D）约等于0.2A

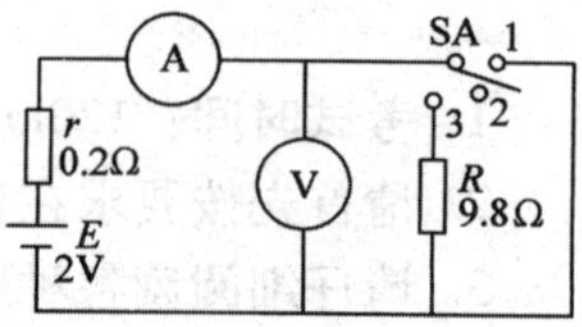

试卷图1

11. 用右手握住通电导体，让拇指指向电流方向，则弯曲四指的指向就是(　　)的方向。

（A）磁感应　（B）磁力线　（C）磁通　（D）磁场

12. 磁场强度的方向和所在点的(　　)的方向一致。

（A）磁通或磁通量　（B）磁导率

（C）磁场强度　（D）磁感应强度

13. 电感两端的电压超前电流(　　)。

（A）90°　（B）180°　（C）360°　（D）30°

14. 相线与相线间的电压称线电压，它们的相位相差(　　)。

（A）45°　（B）90°　（C）120°　（D）180°

15. 导通后二极管两端电压变化很小，锗管约为(　　)。

（A）0.5V　（B）0.7V　（C）0.3V　（D）0.1V

16. 晶体管放大区的放大条件为(　　)。

（A）发射结正偏，集电结反偏　（B）发射结反偏或零偏，集电结反偏

（C）发射结和集电结正偏　　　　（D）发射结和集电结反偏

17. 稳压管虽然工作在反向击穿区，但只要(　　)不超过允许值，N结不会过热而损坏。

（A）电压　　（B）反向电压　　（C）电流　　（D）反向电流

18. 用手电钻钻孔时，要带(　　)穿绝缘鞋。

（A）口罩　　（B）帽子　　（C）绝缘手套　　（D）眼镜

19. 在短路接地的电网系统中，人体触及外壳带电设备的一点同站立地面一点之间的电位差称为(　　)。

（A）单相触电　　（B）两相触电

（C）接触电压触电　　（D）跨步电压触电

20. 凡工作地点狭窄、工作人员活动困难，周围有大面积接地导体或金属构架，因而存在高度触电危险的环境以及特别的场所，则使用时的安全电压为(　　)。

（A）9V　　（B）12V　　（C）24V　　（D）36V

21. 下列污染形式中不属于生态破坏的是(　　)。

（A）森林破坏　　（B）水土流失　　（C）水源枯竭　　（D）地面沉降

22. 下列电磁污染形式不属于自然的电磁污染的是(　　)。

（A）火山爆发　　（B）地震

（C）雷电　　（D）射频电磁污染

23. 收音机发出的交流声属于(　　)。

（A）机械噪声　　（B）气体动力噪声　　（C）电磁噪声　　（D）电力噪声

24. 下列控制声音传播的措施中(　　)不属于个人防护措施。

（A）使用耳塞　　（B）使用耳罩　　（C）使用耳棉　　（D）使用隔声罩

25. 岗位的质量要求，通常包括操作程序、工作内容、工艺规程及(　　)等。

（A）工作计划　　（B）工作目的　　（C）参数控制　　（D）工作重点

26. 劳动者的基本义务包括(　　)等。

（A）遵守劳动纪律　　（B）获得劳动报酬

（C）休息　　（D）休假

27. 根据劳动法的有关规定，(　　)，劳动者可以随时通知用人单位解除劳动合同。

（A）在试用期间被证明不符合录用条件的

（B）严重违反劳动纪律或用人单位规章制度的

（C）严重失职、营私舞弊，对用人单位利益造成重大损害的

（D）用人单位以暴力、威胁或者非法限制人身自由的手段强迫劳动的

28. 劳动安全卫生管理制度对未成年工给予了特殊的劳动保护，规定严禁一切企业招收未满(　　)的童工。

（A）14周岁　　（B）15周岁　　（C）16周岁　　（D）18周岁

29. 电工指示仪表的准确等级通常分为七级，它们分别为1.0级、1.5级、2.5级、(　　)等。

（A）3.0级　　（B）3.5级　　（C）4.0级　　（D）5.0级

30. 为了提高被测值的精度，在选用仪表时，要尽可能使被测量值在仪表满度值

的(　　)。

(A) 1/2　　(B) 1/3　　(C) 2/3　　(D) 1/4

31. 电工指示仪表在使用时，通常根据仪表的准确度等级来决定用途，如(　　)级仪表常用于工程测量。

(A) 0.1 级　　(B) 0.5 级　　(C) 1.5 级　　(D) 2.5 级

32. 直流系统仪表的准确度等级一般不低于 1.5 级，在缺少 1.5 级仪表时，可用 2.5 级仪表加以调整，使其在正常条件下，误差达到(　　)的标准。

(A) 0.1 级　　(B) 0.5 级　　(C) 1.5 级　　(D) 2.5 级

33. 对于有互供设备的变配电所，应装设符合互供条件要求的电测仪表。例如，对可能出现两个方向电流的直流电路，应装设有双向标度尺的(　　)。

(A) 功率表　　(B) 直流电流表

(C) 直流电压表　　(D) 功率因数表

34. 电子仪器按(　　)可分为简易测量仪器、精密测量仪器、高精度测量仪器。

(A) 功能　　(B) 工作频段

(C) 工作原理　　(D) 测量精度

35. X6132 型万能铣床起动主轴时，先接通电源，再把换向开关 SA3 转到主轴所需的旋转方向，然后按起动按钮 SB3 或 SB4 接通接触器 KM1，即可起动主轴电动机(　　)。

(A) M1　　(B) M2　　(C) M3　　(D) M4

36. X6132 型万能铣床停止主轴时，按停止按钮 SB1－1 或 SB2－1，切断接触器 KM1 线圈的供电电路，并接通主轴制动电磁离合器(　　)，主轴即可停止转动。

(A) HL1　　(B) FR1　　(C) QS1　　(D) YC1

37. X6132 型万能铣床进给运动时，升降台的上下运动和工作台的前后运动完全由操纵手柄通过行程开关来控制，其中，用于控制工作台向后和向上运动的行程开关是(　　)。

(A) SQ1　　(B) SQ2　　(C) SQ3　　(D) SQ4

38. X6132 型万能铣床工作台的左右运动由操纵手柄来控制，其联动机构控制行程开关 SQ1 和 SQ2，它们分别控制工作台(　　)运动。

(A) 向右及向上　　(B) 向右及向下

(C) 向右及向后　　(D) 向右及向左

39. X6132 型万能铣床工作台变换进给速度时，当蘑菇形手柄向前拉至极端位置且在反向推回之前借孔盘推动行程开关 SQ6，瞬时接通接触器(　　)，则进给电动机作瞬时转动，使齿轮容易啮合。

(A) KM2　　(B) KM3　　(C) KM4　　(D) KM5

40. X6132 型万能铣床主轴起动后，若将快速按钮 SB5 或 SB6 按下，接通接触器(　　)线圈电源，接通 YC3 快速离合器，并切断 YC2 进给离合器，工作台按原运动方向作快速移动。

(A) KM1　　(B) KM2　　(C) KM3　　(D) KM4

41. X6132 型万能铣床主轴上刀完毕，将转换开关扳到(　　)位置，主轴方可起动。

(A) 接通　　(B) 断开　　(C) 中间　　(D) 极限

42. X6132 型万能铣床控制电路中，机床照明由照明变压器供给，照明灯本身由(　　)

控制。

（A）主电路　　（B）控制电路　　（C）开关　　（D）无专门

43. 在MGB1420型万能磨床的冷却泵电动机控制电路中，接通电源开关QS1后，220V交流控制电压通过开关SA2控制接触器(　　)，从而控制液压、冷却泵电动机。

（A）KM1　　（B）KM2　　（C）KM3　　（D）KM4

44. 在MGB1420型万能磨床的内外磨砂轮电动机控制电路中，接通电源开关QS1，220V交流控制电压通过开关SA3控制接触器(　　)的通断，达到内外磨砂轮电动机的起动和停止。

（A）KM1　　（B）KM2　　（C）KM3　　（D）KM4

45. 在MGB1420型万能磨床的工件电动机控制电路中，M的起动、点动及停止由主令开关(　　)控制中间继电器KA1、KA2来实现。

（A）KA1、KA2　　（B）KA1、KA3　　（C）KA2、KA3　　（D）KA1、KA4

46. 在MGB1420型万能磨床的自动循环工作电路系统中，通过微动开关SQ1、SQ2，行程开关SQ3，万能转换开关SA4，时间继电器(　　)和电磁阀YT与油路、机械方面配合实现磨削自动循环工作。

（A）KA　　（B）KM　　（C）KT　　（D）KP

47. 在MGB1420型万能磨床的中，该系统的工件电动机的转速为(　　)。

（A）0～1100r/min　　（B）0～1900r/min

（C）0～2300r/min　　（D）0～2500r/min

48. 在MGB1420型万能磨床晶闸管直流调速系统的主电路中，直流电动机M的励磁电压由220V交流电源经二极管整流取得(　　)左右的直流电压。

（A）110V　　（B）190V　　（C）220V　　（D）380V

49. 在MGB1420型万能磨床晶闸管直流调速系统控制电路的基本环节中，(　　)为功率放大器。

（A）V33　　（B）V34　　（C）V35　　（D）V37

50. 在MGB1420型万能磨床晶闸管直流调速系统控制电路的辅助环节中，V19、(　　)组成电流正反馈环节。

（A）R26　　（B）R29　　（C）R36　　（D）R38

51. 在MGB1420型万能磨床晶闸管直流调速系统控制电路的辅助环节中，由C15、(　　)、R27、RP5等组成电压微分负反馈环节，以改善电动机运转时的动态特性。

（A）R19　　（B）R26　　（C）RP2　　（D）R37

52. 在MGB1420型万能磨床晶闸管直流调速系统控制电路的辅助环节中，由R29、R36、R38组成(　　)。

（A）积分校正环节　　（B）电压负反馈电路

（C）电压微分负反馈环节　　（D）电流负反馈电路

53. 在MGB1420型万能磨床晶闸管直流调速系统控制电路中，V36的基极加有通过R19、V13来的正向直流电压和由变压器TC1的二次线圈经V6、(　　)整流后的反向直流电压。

（A）V12　　（B）V21　　（C）V24　　（D）V29

54. 在MGB1420型万能磨床晶闸管直流调速系统控制电路电源部分，经V1～V4整流后再经V5取得（　　）直流电压，供给单结晶体管触发电路使用。

（A）7.5V　（B）10V　（C）－15V　（D）20V

55. 绘制电气原理图时，通常把主电路和辅助电路分开，主电路用粗实线画在辅助电路的左侧或（　　）。

（A）上部　（B）下部　（C）右侧　（D）任意位置

56. 在分析较复杂电气原理图的辅助电路时，要对照（　　）进行分析。

（A）主电路　（B）控制电路

（C）辅助电路　（D）联锁与保护环节

57. 直流电动机转速不正常的故障原因主要有（　　）等。

（A）换向器表面有油污　（B）接线错误

（C）无励磁电流　（D）励磁回路电阻过大

58. 直流电动机因电刷牌号不相符导致电刷下火花过大时，应更换（　　）的电刷。

（A）高于原规格　（B）低于原规格

（C）原牌号　（D）任意

59. 直流电动机滚动轴承发热的主要原因有（　　）等。

（A）轴承与轴承室配合过松　（B）轴承变形

（C）电动机受潮　（D）电刷架位置不对

60. 造成直流电动机漏电的主要原因有（　　）等。

（A）电动机绝缘老化　（B）并励绕组局部短路

（C）转轴变形　（D）电枢不平衡

61. 检查波形绕组开路故障时，在六极电动机里，换向器上应有（　　）烧毁的黑点。

（A）两个　（B）三个　（C）四个　（D）五个

62. 检查波形绕组短路故障时，在六极电动机的电枢中，线圈两端是分接在相距（　　）的两片换向片上的。

（A）二分之一　（B）三分之一　（C）四分之一　（D）五分之一

63. 用试灯检查电枢绕组对地短路故障时，因试验所用为交流电源，从安全考虑应采用（　　）电压。

（A）36V　（B）110V　（C）220V　（D）380V

64. 车修换向器表面时，加工后换向器与轴的同轴度不超过（　　）。

（A）0.02～0.03mm　（B）0.03～0.35mm

（C）0.35～0.4mm　（D）0.4～0.45mm

65. 对于振动负荷或起重用电动机，电刷压力要比一般电动机增加（　　）。

（A）30%～40%　（B）40%～50%　（C）50%～70%　（D）75%

66. 采用热装法安装滚动轴承时，首先将轴承放在油锅里煮，轴承约煮（　　）。

（A）2min　（B）3～5min　（C）5～10min　（D）15min

67. 测量额定电压500V以上的直流电动机的绝缘电阻时，应使用（　　）兆欧表。

（A）500V　（B）1000V　（C）2500V　（D）3000V

68. 直流伺服电动机旋转时有大的冲击，其原因如：测速发电机在1000r/min时，输出电压的纹波峰值大于(　　)。

(A) 1%　　(B) 2%　　(C) 5%　　(D) 10%

69. 在无换向器电动机常见故障中，出现了电动机进给有振动现象，这种现象属于(　　)。

(A) 误报警故障　　(B) 转子位置检测器故障

(C) 电磁制动故障　　(D) 接线故障

70. 电磁调速电动机校验和试车时，拖动电动机一般可以全压起动，如果电源容量不足，可采用(　　)作减压起动。

(A) 串电阻　　(B) 星—三角　　(C) 自耦变压器　　(D) 延边三角形

71. 交磁电机扩大机在运转前应空载研磨电刷接触面，使磨合部分（镜面）达到电刷整个工作面 80% 以上时为止，通常需空转(　　)。

(A) 0.5 ~ 1h　　(B) 1 ~ 2h　　(C) 2 ~ 3h　　(D) 4h

72. 交磁电机扩大机补偿程度的调节时，对于负载为直流电机时，其欠补偿程度应欠得多一些，常为全补偿特性的(　　)。

(A) 75%　　(B) 80%　　(C) 90%　　(D) 100%

73. X6132 型万能铣床的全部电动机都不能起动，可能是由于(　　)造成的。

(A) 停止按钮常闭触头短路　　(B) SQ7 常开触头接触不良

(C) SQ7 常闭触头接触不良　　(D) 电磁离合器 YC1 无直流电压

74. X6132 型万能铣床主轴停车时没有制动，若主轴电磁离合器 YC1 两端直流电压低，则可能因(　　)线圈内部有局部短路。

(A) YC1　　(B) YC2　　(C) YC3　　(D) YC4

75. 当 X6132 型万能铣床主轴电动机已起动，而进给电动机不能起动时，接触器 KM3 或 KM4 不能吸合，则应检查(　　)。

(A) 接触器 KM3、KM4 线圈是否断线

(B) 电动机 M3 的进线端电压是否正常

(C) 熔断器 FU2 是否熔断

(D) 接触器 KM3、KM4 的主触头是否接触不良

76. MGB1420 型万能磨床电气故障检修时，如果液压泵、冷却泵都不转动，则应检查熔断器 FU1 是否熔断，再看接触器(　　)是否吸合。

(A) KM1　　(B) KM2　　(C) KM3　　(D) KM4

77. MGB1420 型万能磨床控制电路电气故障检修时，中间继电器 KA2 不吸合，可能是压力继电器(　　)接触不良。

(A) KP　　(B) KA　　(C) KT　　(D) TA

78. 用万用表测量门极和阴极之间正向阻值时，一般反向电阻比正向电阻大，正向几十欧姆以下，反向(　　)以上。

(A) 数十欧姆以上　　(B) 数百欧姆以上

(C) 数千欧姆以上　　(D) 数十千欧姆以上

79. 晶闸管调速电路常见故障中，工件电动机不转，可能是(　　)。

(A) 晶体管 V35 漏电流过大　　(B) 晶体管 V37 漏电流过大

（C）电流截止负反馈过强　　（D）晶体管已经击穿

80. 在测量额定电压为500V以上的电气设备的绝缘电阻时，应选用额定电压为(　　)的兆欧表。

（A）500V　　（B）1000V　　（C）2500V　　（D）2500V以上

81. 使用PF－32数字式万用表测500V直流电压时，按下(　　)键，此时万用表处于测量直流电压状态。

（A）S1　　（B）S2　　（C）S3　　（D）S4

82. 在对称三相电路中，可采用一只单相功率表测量三相无功功率，其实际三相功率应是测量值乘以(　　)。

（A）2　　（B）3　　（C）4　　（D）5

83. 直流双臂电桥适用于测量(　　)的电阻。

（A）0.1Ω以下　　（B）1Ω以下　　（C）10Ω以下　　（D）100Ω以下

84. 晶体管图示仪的S2开关在正常测量时，一般置于(　　)位置。

（A）零　　（B）中间　　（C）最大　　（D）任意

85. 直流电动机的转子由电枢铁心、电枢绕组及(　　)等部件组成。

（A）机座　　（B）主磁极　　（C）换向器　　（D）换向极

86. 直流电动机的单波绕组中，要求两只相连接的元件边相距约为(　　)极距。

（A）一倍　　（B）两倍　　（C）三倍　　（D）五倍

87. 直流测速发电机的结构与一般直流伺服电动机没有区别，也由铁心、绕组和换向器组成，一般为(　　)。

（A）两极　　（B）四极　　（C）六极　　（D）八极

88. 测速发电机可以作为(　　)。

（A）电压元件　　（B）功率元件　　（C）解算元件　　（D）电流元件

89. 总是在电路输出端并联一个(　　)二极管。

（A）整流　　（B）稳压　　（C）续流　　（D）普通

90. 在单相桥式全控整流电路中，当控制角α增大时，平均输出电压U_d(　　)。

（A）增大　　（B）下降　　（C）不变　　（D）无明显变化

91. 由于双向晶闸管需要(　　)触发电路，因此使电路大为简化。

（A）一个　　（B）两个　　（C）三个　　（D）四个

92. 用快速熔断器时，一般按(　　)来选择。

（A）$I_N = 1.03I_F$　　（B）$I_N = 1.57I_F$　　（C）$I_N = 2.57I_F$　　（D）$I_N = 3I_F$

93. X6132型万能铣床的冷却泵电动机M3为0.125kW，应选择(　　)BVR型塑料铜芯线。

（A）$1mm^2$　　（B）$1.5mm^2$　　（C）$4mm^2$　　（D）$10mm^2$

94. X6132型万能铣床敷设控制板选用(　　)。

（A）单芯硬导线　　（B）多芯硬导线

（C）多芯软导线　　（D）双绞线

95. X6132型万能铣床电气控制板制作前绝缘电阻低于(　　)，则必须进行烘干处理。

（A）0.3MΩ　　（B）0.5MΩ　　（C）1.5MΩ　　（D）4.5MΩ

96. X6132 型万能铣床电气控制板制作前，应准备电工工具一套，钻孔工具一套包括手枪钻、钻头及(　　)等。

(A) 螺钉旋具　(B) 电工刀　(C) 台钻　(D) 丝锥

97. X6132 型万能铣床制作电气控制板时，划出安装标记后进行钻孔、攻螺纹、去毛刺、修磨，将板两面刷防锈漆，并在正面喷涂(　　)。

(A) 黑漆　(B) 白漆　(C) 蓝漆　(D) 黄漆

98. X6132 型万能铣床制作左、右侧配电箱控制板时，要注意控制板的(　　)，使它们装上元器件后能自由进出箱体。

(A) 尺寸　(B) 颜色　(C) 厚度　(D) 重量

99. X6132 型万能铣床电路采用沿板面敷设法敷线时，应采用(　　)。

(A) 塑料绝缘单心硬铜线　(B) 塑料绝缘软铜线

(C) 裸导线　(D) 护套线

100. X6132 型万能铣床电路导线与端子连接时，导线接入接线端子，首先根据实际需要剥切出连接长度，(　　)，然后，套上标号套管，再与接线端子可靠地连接。

(A) 除锈和清除杂物　(B) 测量接线长度

(C) 浸锡　(D) 恢复绝缘

101. X6132 型万能铣床电动机的安装，一般采用起吊装置，先将电动机水平吊起至中心高度并与安装孔对正，再将电动机与(　　)连接件啮合，对准电动机安装孔，旋紧螺栓，最后撤去起吊装置。

(A) 紧固　(B) 转动　(C) 轴承　(D) 齿轮

102. X6132 型万能铣床限位开关安装前，应检查限位开关支架和(　　)是否完好。

(A) 撞块　(B) 动触头　(C) 静触头　(D) 弹簧

103. X6132 型万能铣床敷连接线时，将连接导线从床身或穿线孔穿到相应位置，在两端临时把套管固定。然后，用(　　)校对连接线，套上号码管固定好。

(A) 试电笔　(B) 万用表　(C) 兆欧表　(D) 单臂电桥

104. 机床的电气连接时，元器件上端子的接线用剥线钳剪切出适当长度，剥出接线头，除锈，然后镀锡，(　　)，接到接线端子上用螺钉拧紧即可。

(A) 套上号码套管　(B) 测量长度

(C) 整理线头　(D) 清理线头

105. 机床的电气连接时，所有接线应(　　)。

(A) 连接可靠，不得松动　(B) 长度合适，不得松动

(C) 整齐，松紧适度　(D) 除锈，可以松动

106. 20/5t 桥式起重机安装前检查各电器是否良好，其中包括检查电动机、电磁制动器、(　　)及其他控制部件

(A) 凸轮控制器　(B) 过电流继电器

(C) 中间继电器　(D) 时间继电器

107. 20/5t 桥式起重机安装前应准备好常用仪表，主要包括(　　)。

(A) 试电笔　(B) 直流双臂电桥

(C) 直流单臂电桥　(D) 500V 兆欧表

108. 20/5t 桥式起重机安装前应准备好辅助材料，包括电气连接所需的各种规格的导线、压接导线的线鼻子、绝缘胶布及(　　)等。

(A) 剥线钳　　(B) 尖嘴钳　　(C) 电工刀　　(D) 钢丝

109. 起重机轨道的连接包括同一根轨道上接头处的连接和两根轨道之间的连接。两根轨道之间的连接通常采用 30mm×3mm 扁钢或(　　)以上的圆钢。

(A) ϕ5mm　　(B) ϕ8mm　　(C) ϕ10mm　　(D) ϕ20mm

110. 桥式起重机接地体的制作时，可选用专用接地体或用 50mm×50mm×5mm 角钢，截取长度为(　　)，其一端加工成尖状。

(A) 0.5m　　(B) 1m　　(C) 1.5m　　(D) 2.5m

111. 接地体制作完成后，应将接地体垂直打入土壤中，至少打入(　　)接地体，接地体之间相距 5m。

(A) 2 根　　(B) 3 根　　(C) 4 根　　(D) 5 根

112. 桥式起重机连接接地体的扁钢采用(　　)而不能平放，所有扁钢要求平、直。

(A) 立行侧放　　(B) 横放　　(C) 倾斜放置　　(D) 纵向放置

113. 桥式起重机接地体安装时，接地体埋设应选在(　　)的地方。

(A) 土壤导电性较好　　(B) 土壤导电性较差

(C) 土壤导电性一般　　(D) 任意

114. 桥式起重机支架悬吊间距约为(　　)。

(A) 0.5m　　(B) 1.5m　　(C) 2.5m　　(D) 5m

115. 以 20/5t 桥式起重机导轨为基础，供电导管调整时，调整导管水平高度时，以悬吊梁为基准，在悬吊架处测量并校准，直至误差(　　)。

(A) ≤2mm　　(B) ≤2.5mm　　(C) ≤4mm　　(D) ≤6mm

116. 20/5t 桥式起重机的电源线进线方式有(　　)和端部进线两种。

(A) 上部进线　　(B) 下部进线　　(C) 中间进线　　(D) 后部进线

117. 20/5t 桥式起重机限位开关的安装要求是：依据设计位置安装固定限位开关，限位开关的型号、规格要符合设计要求，以保证安全撞压动作灵敏、(　　)。

(A) 绝缘良好　　(B) 安装可靠　　(C) 触头使用合理　　(D) 便于维护

118. 起重机桥箱内电风扇和电热取暖设备的电源用(　　)电源。

(A) 380V　　(B) 220V　　(C) 36V　　(D) 24V

119. 20/5t 桥式起重机电线管路安装时，根据导线直径和根数选择电线管规格，用卡箍、螺钉紧固或(　　)固定。

(A) 焊接方法　　(B) 铁丝　　(C) 硬导线　　(D) 软导线

120. 20/5t 桥式起重机连接线必须采用铜芯多股软线，采用多股多芯线时，截面积不小于(　　)。

(A) 1mm^2　　(B) 1.5mm　　(C) 2.5mm　　(D) 6mm^2

121. 桥式起重机操纵室、控制箱内配线时，导线穿好后，应核对导线的数量、(　　)。

(A) 质量　　(B) 长度　　(C) 规格　　(D) 走向

122. 桥式起重机电线进入接线端子箱时，线束用(　　)捆扎。

(A) 绝缘胶布　　(B) 腊线　　(C) 软导线　　(D) 硬导线

123. 20/5t 桥式起重机的移动小车上装有主副卷扬机、小车前后运动电动机及(　　)等。

(A) 小车左右运动电动机　(B) 下降限位开关

(C) 断路开关　(D) 上升限位开关

124. 橡皮软电缆供、馈电线路采用拖缆安装方式，该结构两端的钢支架采用 50mm × 50mm × 5mm 角钢或槽钢焊制而成，并通过(　　)固定在桥架上。

(A) 底脚　(B) 钢管　(C) 角钢　(D) 扁铁

125. 反复短时工作制的周期时间 $T \leqslant 10\text{min}$，工作时间 $tg \leqslant 4\text{min}$ 时，导线的允许电流有下述情况确定：截面积等于(　　)的铜线，其允许电流按长期工作制计算。

(A) 1.5mm^2　(B) 2.5mm^2　(C) 4mm^2　(D) 6mm^2

126. 干燥场所内暗敷时，一般采用管壁较薄的(　　)。

(A) 硬塑料管　(B) 电线管　(C) 软塑料管　(D) 水煤气管

127. 白铁管和电线管径可根据穿管导线的截面积和根数选择，如果导线的截面积为 2.5mm^2，穿导线的根数为三根，则线管规格为(　　)mm。

(A) 13　(B) 16　(C) 19　(D) 25

128. 同一照明方式的不同支线可共管敷设，但一根管内的导线数不宜超过(　　)。

(A) 4 根　(B) 6 根　(C) 8 根　(D) 10 根

129. 小容量晶闸管调速电路要求调速平滑，抗干扰能力强，(　　)。

(A) 可靠性高　(B) 稳定性好　(C) 设计合理　(D) 适用性好

130. 小容量晶体管调速器电路的主回路采用单相桥式半控整流电路，直接由(　　)交流电源供电。

(A) 24V　(B) 36V　(C) 220V　(D) 380V

131. 小容量晶体管调速电路中的电压负反馈环节由 R16、R3、(　　)组成。

(A) RP6　(B) R9　(C) R16　(D) R20

132. X6132 型万能铣床调试前，应首先检查主回路是否短路，断开变压器二次回路，用万用表(　　)挡测量电源线与零线之间是否短路。

(A) $R \times 1\Omega$　(B) $R \times 10\Omega$　(C) $R \times 100\Omega$　(D) $R \times 1\text{k}\Omega$

133. X6132 型万能铣床主轴制动时，元件动作顺序为：SB1（或 SB2）按钮动作→KM1、M1 失电→KM1 常闭触头闭合→(　　)得电。

(A) YC1　(B) YC2　(C) YC3　(D) YC4

134. X6132 型万能铣床主轴变速时主轴电动机的冲动控制中，元件动作顺序为：SQ7 动作→KM1 动合触头闭合接通→电动机 M1 转动→(　　)复位→KM1 失电→电动机 M1 停止，冲动结束。

(A) SQ1　(B) SQ2　(C) SQ3　(D) SQ7

135. X6132 型万能铣床工作台向后移动时，将(　　)扳到“断开”位置，SA1－1 闭合，SA1－2 断开，SA1－3 闭合。

(A) SA1　(B) SA2　(C) SA3　(D) SA4

136. X6132 型万能铣床工作台操作手柄在中间时，行程开关动作，(　　)电动机正转。

(A) M1　(B) M2　(C) M3　(D) M4

137. X6132 型万能铣床工作台快速进给调试时，将操作手柄扳到相应的位置，按下按钮 SB5，KM2 得电，其辅助触头接通(　　)，工作台就按选定的方向快进。

(A) YC1　　(B) YC2　　(C) YC3　　(D) YC4

138. X6132 型万能铣床圆工作台回转运动调试时，主轴电动机起动后，进给操作手柄打到零位置，并将 SA1 打到接通位置，M1、M3 分别由(　　)和 KM3 吸合而得电运转。

(A) KM1　　(B) KM2　　(C) KM3　　(D) KM4

139. MGB1420 型万能磨床试车调试时，将 SA1 开关转到“试”的位置，中间继电器 KA1 接通电位器 RP6，调节电位器使转速达到(　　)，将 RP6 封住。

(A) 20～30r/min　　(B) 100～200r/min

(C) 200～300r/min　　(D) 300～400r/min

140. MGB1420 型万能磨床电动机空载通电调试时，将 SA1 开关转到“开”的位置，中间继电器 KA2 接通，并把调速电位器接入电路，慢慢转动 RP1 旋钮，使给定电压信号(　　)。

(A) 逐渐上升　　(B) 逐渐下降

(C) 先上升后下降　　(D) 先下降后上升

141. MGB1420 型万能磨床电动机转数稳定调整时，V19、R26 组成电流正反馈环节，(　　)、R36、R28 组成电压负反馈电路。

(A) R27　　(B) R29　　(C) R31　　(D) R32

142. 在 MGB1420 型万能磨床中，充电电阻 R 的大小是根据晶闸管移相范围的要求及(　　)来决定的。

(A) 充电电容器 C 的大小　　(B) 晶闸管是否触发

(C) 晶闸管导通后是否关断　　(D) 晶闸管是否过热

143. 在 MGB1420 型万能磨床中，对于单结晶体管来说，一般选用 n 为(　　)。

(A) 0.5～0.85　　(B) 0.85～1　　(C) 1～2　　(D) 3～5

144. 20/5t 桥式起重机通电调试前的绝缘检查，应用 500V 兆欧表测量设备的绝缘电阻，要求该阻值不低于 0.5MΩ，潮湿天气不低于(　　)。

(A) 0.25MΩ　　(B) 1MΩ　　(C) 1.5MΩ　　(D) 2MΩ

145. 20/5t 桥式起重机电动机定子回路调试时，在断电情况下，顺时针方向扳动凸轮控制器操作手柄，同时用万用表 $R\times1\Omega$ 挡测量 2L3－W 及 2L1－U，在(　　)挡速度内应始终保持导通。

(A) 2　　(B) 3　　(C) 4　　(D) 5

146. 20/5t 桥式起重机电动机转子回路测试时，在断电情况下扳动手柄，当转动 5 个挡位时，要求 R5、R4、R3、R2、R1 各点依次与(　　)点短接。

(A) R6　　(B) R7　　(C) R8　　(D) R9

147. 20/5t 桥式起重机零位校验时，把凸轮控制器置“零”位。短接 KM 线圈，用万用表测量 L1－L3。当按下起动按钮 SB 时应为(　　)状态。

(A) 导通　　(B) 断开

(C) 先导通后断开　　(D) 先断开后导通

148. 20/5t 桥式起重机的保护功能校验时，短接 KM 辅助触头和线圈接点，用万用表测量 L1 ~ L3 应导通，这时手动断开 SA1、SQ1、SQ_{FW}、(　　)，L1 ~ L3 应断开。

(A) SQ_{BW}　　(B) SQ_{AW}　　(C) SQ_{HW}　　(D) SQ_{DW}

149. 20/5t 桥式起重机主钩上升控制过程中，将电动机接入线路时，将控制手柄置于上升第一挡，KM_{UP}、KM_B 和 KM1 相继吸合，电动机(　　)转子处于较高电阻状态下运转，主钩应低速上升。

(A) M1　　(B) M2　　(C) M4　　(D) M5

150. 20/5t 桥式起重机主钩下降控制电路校验时，置下降第四挡位，观察 KM_D、KM_B、KM1、(　　)可靠吸合，KM_D 接通主钩电动机下降电源。

(A) KM2　　(B) KM3　　(C) KM4　　(D) KM5

151. 20/5t 桥式起重机主钩下降控制过程中，空载慢速下降，可以利用制动"2"挡配合强力下降(　　)挡交替操纵实现控制。

(A) "1"　　(B) "3"　　(C) "4"　　(D) "5"

152. 较复杂机械设备电气控制电路调试前，应准备的设备主要是指(　　)。

(A) 交流调速装置　　(B) 晶闸管开环系统

(C) 晶闸管双闭环调速直流拖动装置　　(D) 晶闸管单闭环调速直流拖动装置

153. 较复杂机械设备电气控制电路调试的原则是(　　)。

(A) 先部件，后系统　　(B) 先闭环，后开环

(C) 先外环，后内环　　(D) 先电机，后阻性负载

154. 较复杂机械设备开环调试时，应用示波器检查整流变压器与同步变压器二次侧相对(　　)、相位必须一致。

(A) 相序　　(B) 次序　　(C) 顺序　　(D) 超前量

155. 较复杂机械设备反馈强度整定时，使电枢电流等于额定电流的 1.4 倍时，调节(　　)使电动机停下来。

(A) RP1　　(B) RP2　　(C) RP3　　(D) RP4

156. CA6140 型卧式车床三相交流电源通过电源开关引入端子板，并分别接到接触器 KM1 和熔断器 FU1 上，从接触器 KM1 出来后接到热继电器 FR1 上，并与电动机(　　)相连接。

(A) M1　　(B) M2　　(C) M3　　(D) M4

157. CA6140 型卧式车床控制电路的电源是通过变压器 TC 引入到熔断器 FU2，经过串联在一起的热继电器 FR1 和 FR2 的辅助触头接到端子板(　　)。

(A) 1 号线　　(B) 2 号线　　(C) 4 号线　　(D) 6 号线

158. 电气测绘前，先要了解原电路的控制过程、控制顺序、控制方法和(　　)等。

(A) 布线规律　　(B) 工作原理

(C) 元件特点　　(D) 工艺

159. 电气测绘时，一般先(　　)，最后测绘各回路。

(A) 输入端　　(B) 主干线　　(C) 简单后复杂　　(D) 主电路

160. 电气测绘时，应避免大拆大卸，对去掉的线头应(　　)。

(A) 作记号　　(B) 恢复绝缘　　(C) 不予考虑　　(D) 重新连接

得　分	
评分人	

二、判断题（第161题～第200题。将判断结果填入括号中。正确的填"√"，错误的填"×"。每题0.5分，满分20分）

161. 职业道德不倡导人们的牟利最大化观念。（　）
162. 办事公道是指从业人员在进行职业活动时要做到助人为乐、有求必应。（　）
163. 职业纪律中包括群众纪律。（　）
164. 部分电路欧姆定律反映了在含电源的一段电路中，电流与这段电路两端的电压及电阻的关系。（　）
165. 电解电容有正、负极，使用时负极接高电位，正极接低电位。（　）
166. 起动按钮优先选用绿色按钮；急停按钮应选用红色按钮，停止按钮优先选用红色按钮。（　）
167. 由晶体管组成的放大电路，主要作用是将微弱的电信号放大成为所需要的较强的电信号。（　）
168. 读图的基本步骤有：看图样说明，看主电路，看安装接线。（　）
169. 游标卡尺测量前应清理干净，并将两量爪合并，检查游标卡尺的松紧情况。（　）
170. 电流表的内阻应远大于电路的负载电阻。（　）
171. 电动机是使用最普遍的电气设备之一，一般在70%～95%额定负载下运行时，效率最低，功率因数大。（　）
172. 普通螺纹的牙形角是55°，英制螺纹的牙形角是60°。（　）
173. 电伤害是造成触电死亡的主要原因，是最严重的触电事故。（　）
174. 在电气设备上工作，应填用工作票或按命令执行，其方式有两种。（　）
175. 质量管理是企业经营管理的一个重要内容，是企业的生命线。（　）
176. 劳动者具有在劳动中获得劳动安全和劳动卫生保护的权利。（　）
177. 某一电工指示仪表属于整流系仪表，这是从仪表的测量对象方面进行划分的。（　）
178. 从仪表的测量对象上分，电压表可以分为直流电流表和交流电流表。（　）
179. 非重要回路的2.5级电流表容许使用3.0级的电流互感器。（　）
180. 电子测量的频率范围极宽，其频率低端已进入10^{-2}～10^{-3}Hz量级，而高端已达到4×10^{6}Hz。（　）
181. X6132型万能铣床工作台向后、向上压SQ4手柄时，工作台仍不能按选择方向作进给运动。（　）
182. MGB1420型万能磨床的工件电动机控制回路中，将SA1扳在试挡时，直流电动机M处于高速点动状态。（　）
183. 若因电动机过载导致直流电动机不能起动时，应将负载降到额定值。（　）
184. "短时"运行方式的电动机不能长期运行。（　）
185. 如果负载加上时电压下降至空载电压的50%左右，且电动机有吱吱声，换向器与

电刷间火花较大，则可能是有部分电枢绕组短路。 ( )

186. 当 X6132 型万能铣床工作台不能快速进给时，经检查 KM2 已吸合，则应检查 KM3 的主触头是否接触不良。 ( )

187. MGB1420 型万能磨床工件无级变速直流拖动系统故障检修时，锯齿波随控制信号电压改变而均匀改变，其移相范围应在 120°左右。 ( )

188. 钳形电流表测量结束后，应将量程开关扳到最大测量挡位置，以便下次安全使用。 ( )

189. 使用双踪示波器可以直接观测两路信号间的时间差值，一般情况下，被测信号频率较低时采用交替方式。 ( )

190. 起重机照明及信号电路所取得的电源，严禁利用起重机壳体或轨道作为工作零线。 ( )

191. 供、馈电线路接好线后，移动小车，观察拖缆拖动情况，吊环不阻滞、电缆受力合理即可准备试车。 ( )

192. 绕线式电动机转子的导线允许电流不能按电动机的工作制确定。 ( )

193. 当工作时间超过 4min 或停歇时间不足以使导线、电缆冷却到环境温度时，导线、电缆的允许电流按反复短期工作制确定。 ( )

194. 当负载电流大于额定电流时，由于电流截止反馈环节的调节作用，晶闸管的导通角减小，输出的直流电压减大，电流随之减小。 ( )

195. X6132 型万能铣床的 SB4 按钮在床身立柱侧的按钮板上。 ( )

196. 在 X6132 型万能铣床工作台进给变速冲动过程中，当手柄推回时，用万用表 $R\times10k$ 挡测量触头动作情况。 ( )

197. X6132 型万能铣床工作台的快速移动是通过点动与连续控制实现的。 ( )

198. 20/5t 桥式起重机调整制动瓦与制动轮的间距时，要求在制动时，制动瓦紧贴在制动轮圆面上无间隙。 ( )

199. 20/5t 桥式起重机主钩上升控制时，将控制手柄置于上升第一挡，确认 SA－1SA－4、SA－5、SA－7 闭合良好。 ( )

200. CA6140 型卧式车床的主轴、冷却、刀架快速移动分别由两台电动机拖动。( )

维修电工（高级）理论知识试卷

注 意 事 项

1. 考试时间：120min。
2. 请首先按要求在试卷的标封处填写您的姓名、准考证号和所在单位的名称。
3. 请仔细阅读各种题目的回答要求，在规定的位置填写您的答案。
4. 不要在试卷上乱写乱画，不要在标封区填写无关的内容。

	一	二	总 分
得 分			

得 分	
评分人	

一、单项选择（第1题～第160题。选择一个正确的答案，将相应的字母填入题内的括号中。每题0.5分，满分80分）

1. 在市场经济条件下，职业道德具有(　　)的社会功能。
(A) 鼓励人们自由选择职业　(B) 遏制牟利最大化
(C) 促进人们的行为规范化　(D) 最大限度地克服人们受利益驱动

2. 在企业的经营活动中，下列选项中的(　　)不是职业道德功能的表现。
(A) 激励作用　(B) 决策能力
(C) 规范行为　(D) 遵纪守法

3. 为了促进企业的规范化发展，需要发挥企业文化的(　　)功能。
(A) 娱乐　(B) 主导　(C) 决策　(D) 自律

4. 在商业活动中，不符合待人热情要求的是(　　)。
(A) 严肃待客，表情冷漠　(B) 主动服务，细致周到
(C) 微笑大方，不厌其烦　(D) 亲切友好，宾至如归

5. 下列事项中属于办事公道的是(　　)。
(A) 顾全大局，一切听从上级　(B) 大公无私，拒绝亲戚求助
(C) 知人善任，努力培养知己　(D) 坚持原则，不计个人得失

6. 下列关于勤劳节俭的论述中，正确的选项是(　　)。
(A) 勤劳一定能使人致富　(B) 勤劳节俭有利于企业持续发展
(C) 新时代需要巧干，不需要勤劳　(D) 新时代需要创造，不需要节俭

7. 企业创新要求员工努力做到(　　)。
(A) 不能墨守成规，但也不能标新立异
(B) 大胆地破除现有的结论，自创理论体系
(C) 大胆地试大胆地闯，敢于提出新问题
(D) 激发人的灵感，遏制冲动和情感

8. 电路的作用是实现能量的传输和转换、信号的(　　)和处理。

(A) 连接　　(B) 传输　　(C) 控制　　(D) 传递

9. 电阻器反映导体对电流起阻碍作用的大小，简称(　　)。

(A) 电动势　　(B) 功率　　(C) 电阻率　　(D) 电阻

10. 电流流过负载时，负载将电能转换成(　　)。

(A) 机械能　　(B) 热能

(C) 光能　　(D) 其他形式的能

11. 电容器并联时总电电荷等于各电容器上的电荷量(　　)。

(A) 相等　　(B) 倒数之和　　(C) 成反比　　(D) 之和

12. 如试卷图 2 所示，不计电压表和电流表的内阻对电路的影响。开关接 3 时，电流表的电流为(　　)。

(A) 0A　　(B) 10A

(C) 0.2A　　(D) 约等于 0.2A

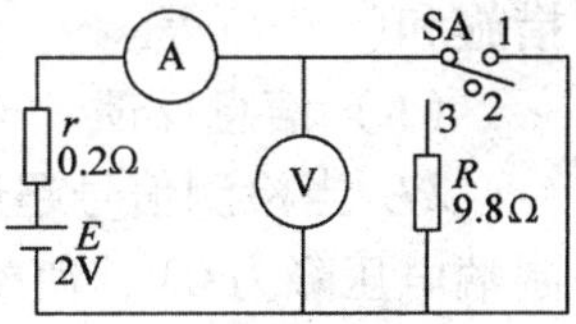

试卷图 2

13. 变压器具有改变(　　)的作用。

(A) 交变电压　　(B) 交变电流

(C) 变换阻抗　　(D) 以上都是

14. 起动按钮优先选用(　　)色按钮；急停按钮应选用(　　)色按钮，停止按钮优先选用(　　)色按钮。

(A) 绿、黑、红　　(B) 白、红、红

(C) 绿、红、黑　　(D) 白、红、黑

15. (　　)以电气原理图、安装接线图和平面布置图最为重要。

(A) 电工　　(B) 操作者　　(C) 技术人员　　(D) 维修电工

16. 定子绕组串电阻的减压起动是指电动机起动时，把电阻串接在电动机定子绕组与电源之间，通过电阻的分压作用来(　　)定子绕组上的起动电压。

(A) 提高　　(B) 减少　　(C) 加强　　(D) 降低

17. 游标卡尺(　　)应清理干净，并将两量爪合并，检查游标卡尺的精度情况。

(A) 测量后　　(B) 测量时　　(C) 测量中　　(D) 测量前

18. 测量电压时，电压表应与被测电路(　　)。

(A) 并联　　(B) 串联　　(C) 正接　　(D) 反接

19. 交流电压的量程有 10V、100V、500V，三挡。用毕应将万用表的转换开关转到(　　)，以免下次使用不慎而损坏电表。

(A) 低电阻挡　　(B) 高电阻挡　　(C) 低电压挡　　(D) 高电压挡

20. (　　)是使用最普遍的电气设备之一，一般在 70% ~95% 额定负载下运行时，效率最高，功率因数大。

(A) 生活照明电路　　(B) 变压器

(C) 工厂照明电路　　(D) 电动机

21. 当流过人体的电流达到(　　)时，就足以使人死亡。

(A) 0.1mA　　(B) 1mA　　(C) 15mA　　(D) 100mA

22. 下列污染形式中不属于生态破坏的是(　　)。

(A) 森林破坏　　(B) 水土流失　　(C) 水源枯竭　　(D) 地面沉降

23. 下列电磁污染形式不属于自然的电磁污染的是(　　)。

(A) 火山爆发　　(B) 地震

(C) 雷电　　(D) 射频电磁污染

24. 噪声可分为气体动力噪声、(　　)和电磁噪声。

(A) 电力噪声　　(B) 水噪声　　(C) 电气噪声　　(D) 机械噪声

25. 下列控制声音传播的措施中,(　　)不属于个人防护措施。

(A) 使用耳塞　　(B) 使用耳罩

(C) 使用耳棉　　(D) 使用隔声罩

26. 对于每个职工来说,质量管理的主要内容有岗位的质量要求、质量目标、质量保证措施和(　　)等。

(A) 信息反馈　　(B) 质量水平　　(C) 质量记录　　(D) 质量责任

27. 当检测信号超过预先设定值时,装置中的过电流、过电压保护电路工作,把移相控制端电压降力 0V,使整流触发脉冲控制角自动移到(　　),三相全控整流桥自动由整流区快速拉到逆变区。

(A) 60°　　(B) 90°　　(C) 120°　　(D) 150°

28. 积分电路 C1 接在 V5 的集电极,它是(　　)的锯齿波发生器。

(A) 电感负反馈　　(B) 电感正反馈　　(C) 电容负反馈　　(D) 电容正反馈

29. KC41C 的内部的 1～6 端输入(　　)块 KC04 来的 6 个脉冲。

(A) 一　　(B) 二　　(C) 三　　(D) 四

30. KC42 调制脉冲频率为(　　)Hz,调节 R_1、R_2、C_1、C_2 值可改变频率。

(A) 5～10M　　(B) 1～5M　　(C) 5～10k　　(D) 1～5k

31. KC41 的输出端 10～15 是按后相给前相补脉冲的规律,经 V1～V6 放大,可输出驱动电流为(　　)的双窄脉冲列。

(A) 100～300μA　　(B) 300～800μA

(C) 100～300mA　　(D) 300～800mA

32. 工频电源输入端接有两级 LB－300 型电源滤波器是阻止(　　)的电器上去。

(A) 工频电网馈送到高频设备以内

(B) 工频电网馈送到高频设备以外

(C) 高频设备产生的信号通过工频电网馈送到高频设备机房以内

(D) 高频设备产生的信号通过工频电网馈送到高频设备机房以外

33. 当电源电压波动时,心柱 2 中的(　　)变化幅度很小,故二次线圈 W2 的端电压 u_2 变化很小,起到稳定作用。

(A) 磁动势　　(B) 磁阻　　(C) 磁通　　(D) 磁场

34. GP－100C 型高频设备中的保护措施有(　　)。

(A) 过电流保护　　(B) 水压保护　　(C) 水温保护　　(D) 以上都是

35. MOSFET 适用于(　　)的高频电源。

(A) 8～50kHz　　(B) 50～200kHz　　(C) 50～400kHz　　(D) 100kW 下

36. (　　)是数控系统的执行部分。

(A) 数控装置　　(B) 伺服系统　　(C) 测量反馈装置　　(D) 控制器

37. (　　)控制系统适用于精度要求不高的控制系统。

(A) 闭环　(B) 半闭环　(C) 双闭环　(D) 开环

38. 三相半波可控整流电路其最大移相范围为150°，每个晶闸管最大导通角为(　　)。

(A) 60°　(B) 90°　(C) 120°　(D) 150°

39. 双窄脉冲的脉宽在(　　)左右，在触发某一晶闸管的同时，再给前一晶闸管补发一个脉冲，作用与宽脉冲一样。

(A) 120°　(B) 90°　(C) 60°　(D) 18°

40. 感性负载（或电抗器）之前并联一个二极管，其作用是(　　)。

(A) 防止负载开路　(B) 防止负载过电流

(C) 保证负载正常工作　(D) 保证了晶闸管的正常工作

41. 三相半波有源电路逆变运行时，为计算方便，引入逆变角β=(　　)。

(A) $90° + \alpha$　(B) $180° + \alpha$　(C) $90° - \alpha$　(D) $180° - \alpha$

42. 三相桥式逆变电路电压脉动小，变压器利用率高，晶闸管工作电压低，电抗器比三相半波电路小，在(　　)容量可逆系统中广泛应用。

(A) 小　(B) 中、小　(C) 大　(D) 大、中

43. 可逆电路从控制方式分可分为(　　)可逆系统。

(A) 并联和无并联　(B) 并联和有环流

(C) 并联和无环流　(D) 环流和无环流

44. 在要求零位附近快速频繁改变转动方向，位置控制要求准确的生产机械，往往用可控环流可逆系统，即在负载电流小于额定值(　　)时，让$\alpha < \beta$，人为地制造环流，使变流器电流连续。

(A) 1%～5%　(B) 5%～10%　(C) 10%～15%　(D) 15%～20%

45. 并联谐振式逆变器的换流(　　)电路并联。

(A) 电感与电阻　(B) 电感与负载

(C) 电容与电阻　(D) 电容与负载

46. 串联谐振逆变器输入是恒定的电压，输出电流波形接近于(　　)，属于电压型逆变器。

(A) 锯齿波　(B) 三角波　(C) 方波　(D) 正弦波

47. 触发脉冲信号应有一定的宽度，脉冲前沿要陡。电感性负载一般是1ms，相当于50Hz正弦波的(　　)。

(A) 360°　(B) 180°　(C) 90°　(D) 18°

48. 脉冲整形主要由晶体管V14、V15实现。当输入正脉冲时，V14由导通转为关断，而V15由关断转为导通，在V15集电极输出(　　)脉冲。

(A) 方波　(B) 尖峰　(C) 触发　(D) 矩形

49. 雷击引起的交流侧过电压从交流侧经变压器向整流元件移动时，可分为两部分：一部分是电磁过渡分量，能量相当大，必须在变压器的一次侧安装(　　)。

(A) 阻容吸收电路　(B) 电容接地

(C) 阀式避雷器　(D) 非线性电阻浪涌吸收器

50. 在快速开关两端并联低值电阻，一般可在(　　)Ω之间选择，然后通过联锁装置切

断线路开关。

(A) 0.05 ~0.1　　(B) 0.1 ~1

(C) 1 ~2　　(D) 1 ~4

51. 快速熔断器是防止晶闸管损坏的最后一种保护措施，当流过(　　)倍额定电流时，熔断时间小于20ms，且分断时产生的过电压较低。

(A) 4　　(B) 5　　(C) 6　　(D) 8

52. 对于小容量晶闸管，在其门极和阴极之间加一并联(　　)，也可对电压上升率过大引起晶闸管误导通起到良好的抑制作用。

(A) 电阻　　(B) 电抗　　(C) 电感　　(D) 电容

53. 在一定阳极电压的作用下，若栅极(　　)，电子就难以越过栅极而达到阳极，阳极电流就越小。

(A) 电位越正，对电子的排斥作用越弱

(B) 电位越正，对电子的排斥作用越强

(C) 电位越负，对电子的排斥作用越弱

(D) 电位越负，对电子的排斥作用越强

54. 晶体管属于(　　)控制型。

(A) 可逆　　(B) 功率　　(C) 电压　　(D) 电流

55. 当LC并联电路的固有频率$f_0=\frac{1}{2\pi\sqrt{LC}}$等于电源频率时，并联电路发生并联谐振，此时并联电路具有(　　)。

(A) 阻抗适中　　(B) 阻抗为零　　(C) 最小阻抗　　(D) 最大阻抗

56. 若固定栅偏压低于截止栅压，当有足够大的交流电压加在电子管栅极上时，管子导电时间小于半个周期，这样的工作状态叫(　　)类工作状态。

(A) 甲　　(B) 乙　　(C) 丁　　(D) 丙

57. 励磁发电机空载电压过高。如果电刷在中性线上，一般是调节电阻R_t-L与励磁发电机性能配合不好。可将励磁发电机的电刷(　　)换向距离。

(A) 整理线路逆旋转方向移动2 ~4片

(B) 清扫线路逆旋转方向移动1 ~2片

(C) 局部更新顺旋转方向移动2 ~4片

(D) 顺旋转方向移动1 ~2片

58. 工作台运行速度过低不足的原因是(　　)。

(A) 发电机励磁回路电压不足

(B) 控制绕组2WC中有接触不良

(C) 电压负反馈过强等

(D) 以上都是

59. 停车时产生振荡的原因常常由于(　　)环节不起作用。

(A) 电压负反馈　　(B) 电流负反馈

(C) 电流截止负反馈　　(D) 桥型稳定

60. 伺服驱动过载可能是负载过大；或加减速时间设定过小；或(　　)；或编码器故

障，即编码器反馈脉冲与电动机转角不成比例地变化，有跳跃。

(A) 使用环境温度超过了规定值　　(B) 伺服电动机过载

(C) 负载有冲击　　(D) 编码器故障

61. 晶体管的集电极与发射极之间的正反向阻值都应大于(　　)，如果两个方向的阻值都很小，则可能是击穿了。

(A) 0.5kΩ　　(B) 1kΩ　　(C) 1.5kΩ　　(D) 2kΩ

62. 如果发电机的电流达到额定值而其电压不足额定值，则需(　　)线圈的匝数。

(A) 减小淬火变压器一次　　(B) 增大淬火变压器一次

(C) 减小淬火变压器二次　　(D) 增大淬火变压器二次

63. (　　)材质制成的螺栓、螺母或垫片，在中频电流通过时，会因涡流效应而发热，甚至局部熔化。

(A) 黄铜　　(B) 不锈钢　　(C) 塑料　　(D) 普通钢铁

64. 在电路工作正常后，通以全电压、全电流(　　)，以考核电路元器件的发热情况和整流电路的稳定性。

(A) 0.5～1h　　(B) 1～2h　　(C) 2～3h　　(D) 3～4h

65. 起动电容器 C_S 上所充的电加到由炉子 L 和补偿电容 C 组成的并联谐振电路两端，产生(　　)电压和电流。

(A) 正弦振荡　　(B) 中频振荡　　(C) 衰减振荡　　(D) 振荡

66. 逆变电路为了保证系统能够可靠换流，安全储备时间 t_β 必须大于晶闸管的(　　)。

(A) 引前时间　　(B) 关断时间　　(C) 换流时间　　(D) $t_f - t_r$

67. SP100－C3 型高频设备半高压接通后阳极有电流。产生此故障的原因有(　　)。

(A) 阳极槽路电容器

(B) 栅极电路上旁路电容器

(C) 栅极回馈线圈到栅极这一段有断路的地方

(D) 以上都是

68. 根据(　　)分析和判断故障是诊断所控制设备故障的基本方法。

(A) 原理图　　(B) 逻辑功能图　　(C) 指令图　　(D) 梯形图

69. 直流电动机调压调速就是在(　　)恒定的情况下，用改变电枢电压的方法来改变电动机的转速。

(A) 励磁　　(B) 负载　　(C) 电流　　(D) 功率

70. (　　)不是调节异步电动机转速的参数。

(A) 变极调速　　(B) 开环调速

(C) 转差率调速　　(D) 变频调速

71. 从控制或扰动作用于系统开始，到被控制量 n 进入(　　)稳定值区间为止的时间称做过渡时间 T。

(A) ±2　　(B) ±5　　(C) ±10　　(D) ±15

72. 交磁电机扩大机是一种旋转式的(　　)放大装置。

(A) 电压　　(B) 电流　　(C) 磁率　　(D) 功率

73. 非独立励磁控制系统在(　　)的调速是用提高电枢电压来提升速度的，电动机的反电动势随转速的上升而增加，在励磁回路由励磁调节器维持励磁电流为最大值不变。

（A）低速时　（B）高速时　（C）基速以上　（D）基速以下

74. 反电枢可逆电路由于电枢回路(　　)，适用于要求频繁起动而过渡过程时间短的生产机械，如可逆轧钢机、龙门刨等。

（A）电容小　（B）电容大　（C）电感小　（D）电感大

75. 由一组逻辑电路判断控制整流器触发脉冲通道的开放和封锁，这就构成了(　　)可逆调速系统。

（A）逻辑环流　（B）逻辑无环流　（C）可控环流　（D）可控无环流

76. 转矩极性鉴别器常常采用运算放大器经正反馈组成的(　　)电路检测速度调节器的输出电压 u_n。

（A）多沿振荡　（B）差动放大　（C）施密特　（D）双稳态

77. 逻辑保护电路一旦出现(　　)的情况，与非门立即输出低电平，使 u'_R 和 u'_F 均被钳位于“0”，将两组触发器同时封锁。

（A）$u_R=1$、$u_F=0$　（B）$u_R=0$、$u_F=0$

（C）$u_R=0$、$u_F=1$　（D）$u_R=1$、$u_F=1$

78. 环流抑制回路中的电容 C1，对环流控制起(　　)作用。

（A）抑制　（B）平衡　（C）减慢　（D）加快

79. (　　)是经济型数控机床按驱动和定位方式划分的。

（A）闭环连续控制式　（B）变极控制式

（C）步进电动机式　（D）直流点位式

80. 微处理器一般由(　　)、程序存储器、内部数据存储器、接口和功能单元（如定时器、计数器）以及相应的逻辑电路所组成。

（A）CNC　（B）PLC　（C）CPU　（D）MPU

81. 经济型数控系统常用的有后备电池法和采用非易失性存储器，如电可改写只读存储器(　　)。

（A）EEPROM　（B）NVRAM　（C）FLASHROM　（D）EPROM

82. MPU 与外设之间进行数据传输有(　　)方式。

（A）程序控制　（B）控制中断控制

（C）选择直接存储器存取（DMA）　（D）以上都是

83. 各位的段驱动及其位驱动可分别共用一个锁存器。每秒扫描次数大于(　　)次，靠人眼的视觉暂留现象，便不会感觉到闪烁。

（A）20　（B）30　（C）40　（D）50

84. 理想的驱动电源应使通过步进电动机很大电感量的绕组电流尽量接近(　　)。

（A）矩形波　（B）三角波　（C）正弦波　（D）梯形波

85. 电动机绕组电感 L，当 V 突然导通时，绕组电流按指数规律上升，时间常数 $\tau_1=$(　　)，r 是电动机绕组的电阻值。

（A）$L/(R_0-r)$　（B）$L/(R_0+r)$

（C）$L/(R_0-r/2)$　（D）$L/(R_0+r/2)$

86. 三相六拍脉冲分配逻辑电路由 FF_1、FF_2、FF_3 三位 D 触发器组成。其脉冲分配顺序是(　　)。

(A) A→B→C→……

(B) A→AB→B→BC→C→CA→A→……

(C) A→AC→C→CB→B→BA→A→……

(D) AB→BC→CA→……

87. (　　)不是 CPU 和 RAM 的抗干扰措施。

(A) 人工复位　　(B) 掉电保护

(C) 软件陷阱　　(D) 接地技术

88. 晶闸管中频电源可能对电网 50Hz 工频电压波形产生影响，必须在电源进线中采取(　　)措施来减小影响。

(A) 耦合　　(B) 隔离　　(C) 整流　　(D) 滤波

89. 设备四周应铺一层宽 1m，耐压(　　)kV 的绝缘橡胶板。

(A) 6.6　　(B) 10　　(C) 22　　(D) 35

90. 将需要用人造逆弧方法进行老练的管子装在高频设备上，为限制逆弧产生的短路电流，应在电路里接入(　　)。

(A) 过电流继电器　　(B) 过电压继电器

(C) 限流电阻　　(D) 熔断器

91. 更换电池之前，先接通可编程序控制器的交流电源约(　　)s，为存储器备用电源的电容器充电（电池断开后，该电容器对存储器做短时供电）。

(A) 3　　(B) 5　　(C) 10　　(D) 15

92. 运行指示灯是当可编程序控制器某单元运行、(　　)正常时，该单元上的运行指示灯一直亮。

(A) 自检　　(B) 调节　　(C) 保护　　(D) 监控

93. 正常时每个输出端口对应的指示灯应随该端口有输出或无输出而亮或熄。否则就是有故障。其原因可能是输出元件(　　)。

(A) 短路　　(B) 开路　　(C) 烧毁　　(D) 以上都是

94. 外部环境检查时，当湿度过大时应考虑装(　　)。

(A) 风扇　　(B) 加热器　　(C) 空调　　(D) 除尘器

95. 组合机床电磁阀和信号灯采用直流(　　)电源。

(A) 6V　　(B) 12V　　(C) 24V　　(D) 36V

96. 根据试卷图 3 所示的液压控制梯形图，下列指令正确的是(　　)。

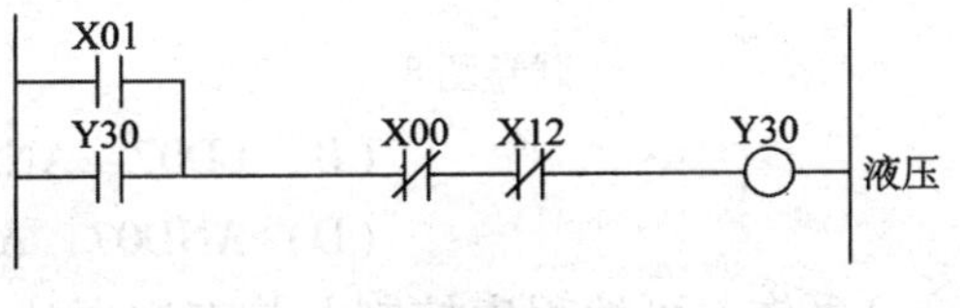

试卷图 3

(A) ORI30　　(B) LD30　　(C) LDI30　　(D) OR30

97. 根据试卷图 4 所示的主轴控制梯形图，下列指令正确的是(　　)。

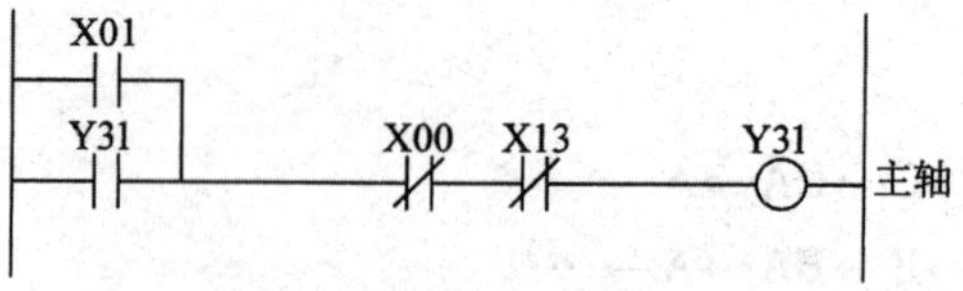

试卷图 4

（A） LD01　　（B） LDI01　　（C） OR01　　（D） AND01

98. 根据试卷图 5 所示的滑台向前控制梯形图，下列指令正确的是(　　)。

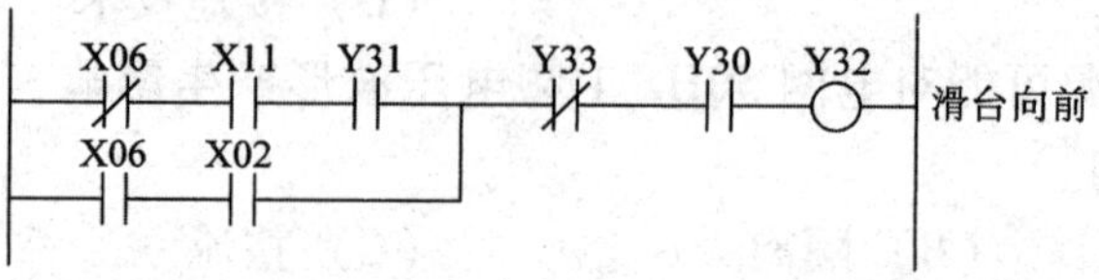

试卷图 5

（A） ORI33　　（B） OR33　　（C） AND33　　（D） ANI33

99. 根据试卷图 6 所示的加工完成控制梯形图，下列指令正确的是(　　)。

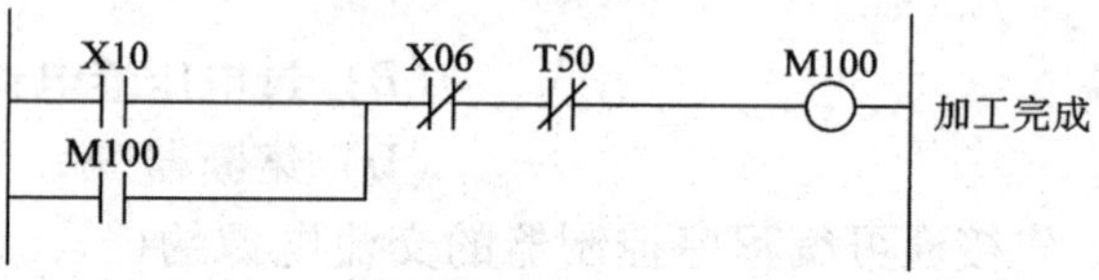

试卷图 6

（A） ANI100　　（B） AND100　　（C） OR100　　（D） ORI100

100. 根据试卷图 7 所示的滑台向后控制梯形图，下列指令正确的是(　　)。

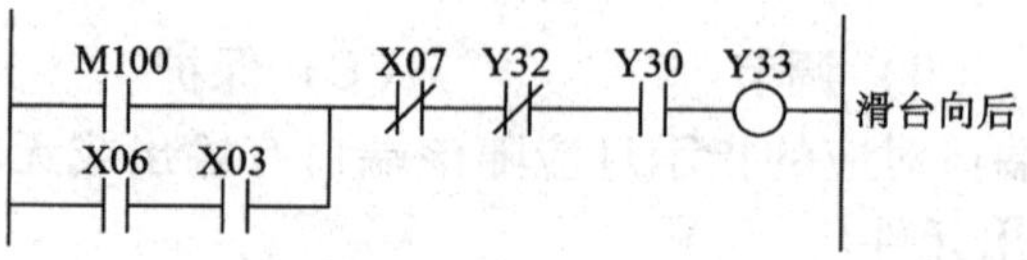

试卷图 7

（A） ANI100　　（B） AND100　　（C） ORI100　　（D） OR100

101. 根据试卷图 8 所示的工件松开控制梯形图，下列指令正确的是(　　)。

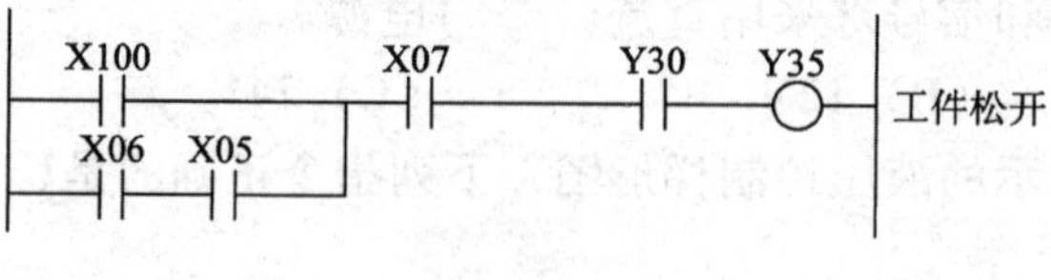

试卷图 8

（A） AND07、LD30　　（B） LD07、AND30

（C） LDI07、AND30　　（D） AND07、AND30

102. 为避免程序和(　　)丢失，可编程序控制器装有锂电池，当锂电池电压降至相应的信号灯亮时，要及时更换电池。

（A） 地址　　（B） 程序　　（C） 指令　　（D） 数据

103. 程序检查过程中如发现有错误就要进行修改，其中有(　　)。

（A）线路检查　　（B）编程器检查
（C）控制电路检查　　（D）主电路检查

104. 检查完全部线路后拆除主轴电动机、液压电动机和电磁阀(　　)电路并包好绝缘。
（A）主电路　　（B）负载　　（C）电源　　（D）控制

105. 可编程序控制器采用可以编制程序的存储器，用来在其内部存储执行逻辑运算、(　　)和算术运算等操作指令。
（A）控制运算、计数　　（B）统计运算、计时、计数
（C）数字运算、计时　　（D）顺序控制、计时、计数

106. 可编程序控制器的特点是(　　)。
（A）不需要大量的活动部件和电子元器件，接线大大减少，维修简单，维修时间缩短，性能可靠
（B）统计运算、计时、计数采用了一系列可靠性设计
（C）数字运算、计时编程简单，操作方便，维修容易，不易发生操作失误
（D）以上都是

107. 可编程序控制器编程灵活性，编程语言有布尔助记符、功能表图(　　)和语句描述。
（A）安装图　　（B）逻辑图
（C）原理图　　（D）功能模块图

108. (　　)阶段把逻辑解读的结果，通过输出部件输出给现场的受控元件。
（A）输出采样　　（B）输入采样　　（C）程序执行　　（D）输出刷新

109. 可编程序控制器通过编程，灵活地改变其控制程序，相当于改变了继电器控制的(　　)电路。
（A）主、控制　　（B）控制　　（C）软接线　　（D）硬接线

110. F－20MT 可编程序控制器表示(　　)类型。
（A）继电器输出　　（B）晶闸管输出
（C）晶体管输出　　（D）单晶体管输出

111. F－40MR 可编程序控制器，表示 F 系列(　　)。
（A）基本单元　　（B）扩展单元　　（C）单元类型　　（D）输出类型

112. F 系列可编程序控制器系统是由基本单元、扩展单元、编程器、用户程序、(　　)和程序存入器等组成。
（A）鼠标　　（B）键盘　　（C）显示器　　（D）写入器

113. F 系列可编程序控制器计数器用(　　)表示。
（A）X　　（B）Y　　（C）T　　（D）C

114. F－20MR 可编程序控制器计数器的地址是(　　)。
（A）00～13　　（B）30～37　　（C）50～57　　（D）60～67

115. F－20MR 可编程序控制器具有停电保持功能的辅助继电器的点数是(　　)。
（A）5　　（B）8　　（C）12　　（D）16

116. 定时器相当于继电控制系统中的延时继电器。F－40 系列可编程序控制器最小设定单位为(　　)。

（A）0.1s （B）0.2s （C）0.3s （D）0.4s

117. 当程序需要（ ）接通时，全部输出继电器的输出自动断开，而其他继电器仍继续工作。

（A）M70 （B）M71 （C）M72 （D）M77

118. F系列可编程序控制器常闭点用（ ）指令。

（A）LD （B）LDI （C）OR （D）ORI

119. F系列可编程序控制器中的OR指令用于（ ）。

（A）常闭触头的串联 （B）常闭触头的并联

（C）常开触头的串联 （D）常开触头的并联

120. F系列可编程序控制器中回路并联连接用（ ）指令。

（A）AND （B）ANI （C）ANB （D）ORB

121. F系列可编程序控制器中回路串联连接用（ ）指令。

（A）AND （B）ANI （C）ORB （D）ANB

122. 用（ ）指令可使LD点回到原来的公共线上。

（A）CJP （B）EJP （C）MC （D）MCR

123. 编程器的显示内容包括地址、数据、（ ）、指令执行情况和系统工作状态等。

（A）程序 （B）参数 （C）工作方式 （D）位移储存器

124. 为确保安全生产，采用了多重的检出元件和联锁系统。这些元件和系统的（ ）都由可编程序控制器来实现。

（A）逻辑运算 （B）算术运算 （C）控制运算 （D）A/D转换

125. 检查电源电压波动范围是否在数控系统允许的范围内，否则要加（ ）。

（A）直流稳压器 （B）交流稳压器

（C）UPS电源 （D）交流调压器

126. 检查变压器上有无（ ），检查电路板上有无50/60Hz频率转换开关供选择。

（A）熔断器保护 （B）接地 （C）插头 （D）多个插头

127. 将波段开关指向（ ），显示将运行的加工程序号。

（A）编辑 （B）自动 （C）空运行 （D）回零

128. 准备功能又叫（ ）。

（A）M功能 （B）G功能 （C）S功能 （D）T功能

129. 数控装置工作基本正常后，可开始对各项（ ）进行检查、确认和设定。

（A）参数 （B）性能 （C）程序 （D）功能

130. 检查机床回零开关是否正常，运动有无爬行情况。各轴运动极限的（ ）工作是否起作用。

（A）软件限位和硬件限位 （B）软件限位或硬件限位

（C）软件限位 （D）硬件限位

131. 调整时，工作台上应装有（ ）以上的额定负载进行工作台自动交换运行。

（A）50% （B）40% （C）20% （D）10%

132. 机床以最高进给速度运转时，应在全行程进行，分别往复（ ）。

（A）1次和5次 （B）2次和4次

(C) 3 次和 2 次　　(D) 4 次和 1 次

133. 在主轴(　　)调速范围内选一适当转速，调整切削量使之达到最大功率，机床工作正常，无颤振现象。

(A) 恒转矩　　(B) 恒功率　　(C) 恒电流　　(D) 恒电流

134. 数控机床的几何精度检验包括(　　)。

(A) 工作台的平面度

(B) 各坐标方向移动的垂直度

(C) X、Z 坐标方向移动时工作台面的平行度

(D) 以上都是

135. 数控机床的几何精度检验包括(　　)。

(A) 主轴的轴向窜动

(B) 主轴箱沿 Z 坐标方向移动时主轴轴心的平行度

(C) X、Z 坐标方向移动时工作台面的平行度

(D) 以上都是

136. 各直线运动坐标轴机械原点的复归精度属于数控机床的(　　)精度检验。

(A) 定位　　(B) 几何　　(C) 切削　　(D) 联动

137. 回转运动的定位精度和重复分度精度属于数控机床的(　　)精度检验。

(A) 切削　　(B) 几何　　(C) 定位　　(D) 联动

138. 回转运动的反向误差属于数控机床的(　　)精度检验。

(A) 切削　　(B) 定位　　(C) 几何　　(D) 联动

139. 端面铣刀铣平面的精度属于数控机床的(　　)精度检验。

(A) 切削　　(B) 定位　　(C) 几何　　(D) 联动

140. 回转工作台转 90°侧面铣刀铣削的直角精度属于数控机床的(　　)精度检验。

(A) 切削　　(B) 定位　　(C) 几何　　(D) 联动

141. JWK 型经济型数控机床通过编程指令可实现的功能有(　　)。

(A) 返回参考点　　(B) 快速点定位

(C) 程序延时　　(D) 以上都是

142. JWK 型经济型数控机床通过编程指令可实现的功能有(　　)。

(A) 直线插补　　(B) 圆弧插补

(C) 程序循环　　(D) 以上都是

143. 数控系统的辅助功能又叫(　　)功能。

(A) T　　(B) M　　(C) S　　(D) G

144. 通过两种不同方式的输出指定主轴（可变速电动机并配置相应的强电电路）转速叫(　　)功能。

(A) 主轴变速　　(B) 帮助　　(C) 准备　　(D) 辅助

145. 数控系统的刀具功能又叫(　　)功能。

(A) T　　(B) D　　(C) S　　(D) Q

146. 引导程序包括(　　)。

(A) 参考点工件号设定和快进速度设定

（B）间隙补偿量的设定和刀具补偿量的设定

（C）换刀偏置量的设定和机械原点设定

（D）以上都是

147. JWK 型经济型数控机床按照程序输入步骤输入零件加工程序，检查（　　），正常后方可联机调试。

（A）各种功能　　（B）程序　　（C）轴流风机　　（D）电机

148. JWK 型经济型数控机床系统电源切断后，必须等待（　　）s 以上方可再次接通电源。不允许连续开、关电源。

（A）10　　（B）20　　（C）30　　（D）40

149. 为了保护零件加工程序，数控系统有专用电池作为存储器（　　）芯片的备用电源。当电池电压小于 4.5V 时，需要换电池，更换时应按有关说明书的方法进行。

（A）RAM　　（B）ROM　　（C）EPROM　　（D）CPU

150. 绘图时，特征符号∀表示（　　）。

（A）表面粗糙度　　（B）直径的尺寸公差等级

（C）圆柱面、轴线的同轴度　　（D）基准

151. 线绕电阻器用（　　）表示。

（A）RT　　（B）RPJ　　（C）RJ　　（D）RX

152. 铌电解电容器的型号用（　　）表示。

（A）CJ　　（B）CD　　（C）CA　　（D）CN

153. 高频大功率晶体管（PNP 型锗材料）用（　　）表示。

（A）3BA　　（B）3AD　　（C）3DA　　（D）3AA

154. 公差带出现了交叠时的配合称为（　　）配合。

（A）基准　　（B）间隙　　（C）过渡　　（D）过盈

155. 下列金属的电阻率最低的是（　　）。

（A）铅　　（B）铜　　（C）铁　　（D）银

156. RS 触发电路中，当 $R=0$、$S=1$ 时，触发器的状态（　　）。

（A）置 1　　（B）置 0　　（C）不变　　（D）不定

157. JK 触发电路中，当 $J=0$、$K=1$、$Q^n=1$ 时，触发器的状态（　　）。

（A）不变　　（B）置 1　　（C）置 0　　（D）不定

158. 计数器就是对数字电路中的脉冲进行计数的部件，它是由触发器构成的。如果按计数器翻转的次序来分类，可把计数器分为（　　）。

（A）异步式和加法计数器

（B）异步式和减法计数器

（C）异步式和可避计数器

（D）异步式和同步式

159. 计算机辅助制造简称（　　）。

（A）CAM　　（B）CAD　　（C）CNC　　（D）MDI

160. 从机械设备电器修理质量标准方面判断，下列（　　）不属于电器仪表需要标准。

（A）表盘玻璃干净、完整　　（B）盘面刻度、字码清楚

（C）表针动作灵活，计量正确　　（D）垂直安装

得　分	
评分人	

二、判断题（第161题～第200题。将判断结果填入括号中。正确的填“√”，错误的填“×”。每题0.5分，满分20分）

161. 在职业活动中一贯地诚实守信会损害企业的利益。（　）
162. 职业纪律中包括群众纪律。（　）
163. 服务也需要创新。（　）
164. 电压的方向规定由低电位点指向高电位点。（　）
165. 线电压为相电压的$\sqrt{3}$倍，同时线电压的相位超前相电压120°。（　）
166. 晶体管放大区的放大条件为发射结反偏或零偏，集电结反偏。（　）
167. 钻夹头用来装夹直径12mm以下的钻头。（　）
168. 普通螺纹的牙形角是55°，英制螺纹的牙形角是60°。（　）
169. 触电的形式是多种多样的，但除了因电弧灼伤及熔融的金属飞溅灼伤外，可大致归纳为三种形式。（　）
170. 在爆炸危险场所，如有良好的通风装置，能降低爆炸性混合物的浓度，场所危险等级可以降低。（　）
171. 在电气设备上工作，应填用工作票或按命令执行，其方式有两种。（　）
172. 岗位的质量要求是每个领导干部都必须做到的最基本的岗位工作职责。（　）
173. 可编程带RAM的I/O接口8155芯片则作为输入和键盘用的接口。（　）
174. 驱动电路装置的步进电动机驱动器采用单电源步进电机驱动电路。（　）
175. 交流电源线上装有两组电流互感器TA1、TA2，用于电路的计量和过电流保护。（　）
176. 利用晶闸管电路把直流电变成交流电，这种整流的过程叫做逆变。（　）
177. 经济型数控系统的自诊断功能往往比较强。（　）
178. 非编码键盘是通过软件来实现键盘的识别、消抖、重键处理等功能，需占用MPU时间，适用于键数较少的场合。（　）
179. 为使振荡管真空度保持正常，可以将备用管子定期在设备上轮换使用。经验证，每隔三四个月轮换使用一次管子，对于延长其工作寿命是有益的。（　）
180. 检查后备电池电压是否在正常范围内，可以检查电池状态指示，或用兆欧表测量。（　）
181. 当可编程序控制器输出额定电压和额定电流值大于负载时，可加装中间继电器过渡。（　）
182. 根据主轴电动机和液压电动机的功率选择电源进线的管线，控制回路选择1.5mm^2的塑料铝芯线。（　）
183. 辅助继电器、计时器、计数器、输入和输出继电器的触头可使用无限次。（　）
184. F系列可编程序控制器中的ANI指令用于常开触头的串联。（　）
185. RST指令优先执行，当RST输入有效时，可以接受计数器和移位寄存器的输入信

号。 ( )

186. 编程器设置在编程位置时，首先清除程序寄存器的内容，当全部程序被清除后，编程器上显示变为空。 ( )

187. 具体设定内容有控制部分、速度单元和主轴控制单元的控制电路。 ( )

188. 对液压系统还需观察各测量点上的气压是否正常，手控各个液压驱动部件检查其运动是否正常。 ( )

189. 装置通电后，先观察显示屏上显示数据，并检查数控装置内有关指示灯等信号是否正常，有无异常气味等。 ( )

190. N 型硅材料稳压管二极管用 2DW 表示。 ( )

191. 标注尺寸要考虑到加工、测量、装配的要求，不要将尺寸标注成封闭链形式。 ( )

192. 轴主要指圆柱形的外表面，也包括其他外表面中由单一尺寸确定的部分，如键槽等。 ( )

193. 代号“H”表示基轴制。 ( )

194. 金属材料的性能中塑性属于物理性能。 ( )

195. 锡的熔点比铅高。 ( )

196. CMOS 逻辑门电路也称为互补型 CMOS 逻辑门电路。它的特点是具有工作电压范围宽（通常在 3 ~ 10V 之间）、噪声容限大、扇出系数大、开头速度快，它在大、中、小规模集成电路中更显示出其优势。 ( )

197. 所谓应用软件就是用来使用和管理计算机本身的程序。它包括操作系统、诊断系统、开发系统和信息处理等。 ( )

198. CA6140 型卧式车床使用多年，对车床电气大修应对电动机进行大修。 ( )

199. 按图纸要求在管内重新穿线并进行绝缘检测（管内允许有接头），进行整机电气接线。 ( )

200. 大修工艺规程用于规定机床电器的修理程序，元器件的修理、测试方法，系统调试的方法及技术要求等，以保证达到电器大修的质量标准。 ( )

技能操作试卷

维修电工（中级）操作技能考核准备通知单

一、试卷说明

1. 本试卷命题以可行性、技术性、通用性为原则编写。

2. 本试卷所考核的内容无地域限制。

3. 本试卷中各项技能考试时间均不包括准备时间。在具体的考试中，各鉴定所应该把每一试题考试准备的时间考虑进去。

4. 本试卷中每一道试题必须在规定的时间内完成，不得延时，在某一试题考试中节余时间不能在另一试题考试中使用。

二、工具、材料和设备的准备

工具、材料和设备的准备仅针对1名考生而言，鉴定所应根据考生人数确定具体数量，如下表所示为完整的国家技能鉴定中级维修电工技能考试工具、材料和设备通知单。

题1：用软线进行较复杂继电－接触式基本控制电路的安装与调试。

序 号	名 称	型号与规格	单 位	数 量	备 注
1	三相四线电源	～3×38/220V、20A	处	1	
2	单相交流电源	～220V 和 36V、5A	处	1	
3	三相电动机	Y112M－4，4kW、380V、△联结；或自定	台	1	
4	配线板	500mm×600mm×20mm	块	1	
5	组合开关	HZ10－10/3	个	1	
6	交流接触器	CJ10－10，线圈电压 80V CJ10－20，线圈电压 380V	只	4	
7	热继电器	JR16－20/3，整定电流 10～16A	只	1	
8	时间继电器	JS7－4A，线圈电压 380V	只	1	
9	整流二极管	2CZ30，15A、600V	只	4	
10	控制变压器	BK－500，380/36V、500W	只	1	
11	熔断器及配套熔芯	RL1－60/20	套	3	
12	熔断器及配套熔芯	RL1－15/4	套	2	

（续）

序 号	名 称	型号与规格	单 位	数 量	备 注
13	三联按钮	LA10－3H 或 LA4－3H	个	2	
14	接线端子排	JX2－1015，500V、10A、15 节或配套自定	条	1	
15	木螺钉	$\phi3\times20$mm；$\phi3\times15$mm	个	30	
16	平垫圈	$\phi4$mm	个	30	
17	圆珠笔	自定	支	1	
18	塑料软铜线	BVR－2.5mm^2，颜色自定	m	20	
19	塑料软铜线	BVR－1.5mm^2，颜色自定	m	20	
20	塑料软铜线	BVR－0.75mm^2，颜色自定	m	5	
21	别径压端子	UT2.5－4，UT1－4	个	20	
22	行线槽	TC3025，长 34cm，两边打 $\phi3.5$mm 孔	条	5	
23	异形塑料管	$\phi3$mm	m	0.2	
24	电工通用工具	验电笔、钢丝钳、螺钉旋具（一字形和十字形）、电工刀、尖嘴钳、活扳手、剥线钳等	套	1	
25	万用表	自定	个	1	
26	兆欧表	型号自定，或 500V、0～200MΩ	个	1	
27	钳形电流表	0～50A	个	1	
28	劳保用品	绝缘鞋、工作服等	套	1	

考试时间：210min。

题 2：检修较复杂机床的电气控制电路。

序 号	名 称	型号与规格	单 位	数 量	备 注
1	机床	X62 型万能铣床	台	1	
2	机床配套电路图	X62 型万能铣床配套电路图（参考图）	套	1	
3	故障排除所用材料	与相应的机床配套	套	1	
4	单相交流电源	～220V 和 36V、5A	处	1	
5	三相四线电源	～3×380/220V、20A	处	1	
6	电工通用工具	验电笔、钢丝钳、螺钉旋具（一字形和十字形）、电工刀、尖嘴钳、活扳手、剥线钳等	套	1	
7	万用表	自定	块	1	
8	兆欧表	型号自定，或 500V、0～200MΩ	台	1	

（续）

序　号	名　称	型号与规格	单　位	数　量	备　注
9	钳形电流表	0～50A	块	1	
10	黑胶布	自定	卷	1	
11	透明胶布	自定	卷	1	
12	圆珠笔	自定	支	1	
13	劳保用品	绝缘鞋、工服等	套	1	

考试时间45min。

题3：直流双臂电桥的使用与维护。

序　号	名　称	型号与规格	单　位	数　量	备　注
1	直流双臂电桥	QJ103型或自定	台	1	
2	并励直流电动机	Z2－52或自定	台	1	
3	绝缘电线	BVR－4mm^2	m	1	
4	万用表	500型号自定	块	1	

考试时间20min。

题4：正确遵守各种安全规程。

序　号	名　称	型号与规格	单　位	数　量	备　注
1	劳保用品	绝缘鞋、工作服等	套	1	
2	安全设施	配套自定	套	1	

三、考场准备

1. 考场面积为60m^2，设有20个考位，每个考位有一个工作台，每个工作台的右上角贴有考号，考场采光良好，不足部分采用照明补充，保证工作面的照度不小于100lx。

2. 考场应干净整洁、空气新鲜，无环境干扰。

3. 考场内应设有三相电源并装有触电保护器。

4. 考前由考务管理人员检查考场各考位应准备的器材、工具是否齐全，所贴考号是否有遗漏。

四、人员要求

监考人员与考生比例为1∶10。

考评员与考生比例1∶5。

医务人员1名。

五、其他

本试卷总的考试时间为275min（不包括准备时间）。

职业技能鉴定国家题库统一试卷

中级维修电工操作技能考核试卷

题1：安装和调试断电延时带直流能耗制动的Y-△起动控制电路（见试卷图9）。

考核要求：

（1）按图纸的要求进行正确、熟练的安装；元器件在配线板上布置要合理，安装要准确、紧固，配线要求紧固、美观，导线要进入线槽。正确使用工具和仪表。

（2）按钮盒不固定在板上，电源和电动机配线、按钮接线要接到端子排上，进出线槽的导线要有端子标号，引出端要有别径压端子。

（3）安全文明操作。

（4）考核注意事项：满分40分，考核时间210min。

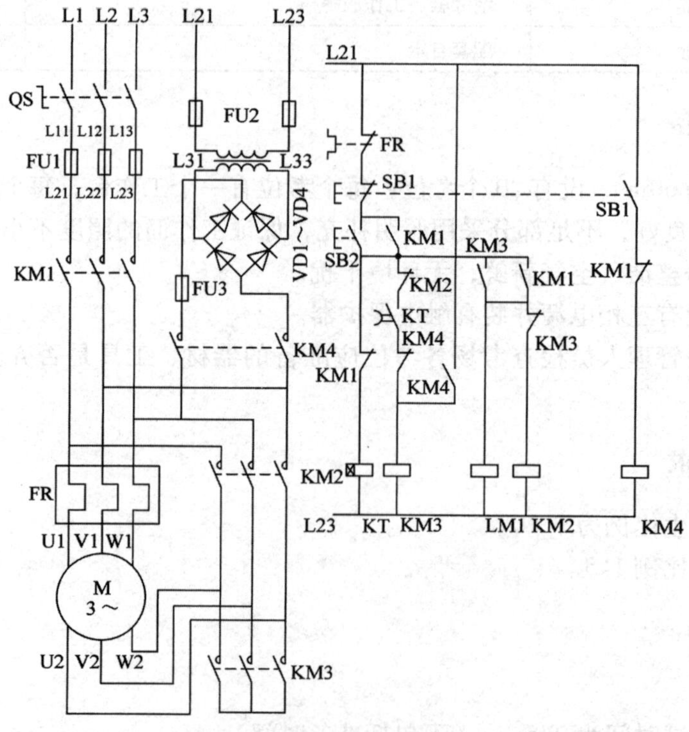

试卷图9　断电延时带直流能耗制动的Y-△起动的控制电路

题 2：检修 X62 型万能铣床的电气电路故障。在 X62 型万能铣床的电气电路上，设隐蔽故障 3 处，其中主回路 1 处，控制回路 2 处。考生向考评员询问故障现象时，考评员可以将故障现象告诉考生，考生必须单独排除故障。

考核要求：

（1）从设置故障开始，考评员不得进行提示。

（2）根据故障现象，在电路图上分析故障可能产生的原因，确定故障发生的范围。

（3）排除故障过程中如果故障扩大，在规定时间内可以继续排除故障。

（4）正确使用工具和仪表。

（5）考核注意事项：

1）满分 40 分，考试时间 45min。

2）在考核过程中，要注意安全。

否定项：故障检修得分未达到 20 分，本次鉴定操作考核视为不通过。

题 3：用直流双臂电桥测量并励直流电动机电枢绕组的电阻。

考核要求：

（1）用万用表估测被测电动机电枢绕组的电阻值后，用双臂电桥测量被测电动机电枢绕组的实际电阻值。

（2）考核注意事项：

满分 10 分，考核时间为 20min。

否定项：不能损坏仪器仪表，损坏仪器仪表扣 10 分。

题 4：在各项技能考核中，要遵守安全文明生产的有关规定。

考核要求：

（1）劳动保护用品穿戴整齐。

（2）电工工具佩带齐全。

（3）遵守操作规程。

（4）尊重考评员，讲文明礼貌。

（5）考试结束要清理现场。

（6）遵守考场纪律，不能出现重大事故。

（7）考核注意事项：

1）本项目满分 10 分。

2）安全文明生产贯穿于整个技能考核的全过程。

3）考生在不同的技能试题中，违犯安全文明生产考核要求同一项内容的，要累计扣分。

否定项：出现严重违反考场纪律或发生重大事故，本次技能考核视为不合格。

维修电工（中级）操作技能考核评分记录表

考生姓名：　　　　准考证号：　　　　工作单位：

题号	一	二	三	四	合计
成绩					

题1：用软线进行较复杂继电－接触式基本控制电路的安装与调试。

序号	主要内容	考核要求	评分标准	配分	扣分	得分
1	元器件安装	1. 按图样的要求，正确利用工具和仪表，熟练地安装电器元件 2. 元器件在配线板上布置要合理，安装要准确、紧固 3. 按钮盒不固定在板上	1. 元器件布置不整齐、不匀均、不合理，每只扣1分 2. 元器件安装不牢固、安装元器件时漏装螺钉，每只扣1分 3. 损坏元器件，每只扣2分	5		
2	布线	1. 接线要求美观、紧固、无毛刺、导线要进入线槽 2. 电源和电动机配线、按钮接线要接到端子排上，进入线槽的导线要有端子标号，引出端要用别径压端子	1. 电机运行正常，如不按电路图接线，扣1分 2. 布线不进入线槽、不美观，主、控电路每根扣0.5分 3. 接点松动、露铜过长、反圈、压绝缘层，标记线号不清楚、遗漏或误标，引出端无别径压端子，每处扣0.5分 4. 损伤导线绝缘或芯线，每根扣0.5分	15		
3	通电试验	在保证人身和设备安全的前提下，通电试验一次成功	1. 时间继电器或热继电器整定值错误，各扣2分 2. 主、控电路配错熔体，每个扣1分 3. 一次试车不成功扣5分，两次试车不成功扣10分；三次试车不成功扣15分	20		
备　注			合　计			
			考评员签　字　　　　年　月　日			

题 2：检修较复杂的机床电气控制电路。

序号	主要内容	考核要求	评分标准	配分	扣分	得分
1	调查研究	对每个故障现象进行调查研究	排除故障前不进行调查研究，扣1分	1		
2	故障分析	在电气控制电路上分析故障可能的原因，思路正确	错标或标不出故障范围，每个故障扣2分	6		
			不能标出最小的故障范围，每个故障扣1分	3		
3	故障排除	正确使用工具和仪表，找出故障点并排除故障	实际排除故障中思路不清楚，每个故障点扣2分	6		
			每少查出1处故障点扣2分	6		
			每少排除1处故障点扣3分	9		
			排除故障方法不正确，每处扣3分	9		
4	其他	操作有误，要从此项总分中扣分	1. 排除故障时产生新的故障后不能自行修复，每个扣10分；已经修复，每个扣5分 2. 损坏电动机，扣10分			
备注			合计			
			考评员签字	年 月 日		

题 3：直流双臂电桥的使用及维护。

序号	主要内容	考核要求	评分标准	配分	扣分	得分
1	测量准备	选择仪表正确，接线无误	仪表选择错误，扣2分	2		
2	测量过程	测量过程准确无误	测量过程中，操作步骤每错1处扣1分	5		
3	测量结果	测量结果在误差范围之内	测量结果有较大误差或错误，扣2分	2		
4	维护保养	对使用的仪器、仪表进行简单的维护保养	维护保养有误扣1分	1		
备注			合计			
			考评员签字	年 月 日		

题 4：正确遵守各种安全规程。

<table>
<tr><th>序号</th><th>主要内容</th><th>考核要求</th><th>评分标准</th><th>配分</th><th>扣分</th><th>得分</th></tr>
<tr><td>1</td><td>安全文明生产</td><td>1. 劳动保护用品穿戴整齐
2. 电工工具佩带齐全
3. 遵守操作规程
4. 尊重考评员，讲文明礼貌
5. 考试结束要清理现场</td><td>1. 各项考试中，违反安全文明生产考核要求的任何一项，扣 2 分，扣完为止
2. 考生在不同的技能试题中，违犯安全文明生产考核要求一项内容的，要累计扣分
3. 当考评员发现考生有重大事故隐患时，要立即予以制止，并每次扣考生安全生产总分 5 分</td><td>10</td><td></td><td></td></tr>
<tr><td rowspan="2">备 注</td><td rowspan="2" colspan="2"></td><td>合 计</td><td></td><td></td><td></td></tr>
<tr><td colspan="4">考评员签 字　　　　　　年 月 日</td></tr>
</table>

维修电工（高级）操作技能考核准备通知单

题 1：继电－接触式控制电路的设计、安装与调试。

序 号	名 称	型号与规格	单 位	数 量	备 注
1	三相四线交流电源	~3×380/220V、20A	处	1	
2	万用表	自定	块	1	
3	电工通用工具	验电笔、钢丝钳、螺钉旋具（十字形和一字形）、电工刀、尖嘴钳、活扳手等	套	1	
4	圆珠笔	自定	支	1	
5	演草纸	自定	张	2	
6	劳保用品	绝缘鞋、工作服等	套	1	
7	三相电动机	Y112M－4，4kW、380V、△联结；或自定	台	1	
8	配线板	600mm×600mm×20mm	块	1	
9	组合开关	HZ10－25/3	个	1	
10	交流接触器	CJ10－10，线圈电压 380V 或 CJ10－20，线圈电压 380V	只	5	
11	热继电器	JR16－20/3，整定电流 10－16A	只	1	
12	时间继电器	JS7－4A，线圈电压 380V	只	2	
13	整流二极管	2CZ30，15（A）600V	只	1	

（续）

序　号	名　称	型号与规格	单　位	数　量	备　注
14	熔断器及熔芯配套	RL1－60/20	套	3	
15	熔断器及熔芯配套	RL1－15/4	套	2	
16	三联按钮	LA10－3H 或 LA4－3H	个	2	
17	接线端子排	JX2－1015，500V（10（A）15节）	条	1	
18	木螺钉	ϕ3×20mm；ϕ3×15mm	个	30	
19	平垫圈	ϕ4mm	个	30	
20	塑料软铜线	BVR－2.5mm^2，颜色自定	m	20	
21	塑料软铜线	BVR－1.5mm^2，颜色自定	m	20	
22	塑料软铜线	BVR－0.75mm^2，颜色自定	m	1	
23	别径压端子	UT2.5－4，UT1－4	个	20	
24	行线槽	TC3025，长自定，两边打ϕ3.5mm孔	m	5	
25	异形塑料管	ϕ3.5mm	m	1	
26	速度继电器	JY1	只	1	
27	绘图工具	自定	套	1	
28	绘图纸	B4	张	4	

考试时间：240min。

题 2：检修变频器控制的设备电气电路。

序　号	名　称	型号与规格	单　位	数　量	备　注
1	万用表	自定	块	1	
2	电工通用工具	验电笔、钢丝钳、螺钉旋具（十字形和一字形）、电工刀、尖嘴钳、活扳手等	套	1	
3	圆珠笔	自定	支	1	
4	钳形电流表	自定	只	1	
5	兆欧表	自定	只	1	
6	黑色绝缘胶布	自定	卷	1	
7	透明胶布	自定	卷	1	
8	演草纸	自定	张	2	
9	劳保用品	绝缘鞋、工作服等	套	1	
10	变频器控制的纺织机械电气系统	自定（复杂系数 F＝25～35）	台	1	

（续）

序　号	名　称	型号与规格	单　位	数　量	备　注
11	电路图	与变频器控制的纺织机械电气系统配套的电路图	套	1	
12	故障排除所用材料	和相应的纺织机械配套	套	1	

考试时间：60min。

题3：用晶体管特性图示仪测试晶体管的 h_{FE}。

序　号	名　称	型号与规格	单　位	数　量	备　注
1	晶体管特性图示仪（附说明书1份）	XJ4810型	台	1	
2	晶体管	3AX31	只	2	
3	单相交流电源	~220V	处	1	
4	劳保用品	绝缘鞋、工作服等	套	1	

考试时间：20min。

题4：讲述基尔霍夫定律。

序　号	名　称	型号与规格	单　位	数　量	备　注
1	基尔霍夫定律讲义	B5纸	份	5	
2	教具、演示工具	全套自定	套	1	
3	培训指导的场地及设施	要求准备不少于 $20m^2$ 的实训场地，其配套设施要满足培训指导的要求	处	1	

考试时间：25min。

一、考场准备

1. 考场面积 $60m^2$，设有20个考位，每个考位有1个工作台，每个工作台的右上角贴有考号，考场采光良好，不足部分采用照明补充，保证工作面的照度不小于100lx。

2. 考场应干净整洁，空气新鲜，无环境干扰。

3. 考场内应设有三相电源并装有漏电保护器。

4. 考前由考务管理人员检查考场各考位应准备的器材、工具是否齐全，所贴考号是否有遗漏。

二、人员要求

1. 监考人员与考生比例为1∶10。

2. 考评员与考生比例为1∶5。

3. 医务人员1名。

三、其他

本试卷总的考试时间为345min（不包括准备时间）。

维修电工（高级）操作技能考核试卷

注 意 事 项

一、本试卷依据2001年颁布的《国家职业标准　维修电工》高级命制。

二、本试卷试题如无特别注明，则为全国通用。

三、请考生仔细阅读试题的具体考核要求，并按要求完成操作或进行笔答或口答。

四、操作技能考核时要遵守考场纪律，服从考场管理人员指挥，以保证考核安全顺利进行。

题1：继电－接触式控制电路的设计、安装与调试。

有一台生产设备用三相异步电动机拖动，三相异步电动机型号为Y112M－4，三相异步电动机铭牌为4kW、380V、11.5A、△联结，根据考核要求电动机进行Y－△起动，并且具有过载保护、短路保护、失电压保护和欠电压保护等，试设计出一个具有断电延时，Y－△起动运转带速度继电器控制半波整流能耗制动的继电－接触式电气控制电路，并且进行安装与调试。

考核要求：

（1）电路设计：根据提出的电气控制要求，正确绘出电路图。按你所设计的电路图，提出主要材料单。

（2）元器件安装：按所给的材料和图绘图样的要求，正确利用工具和仪表，熟练地安装电器元件，元器件在配线板上布置要合理，安装要准确、紧固，按钮盒不固定在板上。

（3）布线：接线要求美观、紧固、无毛刺，导线要进入线槽。电源和电动机配线、按钮接线要接到端子排上，进出线槽的导线要有端子标号，引出端要用别径压端子。

（4）通电试验：正确使用电工工具及万用表，进行仔细检查，最好通电试验一次成功，并注意人身和设备安全。

（5）满分40分，考试时间240min。

题2：检修变频器控制的设备电气电路。

检修用变频器控制的纺织机械电气系统。在用变频器控制的纺织机械电气系统电气电路的控制回路设隐蔽故障2处。考生向考评员询问故障现象时，故障现象可以告诉考生，考生必须单独排除故障。

考核要求：

（1）正确使用电工工具、仪器和仪表。

（2）根据故障现象，在电气控制电路图上分析故障可能产生的原因，确定故障发生的范围。

（3）在考核过程中，带电进行检修时，注意人身和设备的安全。

（4）满分40分，考试时间60min。

否定项：故障检修得分未达20分者，本次鉴定操作考核视为不通过。

题3：用晶体管特性图示仪测试晶体管的 h_{FE}。

考核要求：

（1）按照晶体管特性图示仪使用说明书，调整各旋钮，使荧光屏上显示一斜线，根据此线说明该晶体管的 h_{FE} 值。

（2）满分 10 分，考核时间 20min。

否定项：损坏仪器、仪表，扣 10 分。

题 4：讲述基尔霍夫定律

考核要求：

（1）准备工作：教具、演示工具准备齐全。

（2）讲课：

1）主题明确、重点突出。

2）语言清晰、自然，用词正确。

（3）满分 10 分，考核时间 25min。

否定项：指导内容不正确或不能正确表达其内容，扣 10 分。

维修电工（高级）操作技能考核评分记录表

考生姓名：__________准考证号：__________工作单位：__________

题号	一	二	三	四	合计
成绩					

总 成 绩 表

序 号	试题名称	配 分	得 分	权 重	最后得分	备 注
1	继电－接触式控制电路的设计、安装与调试	40				
2	检修变频器控制的设备电气电路	40				
3	用晶体管特性图示仪测试晶体管的 h_{FE}	10				
4	讲述基尔霍夫定律	10				
合计		100				

统分人：　　　　　　　　　　　　　　　　　　年　月　日

题1：继电－接触式控制电路的设计、安装与调试。

序号	主要内容	考核要求	评分标准	配分	扣分	得分
1	电路设计	1. 根据提出的电气控制要求，正确绘出电路图 2. 按所设计的电路图，提出主要材料单	1. 主电路设计1处错误扣5分 2. 控制电路设计1处错误扣5分 3. 主要材料单有误每处扣1分	15		
2	元器件安装	1. 按图纸的要求，正确利用工具和仪表，熟练地安装电器元件 2. 元器件在配电板上布置要合理，安装要准确、紧固 3. 按钮盒不固定在板上	1. 元器件布置不整齐、不匀称、不合理，每只扣1分 2. 元器件安装不牢固、安装元器件时漏装螺钉，每只扣1分 3. 损坏元器件每只扣1分	5		
3	布线	1. 要求美观、紧固、无毛刺，导线要进入线槽 2. 电源和电动机配线、按钮接线要接到端子排上，进出线槽的导线要有端子标号，引出端要用别径压端子	1. 电动机运行正常，但未按电路图接线，扣1分 2. 布线不进入线槽，不美观，主、控电路每根扣0.5分 3. 接点松动、接头露铜过长、反圈、压绝缘层，标记线号不清楚、遗漏或误标，引出端无别径压端子，每处扣0.5分 4. 损伤导线绝缘或芯线，每根扣0.5分	10		
4	通电试验	在保证人身和设备安全的前提下，通电试验一次成功	1. 时间继电器及热继电器整定值错误各扣1分 2. 主、控电路配错熔体，每个扣1分 3. 一次试车不成功扣3分；两次试车不成功扣5分；三次试车不成功扣10分	10		
备　注			合　计			
			考评员签　字　　　　年　月　日			

题2：检修变频器控制的设备电气电路。

序号	主要内容	考核要求	评分标准	配分	扣分	得分
1	调查研究	对每个故障现象进行调查研究	排除故障前不进行调查研究，扣2分	2		
2	故障分析	在电气控制电路图上分析故障可能的原因，思路正确	错标或标不出故障范围，每个故障点扣3分	6		
			不能标出最小的故障范围，每个故障点扣2分	4		
3	故障排除	正确使用工具和仪表，找出故障点并排除故障	1. 实际排除故障中思路不清楚，每个故障点扣3分	6		
			2. 每少查出一次故障点扣3分	6		
			3. 每少排除一次故障点扣4分	8		
			4. 排除故障方法不正确，每处扣4分	8		
4	其　他	操作有误，要从此项总分中扣分	1. 排除故障时，产生新的故障后不能自行修复，每个扣10分；已经修复，每个扣5分 2. 损坏电动机扣10分			
备　注			合　计			
			考评员签　字	年　月　日		

题3：用晶体管特性图示仪测试晶体管的 h_{FE}。

序号	主要内容	考核要求	评分标准	配分	扣分	得分
1	测量准备	测量准备工作齐全到位	开机准备工作不到位，扣2分	2		
2	测量过程	测量过程准确无误	测量过程中，操作步骤每错一次扣1分	4		
3	测量结果	测量结果在允许误差范围之内	测量结果有较大误差或错误，扣3分	3		
4	维护保养	对使用的仪器、仪表进行简单的维护保养	维护保养有误，扣1分	1		
备　注			合　计			
			考评员签　字	年　月　日		

题4：讲述基尔霍夫定律。

序号	主要内容	考核要求	评分标准	配分	扣分	得分
1	准备工作	教具、演示工具准备齐全	准备不齐全，扣2分	2		
2	讲课	1. 主题明确、重点突出 2. 语言清晰、自然，用词正确	1. 主题不明确扣2分 2. 重点不突出扣2分 3. 语言不清晰、不自然，用词不正确，每处扣2分	8		
3	时间分配	不得超过规定时间	每超过规定时间1min，从本项总分中扣1分			
备　注			合　计			
			考评员签字	年　月　日		

理论知识试卷答案

维修电工（中级）

一、单项选择

1. C	2. D	3. A	4. A	5. D	6. B	7. B	8. D
9. D	10. C	11. D	12. D	13. A	14. C	15. C	16. C
17. D	18. C	19. C	20. B	21. D	22. D	23. C	24. D
25. C	26. A	27. D	28. C	29. D	30. C	31. D	32. C
33. B	34. D	35. A	36. D	37. D	38. D	39. B	40. B
41. B	42. C	43. A	44. B	45. A	46. C	47. C	48. B
49. A	50. A	51. D	52. B	53. A	54. D	55. A	56. B
57. D	58. C	59. A	60. A	61. B	62. B	63. A	64. A
65. C	66. C	67. B	68. B	69. B	70. C	71. B	72. C
73. C	74. A	75. A	76. A	77. A	78. B	79. C	80. C
81. C	82. B	83. B	84. B	85. C	86. B	87. A	88. C
89. C	90. B	91. A	92. B	93. B	94. A	95. B	96. D
97. B	98. A	99. A	100. A	101. D	102. A	103. B	104. A
105. A	106. A	107. D	108. D	109. C	110. D	111. B	112. A
113. A	114. B	115. A	116. C	117. B	118. B	119. A	120. A
121. C	122. B	123. D	124. A	125. D	126. B	127. B	128. C
129. B	130. C	131. A	132. A	133. A	134. D	135. A	136. C
137. C	138. A	139. C	140. A	141. B	142. A	143. A	144. A
145. D	146. A	147. A	148. A	149. D	150. A	151. B	152. C
153. A	154. A	155. C	156. A	157. D	158. A	159. B	160. A

二、判断题

161. ×	162. ×	163. √	164. ×	165. ×	166. ×	167. ×	168. ×
169. ×	170. ×	171. ×	172. ×	173. ×	174. ×	175. √	176. √
177. ×	178. ×	179. √	180. ×	181. ×	182. ×	183. √	184. √
185 √	186. ×	187. ×	188. √	189. ×	190. √	191. ×	192. ×
193. ×	194. ×	195. ×	196. ×	197. ×	198. √	199. ×	200. ×

维修电工（高级）

一、单项选择

1. C	2. B	3. D	4. A	5. D	6. B	7. C	8. D
9. D	10. D	11. D	12. C	13. B	14. D	15. D	16. D

17. D	18. A	19. D	20. D	21. D	22. D	23. D	24. D
25. D	26. D	27. D	28. C	29. C	30. C	31. D	32. D
33. C	34. D	35. D	36. B	37. D	38. C	39. D	40. D
41. D	42. D	43. D	44. C	45. D	46. D	47. D	48. D
49. C	50. B	51. B	52. D	53. D	54. D	55. D	56. D
57. D	58. D	59. D	60. C	61. D	62. B	63. D	64. A
65. C	66. B	67. D	68. D	69. A	70. B	71. B	72. D
73. D	74. C	75. B	76. C	77. D	78. D	79. C	80. C
81. A	82. D	83. D	84. A	85. B	86. B	87. D	88. D
89. D	90. C	91. D	92. D	93. D	94. C	95. C	96. D
97. A	98. D	99. C	100. D	101. D	102. D	103. A	104. C
105. D	106. D	107. D	108. D	109. D	110. C	111. A	112. D
113. D	114. D	115. D	116. A	117. D	118. B	119. D	120. D
121. D	122. D	123. C	124. A	125. B	126. D	127. C	128. B
129. A	130. A	131. A	132. A	133. B	134. D	135. D	136. A
137. C	138. B	139. A	140. A	141. D	142. D	143. B	144. A
145. A	146. D	147. A	148. C	149. A	150. A	151. D	152. D
153. D	154. C	155. D	156. A	157. C	158. D	159. A	160. D

二、判断题

161. ×	162. √	163. √	164. ×	165. ×	166. ×	167. ×	168. ×
169. √	170. √	171. ×	172. ×	173. ×	174. ×	175. ×	176. ×
177. ×	178. ×	179. √	180. ×	181. ×	182. ×	183. √	184. ×
185. ×	186. ×	187. ×	188. ×	189. ×	190. ×	191. ×	192. ×
193. ×	194. ×	195. ×	196. ×	197. ×	198. ×	199. ×	200. ×

附　　录

附录A　考核重点

维修电工（中级）操作技能鉴定考核重点表

行为领域	鉴定范围			鉴定点		
	代码	名称	鉴定比重	代码	名称	重要程度
操作技能	A	设计、安装与调试	40	01	用软线进行较复杂继电－接触式基本控制电路的安装与调试	X
				02	用硬线进行较复杂继电－接触式基本控制电路的安装与调试	X
				03	用软线进行较复杂机床部分主要控制电路的安装并进行调试	X
				04	较复杂继电－接触式控制电路的设计、安装与调试	X
				05	较复杂分立元件模拟电子电路的安装与调试	X
				06	较复杂带集成块模拟电子电路的安装与调试	X
				07	带晶闸管的电子电路的安装与调试	Y
				08	按工艺规程，进行55kW以上交流异步电动机的拆装、接线和一般调试	Y
				09	按工艺规程进行中、小型多速异步电动机的的拆装、接线和一般调试	Y
				10	按工艺规程进行60kW以下的直流电动机的拆装、接线和一般调试	Y
				11	按工艺规程进行55kW以上交流异步电动机的安装、接线及试验	Y
				12	按工艺规程进行中、小型多速异步电动机的安装、接线及试验	Y
				13	按工艺规程进行60kW以下的直流电动机的拆装、接线及试验	Y

（续）

行为领域	鉴定范围			鉴定点		
	代码	名称	鉴定比重	代码	名称	重要程度
操作技能	B	故障检修	40	01	检修较复杂机床的电气控制电路	X
				02	检修较复杂机床的模拟电气控制电路	X
				03	检修较复杂继电 - 接触式基本控制电路	X
				04	检修较复杂电子电路	X
				05	检修 55kW 以上交流异步电动机	Y
				06	检修中、小型多速异步电动机	Y
				07	检修 60kW 以下直流电动机	Y
				08	检修电焊机	Y
				09	主持检修 10/0.4kV、1000kV 以下电力变压器	Z
				10	检修 10kV 及以下高压互感器	Z
				11	检修电缆故障	Z
	C	仪器、仪表使用与维护	10	01	功率表的选择、使用及维护	X
				02	直流单臂电桥的使用及维护	X
				03	直流双臂电桥的使用及维护	X
				04	接地电阻测量仪的使用及维护	Y
				05	普通示波器的使用及维护	X
现场评分	D	文明生产	10	01	正确遵守各种安全规程	X

备注：X—核心要素；Y——般要素；Z—辅助要素。

维修电工（高级）操作技能鉴定考核重点表

行为领域	鉴定范围			鉴定点		
	代码	名称	鉴定比重	代码	名称	重要程度
操作技能	A	设计、安装与调试	10	01	继电－接触式控制电路的设计、安装与调试	X
				02	用PLC改造继电－接触式控制电路，并进行设计、安装与调试	X
				03	用PLC进行控制电路的设计，并进行安装与调试	X
				04	用PLC进行控制电路的设计，并进行模拟安装与调试	Y
				05	用变频器改造继电－接触式控制电路，并进行设计、安装与调试	X
				06	模拟电子电路的安装与调试	X
				07	数字电子电路的安装与调试	X
				08	变流系统局部电子电路的安装与调试	X
				09	变流系统的安装与调试	Y
				10	继电－接触式控制设备的电气电路测绘	X
				11	电子电路测绘	X
				12	各种特种电动机的拆卸、接线与调试	X
				13	各种特种电动机的安装、接线与调试	Y
	B	故障检修	40	01	检修继电－接触式控制的大型设备局部电气电路	X
				02	检修小容量晶闸管直流调速系统	X
				03	检修PLC控制设备的电气电路	X
				04	检修变频器控制设备的电气电路	X
				05	电子电路的检修	Y
				06	检修各种特种电动机	Y
操作技能	C	仪器、仪表的使用与维护	10	01	双踪示波器的使用与维护	X
				02	同步示波器的使用与维护	Y
				03	晶体管特性图示仪的使用与维护	X
其他	D	培训指导	10	01	理论培训指导	Y
				02	技能培训指导	X

备注：X—核心要素；Y——般要素；Z—辅助要素。

附录 B　常见机床电路

一、Z37 摇臂钻床电气控制电路

Z37 摇臂钻床电气控制电路如图 B－1 所示。

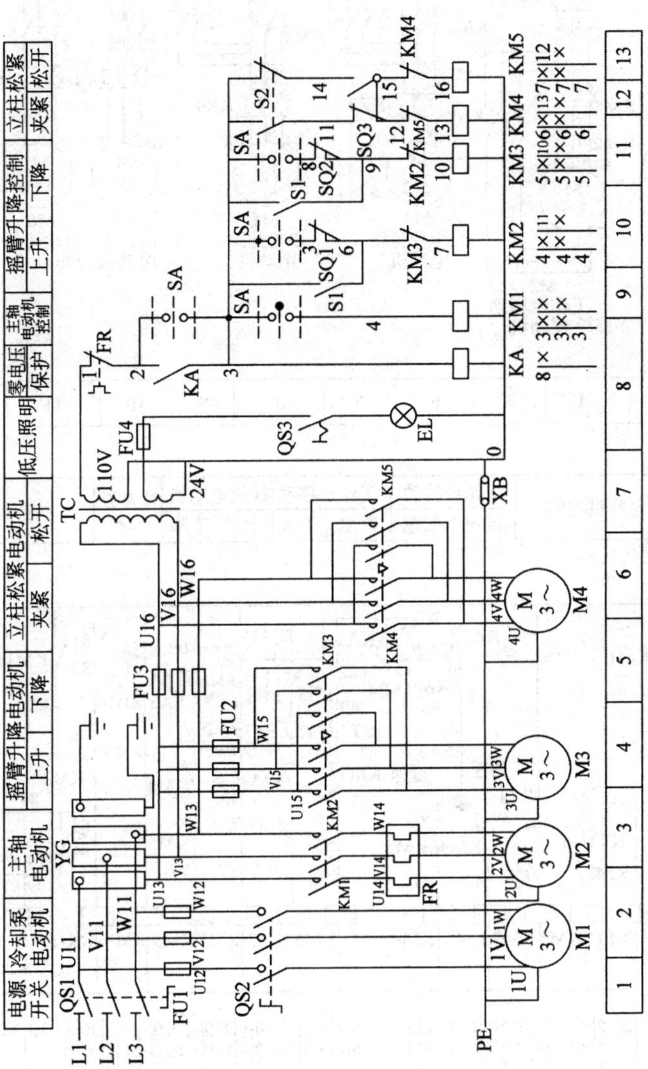

图 B-1　Z37 摇臂钻床电气控制电路

二、M7475B 型平面磨床电气控制电路

M7475B 型平面磨床电气控制电路如图 B－2 所示，机床共用五台电动机。

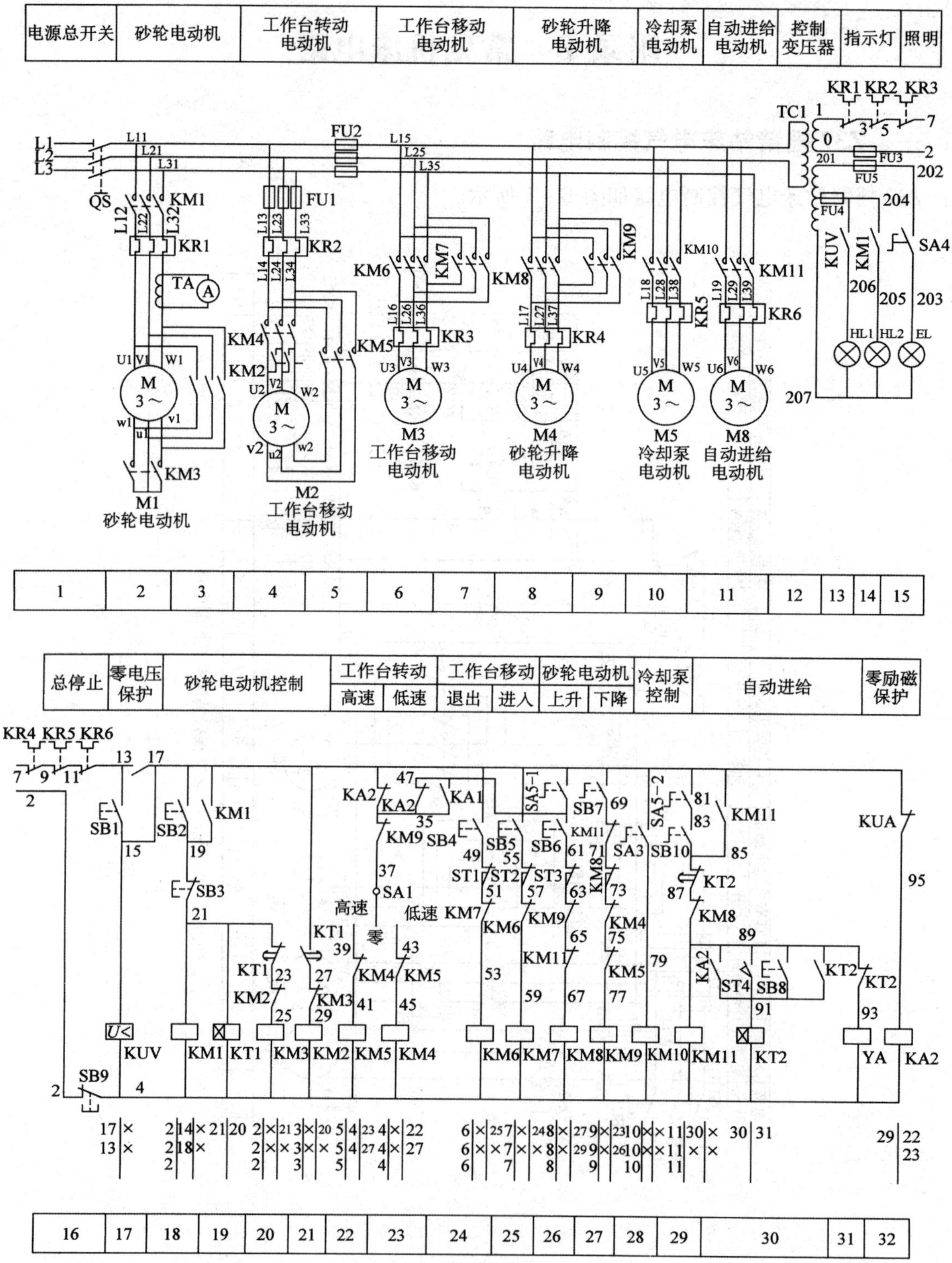

图 B－2 M7475B 型平面磨床电气控制电路

三、T68 型卧式镗床电气控制电路

T68 型卧式镗床电气控制电路如图 B－3 所示。

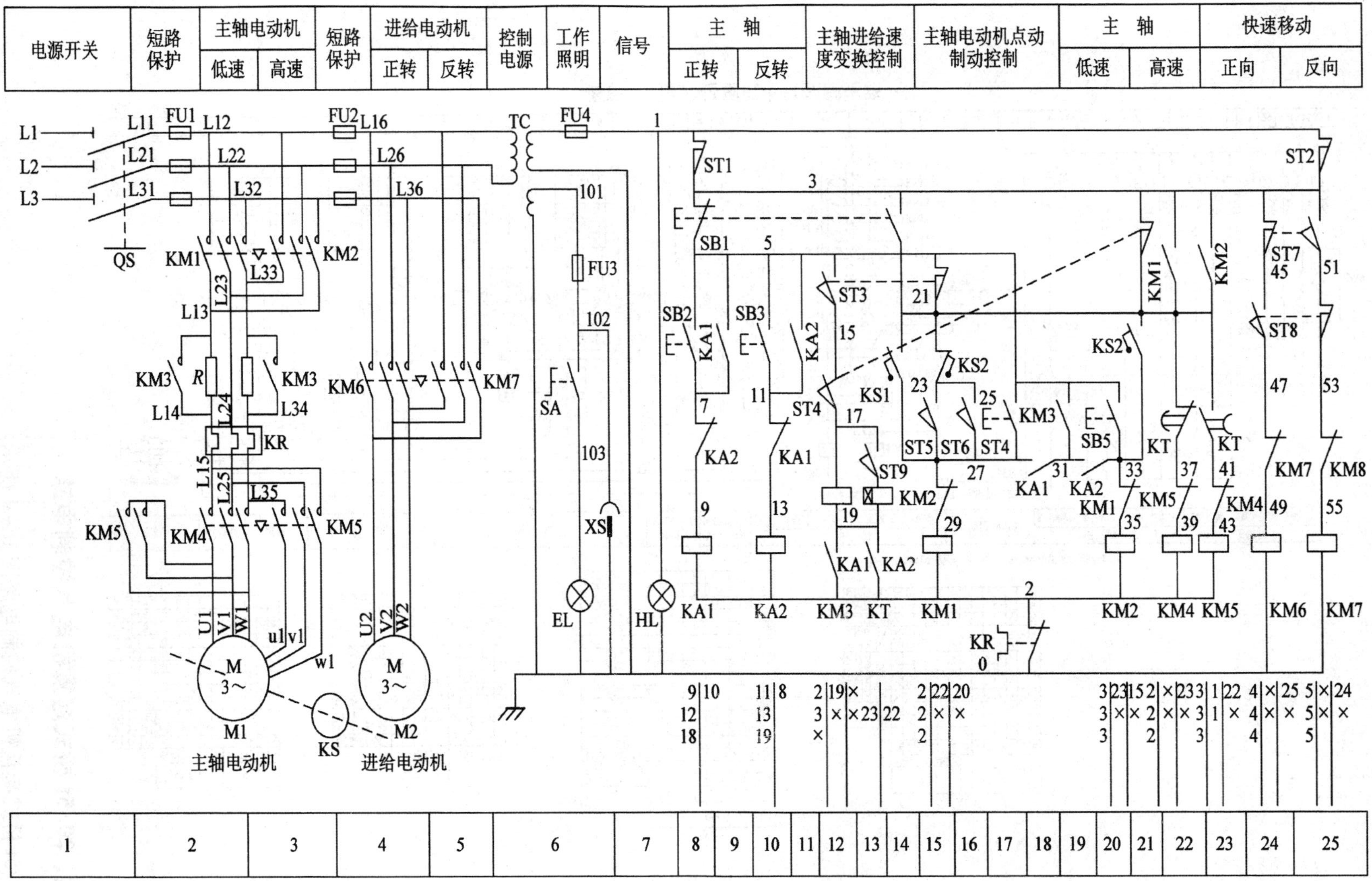

图B-3 T68型卧式镗床电气控制电路

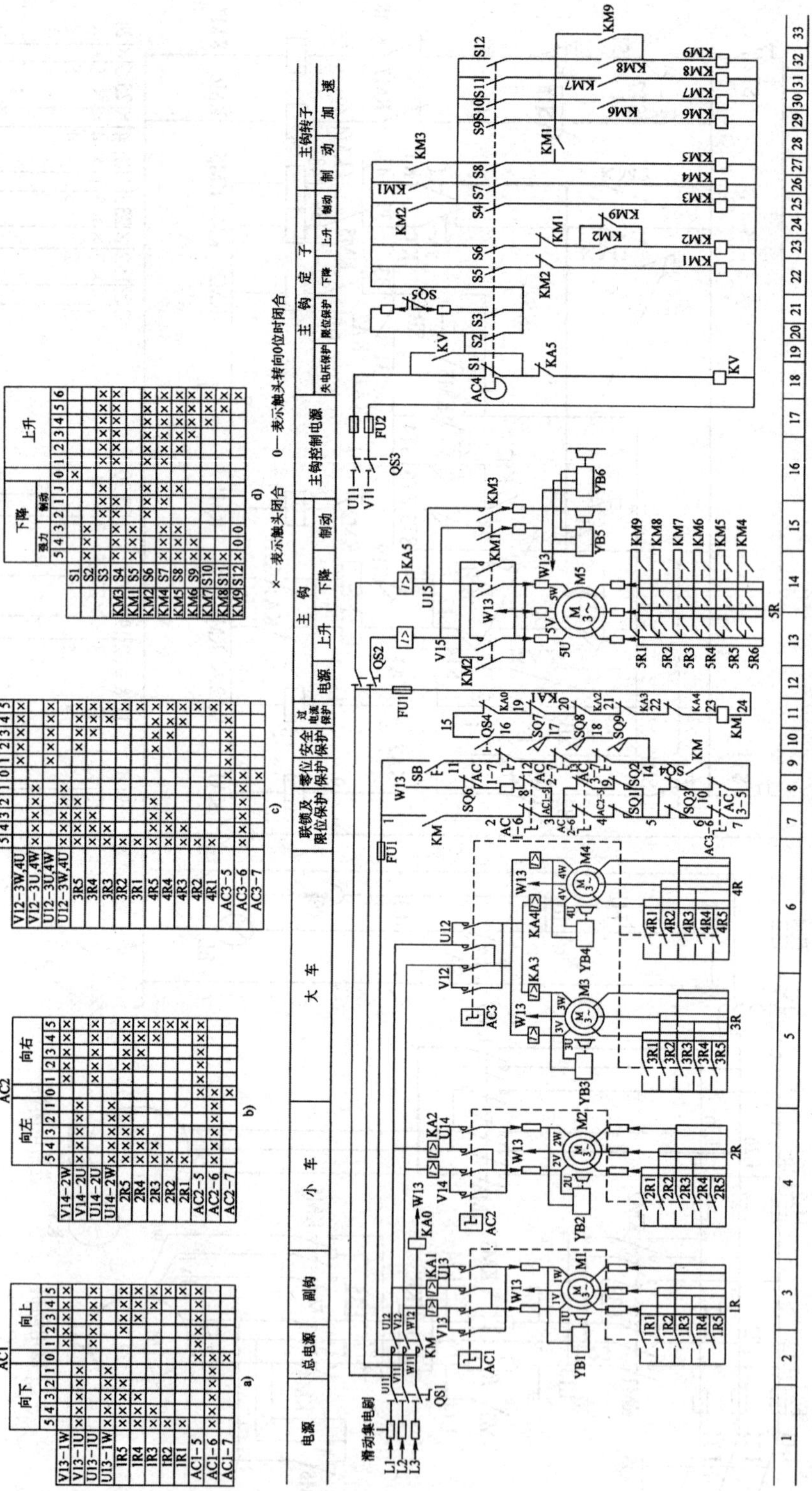

图B-4 桥式起重机电气控制电路

四、20/5t 桥式起重机电气控制电路

20/5t 桥式起重机电气控制电路图 B－4 所示。

参 考 文 献

[1] 王建，马伟. 维修电工（初、中级）国家职业资格证书取证问答［M］. 北京：机械工业出版社，2005.

[2] 王建 李伟. 维修电工（高级）国家职业资格证书取证问答［M］. 北京：机械工业出版社，2005.

[3] 王建. 电工基本技能实训教程［M］. 北京：机械工业出版社，2007.

[4] 王建. 电气设备控制线路安装与维修［M］. 北京：中国劳动社会保障出版社，2006.

[5] 王建. 维修电工技能训练［M］. 4版. 北京：中国劳动社会保障出版社，2007

[6] 庄建源. 维修电工操作技能考试手册. （国家职业资格四级中级）［M］东营：中国石油大学出版社，2001.

[7] 庄建源. 维修电工操作技能考试手册（国家职业资格三级高级）［M］. 东营：中国石油大学出版社，2001.

[8] 庄建源. 维修电工（中级）［M］. 东营：中国石油大学出版社，2002

[9] 庄建源. 维修电工（高级）［M］. 东营：中国石油大学出版社，2002.

读者信息反馈表

感谢您购买《维修电工实训与技能考核训练教程》一书。为了更好地为您服务，有针对性地为您提供图书信息，方便您选购合适图书，我们希望了解您的需求和对我们教材的意见和建议，愿这小小的表格为我们架起一座沟通的桥梁。

<table>
<tr><td>姓　名</td><td></td><td colspan="3">所在单位名称</td></tr>
<tr><td>性　别</td><td></td><td colspan="3">所从事工作（或专业）</td></tr>
<tr><td>通信地址</td><td colspan="2"></td><td>邮　编</td><td></td></tr>
<tr><td>办公电话</td><td colspan="2"></td><td>移动电话</td><td></td></tr>
<tr><td>E-mail</td><td colspan="4"></td></tr>
<tr><td colspan="5">1. 您选择图书时主要考虑的因素：（在相应项前面√）
(　　)出版社　(　　)内容　(　　)价格　(　　)封面设计　(　　)其他
2. 您选择我们图书的途径（在相应项前面√）
(　　)书目　(　　)书店　(　　)网站　(　　)朋友推介　(　　)其他</td></tr>
<tr><td colspan="5">希望我们与您经常保持联系的方式：
□电子邮件信息　□定期邮寄书目
□通过编辑联络　□定期电话咨询</td></tr>
<tr><td colspan="5">您关注（或需要）哪些类图书和教材：</td></tr>
<tr><td colspan="5">您对我社图书出版有哪些意见和建议（可从内容、质量、设计、需求等方面谈）：</td></tr>
<tr><td colspan="5">您今后是否准备出版相应的教材、图书或专著（请写出出版的专业方向、准备出版的时间、出版社的选择等）：</td></tr>
</table>

非常感谢您能抽出宝贵的时间完成这张调查表的填写并回寄给我们，您的意见和建议一经采纳，我们将有礼品回赠。我们愿以真诚的服务回报您对机械工业出版社技能教育分社的关心和支持。

请联系我们——

地　址　北京市西城区百万庄大街22号　机械工业出版社技能教育分社

邮　编　100037

社长电话　(010) 88379080　88379083　68329397（带传真）

E-mail　jnfs@mail.machineinfo.gov.cn